高职高专计算机系列规划教材

Access 数据库程序设计

（第四版）

主　编　张成叔

副主编　陈慧颖　陈祥生　张世平　张　成

参　编　胡配祥　胡龙茂　霍卓群　徐新星

耿家礼　葛文龙　朱　静

中国铁道出版社

CHINA RAILWAY PUBLISHING HOUSE

内 容 简 介

本书根据《全国计算机等级考试（NCRE）二级 Access 数据库程序设计考试大纲》（2013 版）和《全国计算机等级考试（NCRE）二级公共基础知识考试大纲》（2013 版）的要求，在张成叔主编的《Access 数据库程序设计》（第三版）（中国铁道出版社，2012 年版）的基础上，将软件版本升级至 Access 2010，并对内容进行了优化整合。

本书共分理论部分、实训部分和公共基础部分三部分，以“学生成绩管理系统”和“图书管理系统”的设计与开发为具体项目，读者可以边学习、边实践，掌握 Access 数据库及其应用系统的设计与开发。

本书理念先进，结构完整，深入浅出，可读性和可操作性强，适合作为高职高专学生学习“数据库应用”课程及数据库相关课程的教材，也可作为广大参加全国计算机等级考试（NCRE）二级 Access 数据库程序设计的读者的自学参考书。

图书在版编目（CIP）数据

Access 数据库程序设计/张成叔主编. —4 版. — 北京：中国铁道出版社，2013.9（2018.1 重印）

高职高专计算机系列规划教材

ISBN 978-7-113-17151-3

Ⅰ. ①A… Ⅱ. ①张… Ⅲ. ①关系数据库系统—程序设计—高等职业教育—教材 Ⅳ. ①TP311.138

中国版本图书馆 CIP 数据核字（2013）第 199140 号

书　　名：Access 数据库程序设计（第四版）
作　　者：张成叔　主　编

策　　划：翟玉峰
责任编辑：翟玉峰　彭立辉
封面设计：付　巍
封面制作：白　雪
责任印制：李　佳

出版发行：中国铁道出版社（100054，北京市西城区右安门西街 8 号）
网　　址：http://www.tdpress.com/51eds/
印　　刷：虎彩印艺股份有限公司
版　　次：2008 年 9 月第 1 版　2010 年 9 月第 2 版　2012 年 1 月第 3 版　2013 年 9 月第 4 版　2018 年 1 月第 5 次印刷
开　　本：787 mm×1 092 mm　1/16　印张：21.25　字数：505 千
印　　数：9 001～9 500 册
书　　号：ISBN 978-7-113-17151-3
定　　价：39.80 元

第四版前言

数据库技术是信息技术的重要分支，也是信息社会的重要支撑技术。Access 是微软公司开发的数据库管理系统，是一个功能强大且易于实现和使用的关系型数据库管理系统，可以直接开发一个小型的数据库管理系统，也可以作为一个中小型管理信息系统的数据库部分，还可以作为一个商务网站的后台数据库部分，是当今最受欢迎的数据库系统之一。

本书是在张成叔主编的《Access 数据库程序设计》（中国铁道出版社，2008 年版）、《Access 数据库程序设计》（第二版）（中国铁道出版社，2010 年版）和《Access 数据库程序设计》（第三版）（中国铁道出版社，2012 年版）的基础上，根据数据库技术发展的需要，以及高等职业教育发展和全国计算机等级考试新大纲的要求，将软件版本升级为 Access 2010，并对前版本的内容进行了再次优化整合，删除了“数据访问页”章节的内容，增加了模块章节的内容，更加符合实际应用和数据库应用系统开发的需求，也更加符合学生学习的习惯和参加全国计算机等级考试的需要。

本书根据《高等职业教育“数据库应用”课程教学大纲》、《全国计算机等级考试（NCRE）二级 Access 数据库程序设计考试大纲（2013 年版）》和《全国计算机等级考试（NCRE）二级公共基础知识考试大纲（2013 年版）》的要求精心组织编写而成。

本书按照“基于工作过程的项目导向和案例驱动”的模式而编写，理论部分以“学生成绩管理系统”的设计与开发为项目，实训部分以“图书管理系统”的设计与开发为项目，再分解为一个个具体的案例，通过循序渐进的理论教学和实训操作，使学生掌握 Access 2010 数据库的设计方法，熟练运用 Access 2010 进行数据处理和系统设计，从而全面掌握和应用 Access 数据库的设计方法与开发技能。通过本书的学习，读者无须掌握太多的程序设计知识，就可以根据实际工作的需要，在较短时间内开发具有一定水平的数据库应用系统。

本书充分考虑到高职高专院校的教学特点和教学规律，认真贯彻了“理论够用、实训够实、技能够强”的高等职业教育指导思想，以培养学生的实际应用能力为目的，注重实用性和可操作性，力求简单易懂。本书理论部分和实训部分完美结合、互为补充，对学生能实现“边学边练、寓学于乐”的效果，对任课教师能实现“边讲边练、讲练结合、寓教于乐”的理想境界。

全书共分三部分：第一部分为“理论部分”，围绕“学生成绩管理系统”的设计与开发，主要介绍了 Access 基础知识、数据库、表、查询、窗体、报表、宏和模块；第二部分为“实训部分”，针对理论部分内容，围绕“图书管理系统”的设计与开发，精心设计了 13 个实训，分别与理论部分相对应；第三部分为“公共基础部分”，根据《全国计算机等级考试（NCRE）二级公共基础知识考试大纲（2013 年版）》的要求编写，主要介绍了数据结构与算法基础、程序设计基础、软件工程基础和数据库设计基础。

本书由张成叔任主编，陈慧颖、陈祥生、张世平、张成任副主编，胡配祥等参编。具体编写分工：理论部分中第 1 章、第 2 章、第 3 章由张世平编写，第 4 章由胡配祥编写，第 5 章由胡龙茂编写，第 6 章和第 7 章由陈慧颖编写，第 8 章由陈祥生编写。实训部分中实训 1、实训 2 和实训 3 由张世平编写，实训 4、实训 5 和实训 6 由胡配祥编写，实训 7、实训 8 和实训 9 由胡龙茂编写，实训 10、实训 11、实训 12 和实训 13 由陈慧颖编编写。公共基础部分中第 1 章、第 2 章、

第 3 章、第 4 章和附录 A 由张成叔编写。耿家礼、胡龙茂、葛文龙和朱静老师参与了本书的策划、编写和校对工作。全书由张成叔统稿和定稿。

本书内容全面、结构完整、深入浅出、图文并茂、可读性好、可操作性强，适合作为高职高专院校学生学习“数据库应用”课程以及与数据库相关课程的教材，也可作为广大参加全国计算机等级考试（NCRE）二级 Access 数据库程序设计的读者的自学参考书。

本书所配电子教案和相关教学资源“学生成绩管理系统”和“图书管理系统”两个贯穿全书的案例，均可从网站 http://www.51eds.com 下载，也可以直接与编者联系。编者电子邮箱为 zhangchsh@163.com，QQ：7153265。

由于时间仓促，编者水平有限，书中疏漏与不足之处在所难免，请广大读者批评指正。

编 者
2013 年 6 月

第三版前言

数据库技术是信息技术的重要分支，也是信息社会的重要支撑技术。Access 数据库是微软公司开发的数据库管理系统，是一个功能强大且易于实现和使用的关系型数据库管理系统，可以直接开发一个小型的数据库管理系统，也可以作为一个中小型管理信息系统的数据库部分，还可以作为一个商务网站的后台数据库部分，是当今最受欢迎的数据库系统之一。

本书是在张成叔主编的《Access 数据库程序设计》（中国铁道出版社，2008 年版）和《Access 数据库程序设计》（第二版）（中国铁道出版社，2010 年版）的基础上，根据数据库技术发展的需要，以及高等职业教育发展和全国计算机等级考试新大纲的要求，对第一版和第二版内容进行了再次优化整合，更加符合实际应用和数据库应用系统开发的需求，也更加符合学生学习的习惯和参加全国计算机等级考试的需要。

本书根据《高等职业教育“数据库应用”课程教学大纲》、《全国计算机等级考试（NCRE）二级 Access 数据库程序设计考试大纲》和《全国计算机等级考试（NCRE）二级公共基础知识考试大纲》的要求精心组织编写而成。

本书按照“基于工作过程的项目导向和案例驱动”的模式来编写，理论部分以“学生成绩管理系统”的设计与开发为项目，实训部分以“图书管理系统”的设计与开发为项目，再分解为一个个具体的案例，通过循序渐进的理论教学和实训操作，使学生掌握 Access 2003 数据库的设计方法，熟练运用 Access 2003 进行数据处理和系统设计，从而达到全面掌握和应用 Access 数据库的设计方法与开发技能。通过本书的学习，读者无须掌握太多的程序代码设计知识，就可以根据实际工作的需要，在较短时间内开发具有一定水平的数据库应用系统。

本书同时参考了《全国计算机等级考试（NCRE）二级 Access 数据库程序设计考试大纲》和《全国计算机等级考试（NCRE）二级公共基础知识考试大纲》，充分考虑到高职高专院校的教学特点和教学规律，认真贯彻了“理论够用、实训够实、技能够强”的高等职业教育指导思想，以培养学生的实际应用能力为目的，注重实用性和可操作性，力求简单易懂。理论部分和实训部分完美结合、互为补充，对学生能实现“边学边练、寓学于乐”的效果，对任课教师能实现“边讲边练、讲练结合、寓教于乐”的理想境界。

全书共分三部分：第一部分为“理论部分”，围绕“学生成绩管理系统”的设计与开发，主要介绍了 Access 基础知识、数据库、表、查询、窗体、报表、数据访问页、宏和模块；第二部分为“实训部分”，针对理论部分内容，围绕“图书管理系统”的设计与开发，精心设计了 14 个实训，分别与理论部分相对应；第三部分为“公共基础部分”，根据《全国计算机等级考试（NCRE）二级公共基础知识考试大纲》的要求编写，主要介绍了数据结构与算法基础、程序设计基础、软件工程基础和数据库设计基础。

本书由张成叔任主编，陈祥生、蔡劲松和张成任副主编。理论部分中第 1 章、第 2 章、第 3 章由张世平编写，第 4 章由霍卓群编写，第 5 章由蔡劲松编写，第 6 章、第 7 章、第 8 章由张成编写，第 9 章由陈祥生编写。实训部分中实训 1 由张世平编写，实训 2、实训 3、实训 12、实训 13、实训 14 由徐新星编写，实训 4、实训 5、实训 6、实训 7、实训 8、实训 9、实训 10、实训 11 由汪翠红编写。公共基础部分中第 1 章、第 2 章、第 3 章由张成叔，第 4 章由徐新星编写，附录部分全部由张成叔编写。耿家礼、胡龙茂、葛文龙和朱静老师也参与了该书的策划、编写和校对工作。全书由张成叔统稿和定稿。

本书内容全面、结构完整、深入浅出、图文并茂、可读性好、可操作性强，适合作为高职高专院校学生学习《数据库应用》课程和与数据库相关课程的教材，也可作为广大计算机用户和参加全国计算机等级考试（NCRE）二级 Access 数据库程序设计考试的读者的自学参考书。

本书所配电子教案和相关教学资源，包括“学生成绩管理系统”和“图书管理系统”两个贯穿全书的案例，均可从网站 http://edu.tqbooks.net 下载，也可以直接与编者联系。编者电子邮箱为：zhangchsh@163.com，QQ：7153265。

由于编者水平有限，书中不足之处在所难免，请广大读者批评指正。

编 者

2011 年 12 月

第二版前言

数据库技术是信息技术的重要分支，也是信息社会的重要支撑技术。Access数据库是微软公司开发的Office办公软件系统中的一个重要组件，是一个功能强大且易于实现和使用的关系型数据库管理系统，可以直接开发一个小型的数据库管理系统，也可以作为一个中小型管理信息系统的数据库部分，还可以作为一个商务网站的后台数据库部分，是当今最受欢迎的数据库系统之一。

本书是在张成叔主编的《Access数据库程序设计》（中国铁道出版社，2008年版）的基础上，根据数据库软件升级发展和教学的要求，将软件由Access 2000升级到Access 2003，并对第一版内容进行了优化整合，将查询部分的实训内容由原来的4个合并为3个，在模块章节中增加了“VBA数据库编程”，更加符合实际应用和数据库应用系统开发的需求。

本书根据《全国计算机等级考试（NCRE）二级Access数据库程序设计考试大纲》和《全国计算机等级考试（NCRE）二级公共基础知识考试大纲》的要求精心组织编写而成。

本书按照“基于工作过程的项目导向和案例驱动”的模式来编写，理论部分以“学生成绩管理系统”的设计与开发为项目，实训部分以“图书管理系统”的设计与开发为项目，再分解为一个个具体的案例，通过循序渐进的理论教学和实训操作，使学生掌握Access 2003数据库的设计方法，熟练运用Access 2003进行数据处理和系统设计，从而达到全面掌握和应用Access数据库的设计方法与开发技能。通过本书的学习，读者无须掌握太多的程序代码设计知识，就可以根据实际工作的需要，在较短时间内开发具有一定水平的数据库应用系统。

本书同时参考了《全国计算机等级考试（NCRE）二级Access数据库程序设计考试大纲》和《全国计算机等级考试（NCRE）二级公共基础知识考试大纲》，充分考虑到高职高专院校的教学特点和教学规律，以培养学生的实际应用能力为目的，注重实用性和可操作性，力求简单易懂。理论部分和实训部分完美结合，互为补充，边学边练，寓学于乐。

全书共分三部分：第一部分为“理论部分”，围绕“学生成绩管理系统”的设计与开发，主要介绍了Access基础知识、数据库、表、查询、窗体、报表、数据访问页、宏和模块；第二部分为“实训部分”，针对理论部分内容，围绕“图书管理系统”的设计与开发，精心设计了14个实训，分别与理论部分相对应；第三部分为“公共基础部分”，根据《全国计算机等级考试（NCRE）二级公共基础知识考试大纲》的要求编写，主要介绍了数据结构与算法基础、程序设计基础、软件工程基础和数据库设计基础。

本书由张成叔任主编，陈祥生、霍卓群和蔡劲松任副主编。理论部分第1、2、3章由张世平编写，第4章由霍卓群编写，第5章由蔡劲松编写，第6、7、8章由靳继红编写，第9章由陈祥生编写。实训部分实训1由张世平编写，实训2、实训3、实训12、实训13、实训14由徐新星编写，实训4、实训5、实训6由霍卓群编写，实训7、实训8由蔡劲松编写，实训9、实训10、实训11由朱静编写。公共基础部分第1、2、3章由张成叔，第4章由徐新星编写，附录部分全部由张成叔编写。赵艳平、吴元君、欧阳潘和万进老师也参与了该书的策划、编写和校对工作。全书由张成叔统稿和定稿。

本书内容全面、结构完整、深入浅出、图文并茂、可读性好、可操作性强，适合作为高职高专院校学生学习数据库应用技术的教材，也可作为广大计算机用户和参加全国计算机等级考试

（NCRE）二级 Access 数据库程序设计考试的读者的自学参考书。

本书所配电子教案和相关教学资源，包括“学生成绩管理系统”和“图书管理系统”两个贯穿全书的案例，均可从网站 http://edu.tqbooks.net 下载，也可以直接与编者联系。编者电子邮箱为：zhangchsh@163.com。

由于编者水平有限，书中不足之处在所难免，请广大读者批评指正。

编 者

2010 年 6 月

第一版前言

Access 是微软公司开发的 Office 办公软件系统中的一个重要组件，是一个功能强大且易于实现和使用的关系型数据库管理系统，可以直接开发一个小型的数据库管理系统，也可以作为一个中小型管理信息系统的数据库部分，还可以作为一个商务网站的后台数据库部分，具有很好的应用前景。

本书按照“案例驱动”的模式来编写，理论部分以“学生成绩管理系统”的设计与开发为案例，实训部分以“图书管理系统”的设计与开发为案例，通过循序渐进的理论教学和实训操作，使学生掌握 Access 数据库的基本设计方法，熟练运用 Access 进行数据处理，从而达到全面掌握和应用 Access 数据库的设计方法与开发技能。

本书根据《全国计算机等级考试（NCRE）二级 Access 数据库程序设计考试大纲》和《全国计算机等级考试（NCRE）二级公共基础知识考试大纲》的要求精心组织编写而成。充分考虑到高职高专院校的教学特点，以培养学生的应用能力为目的，注重实用性和可操作性，力求简单易懂。理论部分和实训部分完美结合，互为补充，边学边练，寓学于乐。

全书共分三篇：第一篇为“理论部分”，围绕“学生成绩管理系统”的设计与开发，主要介绍了 Access 基础知识、数据库、表、查询、窗体、报表、数据访问页、宏和模块；第二篇为“实训部分”，针对理论部分内容，围绕“图书管理系统”的设计与开发，共精心设计了 15 个实训，分别与理论部分相对应；第三篇为“公共基础部分”，根据《全国计算机等级考试（NCRE）二级公共基础知识考试大纲》的要求编写，主要介绍了数据结构与算法基础、程序设计基础、软件工程基础和数据库设计基础。

本书由张成叔任主编，陈祥生、蔡劲松和马峰任副主编。第一篇中：第 1、2、3 章由张世平编写，第 4 章由霍卓群编写，第 5 章由蔡劲松编写，第 6 章由朱静编写，第 7、8 章由马峰编写，第 9 章由陈祥生编写。第二篇中：实训 1 由张世平编写，实训 2、实训 3、实训 11、实训 12 由马峰编写，实训 4、实训 5、实训 6、实训 7 由霍卓群编写，实训 8、实训 9 由蔡劲松编写，实训 10 由朱静编写，实训 13、实训 14、实训 15 由陈祥生编写。第三篇全部由张成叔编写。全书由张成叔统稿和定稿。

本书内容全面、结构完整、深入浅出、图文并茂、可读性好、可操作性强，适合作为高职高专院校学生学习数据库应用技术的教材，也可作为广大计算机用户和参加全国计算机等级考试（NCRE）二级 Access 数据库程序设计考试的读者的自学参考书。

本书所配电子教案和相关教学资源，包括“学生成绩管理系统”和“图书管理系统”两个贯穿全书的案例，均可从网站 http://edu.tqbooks.net 下载，也可以直接与编者联系。编者电子邮箱为：zhangchsh@163.com。

由于编者水平有限，书中不足之处在所难免，请广大读者批评指正。

编　者

2008 年 6 月

目 录

理 论 部 分

实 训 部 分

公共基础部分

理 论 部 分

第 1 章　Access 基础

本章首先介绍数据库的基本概念，包括数据与数据处理的概念、数据库技术的发展、数据模型、关系型数据库的基本知识、Access 的启动和关闭；然后详细介绍 Access 的系统结构和用户界面。

学习目标：

- 理解数据库、数据模型和数据库管理系统的相关概念。
- 理解关系的相关概念及关系运算。
- 掌握 Access 系统的基本特点和窗口界面。
- 了解 Access 系统的基本对象：表、查询、窗体、报表、页、宏和模块。

1.1　数据库基础知识

1.1.1　计算机数据管理的发展

1. 数据与数据处理

（1）数据

数据是指存储在某种媒体上能够识别的物理符号。它包含两方面的含义：

① 数据内容：描述事物特性功能的内容，如学生的档案、教师的基本情况等数据。

② 数据形式：数据在某种媒体上的存储形式，如图、文、声、像、动画等多媒体数据。

（2）数据处理

数据处理是指将数据转换成信息的过程，如对数据进行搜集、组织、加工、存储与传输等工作。

（3）信息

从数据处理的角度而言，信息是一种被加工成特定形式的数据，这种数据形式对于数据接收者来说是有意义的。

（4）关系

信息=数据+数据处理。

2. 计算机数据管理

计算机数据管理是指对数据的分类、组织、编码、存储、检索和维护，是数据处理中最重要的问题。计算机数据管理随着计算机硬件技术、软件技术和应用范围的发展，经历了由低级到高级的几个阶段。

（1）人工管理

20 世纪 50 年代中期以前，计算机主要用于科学计算。没有像磁盘这样的随机访问外部存储设备，没有操作系统，也没有专门管理数据的软件。数据管理任务包括存储结构、存储方法、输入/输出方式等完全由程序设计者负责。

（2）文件系统

20 世纪 50 年代后期到 60 年代中期，计算机不仅用于科学计算，而且用于大量的数据处理，出现了随机访问外部存储设备，出现了操作系统和高级语言。用户按“文件名”管理数据。

（3）数据库系统

20 世纪 60 年代后期，计算机用于管理的数据规模更加庞大，应用也越来越广泛。同时，多种应用、多种语言共享数据集合的要求也越来越强烈，出现了数据库技术和统一管理数据的专门软件——数据库管理系统。

1968 年，IBM 研发的 IMS 是一个层次模型数据库，标志着数据处理技术进入了数据库系统阶段。1969 年，美国数据系统语言协会公布的 DBTG 报告对研制开发网状数据库系统起到了推动作用。自 1970 年起，IBM 公司的研究成果奠定了关系数据库理论基础。

（4）分布式数据库

20 世纪 70 年代以后，网络技术的发展为数据库提供了由集中式发展到分布式的运行环境，从主机/终端系统结构发展到 C/S（客户机/服务器）系统结构，再发展到 B/S（浏览器/服务器）系统结构。数据库技术和网络通信技术的结合产生了分布式数据库系统。

（5）面向对象数据库系统

数据库技术与面向对象程序设计技术相结合产生了面向对象数据库系统。面向对象数据库吸收了面向对象程序设计方法的核心概念和基本思想，克服了传统数据库的局限性，能够自然地描述、存储复杂的数据对象以及这些对象之间的关系，提高了数据库管理效率，降低了用户使用的复杂性，是迅速发展中的新一代数据管理技术。

1.1.2 数据库系统

1. 有关数据库的概念

（1）数据（data）

数据描述事物的符号记录，是信息的符号化表示。

（2）数据库（database）

数据库是指存储在计算机存储设备中的、结构化的相关数据的集合。它不仅包括描述事物的数据本身，而且包括相关事物之间的关系。数据库中的数据不只是面向某项特定的应用，而是面向多种应用，可以被多个用户、多个应用程序共享。

（3）数据库应用系统（database application system，DBAS）

DBAS 是利用数据库系统资源开发的面向某一类实际应用的软件系统，如学生成绩管理系统、图书管理系统等。

（4）数据库管理系统（database management system，DBMS）

DBMS 是位于用户与操作系统之间的数据管理软件，是为数据库的建立、使用和维护而配置的软件。它使用户能方便地定义数据和操作数据库，并能保证数据的安全性、完整性、多用户对数据的并发使用及发生故障后的系统恢复。

（5）数据库系统（database system，DBS）

数据库系统指引进数据库技术后的计算机系统，能实现有组织地、动态地存储大量相关数据，提供数据处理和信息资源共享的便利手段。数据库系统由 5 部分组成：硬件系统、数据库集合、数据库管理系统、数据库应用系统、数据库管理员（database administrator，DBA）和用户，如图 1-1-1 所示。

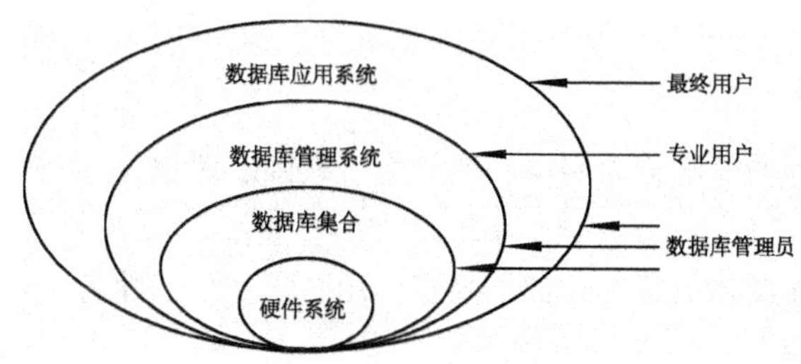

图 1-1-1　数据库系统关系示意图

2. 数据库系统的特点

① 实现数据共享，减少冗余。

② 采用特定的数据模型。

③ 具有较高的数据独立性。

④ 具有统一的数据控制功能。

3. 数据库管理系统

数据库管理系统支持用户对数据库的基本操作，是数据库系统的核心软件。主要目标是使数据成为方便用户使用的资源，易于为各种用户所共享，并增进数据的安全性、完整性和可用性。

数据库管理系统功能主要包括：

（1）数据定义

数据定义指定义数据库的结构。

（2）数据操作

数据操作包括更新、插入、修改、删除和检索等基本操作。

（3）数据库运行管理

对数据库进行并发控制、安全性检查、完整性约束条件的检查和执行及数据库的内部维护（索引、数据字典的自动维护）等。

（4）数据组织、存储和管理

采用统一的组织方式存储和管理数据，并提高效率。

（5）数据库的建立和维护

建立数据库包括初始数据的输入与数据转换。

维护数据库包括数据库的转储与恢复、数据库的重组与重构、性能的监视与分析。

（6）数据通信接口

数据通信接口提供与其他软件系统进行通信的功能。

数据库管理系统由 4 部分组成：数据定义语言及翻译处理程序、数据操作语言及其编译（或解释）程序、数据库运行控制程序、实用程序。

1.1.3 数据模型

数据模型是从现实世界到机器世界的一个中间层次，是数据管理系统用来表示实体及实体间联系的方法。

1. 实体描述

（1）实体

客观存在并相互区别的事物称为实体，如学生、教师、课程等。

（2）实体的属性

实体的属性用于描述实体的特性，如学生实体用“学号”、“姓名”等属性描述。

（3）实体集和实体型

属性值的集合表示一个具体实体，而属性的集合表示一类实体，称为实体型。同类型的实体集合称为实体集。

在 Access 中，“学生”这一类型实体的集合称为“表”，也就是实体集。表中的字段就是实体的属性，字段值的集合“G0431414，钱坤，男，0430，1986-12-14，定远县，是，计算机应用技术，体育”构成表中的一条记录，代表了一个具体的“学生”实体。字段“学号，姓名，性别，班级，出生日期，籍贯，团员否，所属专业，特长”等 9 个属性的集合就是实体型，说明了“学生”实体这一类型。

2. 实体间联系及种类

实体之间的对应关系称为联系，如一个学生可以选修多门课程，同一门课程可以被多名学生选修。实体间联系有 3 种类型：

（1）一对一联系（one-to-one relationship）

有两个实体集合 E_1、E_2，如果 E_1 中的每个实体至多与 E_2 中的一个实体有联系，且 E_2 中的每个实体至多与 E_1 中的一个实体有联系，则称 E_1 和 E_2 是一对一的联系，记为 1:1。

例如，学校和学长，如果一个学校只能有一个校长，一个校长只能在一个学校担任校长。

（2）一对多联系（one-to-many relationship）

有两个实体集合 E_1、E_2，如果 E_1 中的每个实体与 E_2 中的多个实体有联系，且 E_2 中的每个实体至多与 E_1 中的一个实体有联系，则称 E_1 和 E_2 是一对多的联系，记为 $1{:}M$。

例如，班级和学生，一个班级可以有多名学生，而学生只能在一个班级学习。

（3）多对多联系（many-to-many relationship）

有两个实体集合 E_1、E_2，如果 E_1、E_2 中的每个实体都和另一个实体集合中的多个实体有联系，则称 E_1 和 E_2 是多对多的联系，记为 $M{:}N$。

例如，学生和课程，一个学生可以选择多门课程，一门课程可以被多名学生选择。

3. 数据模型简介

数据模型是数据库管理系统用来表示实体间联系的方法，即数据的存放结构。

任何一个数据库管理系统都是基于某种数据模型的,数据管理系统所支持的数据模型有3种：层次模型、网状模型、关系模型。目前，最流行的是关系模型。

（1）层次数据模型

用树形结构表示各类实体以及实体之间的联系，典型代表为IBM的IMS。

① 根结点唯一：有且仅有一个结点无双亲结点，这个结点称为“根结点”。

② 双亲结点唯一：其他结点有且仅有一个双亲结点，如图1-1-2（a）所示。

特点：对一对多的层次关系描述非常自然、直观、容易理解，但不能直接表示出多对多的联系。

（2）网状数据模型

典型代表为DBTG系统，也称CODASYL系统。

① 根结点不唯一：允许一个以上的结点无双亲结点。

② 双亲结点不唯一：一个结点可以有一个或多个双亲结点，如图1-1-2（b）所示。

特点：用来描述多对多的联系，能直接表示非树形结构。

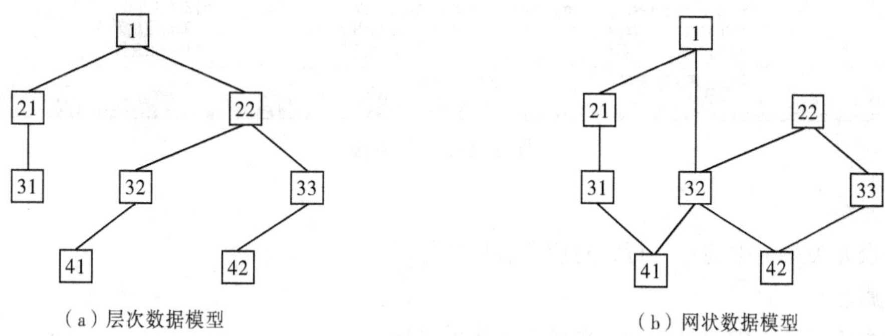

（a）层次数据模型　　（b）网状数据模型

图1-1-2　数据模型示意图

（3）关系数据模型

用二维表结构来表示实体以及实体间联系的模型。

特点：理论基础完备，模型简单，说明性的查询语言，且使用方便。

1.2　关系数据库

1.2.1　关系数据模型

1. 关系术语

（1）关系

一个关系就是一个二维表，每个关系有一个关系名。在Access中，一个关系存储为一个表，具有一个表名，如图1-1-3所示。

对关系的描述称为关系模式，一个关系模式对应一个关系的结构。其格式为：

关系名(属性名1,属性名2,…,属性名n)

在 Access 中表示为：

表名（字段名 1，字段名 2，…，字段名 n）

例如，学生（学号，姓名，性别，班级，出生日期，籍贯，团员否，所属专业，特长）。

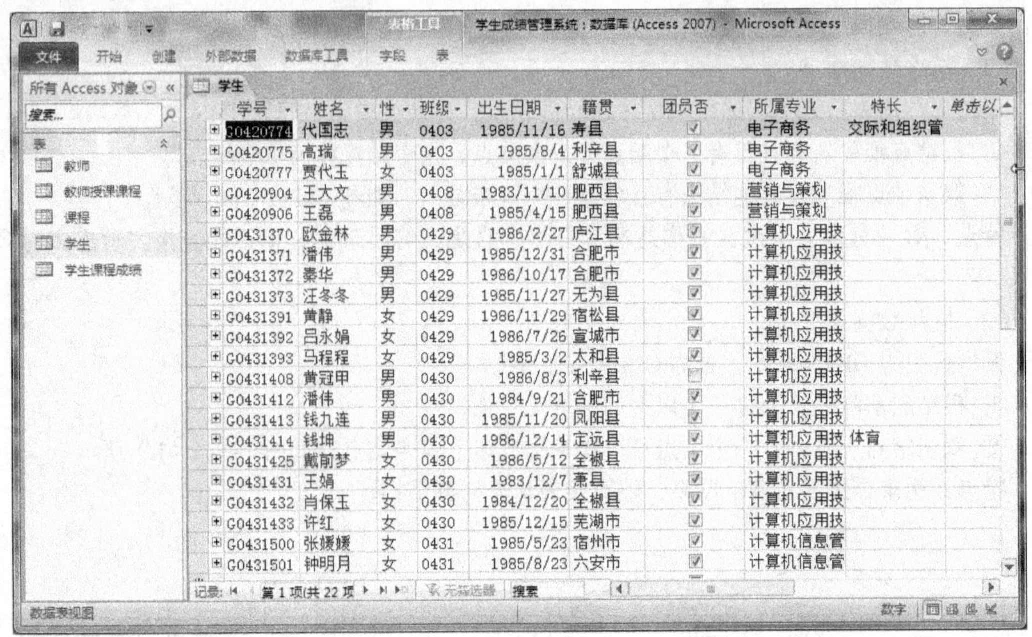

图 1-1-3　学生表

（2）元组

二维表（关系）中的每一行，对应着表中的记录。

（3）属性

二维表（关系）中的每一列，对应着表中的字段。

（4）域

属性的取值范围，如性别只能取“男”和“女”。

（5）关键字

唯一地标识一个元组的属性或属性集合，如学生表中的学号。

（6）外部关键字

如果一个表的字段不是本表的主关键字，而是另外一个表的主关键字或候选关键字，这个字段（属性）就称为外部关键字。在 Access 中，主关键字和候选关键字起唯一标识一个元组的作用。

2. 关系的特点

① 关系规范化：指关系模型中的每一个关系模式都必须满足一定的要求。最基本的要求是每个属性必须是不可分割的数据单元，即表中不能再包含表。

② 属性互斥性：在同一个关系中不能出现相同的属性名。

③ 元组互斥性：关系中不允许有完全相同的元组。

④ 元组无序性：在一个关系中元组的次序无关紧要。

⑤ 属性无序性：在一个关系中列的次序无关紧要。

3．实际关系模型

一般来说，一个具体的关系模型由若干相互联系的关系组成。在 Access 中，一个数据库中包含相互之间存在联系的多张表，也就是说一个数据库对应一个实际的关系模型。在不同的表中，存在一些公共的字段名，如外部关键字，通过它们将多个表联系起来。

1.2.2 关系运算

1．传统的集合运算——行运算

（1）并

两个结构相同的关系 R 和 S，如图 1-1-4（a）所示，这两个关系的并是由属于这两个关系的元组组成的集合，运算结果如图 1-1-4（b）所示。

（2）交

两个结构相同的关系 R 和 S 的交是由既属于 R 又属于 S 的元组组成的集合，运算结果如图 1-1-4（c）所示。

（3）差

两个结构相同的关系 R 和 S 的差是由属于 R 但不属于 S 的元组组成的集合，运算结果如图 1-1-4（d）所示。

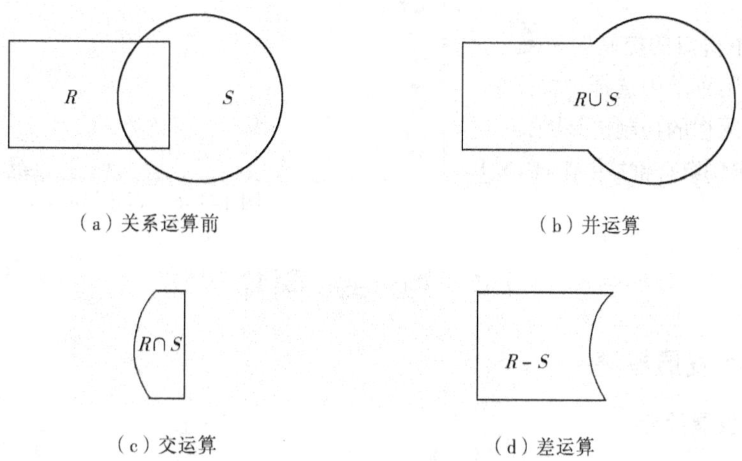

（a）关系运算前　（b）并运算　（c）交运算　（d）差运算

图 1-1-4　传统的集合运算

2．专门的关系运算

（1）选择（selection）

选择运算是指从关系中找出满足给定条件的元组组成一个新关系的操作。

（2）投影（projection）

投影运算是指从关系中指定若干属性组成的新关系。

（3）连接（join）

连接运算是将两个关系模式拼接成为一个更宽的关系模式，生成的新的关系中包含满足连接条件的元组。

（4）自然连接（natural join）

在连接运算中，按照相同字段值对应相等为条件进行连接，并去掉重复字段的操作。

1.3 启动和退出 Access

1. 启动 Access

可以使用 Windows 环境中启动应用程序的一般方法启动 Access。主要有以下 3 种：

① 选择“开始”→“程序”→“Microsoft Office”→“Microsoft Office Access 2010”命令。

② 双击桌面上的 Access 快捷方式图标，如图 1-1-5 所示。

③ 打开 Access 创建的数据库文件的同时可以启动 Access。

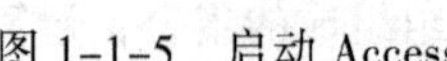

图 1-1-5 启动 Access

2. 退出 Access

退出 Access 通常有 4 种方法：

① 单击主窗口的“关闭”按钮，如图 1-1-6 所示。

② 选择“文件”→“退出”命令，如图 1-1-6 所示。

③ 先单击主窗口的控制图标，在打开的窗口控制菜单中选择“关闭”命令，或双击标题栏的控制图标。

④ 按【Alt+F4】组合键或【Alt+F+X】组合键。

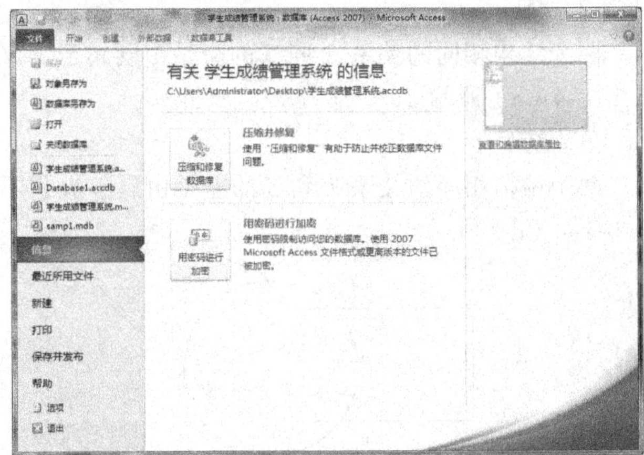

图 1-1-6 退出 Access

1.4 Access 简介

1.4.1 Access 发展概述

1. Access 发展简介

Access 是一种关系型的个人桌面中小型数据库管理系统，是 Microsoft Office 系列产品之一。1992 年 11 月，Microsoft 公司推出 Access 1.0，初期陆续推出 Access 2.0、Access 7.0/95、Access 8.0/97，又经过中期 Access 9.0/2000、Access 10.0/2002、Access 2003 的不断改进，直到 Access 2007、Access 2010 及 Access 2013，又迎来一个新的发展阶段。

微软采用了 dBASE 和 FoxPro 这两个关系数据库的特点来设计 Access，为其增加了窗体和报表设计功能，并借鉴 Visual Basic 语言，加入了许多程序设计功能。中文版 Access 具有和 Office 中的 Excel、Word 等相同的操作界面环境以及与其直接连接的功能，并且提供了更为方便快捷的操作方式。

2. Access 的特点

① 入门比以前更方便快捷，利用在线社区功能，共享模板开发成果。

② 具有简洁有序的集成开发环境，最突出的新界面元素是用带状“功能区”代替传统的菜单和工具栏，将“按钮”定义为“文件选项卡”分组列举在“功能区”中。

③ 利用主题工具实现专业外观设计，方便地生成美观的窗体界面和报表。

④ 能处理多种数据类型，共有文本、数字、附件、计算和自定义等 13 种类型。

⑤ 采用 OLE 技术，能方便地创建和编辑多媒体数据库，支持 ODBC 的 SQL 数据库。

⑥ 表达式生成器的智能特性，自动提供输入时所需的全部信息和相关参数。

⑦ 提供两种数据库类型的开发工具，一是种标准桌面型，另一种是 Web 数据库类型。

⑧ 通过 Web 网络共享数据库，利用 SharePoint 来进行企事业单位协同办公。

⑨ 提供了全新的宏设计器，通过操作目录将宏分类组织，实现数据库逻辑的集中化与设计自动化，发生了质的变化。

⑩ 文件格式处于“仅执行”模式，用 ACCDB 取代 MDB 文件扩展名，ACCDB 文件的用户只能执行 VBA 代码，而不能修改源代码。

1.4.2 Access 的系统结构

Access 数据库由数据库对象和组两部分组成，如图 1-1-7 所示。其中数据库对象分为 6 种：表、查询、窗体、报表、宏、模块。

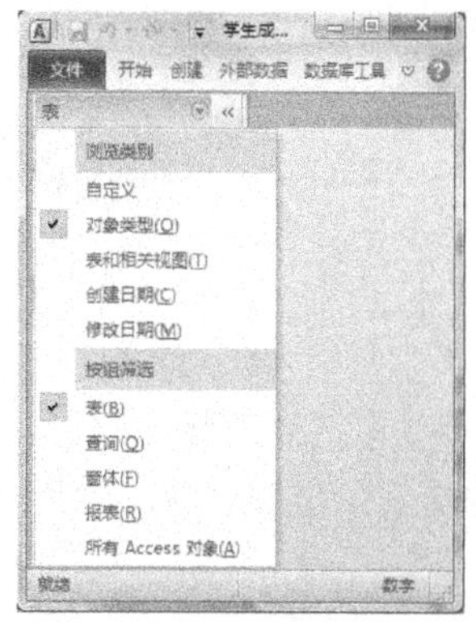

图 1-1-7 Access 的系统结构

1. 表（table）

表是用来存储数据的最基本单位，是存放数据的容器。表中的列称为字段，说明一个实体的某种属性；行称为记录，一条记录对应现实世界的一个具体实体。表是数据库的基础，报表、查询和窗体从数据库中获取数据信息，以实现用户的某一特定的需要。

2. 查询（query）

查询是开发数据库的最终目的，利用它可以按照一定的条件或准则从一个或多个表中筛选出需要操作的字段，并显示在一个虚拟的数据表窗口中，但它们不是基本表，查询的结果是静态的。它可以作为窗体、报表和数据访问页的数据源。

3. 窗体（form）

窗体是数据库与用户进行交互操作的界面，用于数据的输出或显示以及控制应用程序执行的对象，可以查看数据和输入数据。窗体是 Access 数据库中最灵活的一个对象，能够方便地把 Access 中各个对象联系起来，如可以在窗体中插入宏完成某些特定操作。其数据源可以是表或查询。

4. 报表（report）

报表是数据打印输出的有效方式，可以将数据库中需要的数据提取出来进行分析、整理和计算，并将数据以格式化的方式打印输出，用户可以在一个或多个表以及查询的基础上创建报表。

5. 宏（macro）

宏是一种为了实现事务性、重复性的功能而建立的可定制的对象，是一系列操作命令的集合，而且每个操作都能实现具体的功能。例如，打开窗体、生成报表、保存修改等，可使数据库的管理、维护等操作简单而快捷。

6. 模块（module）

模块由 Visual Basic for Application 编制的过程和函数组成，提供了程序开发用户的工作环境。其主要作用是建立 VBA 程序来完成宏对象不易完成的、复杂的自定义任务。

1.4.3 Access 的用户界面

Access 的用户界面具有 Windows 窗口、菜单和对话框的共同特性。用户可以使用 Windows 环境中的一般操作方法操作 Access 的窗口、菜单和对话框。

1. Access 的工作界面

Access 的工作界面如图 1-1-8 所示，包括标题栏、选项卡功能区、状态栏、导航栏、数据库对象窗口以及帮助等部分。

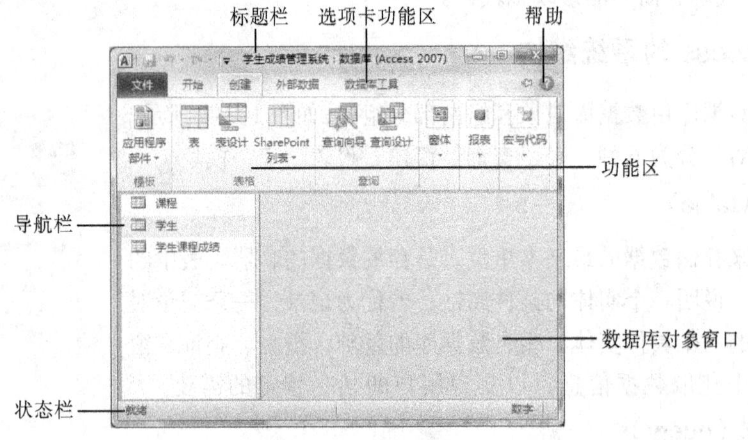

图 1-1-8 Access 的工作界面

2. Access 的导航窗格

导航窗格实现对当前数据库对象的管理和对相关对象的组织。导航窗格显示数据库中所有对象，并且把它们按类别分组，如图 1-1-7 所示。单击窗格上部的下拉按钮，可以显示分组列表，如创建“表”操作。右击任何对象能够打开快捷菜单，选择执行某个操作。

3. Access 的功能区

功能区包含对特定对象进行处理的选项卡，每个选项卡中的控件按钮组成多个命令组，如图 1-1-9 所示。只要单击工具栏中的按钮，即可执行该按钮指定的命令。

图 1-1-9 Access 的功能区

功能区中的按钮还可以由用户定制，功能区的位置也可以由用户调整。当然，功能区也可由用户打开和关闭。打开和关闭功能区的常用方法如下：右击功能区，弹出对应的功能区快捷菜单 自定义功能区(R)...，选择该快捷菜单中的命令，即可以打开或关闭控件按钮。

4. Access 的对话框

Access 的对话框是实现人机对话功能的重要工具，例如，图 1-1-10、图 1-1-11。对话框中的命令按钮提供执行命令的功能，单选按钮、复选框、列表框和下拉列表框提供某种选择，微调按钮提供选择或输入数值的功能，文本框和编辑框提供输入文本的功能。用户可以使用操作 Windows 对话框中各种选项的方法操作 Access 的对话框。

图 1-1-10 “Access 选项”对话框

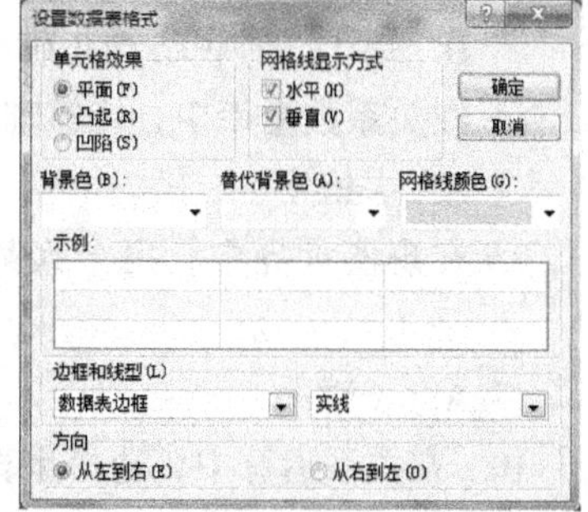

图 1-1-11 “设置数据表格式”对话框

小 结

本章在了解计算机数据发展的基础上，首先概述了数据库系统的组成、数据库模型等基础知识，然后分析了现今最流行的关系数据模型及其关系运算，最后介绍了 Access 数据库管理系统的发展、系统结构以及 Access 的启动、关闭和 Access 的用户界面。

习 题

选择题

1. 数据库系统的核心是（ ）。

   A. 数据模型　B. 数据库管理系统　C. 数据库　D. 数据库管理员

2. 如果表 A 中的一条记录与表 B 中的多条记录相匹配，且表 B 中的一条记录与表 A 中的多条记录相匹配，则表 A 与表 B 存在的关系是（ ）。

   A. 一对一　B. 一对多　C. 多对一　D. 多对多

3. “商品”与“顾客”两个实体集之间的联系一般是（　　）。

   A. 一对一　　B. 一对多　　C. 多对一　　D. 多对多

4. 数据库（DB）、数据库系统（DBS）、数据库管理系统（DBMS）之间的关系是（　　）。

   A. DB 包含 DBS 和 DBMS　　B. DBMS 包含 DB 和 DBS

   C. DBS 包含 DB 和 DBMS　　D. 没有任何关系

5. 常见的数据模型有 3 种，分别是（　　）。

   A. 网状、关系和语义　　B. 层次、关系和网状

   C. 环状、层次和关系　　D. 字段名、字段类型和记录

6. 下列实体的联系中，属于多对多联系的是（　　）。

   A. 学生与课程　　B. 学校与校长

   C. 住院的病人与病床　　D. 职工与工资

7. 在关系运算中，投影运算的含义是（　　）。

   A. 在基本表中选择满足条件的记录组成一个新的关系

   B. 在基本表中选择需要的字段（属性）组成一个新的关系

   C. 在基本表中选择满足条件的记录和属性组成一个新的关系

   D. 以上 3 种说法均正确

8. 在关系数据库中，能够唯一地标识一个记录的属性或属性的组合称为（　　）。

   A. 关键字　　B. 属性　　C. 关系　　D. 域

9. 在现实世界中，每个人都有自己的出生地。实体“人”与实体“出生地”之间的联系是（　　）。

   A. 一对一　　B. 一对多　　C. 多对多　　D. 无联系

10. 在关系运算中，选择运算的含义是（　　）。

    A. 在基本表中，选择满足条件的元组组成一个新的关系

    B. 在基本表中，选择需要的属性组成一个新的关系

    C. 在基本表中，选择满足条件的元组和属性组成一个新的关系

    D. 以上 3 种说法均是正确的

11. 下列叙述中正确的是（　　）。

    A. 数据库系统是一个独立的系统，不需要操作系统的支持

    B. 数据库技术的根本目标是解决数据的共享问题

    C. 数据库管理系统就是数据库系统

    D. 以上 3 种说法都不对

12. 下列叙述中正确的是（　　）。

    A. 为了建立一个关系，首先要构造数据的逻辑关系

    B. 表示关系的二维表中各元组的每一个分量还可以分成若干数据项

    C. 一个关系的属性名表称为关系模式

    D. 一个关系可以包括多个二维表

13. 用二维表来表示实体及实体之间关系的数据模型是（　　）。

    A. 实体-联系模型　　B. 层次模型　　C. 网状模型　　D. 关系模型

14. 在企业中，职工的“工资级别”与职工个人“工资”的联系是（　　）。
   A. 一对一　　B. 一对多　　C. 多对多　　D. 无联系
15. 假设一个书店用（书号，书名，作者，出版社，出版日期，库存数量，…）一组属性来描述图书，可以作为“关键字”的是（　　）。
   A. 书号　　B. 书名　　C. 作者　　D. 出版社
16. 某宾馆中有单人间和双人间两种客房，按照规定，每位入住该宾馆的客人都要进行身份登记。宾馆数据库中有客房信息表（房间号，…）和客人信息表（身份证号，姓名，来源，…）；为了反映客人入住客房的情况，客房信息表与客人信息表之间的联系应设计为（　　）。
   A. 一对一联系　　B. 一对多联系　　C. 多对多联系　　D. 无联系
17. 在学生表中要查找所有年龄小于 20 岁且姓王的男生，应采用的关系运算是（　　）。
   A. 选择　　B. 投影　　C. 连接　　D. 比较
18. 在 Access 中，可用于设计输入界面的对象是（　　）。
   A. 窗体　　B. 报表　　C. 查询　　D. 表
19. 不属于 Access 对象的是（　　）。
   A. 表　　B. 文件夹　　C. 窗体　　D. 查询
20. 在 Access 数据库对象中，体现数据库设计目的的对象是（　　）。
   A. 报表　　B. 模块　　C. 查询　　D. 表

第 2 章　数据库

Access 是一个功能强大的关系型数据库系统，可以组织、存储并管理任何类型和任意数量的信息。为了了解和掌握 Access 组织和存储信息的方法，本章将详细介绍数据库的创建步骤、创建方法和维护管理等基本操作。

学习目标：

- 理解数据库的设计原则，掌握数据库的设计步骤和方法。
- 掌握数据库的打开、关闭等基本操作。
- 理解数据库的备份、转换、压缩和修复等维护管理操作。

2.1　设计数据库

2.1.1　设计原则

设计数据库时，应遵循正确性、完整性原则：

① 关系数据库的设计应遵循概念单一化的原则。

② 避免在表之间出现重复字段，即数据冗余。

③ 表中的字段必须是原始数据和基本数据元素。

④ 用外部关键字来实现有关联的表之间的联系。

2.1.2　设计步骤

在使用 Access 建立数据库的表、窗体和其他对象之前，设计数据库是很重要的工作，合理的设计是创建高效、准确、及时完成所需功能的数据库的基础。

数据库设计的一般步骤如图 1-2-1 所示。

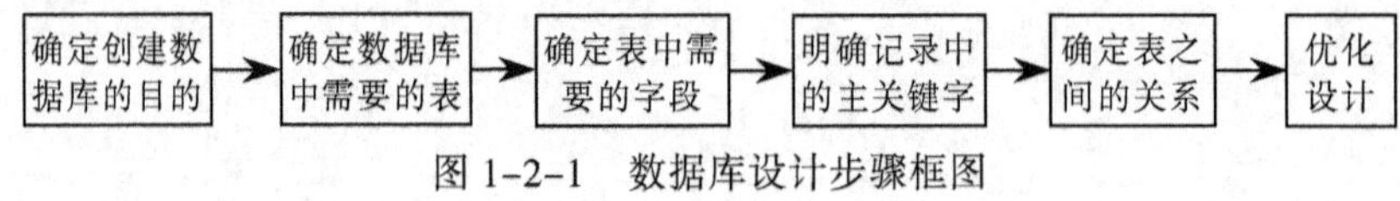

图 1-2-1　数据库设计步骤框图

【例 1.2.1】根据下面介绍的学生成绩管理基本情况，设计“学生成绩管理系统”数据库。

1．确定创建数据库的目的

设计数据库的第一步是确定数据库的目的以及如何使用。用户需要明确希望从数据库中得到什么信息，由此可以确定需要用什么主题来保存有关事件（表）和需要用什么事件来保存每一个主题（表中的字段）。

（1）信息需求

对用户的需求进行分析和讨论，确定所建数据库的任务。

（2）处理需求

了解现行工作处理过程，明确处理问题的方法和步骤。

（3）安全性和完整性需求

所建数据库应能满足安全性和完整性需求。

例如：创建“学生成绩管理系统”数据库的目的是实现学生成绩管理的自动化。

2．确定数据库中需要的表

确定表可能是数据库设计过程中最难处理的步骤。实际中遵循概念单一化的原则，即一个表描述一个实体或实体间的一种联系，并将这些信息分成各种基本实体。

可按以下设计原则对信息进行分类：

① 所含主题信息的独立性。例如，将学生信息和教师信息分开，保存在不同的表中。

② 表内、表间信息的唯一性。例如，在一个表中每个学生的籍贯和出生日期等信息只能保存一次，不能重复。根据已确定的“学生成绩管理系统”数据库的任务及信息分类原则，将数据分别存放在“教师”“学生”“课程”“学生课程成绩”和“教师授课课程”等5个表中。

3．确定表中需要的字段

对于数据库中所确定的表，下一步是设计表的结构。每个表中都包含关于同一主题的信息，并且表中的每个字段包含关于该主题的各个事件。Access规定，一个表中不能有两个重名的字段。

① 字段内容的直接相关性，即每个字段直接和表的主题相关。

② 字段存储逻辑的最小性，即以最小的逻辑单位作为存储字段，不可随意拆分。

③ 字段数据的原始性，即不要包含推导或计算得出的数据，避免数据二次冗余问题。

例如：“学生成绩管理系统”数据库中5个表的字段确定如表1-2-1所示。

表1-2-1　各表中的字段及其主关键字

学　生	学生课程成绩	课　程	教师授课课程	教　师
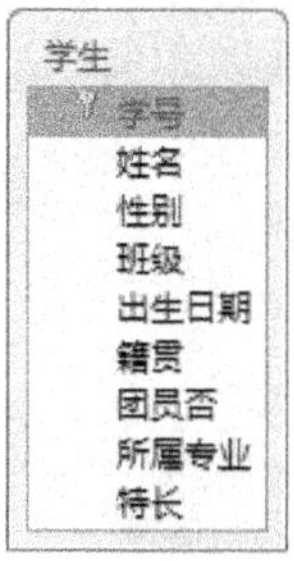 学生 学号 姓名 性别 班级 出生日期 籍贯 团员否 所属专业 特长	 学生课程成绩 学号 课程编号 成绩	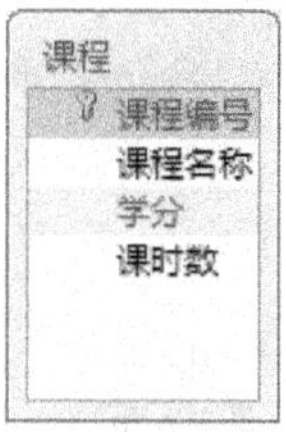 课程 课程编号 课程名称 学分 课时数	 教师授课课程 教师授课 教师编号 课程编号	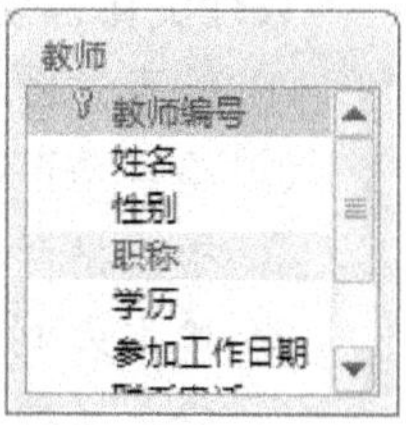 教师 教师编号 姓名 性别 职称 学历 参加工作日期

4．确定记录中的主关键字

为了使存放在不同表中的数据之间建立联系，表中的记录必须有一个字段或多个字段集作为唯一的标识，这个字段（或多个字段集）就是主关键字。

① 主关键字可以是单字段，也可以是组合字段（字段集）。

② 主关键字字段值具有唯一性，不允许输入空值和重复值。

如表1-2-1中，字段名称前带主键标记 的为该表中的主关键字，其中“学生课程成绩”表中是由“学号”和“课程编号”组成的字段集作为主关键字。

5. 确定表之间的关系

确立了表和相应的主关键字字段后，需要通过某种方式将相关信息（表之间的联系）重新结合到一起。

（1）对于一对多的联系

可以将其中“一方”表的主关键字放到“多方”表中作为外关键字。“一方”使用索引关键字，“多方”使用普通索引关键字。例如，“学生”表和“学生课程成绩”表就是一对多的联系，将学生表中的主关键字“学号”放到“学生课程成绩”表中，如图 1-2-2 所示。

（2）对于一对一的联系

两个表中使用相同的主关键字字段。

（3）对于多对多的联系

为了避免数据重复，一般建立第三个表，把多对多的联系分解成两个一对多的联系。这第三个表可以看成纽带。纽带表不一定需要自己的主关键字，如果需要，可以将它所联系的两个表的主关键字作为组合关键字指定为主关键字。例如，“学生”表和“课程”表就是多对多的联系。“学生课程成绩”表就是具有组合关键字的纽带表，如图 1-2-2 所示。

图 1-2-2　建立表间关系

6. 优化设计

设计完需要的表、字段和关系后，应该检查该设计可能存在的缺陷，这些缺陷可能会使数据难以使用和维护。而且从工作量和效果上看，改变数据库的设计要比更改已经填满数据的表容易得多。

设计优化检查通常可从以下几方面着手：

① 检查是否忘记了字段。

② 检查是否存在大量空白字段。

③ 检查是否包含了同样字段的表。

④ 检查表中是否带有大量不属于某实体的字段。

⑤ 检查是否在某个表中重复输入同样的数据。

⑥ 检查是否为每个表选择了合适的主关键字。

⑦ 检查是否有字段很多而记录很少的表，并且许多记录中的字段值为空。

如果检查结果认为数据库设计的各个环节都达到了设计要求，就可以向表中输入数据，并创建数据处理操作所需要的查询、窗体、报表、宏和模块等其他数据库对象。

2.2　创建数据库

常用的创建数据库的方法有两种：第一种是用户手工建立空数据库，然后分别定义数据库中的每一个对象，是较灵活的创建数据库方法；第二种是利用系统自动创建特定类型的数据库，即使用"数据库向导"，选择系统提供的数据库模板后，一次性创建所需的表、窗体、报表，是创建数据库最简单的方法。

2.2.1 建立一个空数据库

创建空数据库通常有两种方法：启动 Access 时创建和启动 Access 后用"新建"命令创建。

在第一次启动 Access 时，将自动显示"文件"菜单，选择"新建"或"打开"已有的文件选项。

【例 1.2.2】创建"学生成绩管理系统"数据库，保存位置为 D:\My Access。

具体操作步骤如下：

① 在 Microsoft Access"文件"选项卡中选择"新建"命令，再双击图标，如图 1-2-3 所示，弹出"文件新建数据库"对话框。

② 在"文件新建数据库"对话框中进行如下操作：

- 设置保存位置：先找到 D 盘，再单击新建文件夹按钮，输入 My Access，如图 1-2-4 所示，然后单击"确定"按钮。

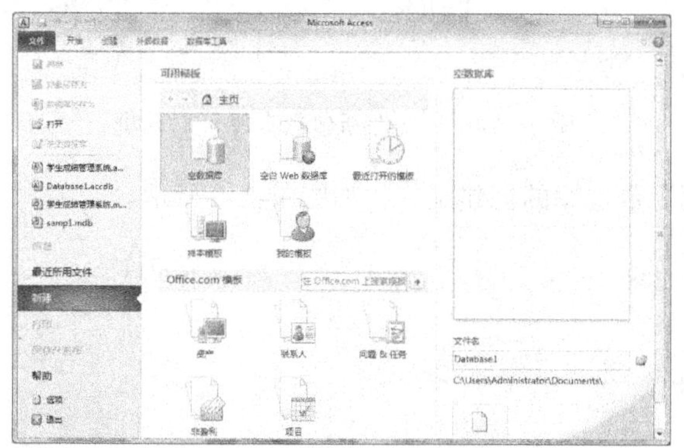

图 1-2-3 "文件"→"新建"菜单

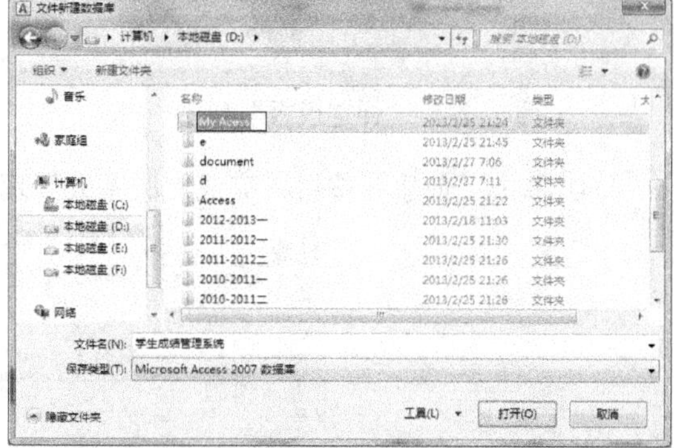

图 1-2-4 "文件新建数据库"对话框

- 设置文件名：在"文件名"文本框中输入"学生成绩管理系统"。
- 设置保存类型：在"保存类型"下拉列表框中选择"Microsoft Access 2010 数据库"选项。

③ 单击"打开"按钮，完成空白数据库的创建。

2.2.2 利用向导创建数据库

"数据库向导"是 Access 为了方便地建立数据库而设计的向导类型的程序，它可以大大提高工作效率。就好像一个旅行社可以开设几条旅游线路，每个线路要配备不同的导游一样。通过 Access 的"数据库向导"，只要回答几个问题就可以轻松地创建一个数据库。

样本模板包含 Access 提供的 12 个示例模板，分成两组，一组是 Web 数据库模板，另一组是传统数据库模板——罗斯文数据库。

【例 1.2.3】在 D:\My Access 文件夹下利用"向导"建立"联系人管理"数据库。模板为"联系人 Web 数据库"。

具体操作步骤如下：

① 在使用数据库向导建立数据库之前，必须选择需要建立的数据库类型，因为不同类型的数据库有不同的数据库向导。启动 Access 后，在"文件"选项卡中选择"新建"命令，单击"样

本模板”按钮，弹出“样本模板”列表。选中“联系人 Web 数据库”图标，如图 1-2-5 所示。

② “联系人 Web 数据库”是单位个人管理通话记录的数据库，双击这个图标，数据库向导开始工作。

③ 单击浏览保存位置按钮，在如图 1-2-4 所示的“文件新建数据库”对话框中指定数据库文件名、文件类型和保存位置（D:\My Access 文件夹），单击“确定”按钮，如图 1-2-6 所示。

图 1-2-5 “样本模板”列表

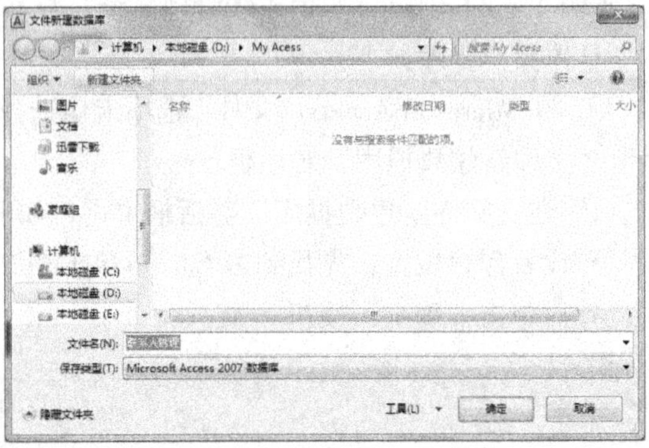

图 1-2-6 “文件新建数据库”对话框

④ 单击“创建”按钮，完成“联系人管理”数据库的创建工作，如图 1-2-7 所示。

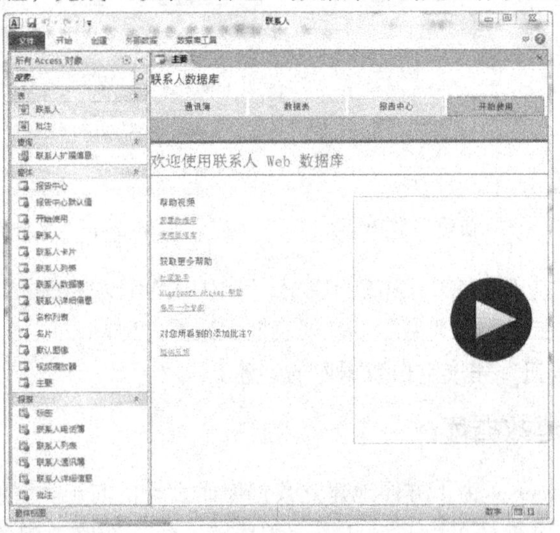

图 1-2-7 完成“联系人管理”数据库的创建

2.3 数据库的基本操作

数据库的基本操作包括数据库的打开和关闭，数据库的备份，数据库的压缩、修复和转换等。

2.3.1 数据库的打开

打开数据库通常有两种方法：启动 Access 时打开已有文件和启动 Access 后选择“打开”命令打开。

1. 启动 Access 时打开已有文件

启动 Access 时，在“开始工作”任务窗格中选择“打开”任务窗格，再选中已创建的数据库，单击“确定”按钮即可。

2. 启动 Access 后用“打开”命令打开已有文件

启动 Access 后，选择“文件”→“打开”命令，弹出“打开”对话框，如图 1-2-8 所示。打开数据库所在的文件夹，选中所需打开的数据库，然后单击“打开”按钮。

如果找不到要打开的数据库，在“打开”对话框中，输入搜索条件。找到后选中该数据库，单击“打开”按钮即可。

图 1-2-8 “打开”对话框

2.3.2 数据库的关闭

完成数据库操作后，需要保存并关闭数据库，关闭 Access 通常有 4 种方法，详见 1.3 节退出 Access。

2.3.3 数据库的备份

在对数据进行压缩、修复和转换前，一般要求将当前数据库做备份，以免发生意外损失。

① 如果在多用户（共享）数据库环境中，请确认所有的用户都关闭了数据库。

② 使用 Windows“资源管理器”“计算机”、Microsoft Backup、MS-DOS 的 copy 命令或其他备份软件，将数据库文件（扩展名为.mdb）复制到所选择的备份媒介（如硬盘、U 盘）上，起到备份的作用。

2.3.4 数据库的压缩和修复

对于某些操作，Access 分配硬盘空间时存在一些问题，比如不能自动收回已用的空间，这样就会造成文件很大，此时可以对数据库做压缩和修复处理，以节约内存。操作步骤如下：

① 关闭数据库。如果正在压缩位于服务器上或文件夹中的多用户（共享）数据库，请确定没有其他用户打开它。

② 选择 “数据库工具”→“压缩和修复数据库”命令，如图 1-2-9 所示。

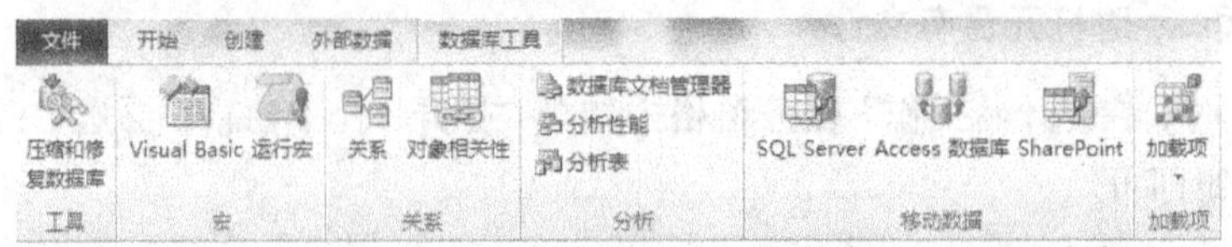

图 1-2-9 “压缩和修复数据库”命令

小　结

本章先概述了数据库的设计原则、数据库的设计步骤和方法，然后再介绍 Access 数据库的创建方法和步骤，以及打开和关闭数据库。最后介绍了数据库的备份、转换、压缩和修复等维护管理操作。

习　题

选择题

1. Access 中表和数据库的关系是（　　）。

   A. 一个数据库可以包含多个表　　B. 一个表只能包含两个数据库

   C. 一个表可以包含多个数据库　　D. 一个数据库只能包含一个表

2. 利用 Access 创建的数据库文件，其扩展名为（　　）。

   A. .adp　　B. .dbf　　C. .frm　　D. .mdb

3. 在以下叙述中，正确的是（　　）。

   A. Access 只能使用系统菜单创建数据库应用系统

   B. Access 不具备程序设计能力

   C. Access 只具备模块化程序设计能力

   D. Access 具有面向对象的程序设计能力，并能创建复杂的数据库应用系统

4. Access 数据库具有很多特点，下列叙述中，不是 Access 特点的是（　　）。

   A. Access 数据库可以保存多种数据类型，包括多媒体数据

   B. Access 可以通过编写应用程序来操作数据库中的数据

   C. Access 可以支持 Internet/Intranet 应用

   D. Access 作为网状数据库模型支持客户机/服务器应用系统

5. Access 数据库的结构层次是（　　）。

   A. 数据库管理系统→应用程序→表　　B. 数据库→数据表→记录→字段

   C. 数据表→记录→数据项→数据　　D. 数据表→记录→字段

第 3 章　表

表是数据库的基本对象，是存放各类数据的地方。本章主要介绍表的基本知识和基本操作，包括建立表、维护表、操作表和操作表之间的关系等。

学习目标：

- 掌握建立表结构的步骤和方法。
- 掌握数据的输入步骤和方法。
- 掌握打开与关闭表的步骤和方法。
- 掌握表结构的修改和字段属性的设置步骤和方法。
- 掌握编辑表内容的步骤和方法：添加记录、删除记录、修改记录和复制记录等。
- 掌握表的外观格式设置和调整方法。
- 掌握查找与替换数据的步骤和方法。
- 掌握排序与筛选数据的步骤和方法。
- 理解表间关系的概念，掌握建立表间关系的步骤和方法。

3.1　Access 数据类型

3.1.1　基本概念

在 Access 中，一个简单的二维表称为表（table）。表是用来实际存储数据的地方，是整个数据库系统的基础，其他数据库对象（如查询、窗体、报表等）是表的不同形式的“视图”。因此，在创建其他数据库对象之前，必须先创建表。

1. 表的命名

每个表有一个表名。表名最多可以包含 64 个字符，可以是字母、汉字、数字、空格和特殊字符（句号、叹号、方括号或先导空格除外）的任何组合。例如，JSJX、0617_班、电子 0901_02 班等为合法表名。Access 规定，一个数据库中不能有两个重名的表（甚至也不能与查询重名）。

2. 表的组成

（1）表列

一个二维表可以由多列组成，每一列有一个名称，称为字段名。字段名命名规则和表的命名规则相同。每列存放数据的数据类型称为字段的数据类型，且每列存放数据的数据类型必须相同。例如，图 1–3–1 所示的“教师”表有 9 个字段，即 9 列。

（2）表行

一个二维表由多行组成，每一行都包含完全相同的列，列中的数据值可能不同。在 Access 中，表的每一行称为一条记录，每条记录包含完全相同的字段。表的记录可以增加、删除和修改。例如，图 1-3-1 所示的“教师”表有 11 条记录，即 11 行数据。

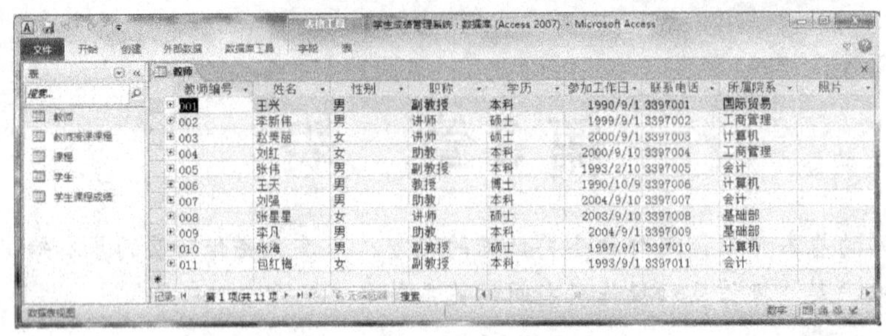

教师编号	姓名	性别	职称	学历	参加工作日	联系电话	所属院系	照片
001	王兴	男	副教授	本科	1990/9/1	3397001	国际贸易	
002	李新伟	男	讲师	硕士	1999/9/1	3397002	工商管理	
003	赵美丽	女	讲师	硕士	2000/9/1	3397003	计算机	
004	刘红	女	助教	本科	2000/9/10	3397004	工商管理	
005	张伟	男	副教授	本科	1993/2/10	3397005	会计	
006	王天	男	教授	博士	1990/10/9	3397006	计算机	
007	刘强	男	助教	本科	2004/9/10	3397007	会计	
008	张星星	女	讲师	硕士	2003/9/10	3397008	基础部	
009	李凡	男	助教	本科	2004/9/1	3397009	基础部	
010	张海	男	副教授	硕士	1997/9/1	3397010	计算机	
011	包红梅	女	副教授	本科	1993/9/1	3397011	会计	

图 1-3-1　示例表：教师

（3）表的建立

一个表由两部分构成：表的结构和表的数据。表的结构由字段的定义确定，表的数据按表结构的规定有序存放。数据库创建完成后，应该先建立表结构，然后向表中输入数据。

3. 视图切换

（1）视图种类

Access 在对表操作时提供了 4 种视图：设计视图、数据表视图、数据透视表视图和数据透视图视图。

在设计视图中可以创建和修改表结构；在数据表视图中可以查看表的记录内容和编辑数据。数据透视表视图使用“Office 数据透视表组件”，易于进行交互式数据组织与分析。数据透视图视图使用“Office Chart 组件”，帮助创建动态的交互式图表。

（2）视图切换

单击“开始”菜单下的视图切换按钮，如图 1-3-2 所示，可以在 4 种视图之间进行切换。选择“视图”→“数据表视图”命令或“视图”→“设计视图”命令，也可以在 4 种视图之间进行切换。

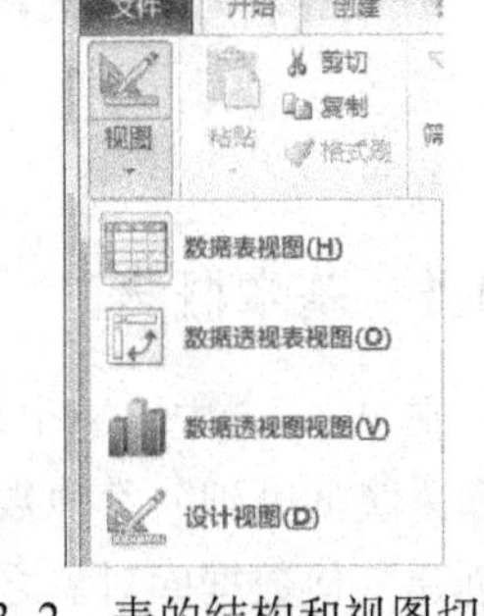

图 1-3-2　表的结构和视图切换

3.1.2 数据类型

数据类型确定在字段中存储的数据类型，字段大小是字段中存储数据的字符个数或字节数。在创建字段结构时，单击字段的“数据类型”→“文本”选项其右边下拉按钮，将打开如图 1-3-3 所示的字段类型列表。从中可以查看和修改字段的数据类型。

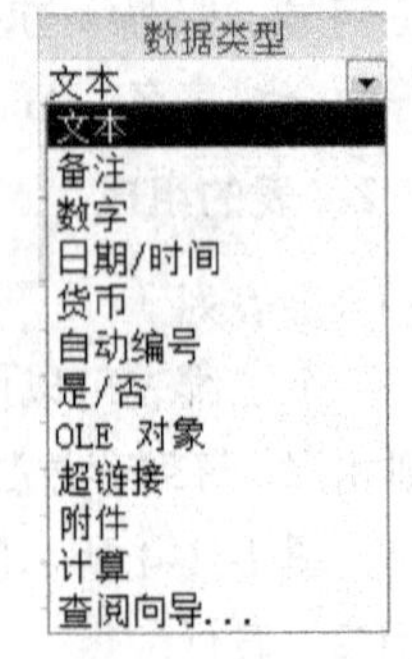

图 1-3-3　字段类型列表

1. 文本

文本型字段可以存放字母、汉字、符号和数字。例如，姓名、籍贯等字段类型都可以定义为文本型。另外，不需要计算的数字，或可能以 0 开头的数字，如身份证号码、电话号码等字段，通常也设置为文本型。文本型字段的主要字段属性为“字段大小”，可以控制输入字段的最大字符数，字段大小范围为 1～255，默认值为 50。在 Access 中，一个汉字、一个英文字母都称为一个字符（这是因为在 Access 中采用了 Unicode 字符集）。因此，字段大小指定为 4 的某一字段，最多只能输入 4 个汉字或字母。

2．备注

备注型字段可以存放长文本，或文本和数字的组合，最多为 65 535 个字符（如果备注型字段是通过 DAO 来操作并且只有文本和数字保存在其中，则备注型字段的大小可以非常大，只受数据库大小的限制）。常用备注型字段存放较长的文本，但不能像文本型字段那样可以进行排序或索引。例如，“学生”表中“简历”字段可以定义为备注型字段。

3．数字

数字型字段用于存放需要进行算术计算的数值数据，如长度、重量和人数等。数字型字段的属性是“字段大小”。Access 为了提高存储效率和运行速度，把数字型字段按大小进行细分。数字型字段分为字节、整型、长整型、单精度型以及双精度型等类型，默认大小为长整型，如表 1-3-1 所示。应根据数据的取值范围来确定其字段大小。

表 1-3-1　数字型字段的几种类型及相关属性

数字数据类型	值　的　范　围	小 数 位 数	字段长度
字节	0～255	无	1 个字节
整型	-32 768～32 767	无	2 个字节
长整型	-2 147 483 648～2 147 483 647	无	4 个字节
单精度型	-3.402823E38～3.402823E38	7	4 个字节
双精度型	-1.79769E308～1.79769E308	15	8 个字节

4．日期/时间

日期/时间型字段用于存放日期和时间，该字段的存储空间为 8 个字节，可以表示 100～9999 年的日期与时间值，超出此范围不能表示。日期/时间型字段的主要字段属性是“输入掩码”和“格式”。“输入掩码”是输入时的日期时间格式，“格式”是显示字段值时的格式。

通常采用默认值，“输入掩码”和“格式”的默认值是“常规日期”，其格式在 Windows“控制面板”中的“区域设置属性”对话框中设置。例如，2010-5-19、07:01:26 和 2010-5-19 07:01:26 都是合法的日期/时间型数据。学生表中“出生日期”字段的数据类型为日期/时间型。

5．货币

货币型字段用于存放金额类数据，其存储空间为 8 个字节，精确到小数点左边 15 位和小数点右边 4 位，并自动在数据前显示一个货币符号。对金额类数据应当采用货币型，而不采用数字型，如“学费”“工资”等。

6．自动编号

若表中某一字段的数据类型设为自动编号型字段，则当向表中添加一条新记录时，将由 Access 自动产生一个唯一的顺序号存入该字段。自动编号型字段的存储空间为 4 个字节，其大小为长整型；自动编号字段不能更新，指定后与相应记录永久链接，删除一条记录后不会自动重新编号。

一个表只能有一个“自动编号”字段。

自动编号型字段的主要字段属性是“新值”，其取值方式有“递增”和“随机”，默认值为“递增”。第一种是递增，每次加 1，第一条记录的自动编号字段的值为 1，以后增加记录，依次为 2、3、……。另一种产生方式为随机数，每增加一条记录产生一个随机长整型数。需要自动编码的字段可以采用自动编号型，在后面章节中将经常用到这种特殊的字段类型。例如，“课程编号”字段的类型为自动编号型。

7. 是/否

对于二值型的字段，其数据类型采用是/否型，表示是/否、真/假或开/关，如“团员否、婚否、落户口否”等，其字段大小为 1 位。对是/否型数据 Access 一般用复选框显示，其主要的字段属性是显示控件，其默认值为“是”，用对号“☑”表示“是”，用空白“☐”表示“否”。

8. OLE 对象

对照片、图形等数据，Access 提供 OLE 对象数据类型进行处理。其实，不仅仅是照片，诸如 Excel 电子表格、Word 文档、图形、声音或其他二进制数据，都可以用 OLE 对象处理，甚至一个 Access 数据库也可以放入 OLE 对象字段中。字段数据的大小最大可为 1 GB，仅受可用磁盘空间的限制。OLE 对象字段类型支持.bmp、.gif、jpg、.tif、.png、.pcd、.pcx 等数据格式。

9. 超链接

该类型的字段存放的数据是超链接地址，以文本形式存储并用作超链接地址。超链接地址是指向对象、文档或 Web 页面等目标的一个路径，可以是 URL（Internet 或 Intranet 站点的地址）。可以在超链接字段直接输入文本或数字，Access 把输入的内容作为超链接地址。当单击超链接时，Web 浏览器或 Access 就使用该超链接地址跳转到指定的目的地。

10. 附件

附件是 Access 2010 创建的 ACCDB 格式的文件，是一种新的类型，用于存储图像和任意类型的二进制文件的首选数据类型，可允许向 Access 数据库记录中附加外部文件（图片、图像、二进制文件、Office 文件）的特殊字段(Access 2007 新增)。对于压缩的附件字段大小为 2 GB，对于未压缩的附件大约为 700 KB。

11. 计算

用于表达式或计算结果类型是小数的字段，计算时必须引用同一张表中的其他字段，大小为 8 个字节。

12. 查阅向导

创建允许用户使用组合框选择来自其他表或来自值列表中的值的字段。如果某个字段的取值来源于一个有限的集合，例如，“性别”字段只能从“男”“女”两个值中取其一，可以使用代码技术简化输入。

设置查阅向导的方法：在表设计器中选择“查阅向导”数据类型，弹出“查阅向导”对话框，在向导的引导下完成设置查阅向导的操作。

注意：查阅向导的数据来源有两种：一种是来自另外一个表（或查询）；另一种是来自固定的几个常数。在向导对话框中选择“使查阅列在表或查询中查阅数值”选项，即可使用来自另外一个表（或查询）作为数据源。

3.2 创 建 表

3.2.1 建立表结构

建立表结构有 2 种方法：一是在“数据表”视图中直接在字段名处输入字段名；二是使用“设计”视图创建表结构。

1. 使用“数据表”视图

【例 1.3.1】 在“学生成绩管理系统”数据库中，使用“数据表”视图建立“课程”表，“课程”表结构如图 1-3-4 所示。

具体操作步骤如下：

① 打开“学生成绩管理系统”数据库。

② 在“功能区”的“创建”选项卡的“表格”组中，单击 “表”按钮，创建名为“表 1”的新表，如图 1-3-4 所示。

③ 在“数据表视图”视图中，选中 ID 字段，在“表格工具”选项卡的“属性”组中，单击“名称和标题”按钮，弹出“输入字段属性”对话框，在名称“文本框”中输入“课程编号”，单击“确定”按钮，如图 1-3-5 所示。

④ 单击“单击以添加”，在下拉列表中选择数据类型“文本”，此时新字段自动命名为“字段 1”，重复步骤③操作，把字段名称修改为“课程名称”。依次添加其余字段，如图 1-3-6 所示。

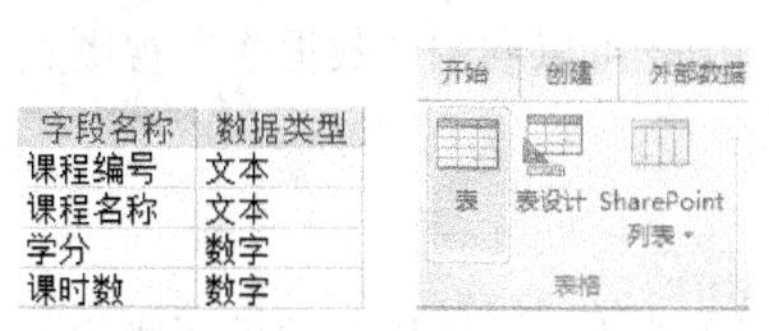

图 1-3-4 “课程”表结构和“创建”－“表格”组

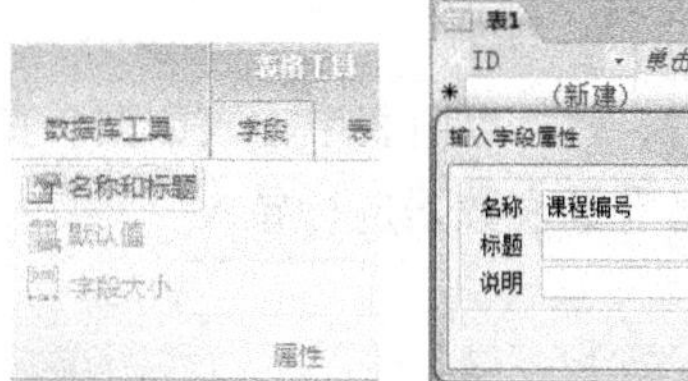

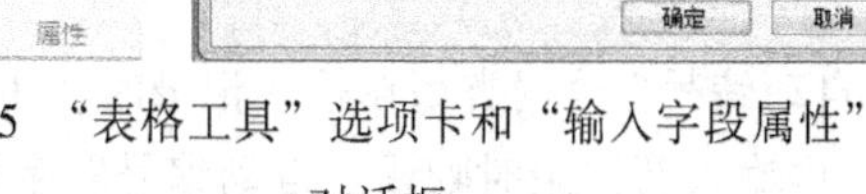

图 1-3-5 “表格工具”选项卡和“输入字段属性”对话框

⑤ 插入新的列。右击要在其右边插入新列的列，选择“插入字段”命令，修改名称即可。

⑥ 输入数据。如果输入的是日期、时间或数字，请使用相同的格式输入，注意不同的数据类型有不同的显示格式。在保存数据表时，将删除所有的空字段，如图 1-3-6 所示。

⑦ 数据输入完成后，单击“快速访问工具栏”上的“保存”按钮保存数据表，弹出“另存为”对话框，在“表名称”文本框中输入表名“课程”，单击“确定”按钮，如图 1-3-7 所示。

⑧ 如果还没有设置能唯一标识表中每一行的数据的关键字，可以通过“设计”视图来指定表中的主键。

课程编号	课程名称	学分	课时数	单击以添加
01	高等数学	6	96	
02	大学语文	4	64	
03	大学英语	4	64	
04	计算机基础	6	96	
05	体育	2	32	
06	C语言程序设计	6	96	
07	数据库	4	64	
08	VB程序设计	4	64	
09	政治	2	32	
		0	0	

图 1-3-6 “课程”表数据内容

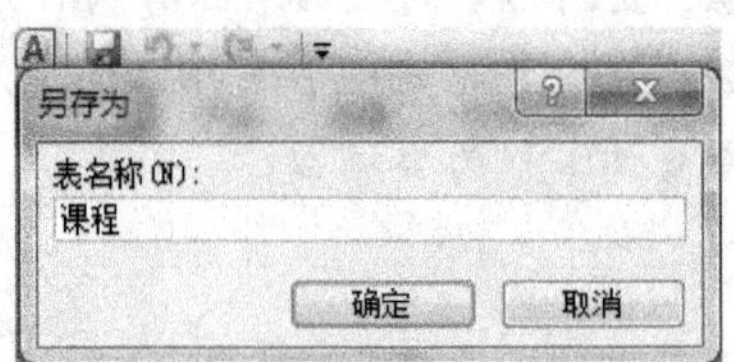

图 1-3-7 “另存为”对话框

注意：除了重命名及插入列外，在保存新建数据表之前或之后，也可以随时删除列或重新排序列的顺序。

2. 使用“设计”视图创建表

【例 1.3.2】在“学生成绩管理系统”数据库中，使用“设计”视图建立“教师授课课程”表，“教师授课课程”表结构如图 1-3-8 所示。

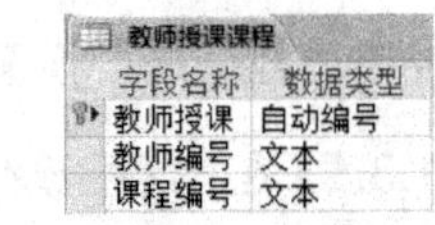

字段名称	数据类型
教师授课	自动编号
教师编号	文本
课程编号	文本

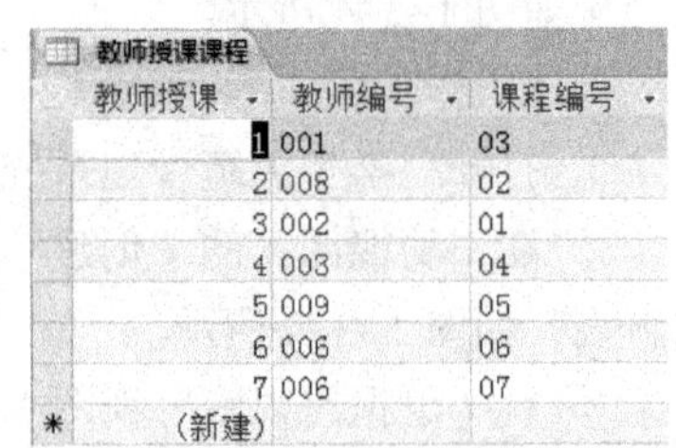

教师授课	教师编号	课程编号
1	001	03
2	008	02
3	002	01
4	003	04
5	009	05
6	006	06
7	006	07
（新建）		

图 1-3-8 “教师授课课程”表结

具体操作步骤如下：

① 在数据库窗口中“功能区”的“创建”选项卡的“表格”组中，单击 “表设计”按钮，即可进入表设计器。

② 在“字段名称”文本框中输入需要的字段名，在“数据类型”列表框中选择适当的数据类型。

③ 定义完全部字段后，右击设置字段“教师授课”为主键。或在“设计”选项卡的工具组中单击“主键”按钮。

④ 单击工具栏上的“保存”按钮，弹出“另存为”对话框，输入表的名称“教师授课课程”， 单击“确定”按钮，保存表的结构。

3.2.2 向表中输入数据

在建立了表结构之后，就可以向表中输入数据。在 Access 中，可以利用“数据表”视图直接输入数据，也可以利用已有的表数据进行导入。

1. 自动编号

“自动编号”数据类型在输入记录时从 1 开始自动累加，不用输入。如果从表的后面删除一些记录，再输入新记录时默认“自动编号”字段的新值，还是按未删除前的值累加。

2. 查阅向导

设置查阅向导后，在输入记录的数据时，可以直接从对应的组合框中选择选项，也可以在组合框的文本框中直接输入数据。

3. 超链接

可以在超链接字段直接输入文本或数字，Access 把输入的内容作为超链接地址。当单击超链接字段时，自动跳转到相应的网页或对象。输入超链接字段的数据时，既可以直接输入，也可以右击选择“超链接”→“编辑超链接”（见图 1-3-9）命令，弹出“编辑超链接”对话框，如图 1-3-10 所示。根据需要设置超链接。

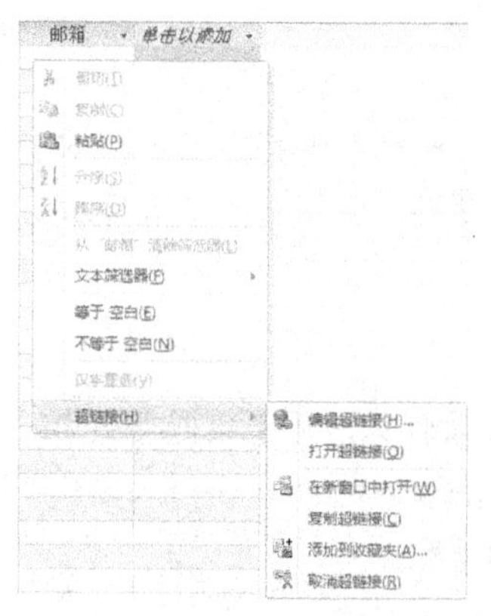

图 1-3-9 “编辑超链接”命令

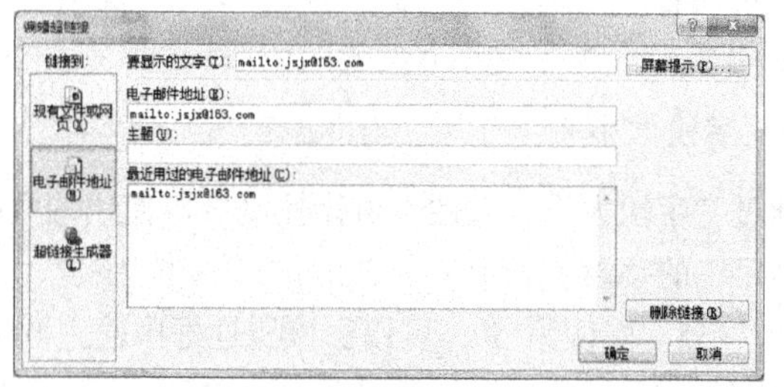

图 1-3-10 “编辑超链接”对话框

4. 备注

备注数据类型一般输入的数据量较大，直接在数据表中输入空间有限，可以按【Shift+F2】组合键打开专门的“显示比例”窗口输入备注数据。

5. OLE 对象

在数据表视图中输入 OLE 对象数据类型的操作步骤如下：

① 将光标移动到插入 OLE 对象的字段所在单元格中。

② 右击单元格，在弹出的快捷菜单中选择“插入对象”命令，弹出插入对象对话框，如图 1-3-11 所示。

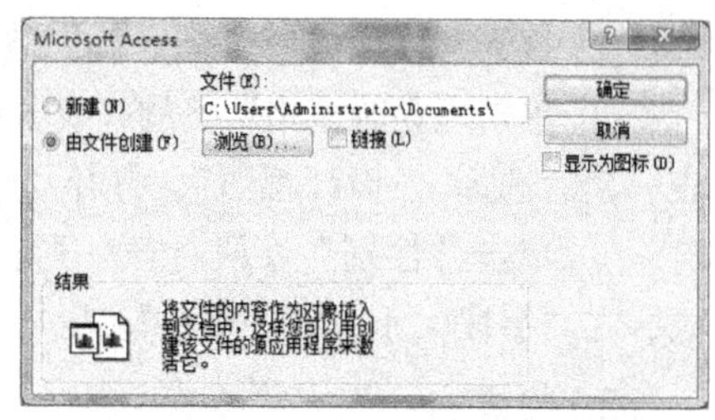

图 1-3-11 插入对象对话框

③ 从图 1-3-11 中可以看到，要插入的对象有两个来源：“新建”和“由文件创建”（如已扫描的照片）。如果选择“新建”单选按钮，则在“对象类型”列表框中选择对象类型，Access 将打开该对象的 Windows 应用程序创建新对象。如选择了 BMP 位图对象，则打开如图 1-3-12 所示的“画图”程序供用户创建图片对象。

如果选择“由文件创建”单选按钮，则可以单击“浏览”按钮，弹出如图 1-3-13 所示的“浏览”对话框打开需要的文件。插入的 OLE 对象在数据表中不能直接显示。双击 OLE 对象字段，可打开该对象的 Windows 应用程序显示或处理 OLE 对象。

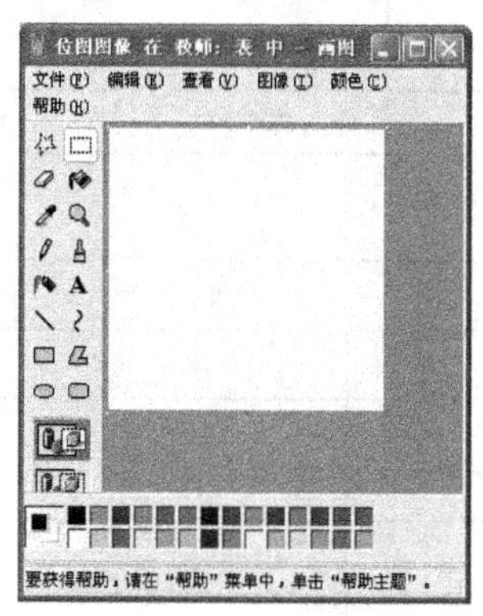

图 1-3-12 “画图”窗口

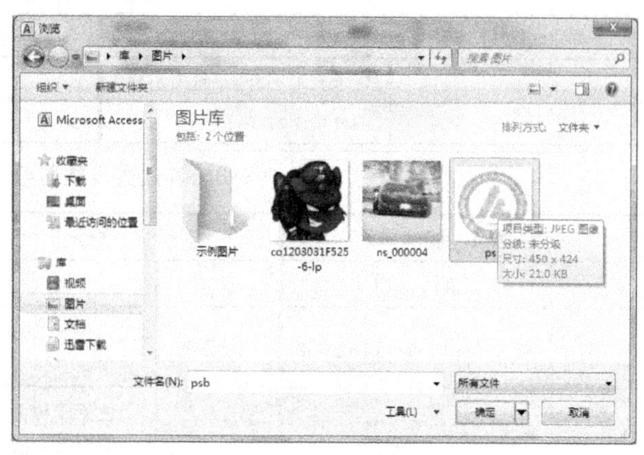

图 1-3-13 “浏览”对话框

3.2.3 设置字段属性

表中每个字段都有一系列的属性描述。字段的属性表示字段所具有的特性，不同的字段类型有不同的属性，当选择某一字段时，“设计”视图下部的“字段属性”区域就会依次显示出该字段的相应属性。下面介绍几个重要的字段属性。

1. 字段大小

通过“字段大小”属性，可以控制字段使用的空间大小。该属性只适用于数据类型为“文本”或“数字”的字段。对于一个“文本”类型的字段，其字段大小的取值范围是 0～255，默认为 50，可以在该属性框中输入取值范围内的整数；对于一个“数字”型的字段，可以单击“字段大小”属性框，然后单击右侧的下拉按钮，并从下拉列表中选择一种类型。

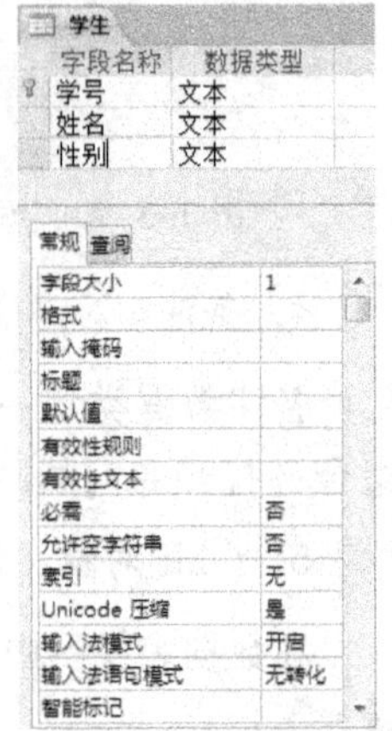

图 1-3-14 “字段大小”属性设置

【例 1.3.3】将“学生”表中“性别”字段的“字段大小”设置为 1；同样将“姓名”字段的“字段大小”属性设置为 4。

具体操作步骤如下：

① 打开“学生成绩管理系统”数据库。

② 单击“导航窗格”下的“表”对象，在表列表中，右击 “学生”表，然后选择 “设计视图”，打开“学生”表。

③ 单击“性别”字段行任一列，出现关于该字段的“字段属性”区，在“字段大小”文本框中输入 1，如图 1-3-14 所示。

2. 格式

“格式”属性用来决定数据的打印方式和屏幕显示方式。不同数据类型的字段，其格式选择有所不同。“日期/时间”“数字”“货币”以及“是/否”数据类型提供系统预定义格式。通常不用设置格式而用最常用的默认格式。设置“格式”属性时，用户可直接从“格式”组合框中快速方便地选择一种，也可以输入特殊格式字符，为所有的数据类型创建自定义显示格式，但“OLE 对象”数据类型除外。表 1-3-2 列出了文本和备注格式的常用符号，表 1-3-3 列出了其他数据类型可选择的格式。

表 1-3-2 文本和备注格式的常用符号

符　号	说　明	符　号	说　明
@	要求文本字符（字符或空格）	<	使所有字符变为小写
&	不要求文本字符	>	使所有字符变为大写

表 1-3-3 其他数据类型可选择的格式

日期/时间		数字/货币		是/否	
设置	说　明	设置	说　明	设置	说　明
常规日期	格式：2010-5-29 16:26:08	一般数字	以输入的方式显示数字	真/假	-1 为 True，0 为 False
长日期	格式：2010 年 5 月 29 日	货币	使用千位分隔符，负号用圆括号括起来	是/否	-1 为是，0 为否

续表

日期/时间		数字/货币		是/否	
中日期	格式：2010-05-29	整型	显示至少一位数字	开/关	-1 为开，0 为关
短日期	格式：2010-5-29	标准型	使用千位分隔符		
长时间	格式：16:26:08	百分比	将数值乘以 100 并附加百分号（%）		
中时间	格式：4:26	科学计数	使用标准科学计数法		
短时间	格式：16:26				

【例 1.3.4】 将“学生”表中“出生日期”字段的“格式”设置为“长日期”。

具体操作步骤如下：

① 类似例 1.3.3，打开“学生”表。

② 单击“出生日期”字段行任一列，出现关于该字段的“字段属性”区，在“格式”下拉列表框中选择“长日期”，如图 1-3-15 所示。

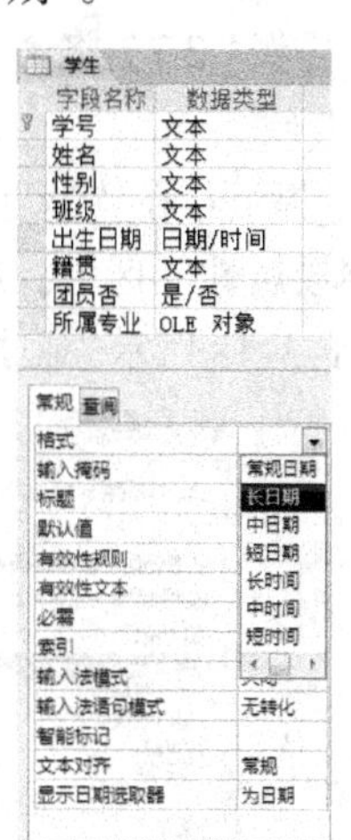

图 1-3-15 “格式”属性

3．默认值

默认值指当向表中插入新记录时字段的默认取值。“默认值”是一个十分有用的属性。在一个数据库中，往往会有一些字段的数据内容相同或含有相同的部分，设置默认值的目的是减少数据的输入量。例如：某校学生大部分为男生，可以设置“性别”字段的默认值为“男”，当向表中增加新记录时，“性别”字段的值自动显示为“男”。这样，增加学生记录时大部分记录不用输入性别，如果性别为“女”，进行简单的修改即可。

【例 1.3.5】 将“学生”表中的“性别”字段的“默认值”设置为“男”。（用同样方法将“教师”表中“职称”字段的“默认值”属性设置为“讲师”）

提示：在“学生”表“设计”视图中单击“性别”字段行任一列，出现关于该字段的“字段属性”区域，在“默认值”文本框中输入“男”，如图 1-3-16 所示。

默认值 "男"

图 1-3-16 “默认值”文本框

4．有效性规则和有效性文本

“有效性规则”属性用于限定输入到当前字段中的数据必须满足一定的简单条件，以保证数据的正确性。“有效性规则”是 Access 中非常有用的属性，利用该属性可以防止非法数据输入到表中。“有效性规则”的形式及设置目的随字段的数据类型不同而不同。

“有效性文本”属性是当输入的数据不满足指定“有效性规则”时系统出现的提示信息。对“文本”类型字段，可以设置输入的字符个数不能超过某一个值；对“数字”类型字段，可以让 Access 只接收一定范围内的数据；对“日期／时间”类型的字段，可以将数值限制在一定的月份或年份以内。

【例 1.3.6】 将“学生”表中“性别”字段的“有效性规则”设置为“"男" Or "女"”（限制“性别”字段只允许输入“男”或“女”，用 Or 运算符连接），在“有效性文本”文本框中输入“请输入 "男" 或 "女"！”。（用同样方法将“出生日期”字段取值范围设为“Between #1970-1-1# And

#1999-12-31#"）

提示：在“学生”表“设计”视图中，单击“性别”字段行任一列，出现关于该字段的“字段属性”区域，在“有效性规则”文本框中输入““"男"Or"女"”，在“有效性文本”文本框中输入“请输入"男"或"女"!”，如图 1-3-17 所示。

有效性规则	"男" Or "女"
有效性文本	请输入“男”或“女”！

图 1-3-17　“有效性规则”文本框

5．输入掩码

在输入数据时，如果希望输入的格式标准保持一致，或希望检查输入时的错误，可以单击“生成器”按钮，使用 Access 提供的“输入掩码向导”对话框来设置一个输入掩码。对于大多数数据类型，都可以定义一个输入掩码。

【例1.3.7】将“学生”表中“出生日期”字段的“输入掩码”属性设置为“长日期”，占位符为“#”。

提示：在“学生”表“设计”视图中，单击“输入掩码”字段行任一列，出现关于该字段的“字段属性”区域，在“输入掩码”文本框后单击 ... 按钮，弹出“输入掩码向导”对话框，如图 1-3-18 所示。根据需要在对话框中进行设置，最后单击“完成”按钮，完成设置。

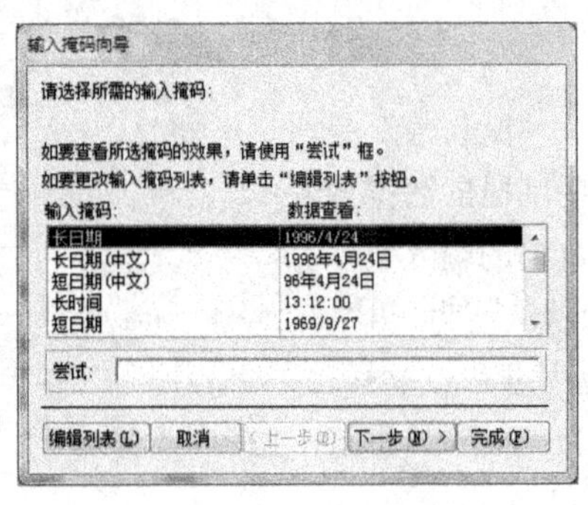

（a）

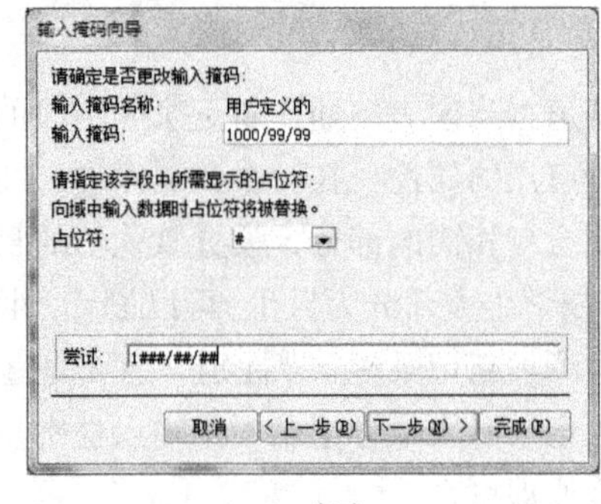

（b）

图 1-3-18　“输入掩码向导”对话框

注意：定义输入掩码属性所使用的字符及其示例如表 1-3-4 和表 1-3-5 所示。

表 1-3-4　输入掩码属性所使用字符的含义

字　　符	说　　　　　明
0	数字（0～9，必选项；不允许使用加号（+）和减号（-））
9	数字或空格（非必选项；不允许使用加号和减号）
#	数字或空格（非必选项；空白将转换为空格，允许使用加号和减号）
L	字母（A～Z，必选项）
?	字母（A～Z，可选项）
A	字母或数字（必选项）
a	字母或数字（可选项）
&	任一字符或空格（必选项）
C	任一字符或空格（可选项）

续表

字　　符	说　　　　明
. , : ; - /	十进制占位符和千位、日期和时间分隔符（实际使用的字符取决于 Windows“控制面板”的“区域设置属性”对话框中指定的区域设置）
<	使其后所有的字符转换为小写
>	使其后所有的字符转换为大写
!	输入掩码从右到左显示，输入掩码的字符一般都是从左向右的。可以在输入掩码的任意位置包含叹号
\	使其后的字符显示为原义字符。可用于将该表中的任何字符显示为原义字符(如\A 显示为 A)
密码	将“输入掩码”属性设置为“密码”，可以创建密码输入项文本框。文本框中输入的任何字符都按原字符保存，但显示为星号（*）

表 1-3-5　输入掩码示例

输入掩码	示例数值	输入掩码	示例数值
(000)000-0000	(206)551-5857	(000)AAA-AAAA	(386) 551-TELE
(999)999-9999	(206)551-5857	(000)aaa-aaaa	(386) 51-TEL
	(　　)551-5857	&&&	jSj
#999	-21		2D
	2008		3ds
>L????L?000L0	AOTEMAN339P7	CCC	3d
	JSJ X 586B1	SSN 000-00-0000	SSN 386-51-5857
>L0L 0L0	J8S6J1	>LL00000-0000	OF51386-5857
00000-9999	33976-	LLL\A	JSJA（最后一个字母只能是 A）
	33976-5861	LLL\B	JSJB（最后一个字母只能是 B）
>L<??????????????	Tianzi	PASSWORD	JSJX 显示为****
	Yangfan		

6．字段说明

字段说明是可选择的，目的是对字段做进一步的描述，该信息显示在 Access 的状态栏中。

7．标题

字段标题指定当字段显示在数据表视图时，在列标头上显示的字符串。默认情况下，不用另外设字段标题，字段标题为空白，显示的标题就等于字段名。用查阅向导生成的字段其字段名与字段标题不同。

8．必需

有的字段必须输入一个取值，不能为空白，用必填字段属性可达到此要求。如果此属性设置为“是”，而用户又没有为该字段输入取值，或输入的为空值，Access 将显示一条消息提示该字段需要输入一个取值。

例如，“学号”字段不能为空，必须输入数据，可将该字段设为“必填字段”。

9. 输入法模式

文本型字段和备注型字段的另外一个主要字段属性为“输入法模式”，在 Windows 中，输入汉字和输入英文要在中/英文不同的输入法之间手工切换，频繁切换将影响输入效率。

① 若指定文本型字段的字段属性“输入法模式”为“输入法开启”，则当光标移动到该字段时，Access 自动把输入法切换为中文输入法。

② 若将其指定为“输入法关闭”，则当光标移动到该字段时，Access 自动把输入法切换为英文输入法。

③ 若将其指定为“随意”，则当光标移动到该字段时，Access 自动保持前一输入法状态。“输入法模式”默认值为“输入法开启”。

10. 显示控件

显示控件指字段中数据的显示方式。

① 对“备注”“日期/时间”“货币”型字段没有该属性，不用指定其显示控件。

② 对“文本”型、“数字”型字段，其“显示控件”默认为文本框，一般也不用指定显示控件。

③ 对“是/否”型数据，默认显示控件是复选框，用“☑”表示“是”，用空白“□”表示“否”。

④ 对于“查阅向导”生成的字段，其显示控件默认为组合框。

3.2.4 建立表之间的关系

1. 表间关系的概念

在 Access 中，每个表都是数据库中一个独立的部分，它们本身具有很多的功能，但是每个表又不是完全孤立的部分，表与表之间可能存在着相互的联系。表之间有 3 种关系，分别为一对多关系、多对多关系和一对一关系。

① 一对多关系是最普通的一种关系。在这种关系中，A 表中的一行可以匹配 B 表中的多行，但是 B 表中的一行只能匹配 A 表中的一行。

② 在多对多关系中，A 表中的一行可以匹配 B 表中的多行，反之亦然。要创建这种关系，需要定义第三个表，称为“结合表”，它的主键由 A 表和 B 表的主键组成。

③ 在一对一关系中，A 表中的一行最多只能匹配 B 表中的一行，反之亦然。如果相关列都是主键或都具有唯一性约束，则可以创建一对一关系。

2. 参照完整性

参照完整性是一个规则系统，能确保相关表行之间关系的有效性，并且确保不会在无意之中删除或更改相关数据。当实施参照完整性时，必须遵守以下规则：

① 插入规则：如果在相关表的主键中没有某个值，则不能在相关表的外键中输入该值。但是，可以在外键中输入一个 Null 值。

② 删除规则：如果某行在相关表中存在相匹配的行，则不能从一个主键表中删除该行。

③ 更新规则：如果主键表的行具有相关性，则不能更改主键表中某个键的值。

当符合下列所有条件时，才可以设置参照完整性：

① 主表中的匹配列是一个主键或者具有唯一性约束。

② 相关列具有相同的数据类型和大小。

③ 两个表属于同一个数据库。

3. 建立表间的关系

需要两个表共享数据时，可以创建两个表之间的关系。可以在一个表中存储数据，让两个表都能使用这些数据；也可以创建关系，在相关表之间实施参照完整性。在创建关系之前，必须至少先在一个表中定义一个主键或唯一性约束，然后使主键列与另一个表中的匹配列相关。创建关系之后，那些匹配列变为相关表的外部键。

【例 1.3.8】定义“学生成绩管理系统”数据库中 5 个表之间的关系，并实施参照完整性、更新相关字段、级联删除相关记录。

具体操作步骤如下：

① 在“数据库”窗口中，单击“数据库工具”选项卡上的“关系”按钮，弹出“显示表”对话框，如图 1-3-19 所示。从中选择加入要建立关系的表，单击“添加”按钮。

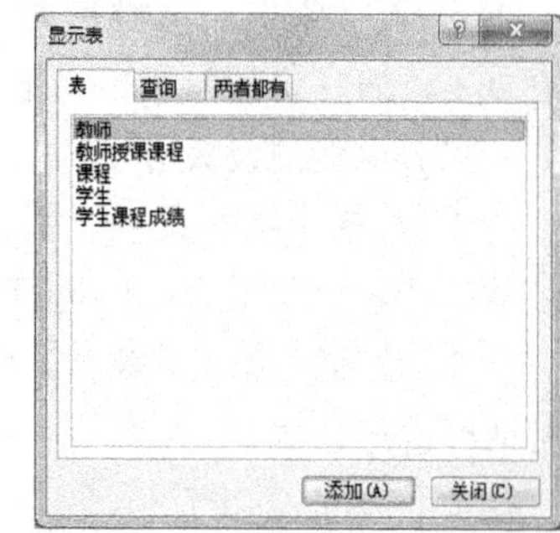

图 1-3-19 “显示表”对话框

② 单击“关闭”按钮，出现“关系”窗口，如图 1-3-20 所示。

③ 从“学生”表中将建立关系的字段“学号”拖动到“学生选课成绩”表中的“学号”字段上，释放鼠标。这时弹出“编辑关系”对话框，如图 1-3-21 所示。

④ 选中“实施参照完整性”“级联更新相关字段”和“级联删除相关记录”复选框，然后单击“创建”按钮，即创建了“课程”表和“学生课程成绩”表之间的一对多关系。

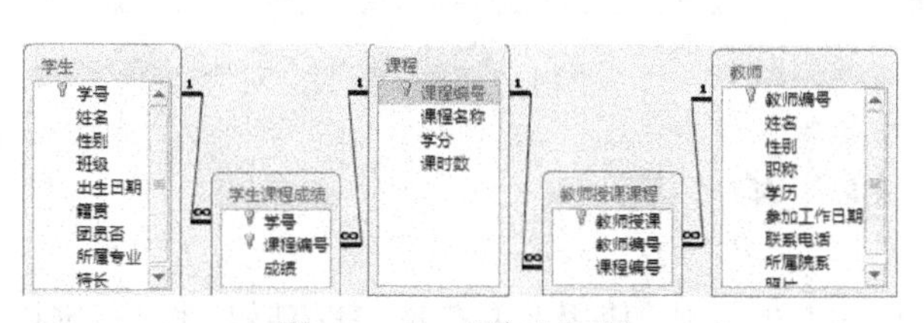

图 1-3-20 “关系”窗口

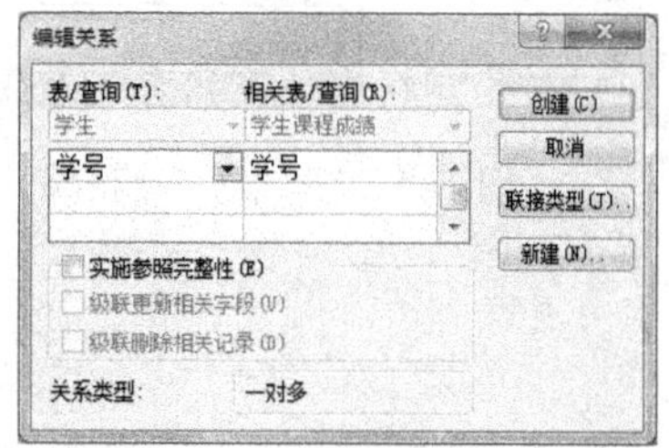

图 1-3-21 “编辑关系”对话框

⑤ 重复步骤③④，完成其他关系的创建，单击“关系”选项组中的“关闭”按钮，Access 会询问是否保存布局的更改，单击“是”按钮保存布局的更改。

注意：“教师”表和“课程”表是多对多的联系；“教师授课课程”表是结合表；“学生”表和“课程”表实际也是多对多的联系；“学生课程成绩”表是结合表。另外，关系创建后，单击关系线可选中变粗；双击关系线可弹出“编辑关系”对话框；右击关系线可选“删除”和“编辑关系”命令。

4. 索引

在记录数较多的表中查找、排序数据时，利用索引可以极大地加快操作速度，如果经常需要在某字段进行查找、排序，建议对该字段设置索引。设置一个表的主键后，Access 会自动将该主键字段创建索引，索引类型是无重复的唯一索引，也称为主索引。因此，对主键不应重复设置索引。与多字段主键类似，有时需要建立多字段索引。例如，在学生表中先按班级排序，若班级相同则按学号排序，此时就需要按班级、学号的多字段建立索引。

注意：多字段索引的字段顺序很重要，不同的顺序得到不同的结果。

（1）索引的可选项

① 字段属性“索引”默认值为“无”，表示不建立索引。

② 若“索引”值设置为“有（有重复）”，表示对该字段建立索引，并且允许字段的值重复，如姓名字段，可能有重名、重姓的学生。

③ 若“索引”值设置为“有（无重复）”，表示对该字段建立唯一索引，并且不允许字段的值重复，如身份证号码，当输入重复的身份证号码时，Access 会出现错误提示。

（2）索引的设置方法

① 对单个字段设置索引，可以在表设计视图中选择要设置索引的字段，然后，在字段属性区域的“索引”组合框中进行设置，如图 1-3-22 所示。

② 对多字段建立索引，可单击“设计”上的“索引”按钮，弹出如图 1-3-23 所示的索引对话框进行设置。

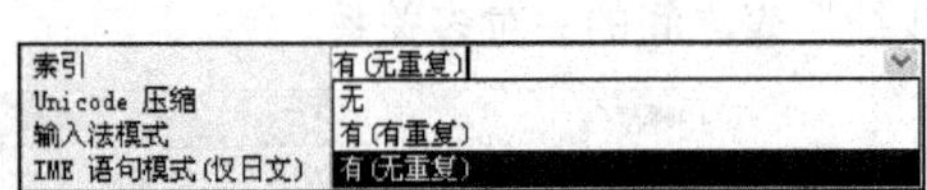

图 1-3-22 “索引”组合框

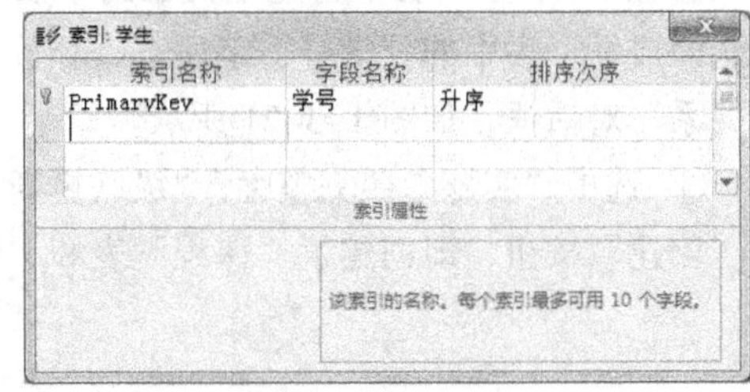

图 1-3-23 “索引”对话框

3.3 维 护 表

为了使数据库中的表在结构上更合理，格式上更美观，使用上更有效，就需要对表进行维护。本节将介绍维护表的基本操作，包括对表结构的修改、内容的完善、格式的调整及其他维护操作等内容。

3.3.1 打开和关闭表

【例 1.3.9】在“数据表”视图中打开“学生”表。在“设计”视图中打开“学生”表。操作完成后关闭此表。

（1）打开表

在“导航”窗格的“对象”下拉列表中单击“表”对象，选中要打开的表的名称“学生”。

如果在表“设计”视图中打开表，可右击表对象，在弹出的快捷菜单中选择“设计视图”命令；如果在“数据表”视图中打开表，双击表对象即可。

注意：打开表后，只需单击“开始”选项卡上的“视图”按钮，即可在两种视图之间进行切换。

（2）关闭表

表的操作结束后，应将其关闭。不管表是处于“设计视图”状态，还是处于“数据表视图”状态，单击窗口的“关闭”按钮 即可。在关闭表时，如果曾对表的结构或布局进行过修改，Access 会弹出一个提示对话框，询问用户是否保存所做的修改。

3.3.2 修改表的结构

修改表结构的操作主要包括增加字段、删除字段、修改字段、重新设置关键字等。其中，修改表结构只能在“设计”视图中完成。

1. 添加字段

在表中添加一个新字段不会影响其他字段和现有的数据。但利用该表建立的查询、窗体或报表，新字段是不会自动加入的，需要手工添加。在表设计窗口的“字段名称”列中，每一行输入每个字段的名称，光标所在的行为当前行，当前行的行选择器为黄色显示，刚进入设计视图时，第一行是当前行。

【例 1.3.10】在“教师”表中的“职称”和“联系电话”字段间添加“工资”字段，“货币”型。

具体操作步骤如下：

① 在“导航”窗格的“对象”下拉列表中单击“表”对象，右击要打开的表的名称“学生”，在弹出的快捷菜单中选择“设计视图”命令。

② 增加字段：在“字段名称”列第一个空白行中输入字段名并选择数据类型可增加字段。插入字段：要在某字段前面插入一个新字段，先将光标移到该字段，单击“设计”选项卡中的“插入行”按钮，即插入空白行，输入字段名“工资”，选择数据类型为“货币”。

2. 修改字段

修改字段包括修改字段的名称、数据类型、说明等。

【例 1.3.11】将“教师”表的“姓名”字段重命名为“教师姓名”，在“说明”文本框中输入“专职”内容。

具体操作步骤如下：

① 在“导航”窗格的“对象”下拉列表中单击“表”对象，右击要打开的表的名称“教师”，在弹出的快捷菜单中选择“设计视图”命令。

② 双击要更名的字段“姓名”，输入新名“教师姓名”；在“说明”文本框中输入“专职”。

③ 单击快速工具栏上的“保存”按钮，保存设置。

3. 删除字段

如果所删除字段的表为空，就会出现删除提示框。如果表中含有数据，不仅会出现提示框需要用户确认，而且还会将利用该表所建立的查询、窗体或报表中的该字段删除，即删除字段时，还要删除整个 Access 数据库中对该字段的使用。

【例 1.3.12】将“教师”表的“工资”字段删除。

在“设计”视图中打开“教师”表。选择需要删除的字段“工资”，在“设计”选项卡中单击“删除行”按钮或按【Del】键，将弹出如图 1-3-24 所示的对话框，单击“是”

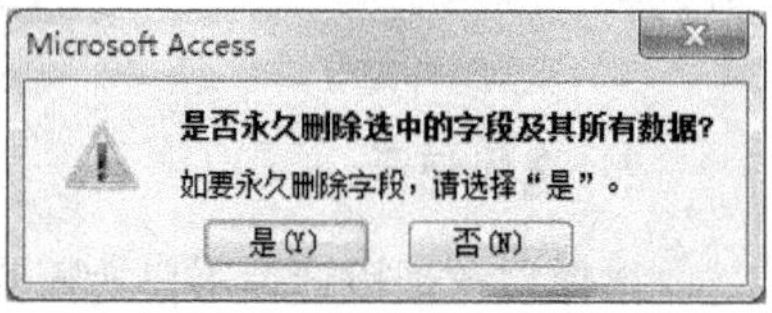

Microsoft Access

是否永久删除选中的字段及其所有数据?

如要永久删除字段，请选择“是”。

是(Y) 否(N)

图 1-3-24 确认字段删除对话框

按钮即可删除该字段。

4．重新设置关键字

如果原定义的主关键字不合适，可以重新定义。重新定义主关键字需要先删除原主关键字，然后再定义新的主关键字。具体操作步骤如下：

① 以“设计”视图打开表。

② 取消原主关键字：单击主关键字所在行的字段选定器，再单击“设计”选项卡上的“主键”按钮。

③ 设置新主关键字：选择要设为主关键字所在行的字段选定器，再单击“设计”选项卡上的“主键”按钮。

5．复制、粘贴字段

有时，为了提高工作效率，需要复制、粘贴字段。在行选择器拖动选择多个字段，单击“复制”按钮，移动光标到适当位置，单击“粘贴”按钮，即可把所选字段的字段名及字段所有属性粘贴过来。甚至可以复制另一个表的字段并粘贴到当前表中。

3.3.3 编辑表的内容

1．定位记录

数据表中有了数据后，修改是经常要做的操作，其中定位和选择记录是首要的任务。常用的记录定位方法有两种：一是用记录号定位，二是用快捷键定位。快捷键及其定位功能如表 1-3-6 所示。

表 1-3-6 快捷键及其定位功能

快 捷 键	定 位 功 能	快 捷 键	定 位 功 能
Tab、Enter、→	下一字段	Home	当前记录中的第一个字段
Shift+Tab、←	上一字段	End	当前记录中的最后一个字段
PgDn	下移一屏	↑	上一条记录中的当前字段
PgUp	上移一屏	↓	下一条记录中的当前字段
Ctrl+PgDn	左移一屏	Ctrl+Home	第一条记录中的第一字段
Ctrl+PgUp	右移一屏	Ctrl+End	最后一条记录中的最后一个字段

【例 1.3.13】将记录指针定位到“教师”表中第 9 条记录上。

具体操作步骤如下：

① 在“数据表视图”中打开表对象“教师”。

② 在“记录编号”文本框中输入要查找的记录号 9，按【Enter】键完成定位，如图 1-3-25 所示。

记录: ◀ 第 1 项(共 22 项 ▶ ▶|

图 1-3-25 “记录编号”文本框

2．选择记录

选择记录是指选择用户所需要的记录。用户可以在“数据表”视图下使用鼠标或键盘两种方法选择数据范围。选择一格：左侧单击“空十字”图标；选定连续多格：拖动“空十字”图标；

选择一行：单击记录选定器，拖动选择多行；选择一列：单击字段选定器，拖动选择多列；全选记录：单击左上角“全选”按钮。

3．添加记录

在已经建立的表中，打开“数据表视图”，在窗口下方的记录导航区单击“新记录”按钮即可添加新的记录。

4．删除记录

删除表中出现的不需要的记录，选中该记录，然后单击“开始”选项卡中的“删除”按钮 ✕删除 即可。

5．修改数据

在已建立的表中，双击单元格可以直接修改出现错误的数据。

6．将数据段中的部分或全部数据复制到另一个字段中

在输入或编辑数据时，有些数据可能相同或相似，这时可以使用复制和粘贴操作将某些字

3.3.4 调整表的外观

调整表的外观是为了使表看上去更清楚、美观。调整表外观的操作包括：改变字段次序、调整字段显示宽度和高度、隐藏列和显示列、冻结列、设置数据表格式、改变字体显示等。这些命令可以通过“开始”菜单中的命令来完成，如图 1-3-26 所示。

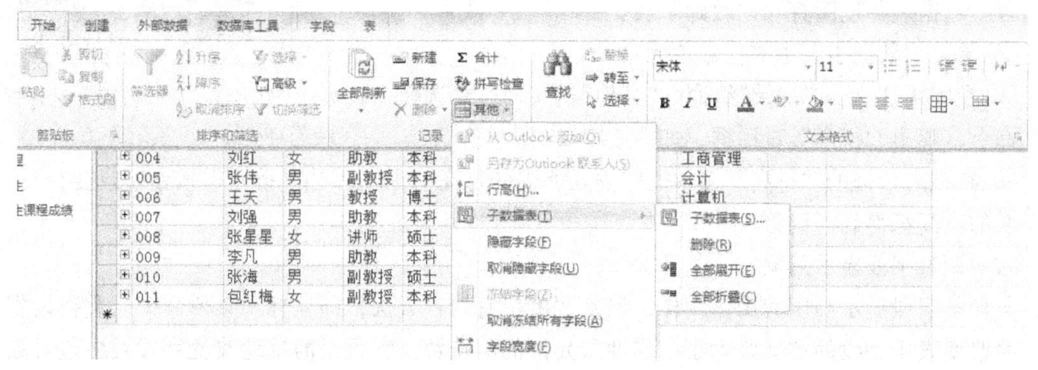

图 1-3-26 “记录”组命令“其他”格式列表

1．改变字段次序

在默认设置下，Access 显示数据表中的字段次序与它们在表或查询中出现的次序相同。但是，在使用“数据表”视图时，往往需要移动某些列来满足查看数据的要求。此时，可以改变字段的显示次序，不会改变表“设计”视图中字段的排列顺序。

【例 1.3.14】将“教师”表中“姓名”字段和“教师编号”字段位置互换。

具体操作步骤如下：

① 在“导航”窗格的“对象”下拉列表中单击“表”对象，双击以“数据表”视图打开“教师”表。

② 将鼠标指针定位在“姓名”字段列的字段选择器上，鼠标指针会变成一个粗体黑色的下

箭头形状⬇，单击选定“姓名”列。

③ 将鼠标指针放在“姓名”字段列的字段选择器上，然后拖动到“教师编号”字段前，释放鼠标完成互换。

2．调整字段显示的宽度和高度

在所建立的表中，有时由于数据过长，数据显示被遮住；有时由于设置的字号过大，数据显示在一行中被切断。为了能够完整地显示字段中的全部数据，可以调整字段显示的宽度或高度。

（1）调整字段显示高度

调整字段显示高度有两种方法：鼠标和菜单命令。

方法一：使用鼠标粗略调整的操作步骤如下。

① 在“导航”窗格的“对象”下拉列表中单击“表”对象，双击以“数据表”视图打开所操作的表。

② 将鼠标指针放在表中任意两行选定器之间，这时鼠标指针变为双箭头形状。

③ 拖动鼠标上、下移动，当调整到所需高度时，释放鼠标。

方法二：使用菜单命令精确调整的操作步骤见下例。

【例 1.3.15】将“教师”表行高设置为 13。

具体操作步骤如下：

① 在“导航”窗格的“对象”下拉列表中单击“表”对象，双击以“数据表”视图打开“教师”表。

② 单击“数据表”中的任意单元格。

③ 在图 1-3-26 “记录”组命令“其他”格式列表中选择“行高”命令，弹出“行高”对话框，如图 1-3-27 所示。

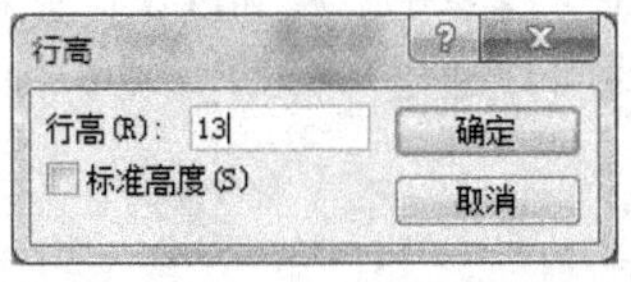

图 1-3-27 “行高”对话框

④ 在该对话框的“行高”文本框中输入所需的行高值 13，单击“确定”按钮。改变行高后，整个表的行高都得到了调整。

（2）调整字段显示列宽

与调整字段显示高度的操作一样，调整宽度也有两种方法，即鼠标和菜单命令。重新设定列宽不会改变表中字段的“字段大小”属性所允许的字符数，它只是简单地改变字段列所包含数据的显示宽度。

① 使用鼠标粗略调整。首先将鼠标指针移动到要改变宽度的两列字段名中间，当鼠标指针变为双箭头形状时，并拖动鼠标左、右移动，当调整到所需宽度时，释放鼠标。在拖动字段列中间的分隔线时，将分隔线拖动超过下一个字段列的右边界时，将会隐藏该列。

② 使用菜单命令精确调整。

【例 1.3.16】将“教师”表“姓名”列列宽设置为 8。

具体操作步骤如下：

先打开教师表，选择要改变宽度的字段列“姓名”，然后在“记录”组命令“其他”格式列表中选择 “字段宽度”命令，并在弹出的“列宽”对话框中输入所需的宽度 8，如图 1-3-28 所示，单击“确定”按钮。如果在“列宽”对话框中输入值为 0，则会将该字段列隐藏。

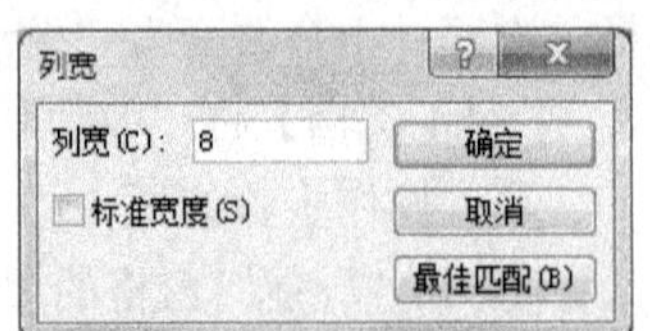

图 1-3-28 “列宽”对话框

3. 隐藏列和显示列

在“数据表视图”中，为了便于查看表中的主要数据，可以将某些字段列暂时隐藏起来，需要时再将其显示出来。

【例 1.3.17】隐藏“学生”表中的“出生日期”字段。

具体操作步骤如下：

① 在“导航”窗格的“对象”下拉列表中单击“表”对象，双击以“数据表视图”打开“学生”表。

② 单击“出生日期”字段选定器。如果要一次隐藏多列，单击要隐藏的第一列字段选定器，然后拖动鼠标到达最后一个需要选择的列，然后右击选择“隐藏字段”命令。

③ 这时，Access 就将选定的列隐藏起来。

【例 1.3.18】重新显示刚才隐藏的“出生日期”列。

具体操作步骤如下：

① 在“导航”窗格中“对象”下拉列表中单击“表”对象，双击以“数据表视图”打开“学生”表。

② 在“记录”组命令“其他”格式列表中选择 “取消隐藏字段”命令，在“列”列表中选中要显示列的复选框。

③ 单击“关闭”按钮，即可重新显示“出生日期”列。

4. 冻结列

在操作中，常常需要建立比较大的数据库表，由于表过宽，在“数据表视图”中，有些关键的字段值因为水平滚动后无法看到，影响了数据的查看。解决这一问题的最好方法是利用 Access 提供的冻结列功能。

【例 1.3.19】冻结“学生”表中的“班级”列。

具体操作步骤如下：

① 在“导航”窗格的“对象”下拉列表中单击“表”对象，双击以“数据表视图”打开“学生”表。

② 单击“班级”字段选定器，选定要冻结的字段。

③ 在“记录”组命令“其他”格式列表中选择“冻结字段”命令，此时水平滚动窗口时，可以看到“班级”字段列始终显示在窗口的最左边。

当不再需要冻结列时，可以取消。取消的方法是在“记录”组命令的“其他”格式列表中选择“取消冻结所有字段”命令。

5. 设置数据表格式

在“数据表”视图中，一般在水平方向和垂直方向都显示网格线，默认网格线采用银色，背景采用白色。用户可以改变单元格的显示效果，也可以选择网格线的显示方式和颜色、表格的背景颜色等。

【例 1.3.20】在“学生”表中，去掉垂直方向的网格线；将背景颜色设置为“橄榄色”。

以“数据表视图”打开“学生”表。单击“文本格式”命令组右下角的“设置数据表格式”按钮，在弹出的“设置数据表格式”对话框中设置相关参数，如图 1-3-29 所示，单击“确定”

按钮，应用设置的格式。

6. 改变字体显示

为了使数据的显示美观清晰、醒目突出，用户可以改变数据表中数据的字体、字形和字号。

【例 1.3.21】将“学生”表字体设置为仿宋，字号为小五号，字形为粗体，颜色为深红色。

在“文本格式”命令组中单击相应的命令按钮，选择并设置相关参数（见图 1-3-30），单击“确定”按钮，应用设置的格式。

图 1-3-29 “设置数据表格式”对话框

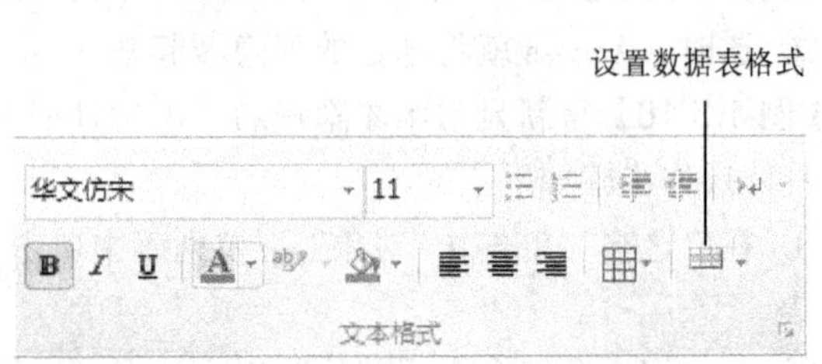

图 1-3-30 “文本格式”工具栏

3.4 操 作 表

一般情况下，在用户创建了数据库和表以后，都需要对它们进行必要的操作。例如，查找或替换指定的文本、排列表中的数据、筛选符合指定条件的记录等。实际上，这些操作在 Access 的“数据表视图”中很容易完成。为了使用户能够了解在数据库中操作表中数据的方法，本节将详细介绍在表中查找数据、替换指定的文本、改变记录的显示顺序以及筛选指定条件的记录。

3.4.1 查找数据

在操作数据库表时，如果表中存放的数据非常多，那么当用户想查找某一数据时就比较困难。使用“查找和替换”对话框可以寻找特定记录或查找字段中的某些值。在 Access 找到要查找的项目时，可以在找到的各条记录间浏览。在“查找和替换”对话框中，可以使用通配符，如表 1-3-7 所示。

表 1-3-7 常用通配符及其用法

字 符	用 法	示 例
*	与任何个数的字符匹配，它可以在字符串中，当作第一个或最后一个字符使用	wh*可以找到 who、while 和 whatever 等
?	与任何单个字母的字符匹配	?ad 可以找到 bad、sad 和 mad 等
[]	与方括号内任何单个字符匹配	b[ae]d 可以找到 bad 和 bed，但找不到 bud
!	匹配任何不在括号之内的字符	b[!ae]d 可以找到 bid 和 bud，但找不到 bed
-	与范围内的任何一个字符匹配。必须以递增排序次序来指定区域（a 到 z，而不是 z 到 a）	b[a-c]d 可以找到 bad、bbd 和 bcd
#	与任何单个数字字符匹配	6#1 可以找到 601、611、661

注意：

① 通配符专门用在文本数据类型中。

② 在使用通配符搜索星号（*）、问号（？）、数字号码（#）、左方括号（[]）或连字号（-）时，必须将搜索的项目放在方括号内。例如：搜索问号，需在“查找”对话框中输入[？]符号。如果同时搜索连字号和其他单词，则在方括号内将连字号放置在所有字符之前或之后，如[-ad]。如果有惊叹号（！），需在方括号内将连字号放置在惊叹号之后，如[!-ad]。

【例 1.3.22】在“学生表”中，查找字符串为“黄静”的学生记录。

具体操作步骤如下：

① 在设计视图中打开“学生”表。选择要搜索的字段“姓名”，如果要搜索所有字段则不需要选择。

② 在“开始”选项卡中的“查找”命令组中单击“查找”按钮，弹出“查找和替换”对话框。

③ 在“查找内容”文本框中输入要查找的内容“黄静”。

④ 单击“查找下一个”按钮，继续查找。

注意：如果需要查找没有存储数据的空值字段，则输入查找内容 Null；如果需要查找空字符串，则输入查找内容""（中间无空格）。

3.4.2 替换数据

可以将出现的全部指定内容一起查找出来，或一次查找一个，进行替换。如果要替换 Null 值或空字符串，必须使用“查找和替换”对话框来查找这些内容，并需要一一替换它们。

【例 1.3.23】查找“教师”表中“职称”为“助教”的所有记录，并将其值替换为“讲师”。

具体操作步骤如下：

① 以“数据表视图”打开“教师”表，选定“职称”列。

② 在“开始”选项卡的“查找”命令组中单击“替换”按钮，弹出“查找和替换”对话框。

③ 在“查找内容”文本框中输入要查找的内容“助教”，然后在“替换为”文本框中输入要替换成的内容“讲师”，如图 1-3-31 所示。

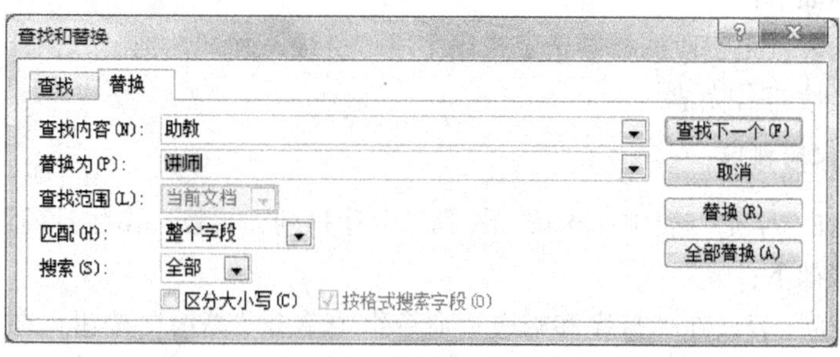

图 1-3-31 “查找和替换”对话框

④ 单击“全部替换”按钮，一次替换全部出现的指定内容。

如果要有选择性地单次替换，单击“查找下一个”按钮，然后再单击“替换”按钮；如果要跳过当前查找到并继续查找下一个出现的内容，单击“查找下一个”按钮。如果不知道要查找的精确内容，可以在“查找内容”文本框中使用通配符来指定要查找的内容。

3.4.3 排序记录

为了提高查找效率，需要对输入的数据重新整理，其中最有效的方法是排序，在排序记录时，可按“升序”或“降序”进行。可通过在“开始”选项卡中的“排序和筛选”命令组中单击“升序”与“降序”按钮来完成，如图 1-3-32 所示。

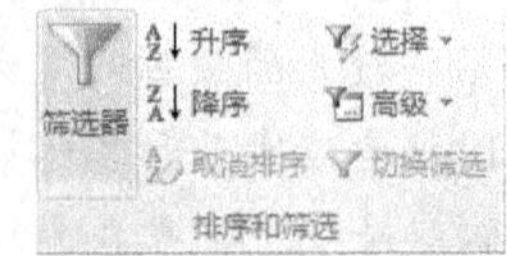

图 1-3-32 “排序和筛选”命令组

不同的字段类型排序规则有所不同，具体规则如下：

① 英文：按字母的顺序排序，大小写视为相同，升序时按 A～Z 排列，降序时按 Z～A 排列。

② 中文：按拼音的顺序排序，升序时按 A～Z 排列，降序时按 Z～A 排列。

③ 数字：按数字的大小排序，升序时由小到大排列，降序时按由大到小排列。

④ 日期和时间：使用升序排序日期和时间是指由较前的时间到较后的时间；使用降序排序则是指由较后的时间到较前的时间。

排序时，要注意如下事项：

① 在“文本”字段中保存的数字将作为字符串而不是数值来排序。

② 在以升序来排序字段时，任何含有空字段（包含 Null 值）的记录将列在列表中的第一条。如果字段中同时包含 Null 值和空字符串，包含 Null 值的字段将在第一条显示，紧接着是空字符串。

1. 单字段排序

【例 1.3.24】在“学生”表中，按“所属专业”升序排列。

具体操作步骤如下：

打开“学生”表，单击选定排序字段“所属专业”，在“排序和筛选”命令组中单击“升序”按钮完成。

2. 相邻多字段排序

【例 1.3.25】在“学生”表中，按“班级”和“性别”两个字段降序排列。

具体操作步骤如下：

打开“学生”表，用字段选择器选定排序字段“班级”和“性别”，在“排序和筛选”命令组中单击“降序”按钮完成。

3. 不相邻多字段排序

【例 1.3.26】在“学生”表中，先按“性别”升序排列，再按“出生日期”降序排列。

具体操作步骤如下：

① 打开“学生”表，在“排序和筛选”命令组中单击“高级”按钮，在其下拉列表中选择“高级筛选/排序”命令。（见图 1-3-33），打开“筛选”窗口。

② 在上半部分字段列表中分别双击排序字段“性别”和“出生日期”，使之显示在设计网格区域排序字段单元格内，或在排序字段下拉列表框中进行选择。

③ 分别单击排序方式列表框，在下拉列表框中选择“升序”和“降序”选项，如图 1-3-34 所示。

图 1-3-33 选择“高级筛选/排序”命令

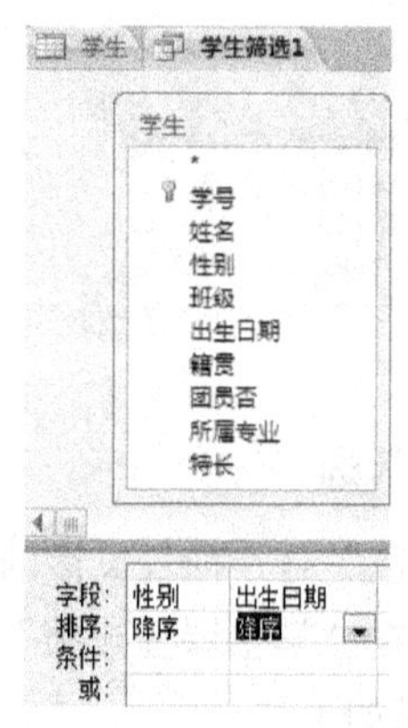

图 1-3-34 “筛选”窗口

如果要恢复某个数据表中记录的原有排列顺序，可以选择“记录”→“取消筛选/排序”命令。

3.4.4 筛选记录

在 Access 中，可以使用 5 种方法筛选记录：“按选定内容筛选”“按窗体筛选”“筛选目标筛选”“内容排除筛选”和“高级筛选/排序”。

1. 按选定内容筛选

“按选定内容筛选”是一种最简单的筛选记录方法，使用它可以找到包含某字段值的记录。

【例 1.3.27】在“学生”表中筛选出来自“合肥市”的学生。

具体操作步骤如下：

在“数据表视图”打开“学生”表，选定要筛选的内容“合肥市”，在 “排序与筛选”命令组中单击“选择”按钮，在弹出的下拉列表中选择“等于合肥市”命令即可完成，如图 1-3-35 所示。

图 1-3-35 “将表‘学生’导出为”对话框

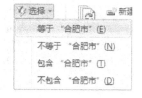

2. 按窗体筛选

“按窗体筛选”是一种快速的筛选记录方法，使用它不用浏览整个表中的记录，而且还可以同时对两个以上的字段值进行筛选。

【例 1.3.28】将“学生”表中“0430 班”的“女生”筛选出来。

具体操作步骤如下：

① 在“数据表视图”打开“学生”表，在“排序和筛选”命令组中单击“高级”按钮，打开下拉列表，选择“按窗体筛选”命令，在“按窗体筛选”窗口中按条件进行设置，如图 1-3-36 所示。

图 1-3-36 按窗体筛选

② 在“排序和筛选”命令组中单击“高级”按钮，打开下拉列表，选择“应用筛选/排序”命令，筛选结果如图 1-3-37 所示。

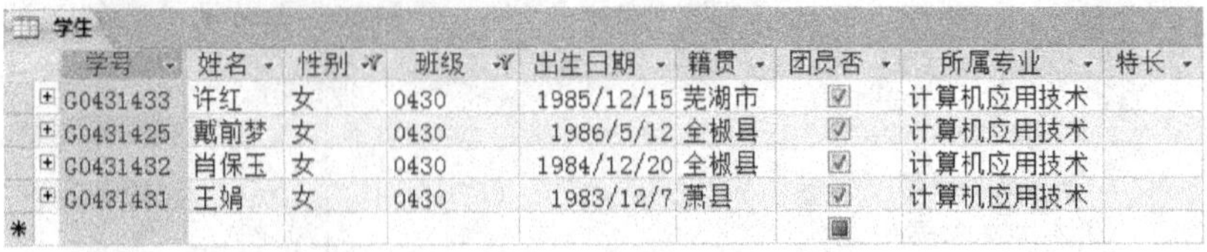

学号	姓名	性别	班级	出生日期	籍贯	团员否	所属专业	特长
G0431433	许红	女	0430	1985/12/15	芜湖市	☑	计算机应用技术	
G0431425	戴前梦	女	0430	1986/5/12	全椒县	☑	计算机应用技术	
G0431432	肖保玉	女	0430	1984/12/20	全椒县	☑	计算机应用技术	
G0431431	王娟	女	0430	1983/12/7	萧县	☑	计算机应用技术	

图 1-3-37　筛选结果

3. 筛选目标筛选

“筛选目标筛选”是一种较灵活的筛选记录方法，它可以根据筛选条件进行筛选。

【例 1.3.29】在“学生课程成绩”表中筛选出 80 分以上的学生。

具体操作步骤如下：

在“数据表视图”打开“学生课程成绩”表，右击筛选目标列“成绩”任意位置，输入筛选条件“>80”（见图 1-3-38），按【Enter】键完成筛选。

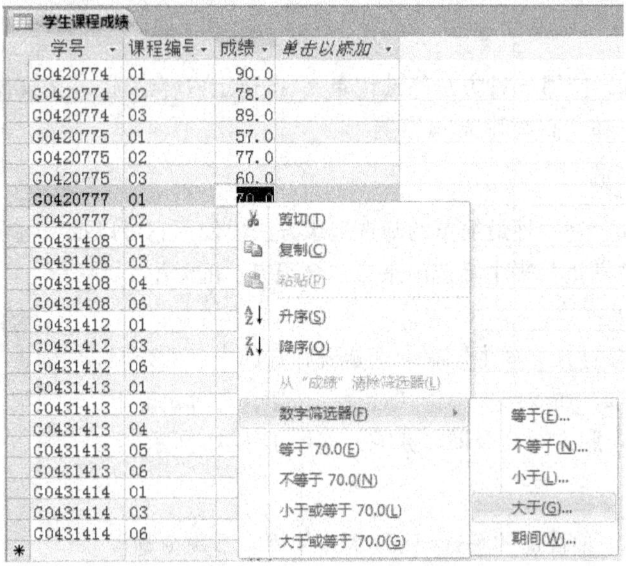

学号	课程编号	成绩	单击以添加
G0420774	01	90.0	
G0420774	02	78.0	
G0420774	03	89.0	
G0420775	01	57.0	
G0420775	02	77.0	
G0420775	03	60.0	
G0420777	01	70.0	
G0420777	02		
G0431408	01		
G0431408	03		
G0431408	04		
G0431408	06		
G0431412	01		
G0431412	03		
G0431412	06		
G0431413	01		
G0431413	03		
G0431413	04		
G0431413	05		
G0431413	06		
G0431414	01		
G0431414	03		
G0431414	06		

剪切(T)
复制(C)
粘贴(P)
升序(S)
降序(O)
从“成绩”清除筛选器(L)
数字筛选器(F)
等于 70.0(E)
不等于 70.0(N)
小于或等于 70.0(L)
大于或等于 70.0(G)
等于(E)...
不等于(N)...
小于(L)...
大于(G)...
期间(W)...

图 1-3-38　按筛选目标筛选

4. 内容排除筛选

如果要显示某一记录以外的其他记录，可以使用内容排除筛选功能。选定要排除筛选的内容，在“排序和筛选”命令组中单击“选择”按钮，打开下拉列表，选择“不等于***”命令即可完成。

5. 高级筛选/排序

利用“高级筛选/排序”可进行复杂的筛选，筛选出符合多重条件的记录。

【例 1.3.30】使用“高级筛选/排序”的方法，查找“教师表”中“2004 年参加工作的男教师”，并按“所属院系”升序排列，筛选结果另存为“2004 来校的男教师”查询。

具体操作步骤如下：

① 打开“教师”表，在“排序和筛选”命令组中单击“高级”按钮，打开下拉列表，选择

“高级筛选/排序”命令，打开筛选窗口。

② 在上半部分字段列表中分别双击筛选字段“参加工作日期”“性别”和“所属院系”，使其显示在设计网格区域筛选字段单元格内，或在筛选字段下拉列表框中选择，如图 1-3-39 所示。

③ 输入筛选准则和排序方式。

④ 在“排序和筛选”命令组中单击“高级”按钮，打开下拉列表，选择“应用筛选/排序”命令。

⑤ 单击快速 工具栏上的“保存”按钮，弹出“另存为查询”对话框，在“查询名称”文本框中输入“2004 来校的男教师”，单击“确定”按钮保存为查询即可。

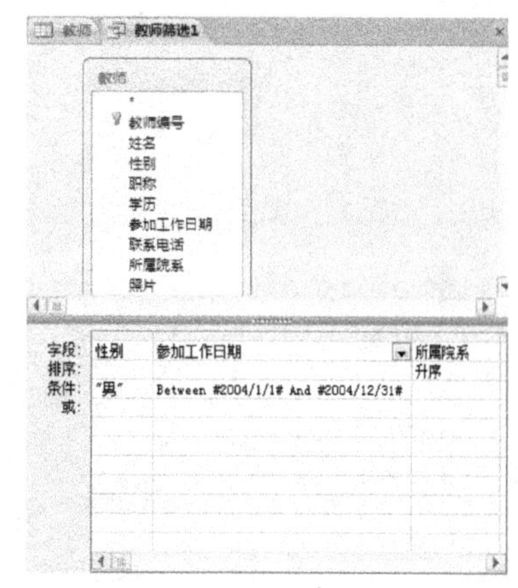

图 1-3-39 筛选窗口

3.5 导入/导出表

3.5.1 数据的导入

在 Access 中可以导入 Word、Excel、文本文件（.txt）等外部文件。

【例 1.3.31】将“入学登记.txt”导入到“入学登记”表中，设置 ID 字段为主键。

具体操作步骤如下：

① 打开数据库“学生成绩管理系统.accdb”。

② 在“外部数据”选项卡中的“导入并链接”命令组中单击“文本文件”按钮，弹出 “获取外部数据”对话框，单击“浏览”按钮弹出“打开”对话框。

③ 选择“文件类型”下拉列表框中的“文本文件”选项。

④ 在“查找范围”下拉列表框中找到并选中要导入的文件“入学登记.txt”。

⑤ 单击“打开”按钮，再单击“确定”完成数据转换。

将 Excel 的工作簿导入到 Access 数据库中，要比导入文本文件更容易，其实现步骤基本同文本文件的转换，不再赘述。如果想在数据库中已有的表中添加数据，一定要注意，文本文件中的数据格式与数据库中表的字段必须一致，否则数据转换将失败。

3.5.2 数据的导出

导出是一种将数据和数据库对象输出到其他数据库、电子表格或其他格式文件的方法，以便其他数据库、应用程序或程序可以使用这些数据或数据库对象。导出在功能上与复制和粘贴相似。

可以将 Access 数据导出到 Word 文档中、文本文档（.txt）和 Excel 工作表（.xls）中。

【例 1.3.32】将数据库中的“学生”表导出，导出文件为“学生.txt”，放到 D:\My Access。

① 打开数据库表对象“学生”。

② 在“外部数据”选项卡的“导出”命令组中，单击“文本文件”按钮（见图 1-3-40），弹出“导出”对话框。

③ 单击“浏览”按钮，指定保存位置为 D:\My Access，选择保存类型为“文本文件”，输入文件名“学生”，然后单击“保存”按钮（见图 1-3-41），再单击“确定”按钮完成。

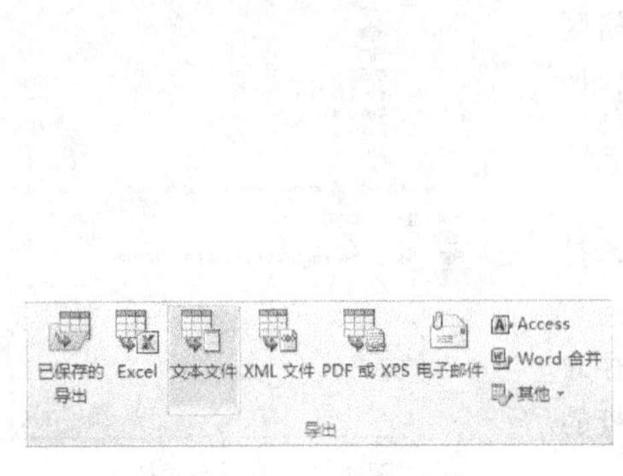

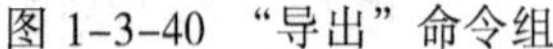

图 1-3-40 “导出”命令组

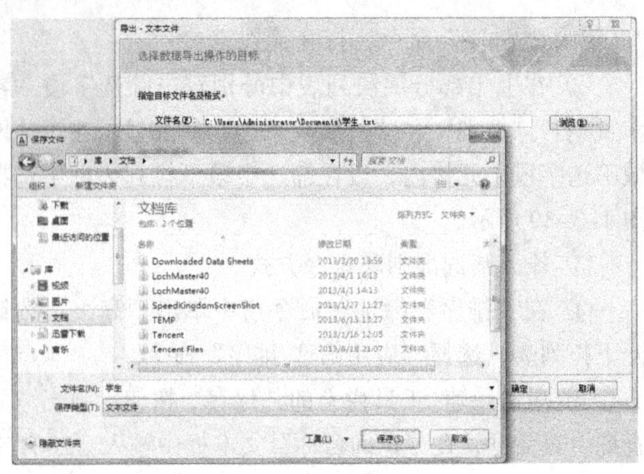

图 1-3-41 导出文本

小 结

本章在介绍创建表结构、输入表内容、打开与关闭表的步骤的基础上，进一步学习了表结构的修改、字段属性的设置和表内容的编辑方法。然后介绍表的外观格式的设置和调整方法，以及查找、替换、排序与筛选数据的方法。最后，介绍了表数据的导入与导出。

习 题

选择题

1. 假设数据库中表 A 与表 B 建立了“一对多”关系，表 B 为“多”的一方，则下述说法中正确的是（ ）。
   A. 表 A 中的一个记录能与表 B 中的多个记录匹配
   B. 表 B 中的一个记录能与表 A 中的多个记录匹配
   C. 表 A 中的一个字段能与表 B 中的多个字段匹配
   D. 表 B 中的一个字段能与表 A 中的多个字段匹配
2. 数据表中的“行”称为（ ）。
   A. 字段　　B. 数据　　C. 记录　　D. 数据视图
3. 在关于输入掩码的叙述中，错误的是（ ）。
   A. 在定义字段的输入掩码时，既可以使用输入掩码向导，也可以直接使用字符
   B. 定义字段的输入掩码是为了设置密码
   C. 输入掩码中的字符 0 表示可以选择输入数字 0~9 之间的一个数
   D. 直接使用字符定义输入掩码时，可以根据需要将字符组合起来
4. Access 中，设置为主键的字段（ ）。
   A. 不能设置索引　　B. 可设置为“有（有重复）”索引
   C. 系统自动设置索引　　D. 可设置为“无”索引

5. Access 提供的数据类型中不包括（　　）。

A. 备注　　B. 文字　　C. 货币　　D. 日期/时间

6. 在已经建立的数据表中，若在显示表中内容时使某些字段不能移动显示位置，可以使用的方法是（　　）。

A. 排序　　B. 筛选　　C. 隐藏　　D. 冻结

7. 下面关于 Access 表的叙述中，错误的是（　　）。

A. 在 Access 表中，可以对备注型字段进行“格式”属性设置

B. 若删除表中含有自动编号型字段的一条记录后，Access 不会对表中自动编号型字段重新编号

C. 创建表之间的关系时，应关闭所有打开的表

D. 可在 Access 表的设计视图“说明”列中对字段进行具体的说明

8. 在 Access 表中，可以定义 3 种主关键字，分别是（　　）。

A. 单字段、双字段和多字段　　B. 单字段、双字段和自动编号

C. 单字段、多字段和自动编号　　D. 双字段、多字段和自动编号

9. 表的组成内容包括（　　）。

A. 查询和字段　　B. 字段和记录　　C. 记录和窗体　　D. 报表和字段

10. 在“数据表”视图中，不能（　　）。

A. 删除一个字段　　B. 修改字段的名称

C. 修改字段的类型　　D. 删除一条记录

11. 以下关于空值的叙述中，错误的是（　　）。

A. 空值表示字段还没有确定值　　B. Access 使用 Null 来表示空值

C. 空值等同于空字符串　　D. 空值不等于数值 0

12. 使用“表设计器”定义表中字段时，不是必须设置的内容是（　　）。

A. 字段名称　　B. 数据类型　　C. 说明　　D. 字段属性

13. 如果想在已建立的 tSalary 表的“数据表”视图中直接显示出姓“李”的记录，应使用 Access 提供的（　　）。

A. 筛选功能　　B. 排序功能　　C. 查询功能　　D. 报表功能

14. 一个关系数据库的表中有多条记录，记录之间的相互关系是（　　）。

A. 前后顺序不能任意颠倒，一定要按照输入的顺序排列

B. 前后顺序可以任意颠倒，不影响库中的数据关系

C. 前后顺序可以任意颠倒，但排列顺序不同，统计处理结果可能不同

D. 前后顺序不能任意颠倒，一定要按照关键字段值的顺序排列

15. 邮政编码是由 6 位数字组成的字符串，为邮政编码设置输入掩码，正确的是（　　）。

A. 000000　　B. 999999　　C. CCCCCC　　D. LLLLLL

16. 如果字段内容为声音文件，则该字段的数据类型应定义为（　　）。

A. 文本　　B. 备注　　C. 超链接　　D. OLE 对象

17. 在 Access 数据库的表设计视图中，不能进行的操作是（　　）。

A. 修改字段类型　　B. 设置索引　　C. 增加字段　　D. 删除记录

18. Access 数据库中，为了保持表之间的关系，要求在子表（从表）中添加记录时，如果主表中没有与之相关的记录，则不能在子表（从表）中添加该记录，为此需要定义的关系是（　）。

A. 输入掩码　　B. 有效性规则　　C. 默认值　　D. 参照完整性

注：第 19 和 20 题使用已建立的 TEMP 表结构和内容分别如表 1-3-10 和表 1-3-11 所示。

表 1-3-10　TEMP 表结构

字段名称	字段类型	字段大小
雇员 ID	文本	10
姓名	文本	10
性别	文本	1
出生日期	日期/时间	
职务	文本	14
简历	备注	
联系电话	文本	8

表 1-3-11　TEMP 表内容

雇员 ID	姓名	性别	出生日期	职务	简历	联系电话
1	王宁	女	1960-1-1	经理	1984 年大学毕业，曾是销售员	35976×××
2	李清	男	1962-7-1	职员	1986 年大学毕业，现为销售员	35976×××
3	王创	男	1970-1-1	职员	1993 年大学毕业，现为销售员	35976×××
4	郑炎	女	1978-6-1	职员	1999 年大学毕业，现为销售员	35976×××
5	魏小红	女	1934-11-1	职员	1956 年专科毕业，现为管理员	35976×××

19. 在 TEMP 表中，“姓名”字段的字段大小为 10，在此列输入数据时，最多可输入的汉字数和英文字符数分别是（　　）。

A. 5　5　　B. 5　10　　C. 10　10　　D. 10　20

20. 若要确保输入的联系电话值只能为 8 位数字，应将该字段的输入掩码设置为（　　）。

A. 00000000　　B. 99999999　　C. ########　　D. ????????

第4章　查　　询

查询是 Access 数据库的主要组件之一，也是 Access 数据库中最强的功能之一。它是 Access 处理和分析数据的工具，能够把多个表中的数据抽取出来，供用户查看、更改和分析使用。本章主要介绍查询的 5 种类型及根据具体使用目的选择不同查询的类别，学会创建查询的方法及设计条件。

学习目标：

- 了解查询的概念和类型。
- 熟练掌握创建查询的多种方法。
- 熟练掌握操作各类已建查询的技巧。

4.1　认识查询

在实际工作中，常常需要按照各种格式查询数据。而在 Access 中，由于表的设计要按照数据库的标准范式进行，数据通常分类存放在一个或多个表中。这样，只在一个表中，看不到所需要的完整信息，必要时必须对多个表进行横向拼接，同时对表从纵向过滤掉不需要的记录。要达到上述目的只有使用查询。使用查询可以按照用户的需要以不同的方式查看、更改和分析用户所关心的数据。查询可以作为窗体、报表和数据访问页的记录源。

查询与表不一样，它不保存数据，只保存 Access 查询命令。查询是在运行时才从一个或多个表中取出数据，因此查询是动态的数据集，它随数据表中的数据变化而变化。查询的数据源既可以是一个表，也可以是多个相关联的表，还可以是其他已建的查询。

4.1.1　关系运算概述

1. 笛卡儿积

笛卡儿积 $R\times S$：设 R、S 是两个集合，在集合 R 中任意取一个元素 x，在集合 S 中任意取一个元素 y，组成一个有序对（x，y），把这样的有序对作为新的元素，它们的全体组成的集合称为集合 R 和集合 S 的笛卡儿积，记为 $R\times S$，即 $R\times S=\{(x, y) | x\in R$ 且 $y\in S\}$。

假定 R 是 n 列集合，有 k_1 个集合元素，S 是 m 列，有 k_2 个集合元素，则笛卡儿积 $R\times S$，为 $n+m$ 列，前 n 列是来自关系 R，后 m 列来自关系 S，有 $k_1\times k_2$ 个集合元素。

如图 1-4-1 所示，关系 R 有 3 个列，3 个元组，关系 S 也有 3 个列，3 个元组，则关系 R 和关系 S 的笛卡儿积有 6 个列，9 个元组。

由于笛卡儿积产生的很多元组是无意义的，而且很多列是重复的，所以只有理论价值，实际应用的是自然连接。

R

A	B	C
a_1	b_1	c_1
a_1	b_2	c_2
a_2	b_2	c_1

S

A	B	C
a_1	b_2	c_2
a_1	b_3	c_2
a_2	b_2	c_1

$R \times S$

$R.A$	$R.B$	$R.C$	$S.A$	$S.B$	$S.C$
a_1	b_1	c_1	a_1	b_2	c_2
a_1	b_1	c_1	a_1	b_3	c_2
a_1	b_1	c_1	a_2	b_2	c_1
a_1	b_2	c_2	a_1	b_2	c_2
a_1	b_2	c_2	a_1	b_3	c_2
a_1	b_2	c_2	a_2	b_2	c_1
a_2	b_2	c_1	a_1	b_2	c_2
a_2	b_2	c_1	a_1	b_3	c_2
a_2	b_2	c_1	a_2	b_2	c_1

图 1-4-1　笛卡儿积 $R \times S$

2．专门的关系运算：选择、投影、连接

（1）选择——行运算（从水平行方向筛选记录）

选择运算，是从水平方向把满足条件的记录选择出来，不满足的记录屏蔽掉。如图 1-4-2 所示，对关系 *R* 进行选择运算，条件是:班级 = " 0430 " 。

（2）投影——列运算（从垂直列方向筛选字段）

投影运算，是从重直方向把指定的列选择出来，其他列屏蔽掉。如图 1-4-3 所示，对关系 *R* 进行投影运算，选取“姓名”和“班级”列

图 1-4-2　选择运算——条件为：班级 = " 0403 "

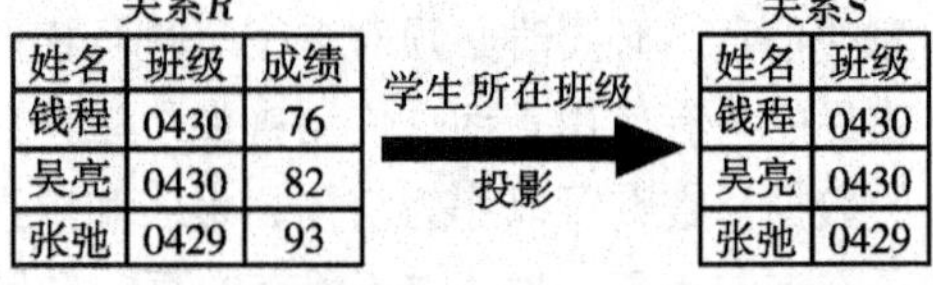

图 1-4-3　投影运算——选取姓名和班级列

（3）连接——即笛卡儿积

连接运算，就是笛卡儿积，它会产生重复的列和很多无效的记录行。图 1-4-4 就是关系 *R* 和关系 *S* 的连接运算。

（4）自然连接——有连接条件，并从结果集去掉重复的行和重复的列

自然连接，是有相等连接条件的连接，并从结果集去掉重复的行和重复的列。图 1-4-5 就是关系 *R* 和关系 *S* 的自然连接运算，连接条件是两表的学号相等。

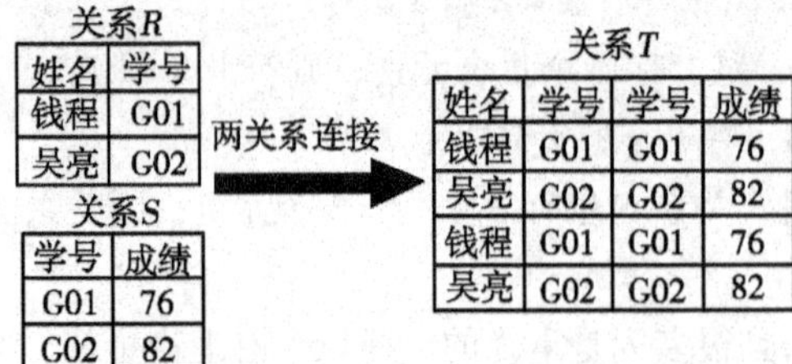

图 1-4-4　关系 *R* 和关系 *S* 的连接运算

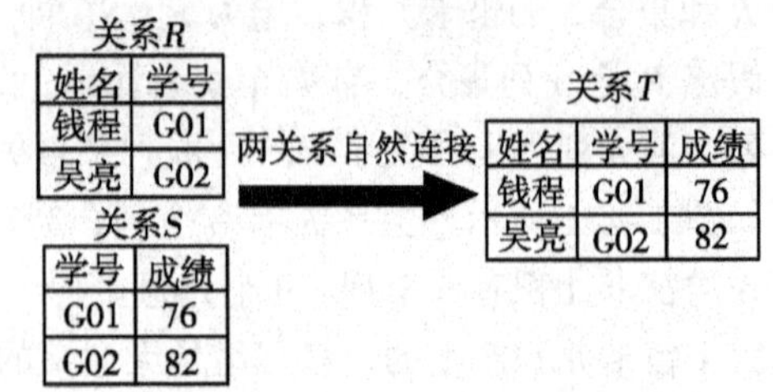

图 1-4-5　自然连接——按学号相等进行连接

4.1.2 查询的功能

1. 选择字段

可以指定一个或多个字段，只有符合条件的记录才能在查询结果中显示出来。

2. 选择记录

可以指定一个或多个条件，只有符合条件的记录才能在查询结果中显示出来。

3. 分组和排序记录

可以对查询结果进行分组，并指定记录的顺序。

4. 实现计算

查询不仅可以找到满足条件的记录，而且还可以在建立查询的过程中进行各种统计计算。

5. 创建新表

利用查询得到的结果可以建立一个新表。

6. 建立基于查询的报表和窗体

用户可以建立一个查询，将该查询的数据作为窗体或报表的记录源，当用户每次打开窗体或打印报表时，该查询从基本表中检索最新数据。

4.1.3 查询的类型

1. 选择查询

选择查询是最常见的查询类型，它从一个表或多个表中检索数据，并按照用户所需要的排列次序以数据表的方式显示结果。还可以使用“选择查询”来对记录进行分组，并且对记录进行总计、计数、平均值以及其他类型的计算。

2. 交叉表查询

分组查询的分组关键字只能是一个字段或表达式，如果按两个或以上的字段或表达式进行分组，就是交叉表查询。交叉表查询的分组字段或分组表达式可以有 2～4 个，其中只能有一个做分组的列标题，最多有 3 个做分组的行标题，显示来源于表中某个字段的汇总值（总计、计数以及平均值等）。

3. 操作查询

操作查询不仅可以搜索、显示数据库，还可以对数据库进行动态修改。操作查询与选择查询的区别在于前者执行后并非显示结果，而是按某种规则更新字段值，删除表中记录，或者将选择查询的结果生成一个新的数据表，也可以将选择查询的执行结果追加到一个数据表中。操作查询有 4 种类型：生成表查询、追加查询、更新查询和删除查询。

4. 参数查询

参数查询在运行时会显示一个对话框，要求用户输入参数，系统根据所输入的参数检索符合条件的记录。

5. SQL 查询

SQL 查询是用户使用 SQL 语句创建的查询。SQL 是一种用于数据库的标准化查询语言，许多数据库管理系统都支持该语言。在查询设计视图中创建查询时，Access 将在后台构造等效的 SQL

语句。实际上，在查询设计视图的属性表中，大多数查询属性在 SQL 视图中都有等效的可用子句和选项。如果需要，可以在 SQL 视图中查看和编辑 SQL 语句。

4.1.4 查询的条件

1. 准则中的运算符

运算符是组成准则的基本元素。Access 中提供了算术运算符、关系运算符、逻辑运算符和特殊运算符等。

（1）算术运算符

算术运算符可进行常见的算术运算，按运算的优先级次序排列为：^（乘方）、-（负号）、*（乘）、/（除）、Mod（求余）、+（加）、-（减）。

（2）关系运算符

关系运算符用来比较两个值或者两个表达式之间的关系，包括：>（大于）、<（小于）、>=（大于等于）、<=（小于等于）、<>（不等于）、=（等于）。关系运算的值为 True 或 False。

（3）逻辑运算符

逻辑运算符用来实现逻辑运算，按优先级次序排序：Not（非）、And（与）、Or（或）。逻辑运算符通常与关系运算符一起使用，构成复杂的用于判断比较的表达式，运算的值为 True 或 False。

（4）特殊运算符

特殊运算符的符号及含义如表 1-4-1 所示。

表 1-4-1 特殊运算符的符号及含义

特殊运算符	说　明
In	用于指定一个字段值的列表，列表中的任意一个值都可与查询的字段相匹配
Between	用于指定一个字段值的范围。指定的范围之间用 And 连接
Like	进行模糊查找。其后的字符模式中，"?" 表示匹配该位置任何一个字符；"*" 表示匹配该位置零或多个字符；"#" 表示匹配该位置一个数字；"[]" 描述一个范围，匹配其中给出的 1 个字符
Is Null	用于指定一个字段为空
Is Not Null	用于指定一个字段非空

2. 准则中的函数

Access 提供了大量的标准函数，如数值函数、字符函数、日期/时间函数、统计函数等。这些函数为用户更好地构造查询准则提供了极大的便利，也为用户更准确地进行统计计算、实现数据处理提供了有效的方法。

（1）数值函数

数值函数用于数值的计算，常用的数值函数及说明如表 1-4-2 所示。

表 1-4-2 数值函数说明

函　数	说　明
Abs(数值表达式)	返回数值表达式的值的绝对值
Int(数值表达式)	返回数值表达式的值的整数部分值
Sqr(数值表达式)	返回数值表达式值的平方根值

(2)字符函数

字符函数又称为文本处理函数，用于处理字符串。常用的字符函数及说明如表 1-4-3 所示。

表 1-4-3　字符函数及说明

函　　数	说　　明
Space(数值表达式)	返回由数值表达式的值确定的空格个数组成的空字符串
Len(字符表达式)	返回字符表达式的字符个数，当字符表达式是空值时，返回空值
Left(字符表达式,数值表达式)	返回从字符表达式左侧第 1 个字符开始的若干字符，其中字符个数是数值表达式的值
Right(字符表达式,数值表达式)	返回从字符表达式右侧第 1 个字符开始的若干字符，其中字符个数是数值表达式的值
Mid(字符表达式,数值表达式 1[,数值表达式 2])	返回一个字符串，该串是从字符表达式最左端某个字符开始，截取到某个字符为止的若干个字符。其中，数值表达式 1 的值是开始的字符位置，数值表达式 2 是截取的字符位置。数值表达式 2 可以省略，若省略了数值表达式 2，则返回值是从字符表达式最左端某个字符开始，截取到最后一个字符为止的若干个字符

(3)日期/时间

日期/时间函数常用于处理字段中的日期/时间值，可以通过日期/时间函数抽取日期的一部分及时间的一部分。常用的日期/时间函数及说明如表 1-4-4 所示。

表 1-4-4　日期/时间函数说明

函　　数	说　　明
Day(日期表达式)	返回给定日期 1～31 的值，表示给定日期是一个月中的哪一天
Month(日期表达式)	返回给定日期 1～12 的值，表示给定日期是一年中的哪个月
Year(日期表达式)	返回给定日期 100～9999 的值，表示给定日期是哪一年
Weekday(日期表达式)	返回给定日期 1～7 的值，表示给定日期是一周中的哪一天
Hour(日期表达式)	返回给定日期 0～23 的值，表示给定日期是一天中的哪个小时
Date( )	返回当前系统日期
DateSerial(year, month, day)	返回由参数 year、month、day 构成的一个日期，例如，设置表“入学日期”字段的默认值为上一年的九月一日，默认值为 DateSerial(year(Date()), 9, 1)

(4)统计函数

统计函数常用于对数据的统计分析。常用的统计函数及说明如表 1-4-5 所示。

表 1-4-5　统计函数说明

函　　数	说　　明
Sum(字符表达式)	返回字符表达式中值的总和
Avg(字符表达式)	返回字符表达式中值的算术平均值
Count(字符表达式)	返回字符表达式中非空值的个数，即统计记录个数
Max(字符表达式)	返回字符表达式中值的最大值
Min(字符表达式)	返回字符表达式中值的最小值

3. 使用文本作为查询条件

在 Access 中建立查询，经常使用文本值作为查询准则。使用文本值作为查询的准则可以方便地限定查询范围和查询的条件，实现一些相对简单的查询。表 1-4-6 列出了以文本值作为准则的示例和它们的功能。

表 1-4-6 使用文本值作为查询条件示例

字段名	准则	功能
职称	"教授"	查询职称为“教授”的记录
	"教授" Or "副教授"	查询职称为“教授”或“副教授”的记录
姓名	In("高瑞","许红")或 "高瑞" Or "许红"	查询姓名为“高瑞”或“许红”的记录
	Not Like "高瑞"	查询姓名不是“高瑞”的记录
	Like "王*"	查询姓“王”的记录
	Left([姓名],1) = "王"	
	Instr([姓名] ,"王")=1	
	Len([姓名]) = 3	查询姓名为 3 个字的记录
课程名称	Like "计算机*"	查询课程名称以“计算机”开头的记录
籍贯	Right([籍贯], 1) = "市"	查询籍贯最后一个字为“市”的记录
学生编号	Mid([学生编号], 4, 2) = "31"	查询学生编号第 4 个和第 5 个字符为“31”的记录
	Instr([学生编号], "31")=4	

注意： 在查找职称为“教授”的教师信息中，查询条件可以表示为=“教授”，但为了输入方便，Access 允许在条件中省去“=”，所以可以直接表示为“教授”。输入时如果没有加双引号，Access 会自动加上双引号。

4. 使用处理日期作为查询条件

在 Access 中建立查询，经常以处理日期作为查询准则。使用计算或处理日期作为查询准则可以方便地限定查询时间范围。表 1-4-7 列出了以计算或处理日期作为准则的示例。

表 1-4-7 使用计算或处理日期作为查询条件示例

字段名	准则	功能
工作时间	Between #99-01-01# And #99-12-31#	查询 1999 年参加工作的教师
工作时间	< Date()-15	查询 15 天前参加工作的记录
工作时间	Between Date( ) And Date ( ) -20	查询 20 之内参加工作的记录
出生日期	Year([出生日期])=1985	查询 1985 年出生的学生记录
工作时间	Year([工作时间])=2000 And Month([工作时间])=9	查询 2000 年 9 月参加工作的记录

注意： 书写这类条件时应注意，日期常量要用英文的“#”号括起来。

5. 使用空字段值作为查询条件

空值是使用 Null 或空白来表示字段的值；空字符串是用双引号括起来的字符串，且双引号中间没有空格。表 1-4-8 中列出了使用空字段值作为准则的示例。

表 1-4-8 使用空字段值作为查询条件示例

字 段 名	准则表达式	功 能
姓名	Is Null	查询姓名为 Null（空值）的记录
姓名	Is Not Null	查询姓名有值（不是空值）的记录
联系电话	""	查询没有联系电话的记录

4.2 创建选择查询

选择查询是 Access 中最常用的一种查询类型，它从一个或多个表中查询数据，查询的结果是一组数据记录。此外，通过选择查询还可以对表中的数据进行分组、求和、计算平均值以及其他类型的计算操作。

4.2.1 简单查询向导

查询向导一般用来创建相对比较简单的查询，或者用来初建基本查询，以后再用设计视图进行修改。使用“简单查询向导”可以创建一个简单的选择查询。

在数据库中，单击“创建”选项卡，然后单击“查询”命令组中的“查询向导”按钮，即可弹出查询向导对话框，按照向导提示即可创建简单的选择查询。

【例 1.4.1】在“学生成绩管理系统”数据库中，创建一个“学生基本情况查询”，查找学生的学号、姓名、性别、专业和班级。

具体操作步骤如下：

① 在“学生成绩管理系统”数据库中，单击“创建”选项卡，然后单击“查询”命令组中的“查询向导”按钮，选择“简单查询向导”选项，单击“确定”按钮，即可弹出“简单查询向导”对话框。

② 在“表/查询”下拉列表框中选择“表：学生”选项，并分别选中“学号”“姓名”“性别”“班级”和“所属专业”字段，加入到“选定的字段”列表中，如图 1-4-6 所示。

③ 单击“下一步”按钮，为查询指定标题“学生基本情况查询”。

④ 单击“完成”按钮，自动运行查询，并显示查询结果，如图 1-4-7 所示。

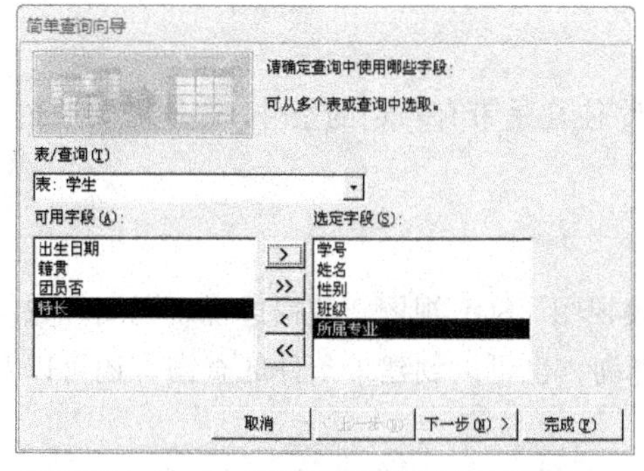

图 1-4-6 “简单查询向导”对话框

学生基本情况查询

学号	姓名	性	班级	所属专业
G0420774	代国志	男	0403	电子商务
G0420775	高瑞	男	0403	电子商务
G0420777	贾代玉	女	0403	电子商务
G0420904	王大文	男	0408	营销与策划
G0420906	王磊	男	0408	营销与策划
G0431370	欧金林	男	0429	计算机应用技术
G0431371	潘伟	男	0429	计算机应用技术
G0431372	秦华	男	0429	计算机应用技术
G0431373	汪冬冬	男	0429	计算机应用技术
G0431391	黄静	女	0429	计算机应用技术
G0431392	吕永娟	女	0429	计算机应用技术
G0431393	马程程	女	0429	计算机应用技术
G0431408	黄冠甲	男	0430	计算机应用技术
G0431412	潘伟	男	0430	计算机应用技术

记录: 第 4 项(共 22 项 搜索

图 1-4-7 学生基本情况查询结果

【例 1.4.2】创建“学生成绩查询”，查找学生的学号、姓名、课程名称和成绩。

学号、姓名、课程名称和成绩分别在“学生”“课程”和“学生课程成绩”表中，涉及 3 张表，要把这 3 张表都作为该查询的数据源。查询的具体操作步骤如下：

① 单击“创建”选项卡，然后单击“查询”命令组中的“查询向导”按钮，选择“简单查询向导”选项，单击“确定”按钮，即可打开“简单查询向导”对话框。

② 在“表/查询”下拉列表框中选择“表：学生”选项，选中“学号”、“姓名”字段加入到“选定的字段”列表中，依次再选择“表：课程”中的“课程名称”字段和“表：学生课程成绩”中的“成绩”字段加入到“选定的字段”列表中，如图 1-4-8 所示。

③ 单击“下一步”按钮，选择“明细”单选按钮，如图 1-4-9 所示。

④ 单击“下一步”按钮，在弹出的对话框中输入查询名称“学生成绩查询”，单击“完成”按钮，将显示查询结果，如图 1-4-10 所示。

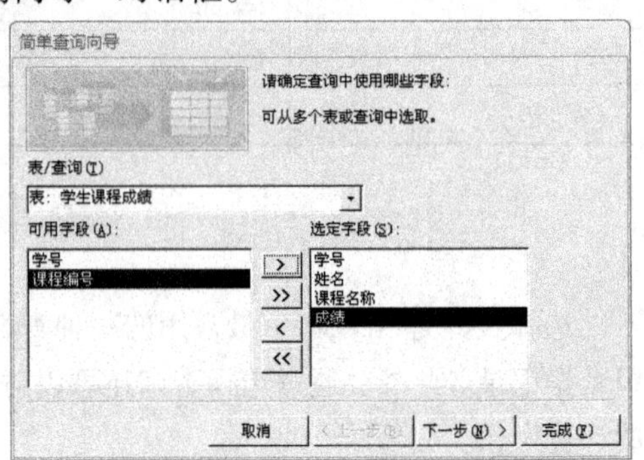

图 1-4-8　选择字段

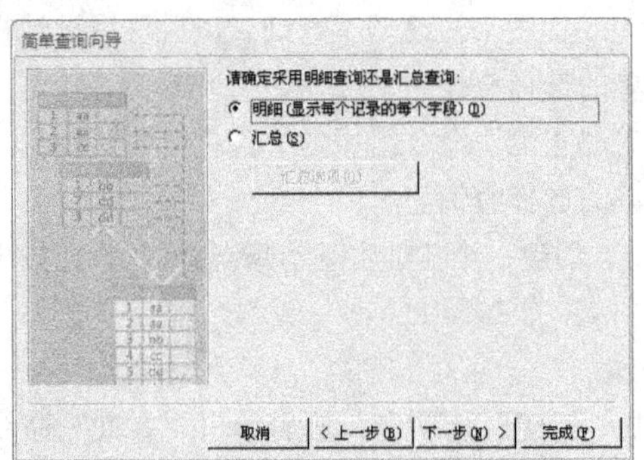

图 1-4-9　选择“明细”查询

学生成绩查询

学号	姓名	课程名称	成绩
G0420774	代国志	高等数学	90
G0420774	代国志	大学语文	78
G0420774	代国志	大学英语	89
G0420775	高瑞	高等数学	57
G0420775	高瑞	大学语文	77
G0420775	高瑞	大学英语	60
G0420777	贾代玉	高等数学	70
G0420777	贾代玉	大学语文	80
G0431408	黄冠甲	高等数学	84.5
G0431408	黄冠甲	大学英语	94
G0431408	黄冠甲	计算机基础	89
G0431408	黄冠甲	C语言程序设i	85.4
G0431412	潘伟	高等数学	97
G0431412	潘伟	大学英语	90.5
G0431412	潘伟	C语言程序设i	93.5
G0431413	钱九连	高等数学	98
G0431413	钱九连	大学英语	89
G0431413	钱九连	计算机基础	78

记录: 第 13 项(共 23 项)　搜索

图 1-4-10　学生成绩查询结果

注意：

① 在创建多表间连接查询时，前提条件是多个表间设置了“关系”，否则会提示报错。

② 在步骤③中选择“明细”单选按钮，是查看详细信息；如选择“汇总”单选按钮，则是对一组或全部记录数据进行各种统计，即对数字型数据进行“总计”“平均”“最大值”和“最小值”等汇总。

4.2.2　在设计视图中创建条件查询

在日常工作中，用户的查询并非只是简单的查询，往往是带有一定的条件。这就需要通过“设计”视图来建立查询。

1. 认识设计视图

在 Access 中查询有 5 种视图：设计视图、数据表视图、SQL 视图、数据透视表视图和数据透视图视图。在设计视图中，既可以创建不带条件的查询，也可以创建带条件的查询，还可以对已建查询进行修改。

“查询”设计视图窗口分为上下两部分：上半部分为“字段列表”区域，显示所选表的字段；下半部分为“设计网格”区域，由一些字段列和已命名的行组成。其中，已命名的行共有 7 行，其作用如表 1-4-9 所示。

表 1-4-9 “查询”设计视图中“设计网格”各行的作用

行的名称	作用
字段	可以在此输入或添加字段名或待查询的表达式
表	字段所在的表或查询的名称
总计	用于确定字段在查询中的运算方法
排序	用于选择查询所采用的排序方法
显示	利用复选框来确定是否在数据表中显示
条件	用于输入一个条件来限定记录的选择
或	用于输入“或”的条件来限定记录的选择

2. 单个条件查询

单个条件查询指查询的条件只与某一个字段相关，与其他字段无关，如查询“及格”的学生信息。如果需要查询“及格”的“男”同学信息，则需要使用多条件查询。

【例 1.4.3】创建“成绩在 80～90 间的学生信息”查询，查找成绩在 80～90 分之间的学生姓名、课程名称和成绩。

具体操作步骤如下：

① 在“学生成绩管理系统”数据库中，单击“创建”选项卡，然后单击“查询”命令组中的“查询设计”按钮，弹出“显示表”对话框。

② 在“显示表”对话框中选择“表”选项卡，选择“学生”表，再单击“添加”按钮，或双击“学生”表将“学生”表添加到设计视图。用同样的方法添加“课程”表、“学生课程成绩”表，然后关闭“显示表”对话框，即可打开查询“设计视图”。

③ 在“字段列表”区域，双击“学生”表中的“姓名”字段、“课程”表中的“课程名称”字段、“学生课程成绩”表中的“成绩”字段，将这些字段加入到下部的设计网格中。

④ 在“成绩”字段列的“条件”单元格中输入查询条件“Between 80 And 90”，如图 1-4-11 所示。也可以在“成绩”字段列的“条件”单元格中输入条件“>=80 And <=90”。

⑤ 单击快捷工具栏中的“保存”按钮，弹出“另存为”对话框，在“查询名称”文本框中输入“成绩在 80～90 间的学生信息”，然后单击“确定”按钮。

⑥ 单击工具栏中的“视图”下拉按钮中的“数据表视图”，或单击工具栏中的“运行”按钮 **!**，切换到“数据表视图”，显示查询的运行结果，如图 1-4-12 所示。

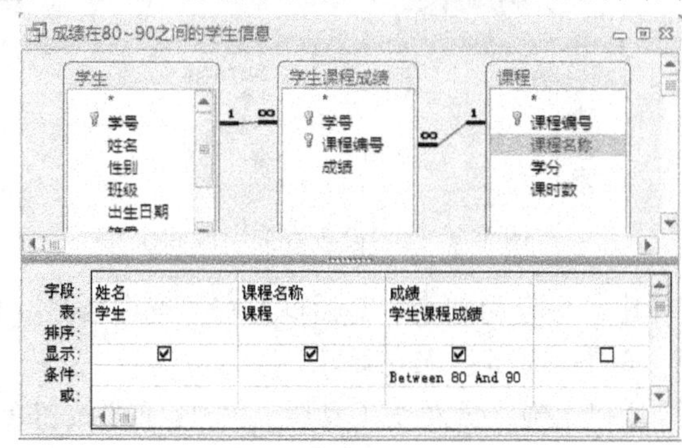

图 1-4-11 设置查询条件

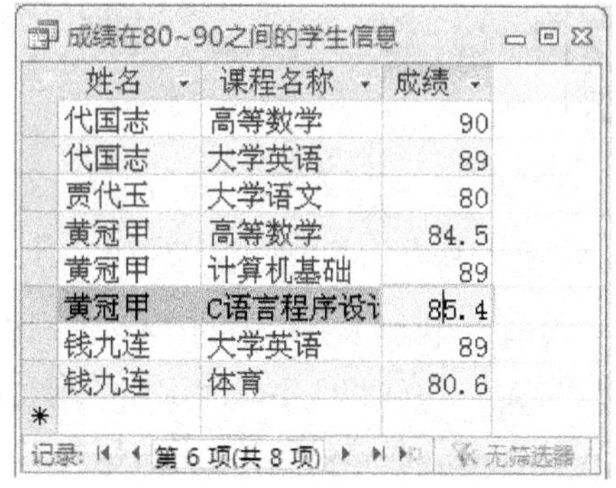

姓名	课程名称	成绩
代国志	高等数学	90
代国志	大学英语	89
贾代玉	大学语文	80
黄冠甲	高等数学	84.5
黄冠甲	计算机基础	89
黄冠甲	C语言程序设计	85.4
钱九连	大学英语	89
钱九连	体育	80.6

图 1-4-12 “成绩”查询结果

补充知识点

（1）数据源的添加与删除

如在操作中发现字段列表中少添加了数据源，可单击“查询工具”选项卡，单击“查询设置”命令组中的“显示表”按钮；或在字段列表区空白处右击并选择“显示表”命令；如发现多添加了数据源，选定该表或查询后，右击并选择“删除表”命令，删除多添加的数据源。

（2）字段的添加与删除

如在操作中发现缺少需要的字段，可在字段列表中双击该字段；如发现多余字段，可选中要删除字段的字段选定器，按【Delete】键，如图 1-4-13 所示。

3. 多条件查询

单条件查询只能查询与某一个字段相关的信息，如果需要查询与两个以上字段相关的信息，可使用多条件查询。例如，查询“及格”的“男”同学信息，便需要使用多条件查询。

【例 1.4.4】创建“95 年前工作的副教授信息”查询，查找工作时间在 1995 年之前（不包括 1995 年）且职称为副教授的教师信息。

具体操作步骤如下：

① 在数据库中单击“创建”选项卡，然后单击“查询”命令组中的“查询设计”按钮，弹出“显示表”对话框。在“显示表”对话框中把“教师”表添加到设计视图。

② 在“字段列表”区域，双击“教师”表中的“*”，将“*”加入到下部的设计网格中，再双击“职称”“参加工作日期”字段，取消选择这两个字段对应列“显示”复选框，表示不显示（“*”表示所有字段都显示）。

③ 在“职称”字段的“条件”单元格中输入“副教授”，在“参加工作日期”字段的“条件”单元格中输入“< #1995-01-01#”，两个条件在设计网格中处于同一行，如图 1-4-14 所示。

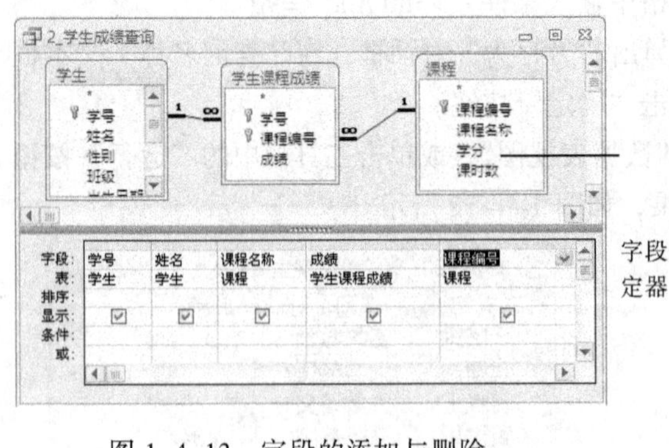

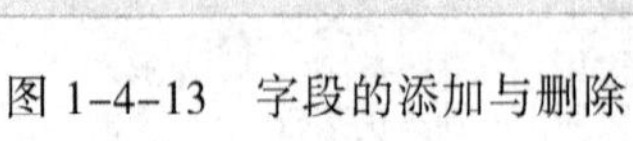

图 1-4-13 字段的添加与删除

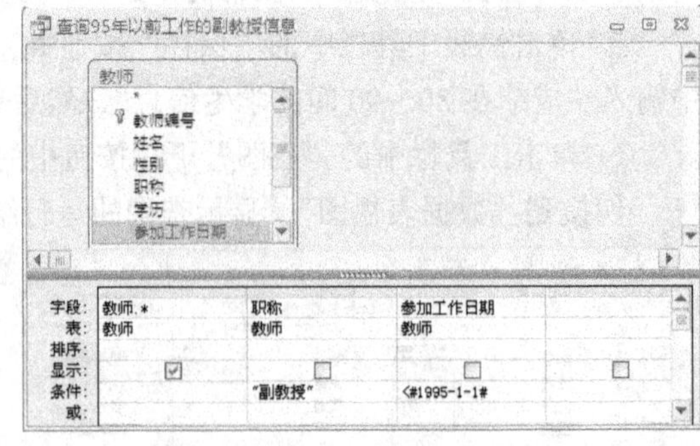

图 1-4-14 设置查询字段和条件

④ 单击快捷工具栏中的“保存”按钮，弹出“另存为查询”对话框，在“查询名称”文本框中输入“查询 95 年以前工作的副教授信息”，单击“确定”按钮。

⑤ 单击工具栏“视图”下拉按钮中“数据表视图”按钮，或单击工具栏上的“运行”按钮!，切换到“数据表视图”，显示查询的运行结果，如图 1-4-15 所示。

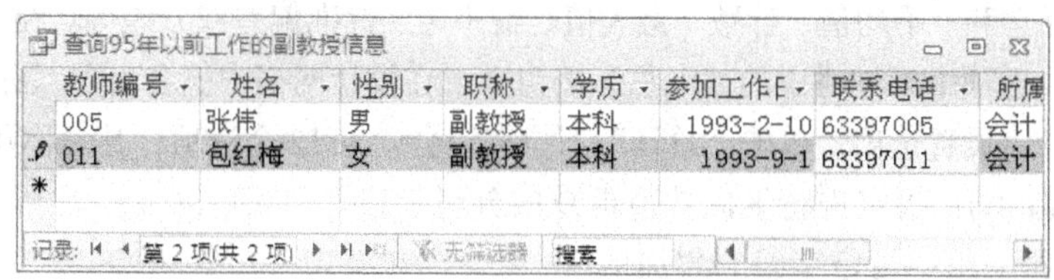

教师编号	姓名	性别	职称	学历	参加工作E	联系电话	所属
005	张伟	男	副教授	本科	1993-2-10	63397005	会计
011	包红梅	女	副教授	本科	1993-9-1	63397011	会计

图 1-4-15 “95 年前工作的副教授信息”查询结果

注意：在查询设计器的条件中，同一行中的条件是 And 关系，不同行的条件是 Or 关系。由于条件是“工作时间在 1995 年之前且职称为副教授”即 And，因此两条件在设计网格中同行；若此题查询条件为“或”，则两条件在设计网格中要放在不同行。如果行与列同时存在，则行比列优先（即 And 比 Or 优先）。

【例 1.4.5】创建“特殊运算符查询”查询，查找“学生”表中“特长”字段为“空”，并且“籍贯”为“肥西县”或“舒城县”的学生信息，并按“籍贯”降序排序显示。

具体操作步骤如下：

① 在数据库中，单击“创建”选项卡，然后单击“查询”命令组中的“查询设计”按钮，弹出“显示表”对话框。在“显示表”对话框中把“学生”表添加到设计视图。

② 在“字段列表”区域，双击“学生”表中的“*”，将“*”加入到下部的设计网格中，再双击“籍贯”“特长”字段，取消选择这两个字段对应列“显示”复选框，表示不显示（因为“*”表示所有字段都显示，再显示它们就重复了）。

③ 在“籍贯”字段的“条件”单元格中输入“in(" 肥西县 " ， " 舒城县 ")”，在“特长”字段“条件”单元格中输入“Is Null”，两条件在设计网格中处于同一行，并把“籍贯”列对应的“排序”设置为“降序”，如图 1-4-16 所示。

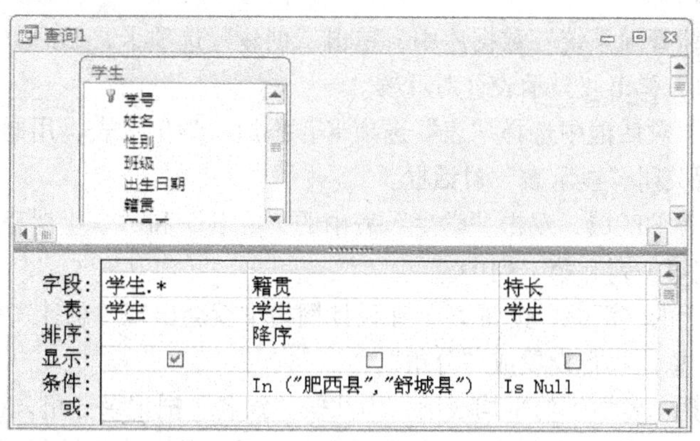

图 1-4-16 设置查询字段和条件

④ 单击快捷工具栏中的“保存”按钮，弹出“另存为查询”对话框，在“查询名称”文本框中输入“特殊运算符查询”，单击“确定”按钮。

4.2.3 在设计视图中创建总计查询

1. 在查询中创建计算字段

Access 数据库为经常用到的数值汇总提供了丰富的“总计”选项，即对查询中的记录组或全部数据进行计算，包括总和、平均值、计数、最大值、最小值、标准偏差或方差等。在查询的设计视图中单击“查询工具”选项卡工具栏中的“汇总”按钮Σ，在设计网格中就会出现“总计”行。“总计”行用于在运行总计时设置选项。单击“总计”下拉按钮会列出 12 个选项，其名称及含义如下：

- 分组(Group By)：指定进行纵向数值汇总的分组字段。
- 合计：求每一组中指定字段的累加值。
- 平均值：求每一组中指定字段的平均值。
- 最小值：求每一组中指定字段的最小值。
- 最大值：求每一组中指定字段的最大值。
- 计数：求每一组中指定字段的记录个数。
- 标准差(StDev)：求每一组中指定字段的标准差。
- 方差：求每一组中的指定字段的方差。
- 第一条记录：返回组中第一个记录指定字段的值。
- 最后一条记录：返回组中最后一个记录指定字段的值。
- 表达式(Expression)：在设计网格的“字段”行位置建立计算字段。
- 条件(Where)：指定查询条件。

以上的功能描述中，字段也可以是表达式。

2. 总计查询

总计查询就是分组查询，首先把待查数据记录行，按分组字段或分组表达式分成若干组，每一组记录进行相应的计算，完成计算查询功能。

【例 1.4.6】 创建“学生平均成绩”查询，统计每个学生的平均成绩，并将结果按平均成绩的降序排列。

具体操作步骤如下：

① 在“学生成绩管理系统”数据库中，单击“创建”选项卡，然后单击“查询”命令组中的“查询设计”按钮，弹出“显示表”对话框。

② 在“显示表”对话框中选择“表”选项卡，添加“学生”表，用同样的方法添加“学生课程成绩”表，然后关闭“显示表”对话框。

③ 在“字段列表”区域，双击“学生”表中的“姓名”和“学生课程成绩”表中“成绩”字段，将它们添加到第一列和第二列中。

④ 单击工具栏上的“汇总”按钮Σ，在设计网格中就会出现“总计”行，并自动将“姓名”和“成绩”字段的“总计”行设置成“分组”。

⑤ 由于要求计算每名学生的平均成绩，因此按“姓名”把记录分组，在每一组内对“成绩”字段求平均值。单击“成绩”字段的“总计”单元格，从下拉列表中选择“平均值”函数。

⑥ 由于要求将结果按平均成绩的降序排列，单击“成绩”字段的“排序”单元格，并单击单元格内右侧的下拉按钮，从下拉列表中选择“降序”选项，如图 1-4-17 所示。

⑦ 单击快捷工具栏中的“保存”按钮，弹出“另存为查询”对话框，在“查询名称”文本框中输入“学生平均成绩”，然后单击“确定”按钮。

⑧ 单击工具栏中的“视图”按钮，或单击工具栏中的“运行”按钮!，切换到“数据表视图”，显示查询的执行结果，如图 1-4-18 所示。

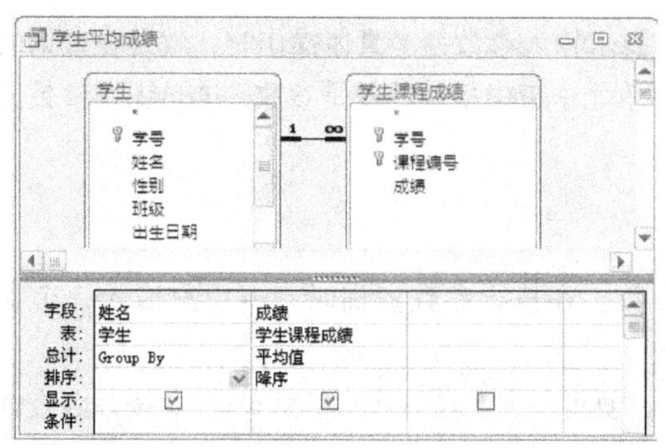

图 1-4-17　设置总计项和排序方式

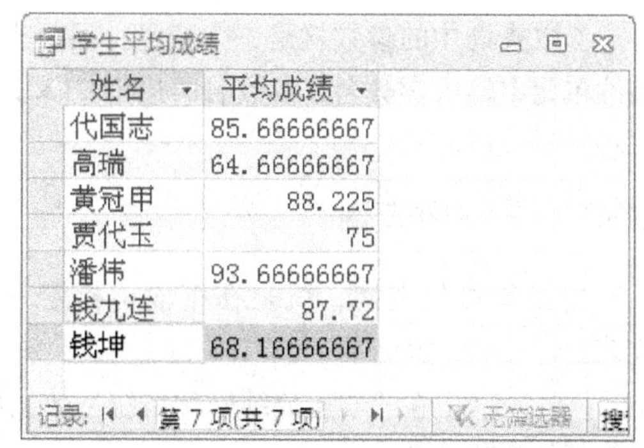

姓名	平均成绩
代国志	85.6666667
高瑞	64.6666667
黄冠甲	88.225
贾代玉	75
潘伟	93.6666667
钱九连	87.72
钱坤	68.1666667

图 1-4-18　“学生平均成绩”查询结果

补充知识点

选择查询的运行结果一般以数据输入的物理顺序显示。若想按特定的顺序显示，可通过设置排序方式来实现。在 Access 中有两种排序方式：升序和降序。

可以按一个字段排序，也可以按多个字段排序。若按多个字段排序，则要特别注意字段在“设计”视图中的网格列排序。不同的网格列排序会得到不同排列的记录集，因为排序规则是先按前面的字段排序，再按后面的字段排序。

【例 1.4.7】创建“课程成绩高低分差”，统计每门课程成绩最高分和最低分之差，并将结果显示课程名称和分数差。

操作要点：用查询设计器把“课程”和“学生课程成绩”表加入后，双击“课程名称”加入，然后右击第二个字段位置，选择“生成器”，用生成器构建查询表达式“Max([学生课程成绩]![成绩])-Min([学生课程成绩]![成绩])”，把前面设置为“分数差”。最后，把“课程名称”设为 Group By（分组）字段，分数差是两个函数相减，所以只能设为 Expression（表达式）。

该查询的设计如图 1-4-19 所示，查询结果如图 1-4-20 所示。

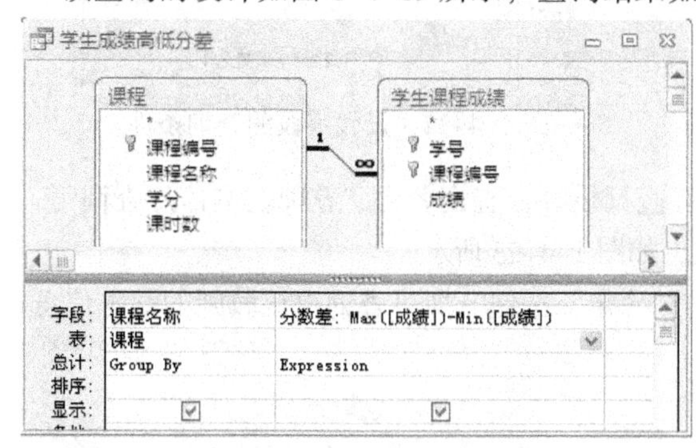

图 1-4-19　设计总计查询

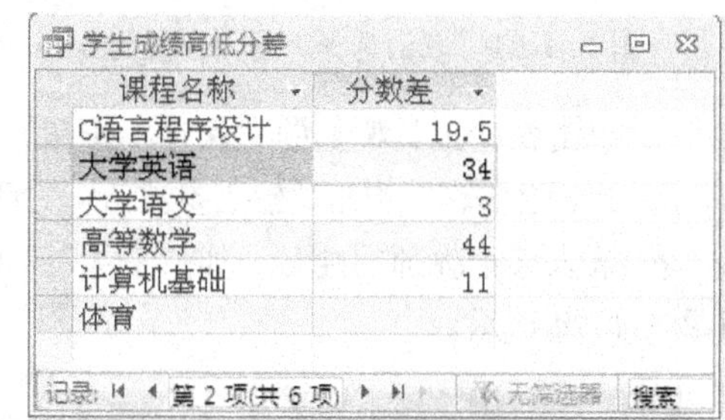

课程名称	分数差
C语言程序设计	19.5
大学英语	34
大学语文	3
高等数学	44
计算机基础	11
体育	

图 1-4-20　查询结果

4.3　创建参数查询

前面介绍的查询在条件处输入的都是常量。若条件发生变化，则必须重新设计查询，这样的查询是不能满足用户要求的。使用参数查询可以有效地解决这个问题，用户运行查询时通过在对话框中输入不同的查询参数，就可以得到不同的查询结果。

参数查询中的参数就是一个变量，运行查询时要求输入参数值。具体操作时，就是在查询的条件单元中输入参数名，参数名两边带“[ ]”，条件单元中带中括号的就是参数，这是识别参数的方法。

4.3.1 单参数查询

创建单参数查询，就是在字段中指定一个参数，在执行参数查询时，由用户输入一个参数值。

【例 1.4.8】在“学生成绩管理系统”数据库中，创建一个“教师基本信息查询”，按姓名查询某教师的全部信息。

具体操作步骤如下：

① 在“学生成绩管理系统”数据库中，单击“创建”选项卡，然后单击“查询”命令组中的“查询设计”按钮，弹出“显示表”对话框，选择“教师”表。

② 双击“教师”表中的“*”和“姓名”字段，将它们添加到第 1 列和第 2 列中。取消选择“姓名”字段对应列“显示”复选框，表示不显示，如图 1-4-21 所示。

③ 在“姓名”字段的“条件”单元格中输入“[请输入教师姓名：]”，如图 1-4-22 所示。

图 1-4-21 取消选择“显示”复选框

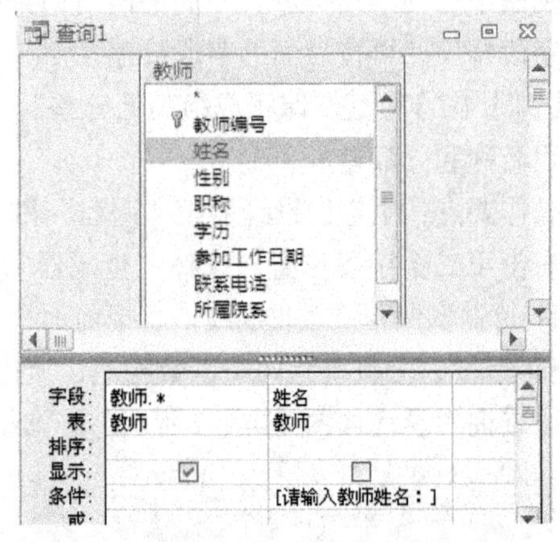

图 1-4-22 设置字段的查询条件

④ 单击快捷工具栏上的“保存”按钮，保存查询设计，查询名为“教师基本信息查询”。

⑤ 运行此查询，弹出“输入参数值”对话框，如图 1-4-23 所示。

⑥ 输入某个教师的姓名，如“王天”，单击“确定”按钮，即可查询出该教师的基本信息，如图 1-4-24 所示。

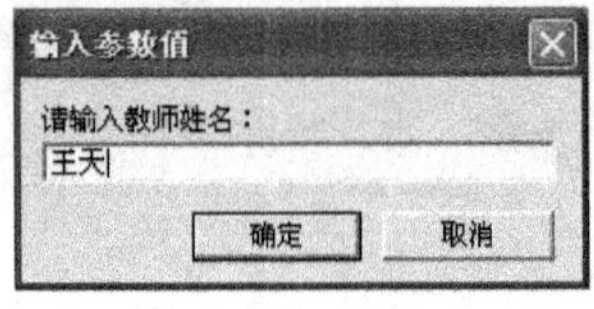

图 1-4-23 “输入参数值”对话框

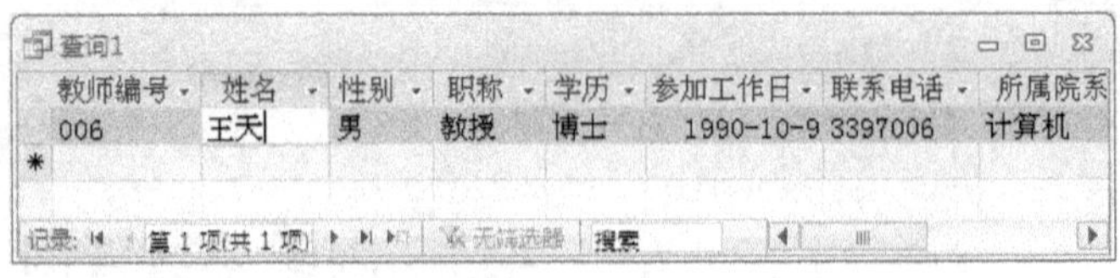

图 1-4-24 查询结果

【例 1.4.9】创建一个“某专业年龄小于 26 岁学生信息”，按用户输入的所属专业查询年龄小于 24 岁学生的学号、姓名、性别、年龄、班级和所属专业。

具体操作步骤如下：

① 在“学生成绩管理系统”数据库中，单击“创建”选项卡，然后单击“查询”命令组中的“查询设计”按钮，弹出“显示表”对话框，选择“学生”表。

② 在“字段列表”区域，双击“学生”表中的“学号”“姓名”“性别”“班级”和“所属专业”字段，将这些字段加入到下部的设计网格中，如图 1-4-25 所示。

③ 右击空白字段单元，单击“生成器”快捷菜单，利用生成器构建表达式：“年龄: Year(Date())-Year([出生日期])”，如图 1-4-26 所示，并在“条件”单元格中输入“<26”，并拖动字段列上方的字段选择器，把“年龄”拖到“所属专业”字段前方；另在“所属专业”列的“条件”单元格中输入“[请输入所属专业：]”，如图 1-4-27 所示。

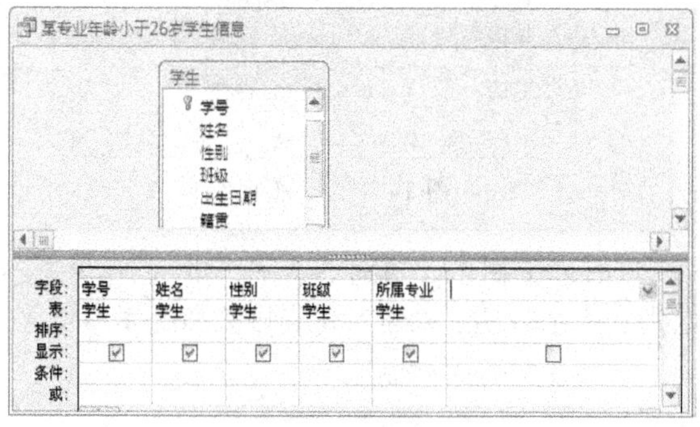

图 1-4-25　设置字段列表

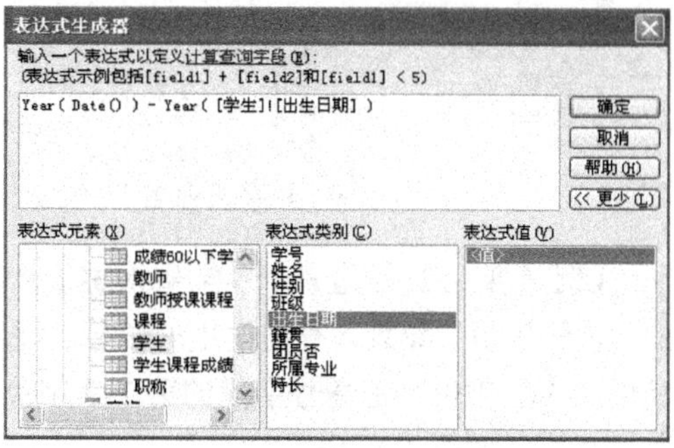

图 1-4-26　生成器构建表达式

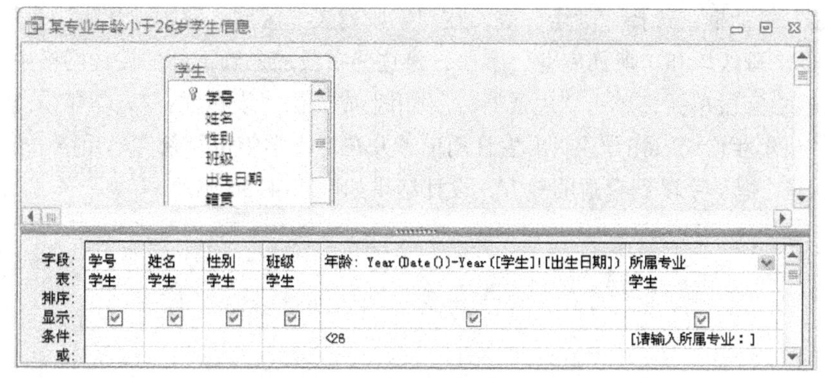

图 1-4-27　设置条件和条件参数

④ 保存查询设计，查询名为“某专业年龄小于 26 岁学生信息”。

⑤ 单击“运行”按钮，弹出“输入参数值”对话框，输入专业名称，如“计算机应用技术”，单击“确定”按钮，即可查询出该专业年龄小于 24 岁的学生信息。

补充知识点

当需要统计的数据在表中没有相应的字段，或者用于计算数据值来源于多个字段时，需要在“设计网格”中添加一个计算字段。计算字段是指根据一个或多个表中的一个或多个字段并使用表达式建立的新字段，通常计算字段都包含计算公式或函数条件。

例如，在例1.4.9中，查询是通过“出生日期”字段计算出学生的年龄，显然必须采用函数构成表达式的方式增加新字段，使其显示为“年龄”。

再如，在例1.4.6中，查询是通过“成绩”字段统计平均成绩，在查询结果中统计字段名称显示为“成绩之平均值”，可读性差，可重命名此字段，即在设计网格中字段名的左边，输入新字段名“平均成绩”后，再输入英文冒号“:”，如图 1-4-28 所示，则查询结果将以新字段名显示，如图 1-4-29 所示。

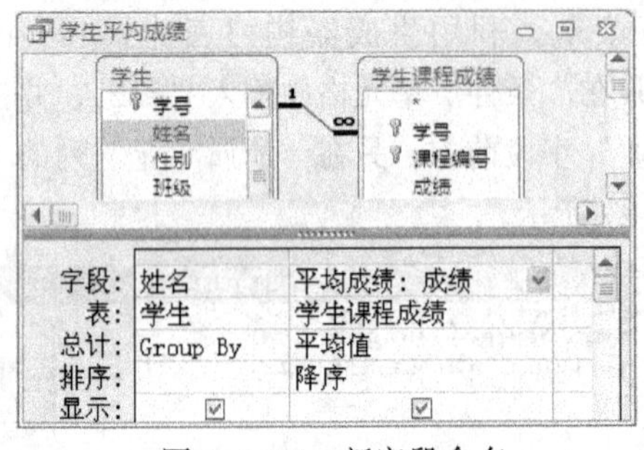

图 1-4-28　新字段命名

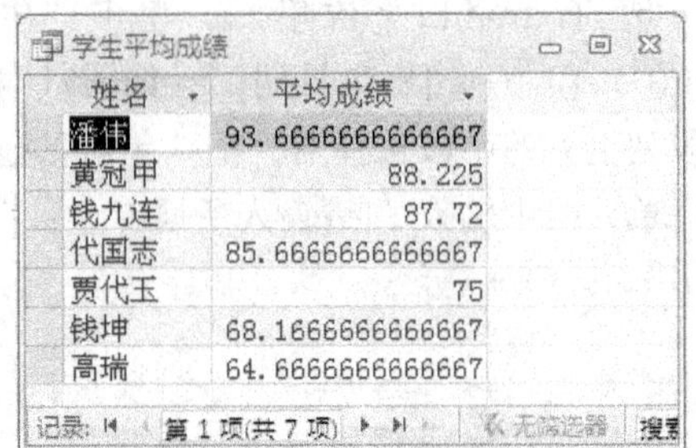

姓名	平均成绩
潘伟	93.6666666666667
黄冠甲	88.225
钱九连	87.72
代国志	85.6666666666667
贾代玉	75
钱坤	68.1666666666667
高瑞	64.6666666666667

图 1-4-29　查询结果

【例 1.4.10】创建一个“学生入学信息表”，运行时提示输入“请输入入学年份”，并按输入的“入学年份”参数，查询学生的学号、姓名、性别、出生日期、入学年份、班级和所属专业等。其中“入学年份”是学号字段的第 2~3 字节值。

具体操作步骤如下：

① 在数据库中，单击“创建”选项卡，然后单击“查询”命令组中的“查询设计”按钮，弹出“显示表”对话框，选择“学生”表，在“字段列表”区域，双击“学生”表中的“学号”“姓名”“性别”“班级”和“所属专业”字段，将这些字段加入到下部的设计网格中。

② 右击空白字段单元，单击“生成器”，利用生成器构建表达式：“入学年份: Mid([学生]![学号],2,2)”和“出生年份: Year([学生]![出生日期])”，并在“入学年份”条件单元格中输入参数“[请输入入学年份]”，拖动字段到合适的地方，设计结果如图 1-4-30 所示。

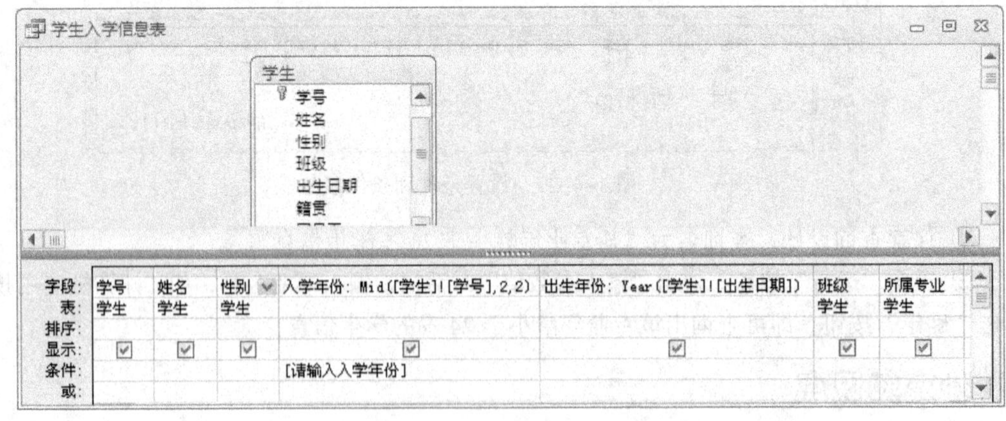

图 1-4-30　选择交叉表的“列标题”

4.3.2　多参数查询

用户不仅可以创建单个参数查询，也可以创建多个参数查询。在执行多个参数查询时，用户可以依次输入多个参数值。

【例 1.4.11】创建一个“某课程成绩区间学生信息”，按输入的课程名称和成绩区间查询学生成绩信息。

具体操作步骤如下：

① 利用查询设计器创建查询，添加“学生”表、“课程”表和“学生课程成绩”表。

② 在“字段列表”区域，双击“学生”表的“姓名”字段、“课程”表的“课程名称”字段和“学生课程成绩”表中的“成绩”字段，加入到下部的设计网格中，如图 1-4-31 所示。

③ 在“课程名称”字段的“条件”中输入“[请输入课程名称：]”，在“成绩”字段的“条件”中输入“Between [请输入成绩下限：] And [请输入成绩上限：]”，如图 1-4-32 所示。

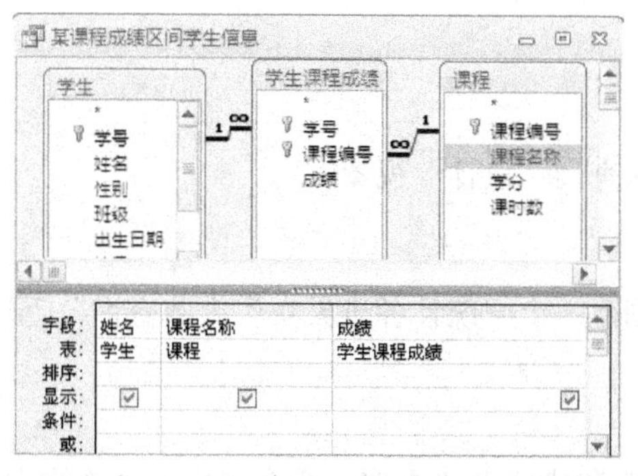

图 1-4-31　双击“学生”表中的某些字段

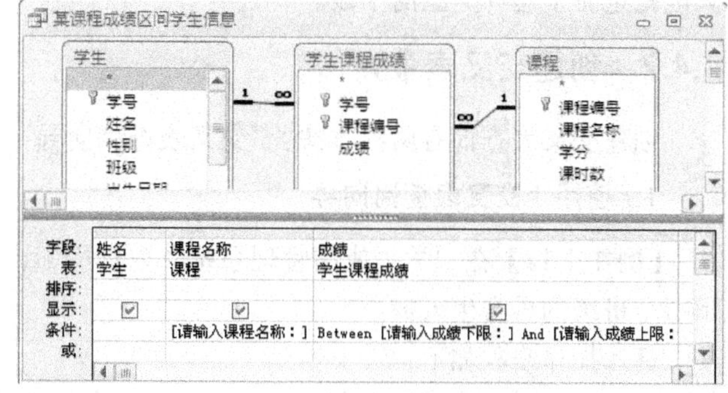

图 1-4-32　输入参数条件

④ 保存查询设计，查询名为“某课程成绩区间学生信息”。单击“运行”按钮，弹出“输入参数值”对话框，输入课程名称“大学英语”，如图 1-4-33 所示。

⑤ 单击“确定”按钮，再输入分数下限 70，单击“确定”按钮，继续输入分数上限 90，如图 1-4-34 和图 1-4-35 所示，单击“确定”按钮，查询结果如图 1-4-36 所示。

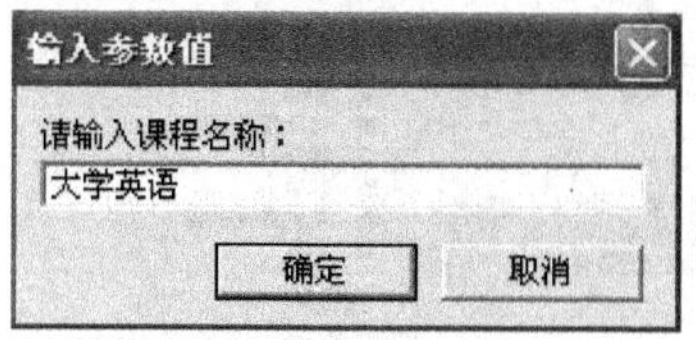

图 1-4-33　输入课程名称

图 1-4-34　输入成绩下限

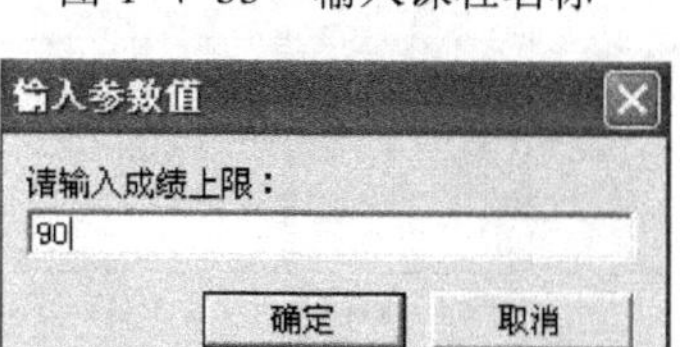

图 1-4-35　输入成绩上限

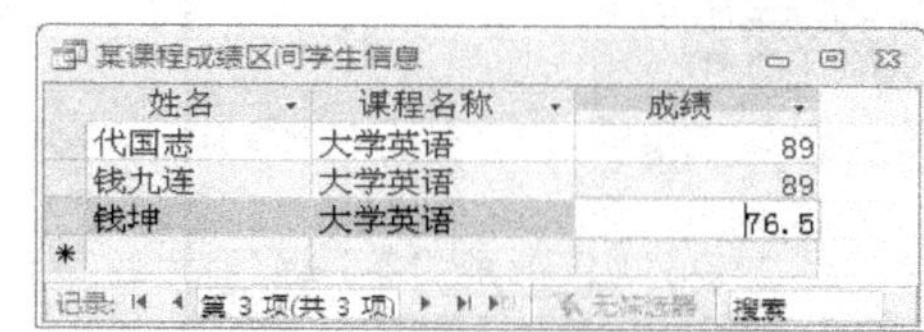

图 1-4-36　查询结果

4.4　创建交叉表查询

使用交叉表查询计算和重构数据可以简化数据分析。交叉表查询计算数据的总和、平均值、计数或其他类型的总计值，交叉表查询是一种特殊的分组查询，它把分组字段分为行标题和列标题，行标题显示在数据表左侧，列标题显示在数据表顶端，行列标题交叉点才是分组计算的统计结果。

4.4.1 认识交叉表查询

所谓交叉表查询，就是将表中记录按不同的字段进行多次分组，分组字段分为行标题和列标题，行标题显示在数据表左侧，列标题显示在数据表顶端，行列标题交叉点才是分组计算的某个字段的统计结果。

在创建交叉表查询时，需要指定 3 类数据：一是在数据表左端的行标题；二是在数据表最上面的列标题；三是放在数据表行与列交叉处的字段，用户需要对它指定总计方式。

交叉表查询，行标题最多可以设置 3 个，但列标题只能设置一个，而进行分组交叉统计的项，只能指定一个总计类型的字段。

4.4.2 创建交叉表查询

创建交叉表查询有两种方法：“交叉表查询向导”和查询“设计”视图。

1. 使用“交叉表查询向导”

【例 1.4.12】在“学生成绩管理系统”数据库中，创建一个“统计各班男女生人数查询”，显示每个班级的男女生人数。

具体操作步骤如下：

① 在“学生成绩管理系统”数据库中，单击“创建”选项卡“查询”命令组中的“查询向导”按钮，弹出“新建查询”对话框，如图 1-4-37 所示。

② 选择“交叉表查询向导”选项，单击“确定”按钮，弹出“交叉表查询向导”的第一个对话框，选择数据的来源。在对话框中有 3 个单选项，即“表”“查询”和“两者”。选择“学生”表，如图 1-4-38 所示。

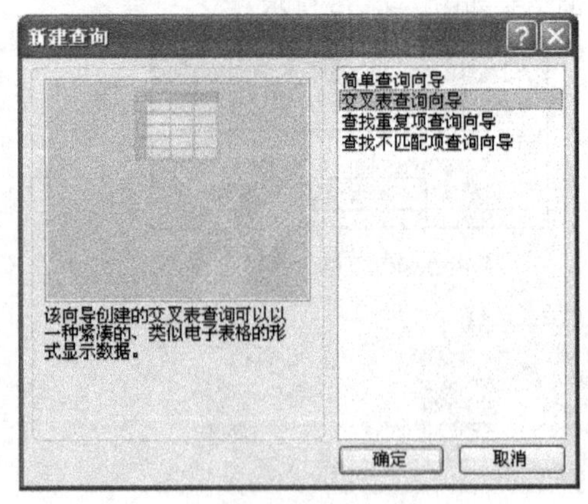

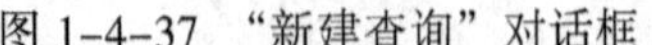
图 1-4-37 “新建查询”对话框

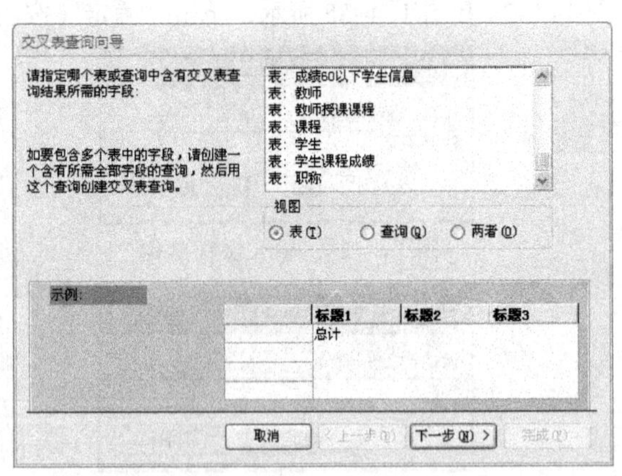

图 1-4-38 “交叉表查询向导”对话框

③ 单击“下一步”按钮，弹出“交叉表查询向导”的第二个对话框，选定“班级”字段作为交叉表的“行标题”，如图 1-4-39 所示。

④ 单击“下一步”按钮，弹出“交叉表查询向导”的第三个对话框，选定“性别”字段作为交叉表的“列标题”，如图 1-4-40 所示。

⑤ 单击“下一步”按钮，弹出“交叉表查询向导”的第四个对话框，选定“学号”字段和

"Count(计数)"函数，并选择"是，包括各行小计"复选框，如图 1-4-41 所示。

⑥ 单击"下一步"按钮，在"请指定查询的名称"文本框中输入"统计各班男女生人数查询"，如图 1-4-42 所示。

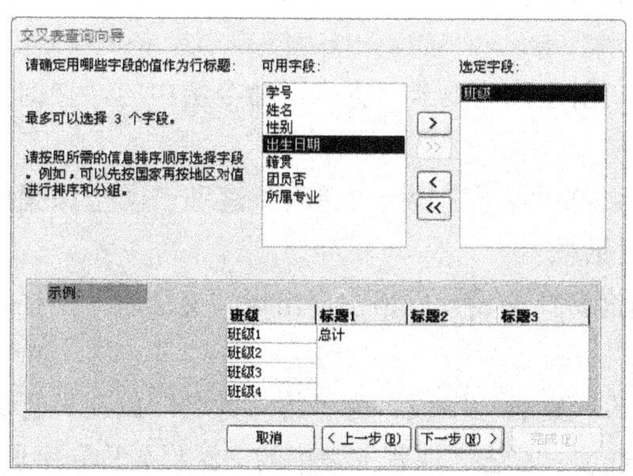

图 1-4-39　选择交叉表的"行标题"

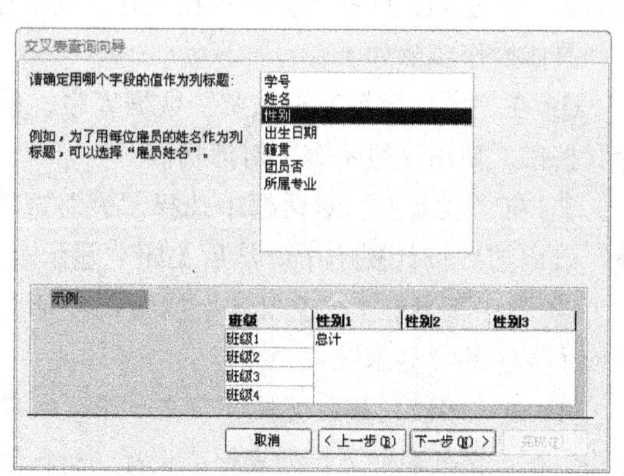

图 1-4-40　选择交叉表的"列标题"

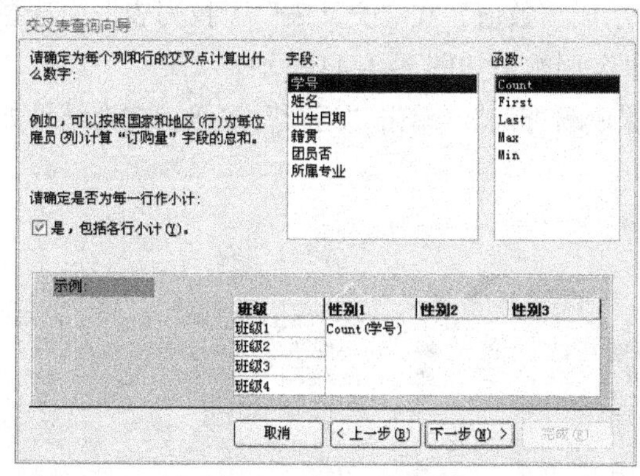

图 1-4-41　选择交叉表的"数据项"计算字段

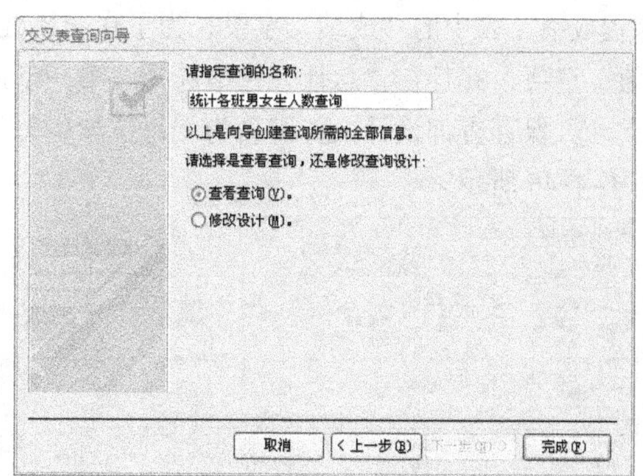

图 1-4-42　指定查询标题

⑦ 输入完成后，单击"完成"按钮，显示查询结果，如图 1-4-43 所示。

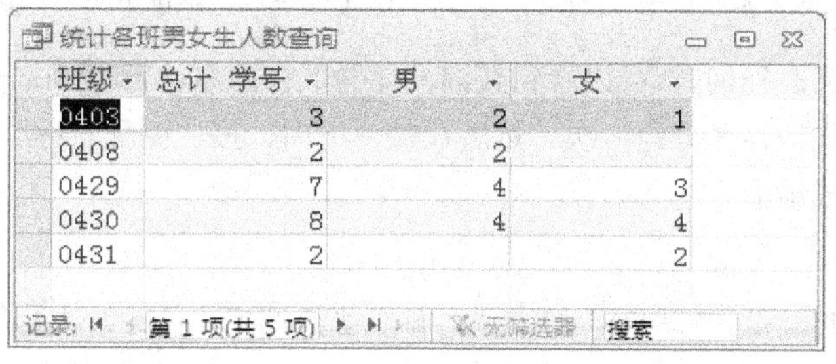
统计各班男女生人数查询

班级	总计 学号	男	女
0403	3	2	1
0408	2	2	
0429	7	4	3
0430	8	4	4
0431	2		2

记录：第 1 项(共 5 项)　无筛选器　搜索

图 1-4-43　"统计各班男女生人数查询"结果

补充知识点

① 使用"交叉表查询向导"，其数据源只能来自一个表（查询）中的字段。对于涉及多个表的交叉表查询需建立在已有的查询基础上，或者采用"设计"视图方式创建。

② 在选择"行标题"时，最多可以设定 3 个字段；而在选择"列标题"时，只能设定 1 个字段。

2. 使用“设计”视图

【例 1.4.13】创建一个“每位学生每门课成绩查询”，显示学生姓名、课程名称和成绩，其中姓名显示在左侧，课程名称显示在上方，成绩显示在交叉点。

具体操作步骤如下：

① 在“学生成绩管理系统”数据库中，单击“创建”选项卡“查询”命令组中的“查询设计”按钮，弹出“显示表”对话框。

② 在“显示表”对话框中选择“表”选项卡，把“学生”表、“课程”表和“学生课程成绩”表添加到设计视图中，然后关闭“显示表”对话框。

③ 单击工具栏上“交叉表”按钮，此时查询窗口的设计网格中会出现“交叉表”一栏，替换了原有的“显示”。

④ 在“字段列表”区域，双击“学生”表中的“姓名”字段，为了将“姓名”放在每行的左边，在“交叉表”下拉列表框中选择“行标题”选项；双击“课程”表中的“课程名称”字段，为了将“课程名称”放在最顶端，在“交叉表”下拉列表框中选择“列标题”选项；双击“学生课程成绩”表中的“成绩”字段，为了在交叉处显示成绩数值，在“交叉表”下拉列表框中选择“值”选项，并且在“总计”栏中选择“第一条记录”函数，如图 1-4-44 所示。

⑤ 保存查询设计，查询名为“每位学生每门课成绩查询”。单击“运行”按钮，查询结果如图 1-4-45 所示。

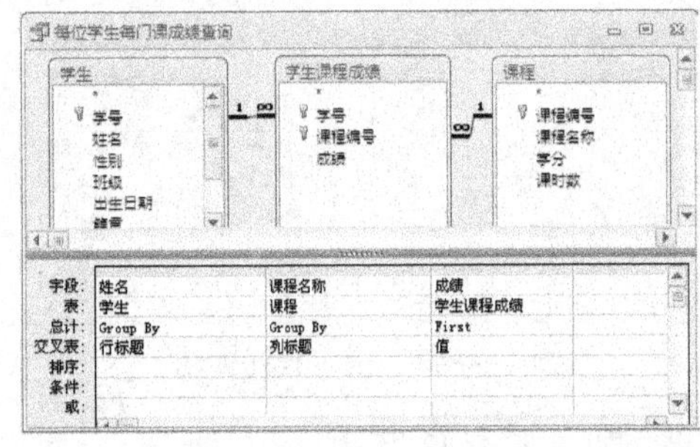

图 1-4-44 设置交叉表选项

每位学生每门课成绩查询

姓名	C语言程	大学英语	大学语文	高等数学	计算机基础	体育
代国志		89	78	90		
高瑞		60	77	57		
黄冠甲	85.4	94		84.5	89	
贾代玉			80	70		
潘伟	93.5	90.5		97		
钱九连	93	89		98	78	80.6
钱坤	74	76.5		54		

记录: 第 1 项(共 7 项) 无筛选器 搜索

图 1-4-45 “每位学生每门课成绩查询”结果

上面在设计此交叉表查询时，可以看到查询设计器下方的总计行有 Group By 和 First, Group By 表示把这个查询结果先按姓名分组一次，然后在每一组内，按“课程名称”再分组一次，最后求每一个小组的第一个成绩值。

补充说明：

交叉表通常是由行标题、列标题和值组成，在有些情况下，字段仅设置条件不显示，可在“交叉表”单元格中选择“不显示”。交叉表中的“行标题”和“列标题”一般“总计”项均为“分组”，而“值”的“总计”项由具体要求确定。

4.5 创建操作查询

前面的选择查询、参数查询及交叉表查询只是把数据库中数据查询出来显示，不会破坏数据库中原有数据，如果想对数据库表中数据进行添加、删除和修改，只能用操作查询来实现。

操作查询共有 4 种类型：生成表查询、删除查询、更新查询和追加查询。

4.5.1　生成表查询

生成表查询就是将查询的结果存在一个新表中，利用它可以使用已有的一个或多个表中的数据来创建新表。

【例 1.4.14】创建一名为“生成成绩 60 分以下学生信息”，将成绩小于 60 分的学生的“姓名”“性别”“所属专业”“课程名”和“成绩”存储到一个新表中，新表名为“成绩 60 以下学生信息”。

具体操作步骤如下：

① 在“学生成绩管理系统”数据库中，单击“创建”选项卡“查询”命令组中的“查询设计”按钮，弹出“显示表”对话框。

② 由于“姓名”“性别”“所属专业”这 3 个字段在“学生”表中，“课程名”字段在“课程”表中，“成绩”字段在“学生课程成绩”表中，所以需要把“学生”表、“课程”表和“学生课程成绩”表添加到设计视图中。

③ 在“字段列表”区域，双击“学生”表中的“姓名”“性别”和“所属专业”字段，“课程”表中的“课程名称”字段，“学生课程成绩”表中的“成绩”字段，将这些字段加入到下部的设计网格中。

④ 单击工具栏上的“生成表”按钮，把查询设置为“生成表查询”，同时弹出“生成表”对话框。在“表名称”文本框中输入要创建的表名称“成绩 60 以下学生信息”，然后选中“当前数据库”单选按钮，将新表放入当前数据库中，如图 1-4-46 所示。

⑤ 在“成绩”字段的“条件”单元格中输入“<60”，设置完毕，如图 1-4-47 所示。

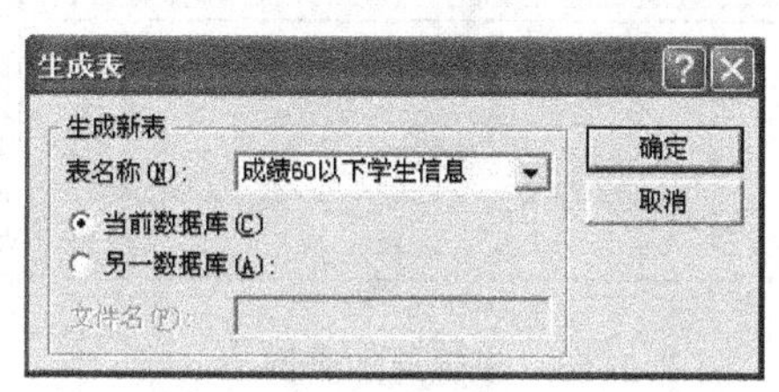

图 1-4-46　“生成表”对话框

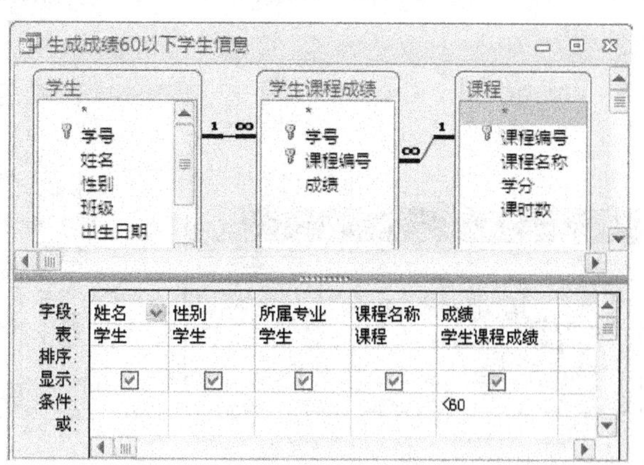

图 1-4-47　设置生成表查询

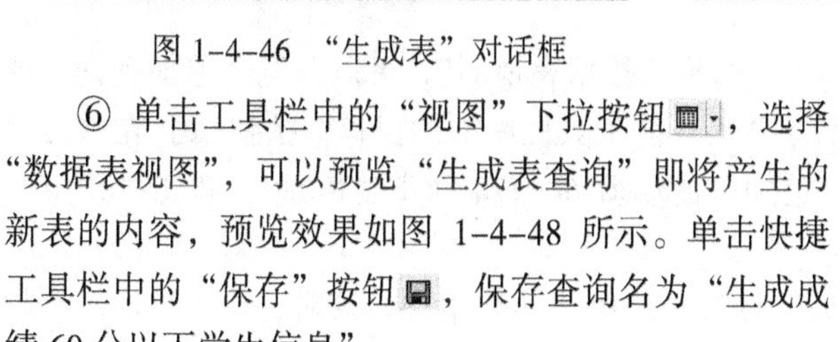
⑥ 单击工具栏中的“视图”下拉按钮，选择“数据表视图”，可以预览“生成表查询”即将产生的新表的内容，预览效果如图 1-4-48 所示。单击快捷工具栏中的“保存”按钮，保存查询名为“生成成绩 60 分以下学生信息”。

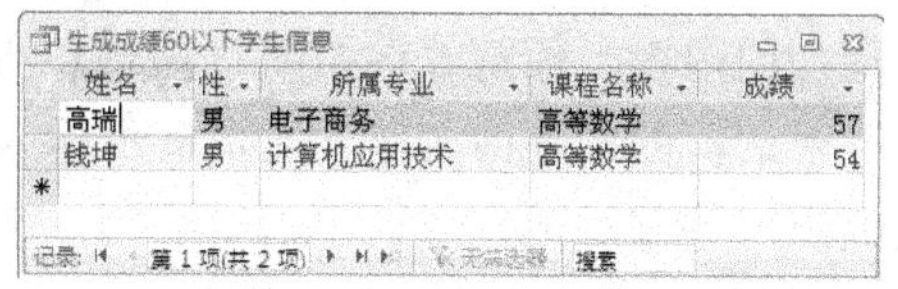

图 1-4-48　生成表查询结果

⑦ 在“设计视图”中，单击工具栏上的“运行”按钮，弹出一个提示对话框，单击“是”

按钮，即生成一张新表。

4.5.2 追加查询

追加查询就是将查询得到的一组记录追加到另一个表原有记录的后面。追加查询的结果是向有关表中自动添加记录。

【例 1.4.15】创建一个名为“追加电商成绩 60～70 间学生信息”，将电子商务专业的成绩在 60～70 分之间的学生的“姓名”“性别”“所属专业”“课程名”和“成绩”追加到“成绩 60 以下学生信息”表中。

具体操作步骤如下：

① 在“学生成绩管理系统”数据库中，单击“创建”选项卡“查询”命令组中的“查询设计”按钮，弹出“显示表”对话框。

② 在“显示表”对话框中选择“表”选项卡，将“学生”表、“课程”表和“学生课程成绩”表添加到设计视图中。

③ 在“字段列表”区域，双击“学生”表中的“姓名”“性别”“所属专业”字段，“课程”表中的“课程名称”字段，“学生课程成绩”表中的“成绩”字段，将这些字段加入到下部的设计网格中。

④ 单击“查询工具”工具栏中的“追加”按钮，设置为“追加查询”，同时弹出“追加”对话框，在“表名称”下拉列表框中选择表名称“成绩 60 以下学生信息”，然后选中“当前数据库”单选按钮，如图 1-4-49 所示。

⑤ 在“成绩”字段的“条件”单元格中输入“>=60 And <=70”，在“所属专业”字段的“条件”单元格中输入“电子商务”，如图 1-4-50 所示。

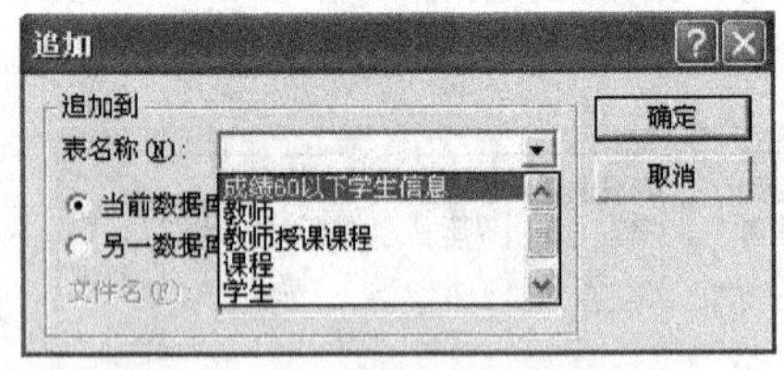

图 1-4-49 “追加”对话框

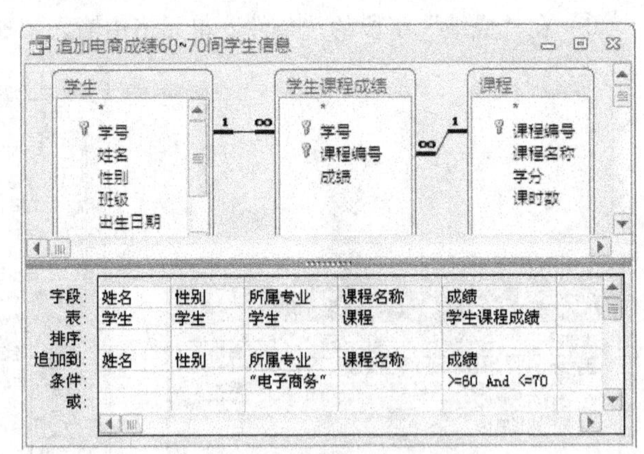

图 1-4-50 设置追加查询

⑥ 单击工具栏中的“视图”下拉按钮，选择“数据表视图”，可以预览“追加查询”即将追加的内容，预览效果如图 1-4-51 所示。单击快捷工具栏中的“保存”按钮，在“另存为”对话框的“查询名称”文本框中输入“追加电商成绩 60～70 间学生信息”，单击“确定”按钮。

⑦ 在“设计视图”中，单击工具栏中的“运行”按钮执行追加，这时屏幕上显示一个提示对话框，如图 1-4-52 所示，单击“是”按钮，即完成向表中追加相关记录。

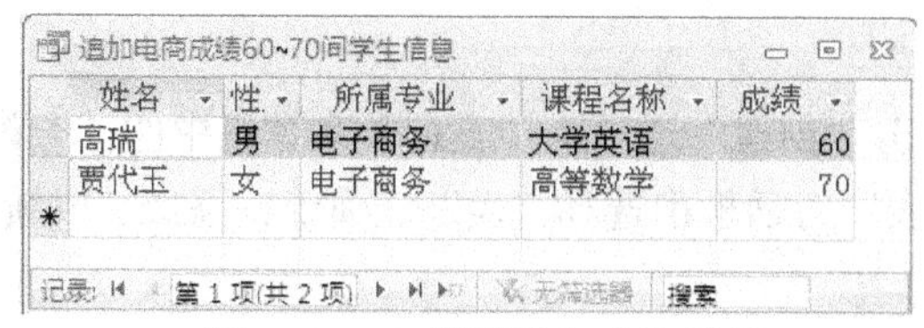

姓名	性	所属专业	课程名称	成绩
高瑞	男	电子商务	大学英语	60
贾代玉	女	电子商务	高等数学	70

图 1-4-51　预览追加查询结果

图 1-4-52　追加查询提示对话框

4.5.3　更新查询

更新查询就是对表中的一组记录进行更新，使用更新查询，可以更改已有表中的数据。

【例 1.4.16】创建一个名为“成绩加 5 分”的更新查询，将“成绩 60 以下学生信息”表中的高等数学课程成绩都增加 5 分。

具体操作步骤如下：

① 在“学生成绩管理系统”数据库中，单击“创建”选项卡“查询”命令组中的“查询设计”按钮，弹出“显示表”对话框， 在“显示表”对话框中选择“表”选项卡，添加“成绩 60 以下学生信息”表到查询设计器中。

② 在“字段列表”区域，双击表中的“课程名称”和“成绩”字段，将这些字段加入到下部设计的网格中。

③ 单击“查询工具”选项卡“查询类型”命令组中的“更新”按钮，设置为“更新查询”，此时查询窗口的设计网格中会出现“更新到”一栏，替换了原有的“显示”。在“课程名称”字段的“条件”单元格中输入“高等数学”；要求成绩加 5 分，即在原有的成绩数据上再增 5，故在“成绩”字段的“更新到”单元格中输入“[成绩]+5”。注意，“成绩”两边要加“[ ]”，因为加“[ ]”，表示是字段名，如果不加会自动补上双引号，成为字符串常量，设计效果如图 1-4-53 所示。

④ 单击快捷工具栏中的“保存”按钮，弹出“另存为”对话框，在“查询名称”文本框中输入“成绩加 5 分”，然后单击“确定”按钮。

⑤ 在“设计视图”中，单击工具栏中的“运行”按钮，这时屏幕上显示一个提示对话框，如图 1-4-54 所示，单击“是”按钮，即向表中更新相关记录。

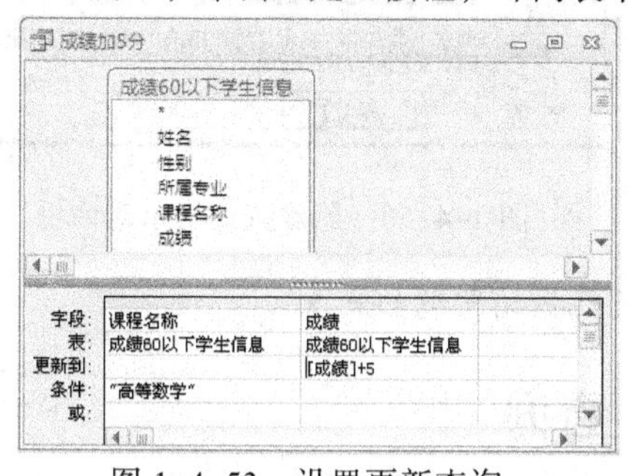

图 1-4-53　设置更新查询

图 1-4-54　更新查询提示对话框

4.5.4　删除查询

删除查询就是从已有的表中删除满足查询条件的记录。

【例 1.4.17】创建一个名为“删除 60 分以下学生信息”查询，该查询将“成绩 60 以下学生信息”表中成绩低于或等于 60 分的记录删除。

具体操作步骤如下：

① 在“学生成绩管理系统”数据库中，单击“创建”选项卡“查询”命令组中的“查询设计”按钮，弹出“显示表”对话框， 在“显示表”对话框中选择“表”选项卡，添加“成绩 60 以下学生信息”表到查询设计器中。

② 单击“查询工具”选项卡“查询类型”命令组中的“删除”按钮 ，设置为“删除查询”，此时查询窗口的设计网格中会出现“删除”一栏，替换了原有的“显示”。

③ 双击字段列表中的“*”号，这时第一列上显示“成绩 60 以下学生信息*”，表示已将该表中的所有字段放在“设计网格”中。同时，在字段删除行单元格中显示 From，表示从何处删除记录。

④ 双击字段列表中的“成绩”字段，这时该字段出现在第二列。同时在该字段的删除行单元格中显示 Where，表示要删除哪些记录。在“成绩”字段的“条件”单元格中输入“<60”，如图 1-4-55 所示。

⑤ 单击工具栏中的“视图”下拉按钮 ，选择“数据表视图”，可以预览“删除查询”即将删除的内容。

⑥ 返回“设计视图”中，单击工具栏中的“运行”按钮 ，屏幕上显示一个删除提示对话框，如图 1-4-56 所示。单击“是”按钮，Access 将删除满足条件的记录；单击“否”按钮，不删除记录。

⑦ 单击“保存”按钮 ，弹出“另存为”对话框，在“查询名称”文本框中输入“删除 60 分以下学生信息”，单击“确定”按钮。

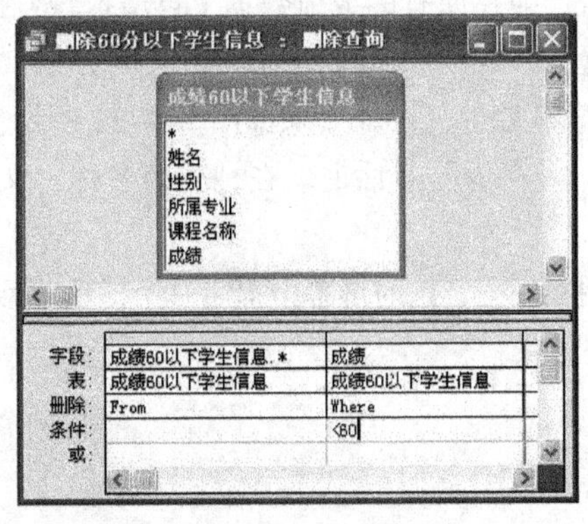

图 1-4-55 设置删除查询

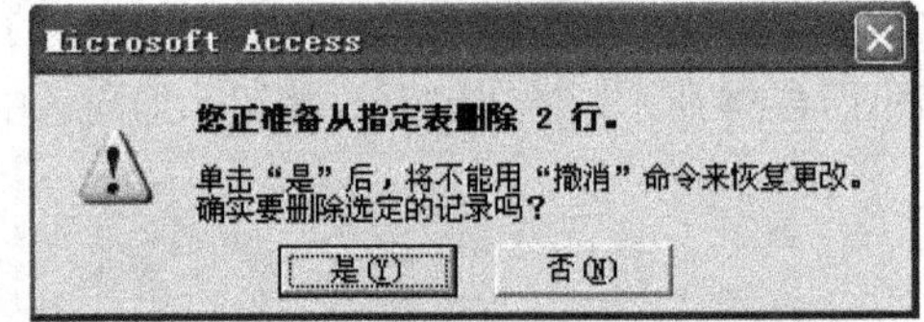

图 1-4-56 删除查询提示对话框

注意：删除查询运行一定要谨慎，记录删除后不能撤销所做的更改。

4.6 SQL 查询

SQL 查询是用户直接使用 SQL 语句自定义创建的查询，在查询设计窗口中，右击空白处，选“SQL 视图”，就会进入 SQL 语句窗口，在这个窗口中用户可以查看和改变 SQL 语句，从而达到查询的目的。

4.6.1 使用 SQL 修改查询中的条件

使用 SQL 语句可以直接在 SQL 视图中修改已建查询中的条件。

【例 1.4.18】用 SQL 修改“95 年前工作的副教授信息”查询，使查询的结果显示为“95 年前工作的教授信息”。

具体操作步骤如下：

① 在“学生成绩管理系统”数据库中，选中“95年前工作的副教授信息”查询对象。右击，选择“设计视图”，打开查询设计窗体。

② 右击窗体空白处，选择“SQL视图”命令，这时屏幕显示如图1-4-57所示。

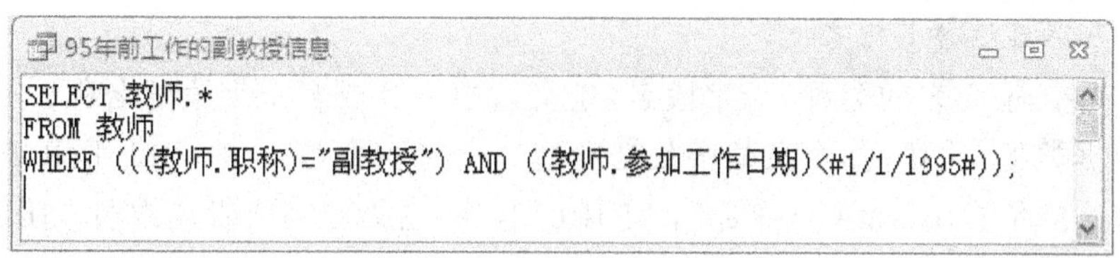

图1-4-57　修改前的SQL视图

③ 将光标定位到要修改的部分，然后输入修改后的条件，如图1-4-58所示。

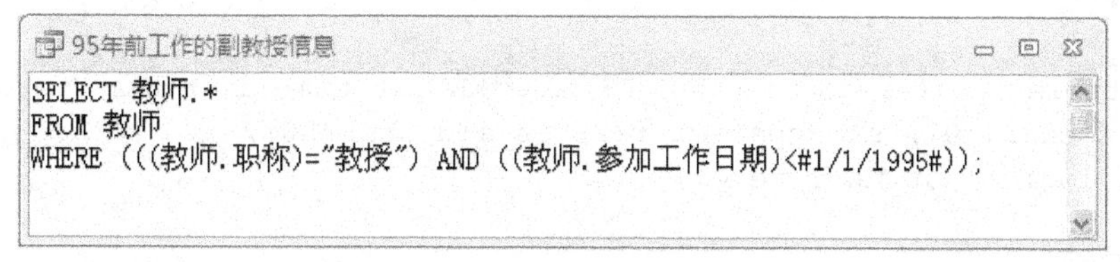

图1-4-58　修改后的SQL视图

④ 单击工具栏中的“视图”按钮，选择“数据表视图”，预览查询结果，修改完毕重新保存。

4.6.2　SQL基础知识

SQL（structured query language，结构化查询语言）是专为数据库而建立的操作命令集，是一种功能齐全的数据库语言。

SQL语句按其功能的不同可分为以下3类：

（1）数据定义语句（data-definition language，DDL）

DDL定义数据库的逻辑结构，包括定义数据库、基本表、视图和索引4部分。其命令动词有CREATE、DROP、ALTER。

（2）数据操作语句（data-manipulation language，DML）

DML包括数据查询和数据更新两大类操作，其中数据更新又包括插入、删除和更新3种操作。其命令动词有SELECT、INSERT、DELETE、UPDATE。

（3）数据控制语句（data-control language，DCL）

对用户访问数据的控制有基本表和视图的授权、完整性规则的描述、事务控制语句等。其命令动词有GRANT、REVOKE。

本书将根据实际应用的需要，主要介绍数据定义、数据操作的基本语句。

1. CREATE语句

【格式】CREATE TABLE <表名1> (<字段名1><数据类型1>[(<宽度>[,<小数位数>])][完整性约束][NULL | NOT NULL][,<字段名2><数据类型2>…])[PRIMARYKEY |UNIQUE] [DEFAULT <表达式>] ;

【功能】定义（也称创建）一个表。

说明：

在一般的语法格式描述中，使用的符号有如下约定：

<　>：表示必选项

[　]：表示可以根据需要进行选择，也可以不选。

|：表示多项只能选择其中之一。

其中，<表名>定义表的名称；<字段名>定义表中一个或多个字段的名称；<数据类型>是对应字段的数据类型；<宽度>定义某些数据类型对应的字段大小；[NULL | NOT NULL] 字段允许或不允许为空值；[PRIMARY KEY | UNIQUE]定义主关键字或候选索引；[DEFAULT]设置默认值。

【例 1.4.19】使用 CREATE TABLE 语句创建 stud 表，它由以下字段组成：学号（C，10）；姓名（C，8）；性别（C，2）；班级名（C，10）；系别代号（C，2）；地址（C，50）；是否团员（L）；备注（M）。

```
CREATE table stud(st_no char(10) PRIMARY KEY,st_name char(8), st_sex char(2),
st_class char(10), st_depno char(2),st_add char(50),
st_leag logical,st_memo memo);
```

补充知识点

Access 中的几个基本数据类型如表 1-4-10 所示。

表 1-4-10　基本数据类型

数 据 类 型	SQL 类型	数 据 类 型	SQL 类型
数字（长整型）	INTEGER/INT	文本型	TEXT/CHAR
数字（整型）	SMALLINT	货币型	MONEY
数字（双精度）	FLOAT/DOUBLE	日期型	DATE
数字（单精度）	REAL	逻辑型	LOGICAL/BIT
数字（字节）	YINYINT	备注型	MEMO

2. ALTER 语句

【格式】
```
ALTER TABLE <表名>
        [ADD <新字段名><数据类型>[(<宽度>)][完整性约束][NULL | NOT NULL]]
        [DROP <字段名> …]
        [ALTER <字段名><数据类型>];
```

【功能】修改表结构。

其中，ADD 子句用于增加指定表的字段名、数据类型、宽度和完整性约束条件；DROP 子句用于删除指定的字段；ALTER 子句用于修改原有字段属性。

【例 1.4.20】在 stud 表中，增加一个出生日期字段（D）。

```
ALTER TABLE stud ADD st_date date;
```

【例 1.4.21】在 stud 表中，修改 st_sex 字段数据类型为文本型，字段大小为 1。

```
ALTER TABLE stud ALTER st_sex char(1);
```

3. DROP 语句

【格式】DROP TABLE <表名>;

【功能】删除指定数据表的结构和内容。

注意：谨慎使用。如果只是想删除一个表中的所有记录，则应使用 DELETE 语句。

4. INSERT 语句

【格式】INSERT INTO <表名> [(<字段名 1>[,<字段名 2>…])]
VALUES (<表达式表>);

【功能】在指定的表末尾追加一条记录。用表达式表中的各表达式值赋值给<字段名表>中的相应的各字段。

注意：如果某些字段名在 INTO 子句中没有出现，则新记录在这些字段名上将取空值（或默认值）。但必须注意的是，在表定义说明了 NOT NULL 的字段名不能取空值。

【例 1.4.22】在 stud 表中插入一条新记录。

```
INSERT INTO STUD
VALUES ("G0842001","王魁","男","计应 0801","05","肥东",true,"曾担任班长
  ",#1989-10-1#)
```

【例 1.4.23】将一条新记录插入到 stud 表中，其中学号为 G0842002，姓名为“李伟”，性别为“男”。

```
INSERT INTO STUD (st_no,st_name, st_sex) VALUES ("G0842002","李伟","男")
```

5. UPDATE 语句

【格式】UPDATE <表文件名>
SET <字段名 1>=<表达式> [, <字段名 2>=<表达式>…]
[WHERE <条件>];

【功能】更新指定表中满足 WHERE 条件子句的数据。其中，SET 子句用于指定列和修改的值，WHERE 用于指定更新的行，如果省略 WHERE 子句，则表示表中所有行。

【例 1.4.24】将学生课程成绩表中，所有课程号为“06”的成绩加 5 分。

```
UPDATE 学生课程成绩 SET 成绩=成绩+5
WHERE 课程编号="06";
```

6. DELETE 语句

【格式】DELETE FROM <表名> [WHERE <表达式>];

【功能】从指定的表中删除满足 WHERE 子句条件的所有记录。如果在 DELETE 语句中没有 WHERE 子句，则该表中的所有记录都将被删除。

【例 1.4.25】将籍贯为“合肥市”的学生信息删除。

```
DELETE FROM 学生 WHERE 籍贯="合肥市"
```

7. SELECT 语句

【格式】SELECT [ALL | DISTINCT] <字段列表> [AS 别名]
[INTO 新表名]
FROM <表名或查询 1>[,<表名或查询 2>]…
[WHERE <筛选条件, 连接条件>]
[GROUP BY<字段名> [HAVING <组条件表达式>]]

```
[ORDER BY<字段名> [ASC|DESC]];
```

【功能】从指定的表中创建一个由指定范围内、满足条件、按某字段分组、按某字段排序的指定字段组成的新记录集。

说明：

① 列名或表达式集合，各项间用逗号分隔，表示投影筛选出来的字段。

② ALL：表示产生的所有记录都显示，故可能会有重复行，默认值为 ALL。DISTINCT：表示要去掉重复行的记录，重复记录行只显示一行。

③ INTO 新表名：表示把查询结果写入一个新表中，即为生成表查询。

④ FROM 表或查询集合：表示查询得到的数据来自哪些表或查询。

⑤ WHERE 筛选条件，连接条件：用于对记录进行筛选或设定表间连接条件。

⑥ GROUP BY 分组列名：按字段名进行分组，各组内分别进行总计计算。

⑦ HAVING 组条件表达式：只能与 GROUP BY 连用，对分组结果进行筛选，把满足条件的组选取出来进行总计运算。

⑧ ORDER BY 子句：用来对检索结果进行排序，ASC 为升序，DESC 为降序，默认为升序。

比如：Group By 班级 Having Count(学号)>20，表示按"班级"分组查询，把班级人数大于 20 的组选取出来，班级人数小于等于 20 的组不参加运算。

通过几个典型的实例，简单介绍 SELECT 语句的基本用途和用法。

（1）检索表中所有字段所有记录

【例 1.4.26】查询所有学生的基本信息。

```
SELECT  *  FROM 学生;
```

（2）检索表中满足条件的记录和指定的字段

【例 1.4.27】查询计算机应用技术专业的女学生基本信息。

```
SELECT  *  FROM 学生
WHERE  性别="女"  And 所属专业="计算机应用技术";
```

（3）进行分组，并新增字段

【例 1.4.28】查询每名学生的平均成绩。

```
SELECT 学号, Avg(成绩) AS 平均成绩 FROM 学生课程成绩
GROUP BY 学号;
```

（4）将多表连接一起查询

【例 1.4.29】查询每名学生每门课程的成绩。

```
SELECT 学生.姓名, 课程.课程名称, 学生课程成绩.成绩
FROM 学生, 课程, 学生课程成绩
WHERE 课程.课程编号=学生课程成绩.课程编号
AND 学生.学号=学生课程成绩.学号;
```

【例 1.4.30】对"学生"表按班级分组，查询班级人数超过 20 的班级的"班级名称"和"班级人数"。

```
SELECT 学生.班级, Count(学生.学号) AS 班级人数
FROM 学生
GROUP BY 学生.班级
HAVING (((Count(学生.学号))>2));
```

4.6.3 创建 SQL 查询

SQL 查询分为联合查询、数据定义查询和子查询 3 种。其中联合查询、数据定义查询不能在查询“设计视图”中创建，必须直接在“SQL 视图”中创建 SQL 语句。对于子查询，要在查询设计网格的“字段”行或“条件”行中输入 SQL 语句。

1. 创建联合查询

联合查询功能由 UNION 子句实现，其含义是将两个 SELECT 命令的查询结果合并成一个查询结果。

子句格式：[UNION[ALL]<SELECT 命令>]

其中 ALL 表示结果全部合并。若没有 ALL，则重复的记录将被自动取掉。合并的规则如下：

① 不能合并子查询的结果。

② 两个 SELECT 命令必须输出同样的列数。

③ 两个表列出的相应数据类型必须相同，数字和字符不能合并。

④ 仅最后一个 SELECT 命令中可以用 ORDER BY 子句，且排序选项必须用数字说明。

【例 1.4.31】创建名为“合并学生信息”的查询，查询“成绩 60 以下学生信息”表中学生信息和“学生”表中营销与策划专业学生信息，显示学生的姓名、性别和所属专业字段。

具体操作步骤如下：

① 在“学生成绩管理系统”数据库中，选择“创建”选项卡，单击“查询设计”按钮，弹出“显示表”对话框，直接单击“关闭”按钮。

② 右击，选择“SQL 视图”命令，在打开的窗口中输入 SQL 语句，如图 1-4-59 所示。

③ 单击快捷工具栏中的“保存”按钮，将查询命名为“合并学生信息”，然后单击“确定”按钮。

④ 单击快捷工具栏中的“运行”按钮 ! 切换到数据表视图，结果如图 1-4-60 所示。

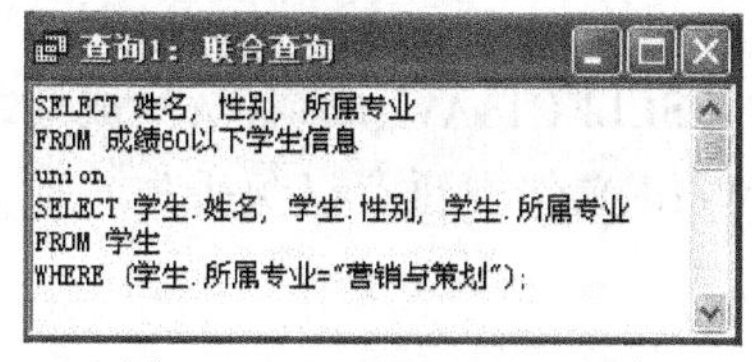

图 1-4-59 设置 SQL 语句

姓名	性别	所属专业
高瑞	男	电子商务
贾代玉	女	电子商务
王大文	男	营销与策划
王磊	男	营销与策划

图 1-4-60 联合查询结果

2. 建立数据定义查询

数据定义查询与其他查询不同，利用它可以直接创建、删除或更改表。

【例 1.4.32】将例 1.4.19 题中的 stud 表定义并生成。

具体操作步骤如下：

① 在“学生成绩管理系统”数据库中，选择“创建”选项卡，单击“查询设计”按钮，弹出“显示表”对话框，直接单击“关闭”按钮。

② 右击，选择“SQL 视图”命令，在打开的窗口中输入 SQL 语句，如图 1-4-61 所示。

③ 单击快捷工具栏中的“保存”按钮，将查询命名为“数据定义查询 1”，然后单击“确定”按钮。

④ 单击工具栏中的“运行”按钮 ! 产生新表结构，查看对象“表”中的 stud 表，如图 1-4-62 所示。

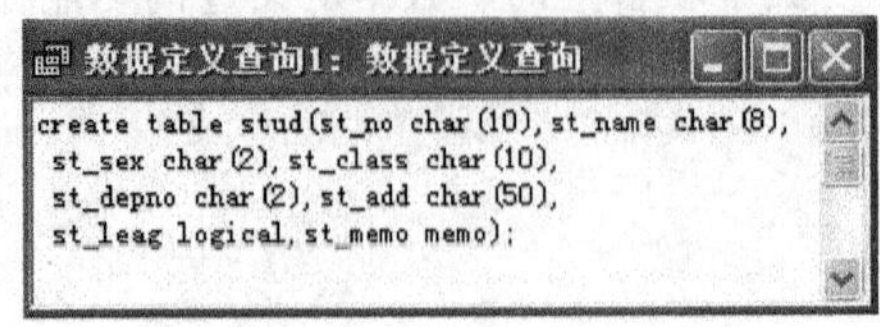

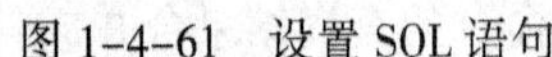

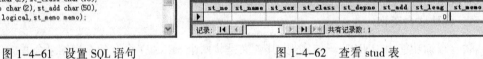

图 1-4-61　设置 SQL 语句

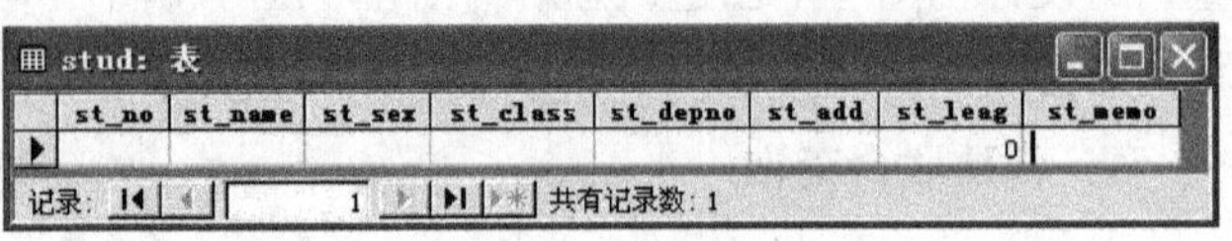

图 1-4-62　查看 stud 表

3．使用子查询

如果一个查询的结果作为另一个查询的条件，这时就要在外层查询的条件中嵌套一个子查询，执行时，先执行内层的子查询，把子查询的结果作为外层查询的条件，子查询一般用圆括号括起来，表示先计算，因为圆括号内的先算。

【例 1.4.33】 创建名为“成绩大于平均分”的查询，显示“学生课程成绩”表中成绩高于平均成绩的学生的“学号”“姓名”“课程名称”“成绩”。

具体操作步骤分为两大步：

第一步是设计求平均成绩的总计查询，然后取出相应的 SQL 语句。

第二步是设计选择查询，把第一步取出的 SQL 语句作为这个选择查询的条件。

第一步：

① 在数据库中，单击“创建”选项卡，然后单击“查询”命令组中的“查询设计”按钮，弹出“显示表”对话框，选择“学生课程成绩”表。

② 在“字段列表”区域，双击“学生课程成绩”表中的“成绩”字段，将它加入到下部的设计网格中。单击工具栏中“总计”按钮 Σ，把查询设计为“总计查询”，在“成绩”字段的“总计”单元格，选中“平均值”，表示对“成绩”求平均值。说明一下，这个“总计查询”并没有设置“分组”字段，如果“总计查询”没有设“分组”字段，表示所有待查记录是一组。

③ 右击，选“SQL 视图”，选中生成的 SQL 语句：“SELECT Avg(成绩) AS 成绩之平均值 FROM 学生课程成绩”，并复制到一个文本文件或 Word 文件中暂存以免丢失，此查询可不保存。

第二步：

① 在数据库中，单击“创建”选项卡，然后单击“查询”命令组中的“查询设计”按钮，弹出“显示表”对话框，把“学生”、“课程”和“学生课程成绩”表加入到查询设计器中。

② 在“字段列表”区域，双击“学生”表中的“学号”“姓名”字段，“课程”表的“课程名称”字段和“学生课程成绩”表的“成绩”字段，将这些字段加入到下部的设计网格中。

③ 在“成绩”字段的“条件”单元格中输入 SQL 语句“>(SELECT Avg(成绩) FROM 学生课程成绩)”，如图 1-4-63 所示。

④ 以“成绩大于平均分”为查询名称保存查询。单击工具栏中的“运行”按钮 !，可以看到查询的执行结果，如图 1-4-64 所示。

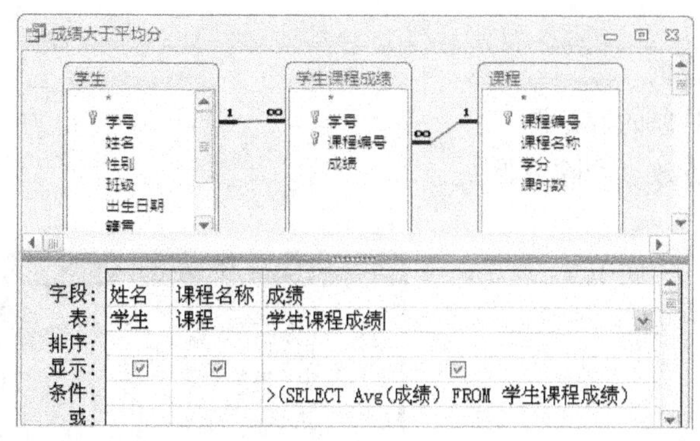

图 1-4-63 选择字段及设置子查询

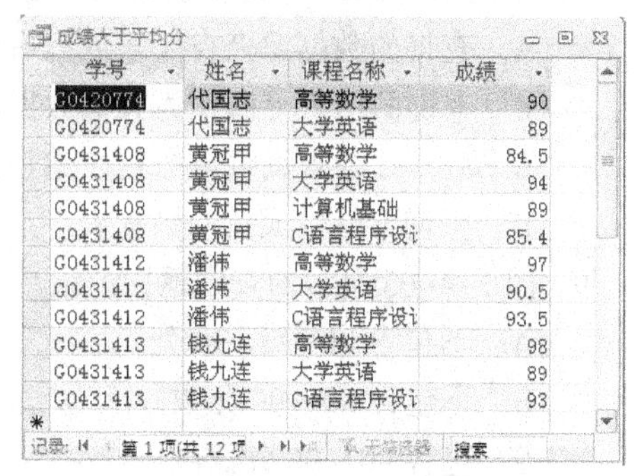

成绩大于平均分

学号	姓名	课程名称	成绩
G0420774	代国志	高等数学	90
G0420774	代国志	大学英语	89
G0431408	黄冠甲	高等数学	84.5
G0431408	黄冠甲	大学英语	94
G0431408	黄冠甲	计算机基础	89
G0431408	黄冠甲	C语言程序设计	85.4
G0431412	潘伟	高等数学	97
G0431412	潘伟	大学英语	90.5
G0431412	潘伟	C语言程序设计	93.5
G0431413	钱九连	高等数学	98
G0431413	钱九连	大学英语	89
G0431413	钱九连	C语言程序设计	93

记录: 第 1 项(共 12 项) 无筛选器 搜索

图 1-4-64 查询结果

小 结

查询是 Access 数据库的主要组件之一，它包括选择查询、参数查询、交叉表查询、操作查询和 SQL 查询，其中操作查询又包括更新查询、生成表查询、追加查询、删除查询。每种不同类型查询实现不同的功能，需灵活掌握其创建方法和运行方式。

习 题

一、选择题

1. 在 Access 中，查询的数据源可以是（　　）。
   A. 表　　B. 查询　　C. 表和查询　　D. 表、查询和报表
2. 若在 tEmployee 表中查找所有姓“王”的记录，可以在查询设计视图的条件中输入（　　）。
   A. Like"王"　　B. Like"王*"　　C. ="王"　　D. ="王*"
3. 如果在查询的条件中使用了通配符方括号“[]”，其含义是（　　）。
   A. 通配任意长度的字符　　B. 通配不在括号内的任意字符
   C. 通配方括号内列出的任一单个字符　　D. 错误的使用方法
4. 使用查询向导，不可以创建（　　）。
   A. 单表查询　　B. 多表查询　　C. 不带条件的查询　　D. 带条件的查询
5. 若要查询某字段的值为 JSJ 的记录，在查询设计视图对应字段的准则中，错误的表达式是（　　）。
   A. JSJ　　B. " JSJ "　　C. " *JSJ* "　　D. Like " JSJ "
6. 在一个 Access 的表中有字段“专业”，要查找包含“信息”两个字的记录，正确的条件表达式为（　　）。
   A. Left([专业],2)= " 信息 "　　B. Like " *信息* "
   C. = " 信息* "　　D. Mid([专业],1,2)= " 信息 "
7. 在查询设计器中若不想显示选定的字段内容，可将该字段的（　　）项对号取消。
   A. 排序　　B. 显示　　C. 类型　　D. 条件

8. 下列对 Access 查询叙述错误的是（　　）。
   A. 查询的数据源来自于表或已有的查询
   B. 查询的结果可以作为其他数据库对象的数据源
   C. Access 的查询可以分析、追加、更改、删除数据
   D. 查询不能生成新的数据表
9. 图 1-4-65 所示的查询返回的记录是（　　）。
   A. 不包含 80 分和 90 分
   B. 不包含 80 ~ 90 分数段
   C. 包含 80 ~ 90 分数段
   D. 所有的记录

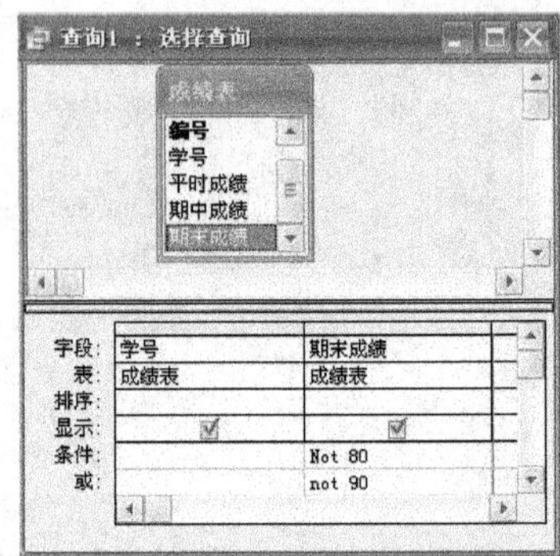

图 1-4-65　第 9 题图

10. 排序时如果选取了多个字段，则输出的结果是（　　）。
   A. 按设定的优先次序依次进行排序
   B. 从最右边的列开始排序
   C. 按从左向右优先次序依次排序
   D. 无法进行排序
11. 在 Access 中已建立了“工资”表，表中包括“职工号”“所在单位”“基本工资”和“应发工资”等字段；如果要按单位统计应发工资总数，那么在查询设计视图的“所在单位”的“总计”行和“应发工资”的“总计”行中分别选择的是（　　）。
   A. Sum，Group By　　B. Count，Group By
   C. Group By，Sum　　D. Group By，Count
12. 在创建交叉表查询时，列标题字段的值显示在交叉表的位置是（　　）。
   A. 第一行　　B. 第一列　　C. 上面若干行　　D. 左面若干列
13. 将表 A 的记录添加到表 B 中，要求保持表 B 中原有的记录，可以使用的查询是（　　）。
   A. 选择查询　　B. 生成表查询　　C. 追加查询　　D. 更新查询
14. 将表 A 的记录复制到表 B 中，且不删除表 B 中的记录，可以使用的查询是（　　）。
   A. 删除查询　　B. 生成表查询　　C. 追加查询　　D. 交叉表查询
15. 下列不属于操作查询的是（　　）。
   A. 查询参数　　B. 生成表查询　　C. 更新查询　　D. 删除查询
16. 图 1-4-66 显示的是查询设计视图的设计网格部分，从图所示的内容中，可以判断出要创建的查询是（　　）。

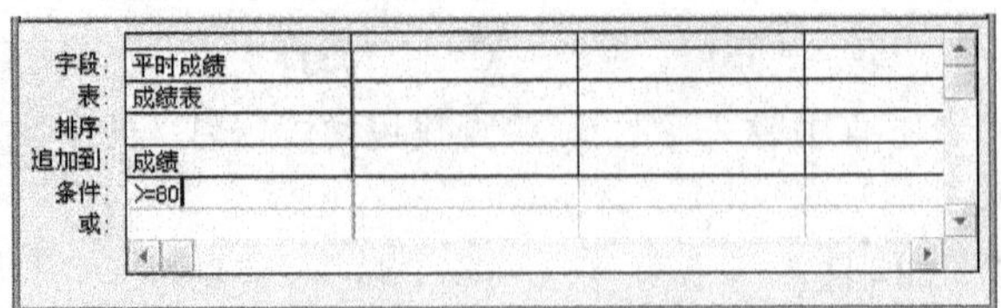

图 1-4-66　第 16 题图

   A. 删除查询　　B. 追加查询　　C. 生成表查询　　D. 更新查询

17. SQL 的含义是（　　）。

　A. 结构化查询语言　　　　B. 数据定义语言

　C. 数据库查询语言　　　　D. 数据库操纵与控制语言

18. 图 1-4-67 所示的是使用查询设计器完成的查询，与该查询等价的 SQL 语句是（　　）。

　A. Select 学号,数学 From SC Where 数学 >(Select Avg（数学）From SC)

　B. Select 学号 Where 数学>(Select Avg(数学) From SC)

　C. Select 数学 Avg(数学) From SC

　D. Select 数学>(Select Avg(数学) From SC)

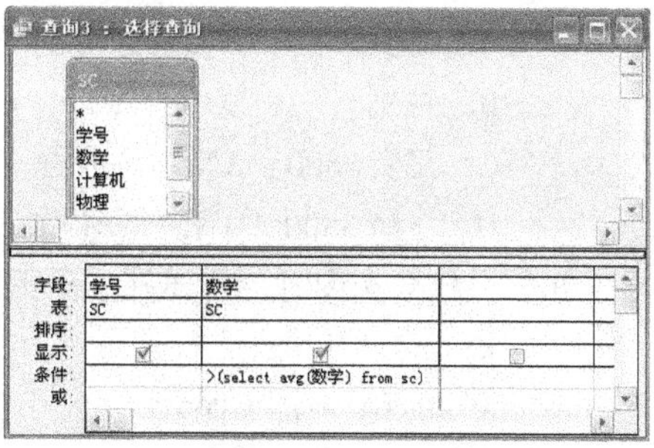

图 1-4-67　第 18 题图

19. 在 Access 中已建立了“学生”表，表中有“学号”“姓名”“性别”和“入学成绩”等字段。执行如下 SQL 命令的结果是（　　）。

Select 性别,Avg(学生表！入学成绩)From 学生 Group by 性别

　A. 计算并显示所有学生的性别和入学成绩的平均值

　B. 按性别分组计算并显示性别和入学成绩的平均值

　C. 计算并显示所有学生的入学成绩的平均值

　D. 按性别分组计算并显示所有学生的入学成绩的平均值

20. SQL 查询能够创建（　　）。

　A. 更新查询　　B. 追加查询　　C. 选择查询　　D. 以上各类查询

21. 下列关于空值的叙述中，正确的是（　　）。

　A. 空值是双引号中间没有空格的值

　B. 空值是等于 0 的数值

　C. 空值是用 NULL 或空白来表示字段值

　D. 空值是用空格表示的值

22. 在书写查询条件时，日期型数据应该使用适当的分隔符括起来，正确的分隔符是（　　）。

　A. *　　B. %　　C. &　　D. #

23. 下列关于 SQL 语句的说法中，错误的是（　　）。

　A. INSERT 语句可以向数据表中追加新的数据记录

　B. UPDATE 语句用来修改数据表中已经存在的数据记录

　C. DELETE 语句用来删除数据表中的记录

　D. CREATE 语句用来建立表结构并追加新的记录

24. 已知“借阅”表中有“借阅编号”“学号”和“借阅图书编号”等字段，每个学生每借阅一本书生成一条记录，要求按学生学号统计出每个学生的借阅次数，下列 SQL 语句中，正确的是（　　）。

　A. Select 学号, count(学号) from 借阅

　B. Select 学号, count(学号) from 借阅 group by 学号

　C. Select 学号, sum(学号) from 借阅

D. select 学号, sum(学号) from 借阅 order by 学号

25. 假设有一组数据：工资为 800 元，职称为“讲师”，性别为“男”，在下列逻辑表达式中结果为“假”的是（　　）。

A. 工资>800 AND 职称="助教" OR 职称="讲师"

B. 性别="女" OR NOT 职称="助教"

C. 工资=800 AND （职称="讲师" OR 性别="女"）

D. 工资>800 AND （职称="讲师" OR 性别="男"）

26. 在建立查询时，若要筛选出图书编号是 T01 或 T02 的记录，可以在查询设计视图条件中输入（　　）。

A. "T01" or "T02"　　B. "T01" and "T02"

C. I n("T01" and "T02")　　D. not in("T01" and "T02")

27. 在 Access 数据库中使用向导创建查询，其数据可以来自（　　）。

A. 多个表　　B. 一个表　　C. 一个表的一部分　　D. 表或查询

28. 创建参数查询时，在查询设计视图准则行中应将参数提示文本放置在（　　）。

A. { }中　　B. （ ）中　　C. [ ]中　　D. <>中

29. 在下列查询语句中，与 Select TAB1.* From TAB1 where InStr([简历], "篮球")<>0 功能相同的语句是（　　）。

A. Select TAB1.* From TAB1 where TAB1.简历 Like "篮球"

B. Select TAB1.* From TAB1 where TAB1.简历 Like "*篮球"

C. Select TAB1.* From TAB1 where TAB1.简历 Like "*篮球*

D. Select TAB1.* From TAB1 where TAB1.简历 Like "篮球*

30. 在 Access 数据库中创建一个新表，应该使用的 SQL 语句是（　　）。

A. Create Table　　B. Create Index　　C. Alter Table　　D. Create Database

二、操作题

1. 在“学生课程管理系统数据库”中，创建查询 1，统计各职称教师人数。
2. 创建查询 2，统计教师工龄 10 年以上全部信息。
3. 创建查询 3，查询某教师所授课程名称，显示教师姓名和课程名称。
4. 创建查询 4，统计每个学生已学课程的学分总数，显示学生姓名和学分总和。
5. 创建查询 5，查找年级为“04”级的学生所有信息。（注：“年级”为“学号”的第 2、3 位）。
6. 创建查询 6，统计每个班级的平均成绩，显示班级和班级平均分。
7. 创建查询 7，查找平均成绩低于所在班级平均成绩的学生，要求显示班级、姓名和平均成绩。
8. 创建查询 8，将学生表和学生课程成绩表合并成一张新表，名为“学生成绩一览表”。

第5章 窗　体

窗体是Access数据库应用中一种重要的对象，用户通过窗体操作可以方便地输入数据、编辑数据、显示和查询表中的数据。利用窗体可以将整个应用程序组织起来，形成一个完整的应用系统。窗口既是一种良好的输入、输出界面，也是用户和应用程序之间的主要接口。本章将介绍窗体的基本操作，包括窗体的概念和作用、窗体的组成和结构、窗体的创建和设置等。

学习目标：

- 了解窗体的分类及其组成结构。
- 掌握使用向导创建窗体。
- 掌握窗体中控件的用法。
- 了解窗体美化的方法。

5.1 窗体基础知识

窗体是Access数据库应用中一个非常重要的工具。作为用户和Access应用程序之间的主要接口，窗体可以用于显示表和查询中的数据、输入数据、编辑数据和修改数据。但窗体本身没有存储数据，不像表那样只以行和列的形式显示数据。通过窗体用户可以非常轻松地完成对数据库的管理工作，以提高数据库的使用效率。

5.1.1 窗体的概念

窗体具有多种形式，不同的窗体能够完成不同的功能。窗体中显示的信息可以分为两类：一类是设计者在设计窗体时附加的一些提示信息，例如，一些说明性的文字或一些图形元素，如线条、矩形框等就属此类，不随记录变化而变化；另一类是所处理表或查询的记录，这些信息往往与所处理记录的数据密切相关，会随着所处理数据的变化而变化，例如在处理数据时用来显示具体姓名的控件就是此类的典型代表。利用此类控件可以在窗体信息和窗体数据来源之间建立连接。

5.1.2 窗体的视图

窗体有6种视图，分别是设计视图、窗体视图、数据表视图、数据透视表视图、数据透视图视图和布局视图，可以通过单击“窗体视图”工具栏中的“视图”按钮在各视图间进行切换。

创建窗体的工作是在“设计”视图中进行的。在“设计”视图中可以更改窗体的设计，如添加、修改、删除或移动控件等。在“设计”视图中创建窗体之后，就可以在“窗体视图”中或“数据表视图”中进行查看；窗体的“窗体视图”是显示记录数据的窗口，主要用于添加或修改表中的数据；窗体的“数据表视图”是以行列格式显示表、查询或窗体数据的窗口。在“数据表视图”中可以编辑、添加、修改、查找或删除数据，具体方法和操作表类似，不再赘述。在“布局视图”中可以对各控件的大小及位置进行调整。

5.1.3 窗体的组成

窗体一般由窗体页眉、页面页眉、主体、页面页脚、窗体页脚 5 部分组成，每个部分称为一个“节”。“主体”节是每个窗体必须具有的，用于显示数据表中的记录。可以在屏幕或页面上只显示一条记录，也可以显示多条记录。其余 4 部分根据需要添加，如图 1-5-1 所示。

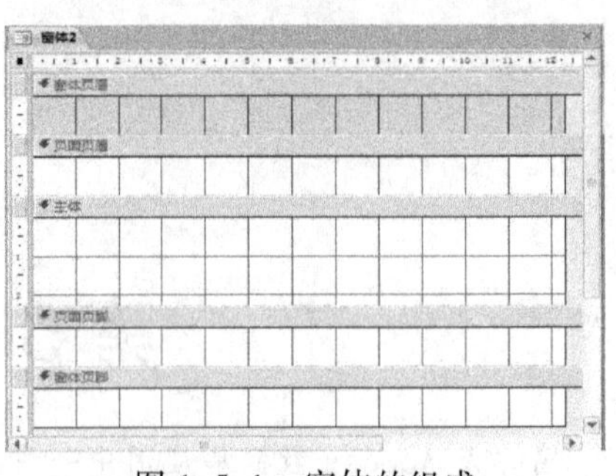

图 1-5-1　窗体的组成

窗体页眉位于窗体顶部位置，一般用于设置窗体的标题、使用说明等。窗体页脚位于窗体的底部，一般用于显示对所有记录都要显示的内容、使用的命令的操作说明等信息。在窗体视图中，窗体页脚出现在屏幕的底部，而在打印窗体中，窗体页脚只出现在最后一条主体节之后。

页面页眉一般用来设置窗体在打印时的页头信息。例如，标题、用户要在每一页上方显示的内容。页面页脚一般用来设置窗体在打印时的页脚信息，例如，日期、页码或用户要在每一页下方显示的内容。

5.1.4 窗体的类型

Access 有多种不同类型的窗体，以适应不同的应用需求。可以从不同的角度对窗体进行分类。

从窗体显示数据的方式看：可以分为纵栏式窗体、多个项目窗体、数据表窗体、分隔窗体、模式对话框、数据透视表窗体和数据透视图窗体 7 种类型。

从逻辑角度看：可分为主窗体和子窗体。子窗体作为主窗体的一个组成部分而存在。

1. 纵栏式窗体

纵栏式窗体一次只能显示一条记录，记录按列显示在窗体上，每列的左边显示字段名，右边显示字段内容，如图 1-5-2 所示。

2. 多个项目窗体

多个项目窗体即表格式窗体，可以同时在一个窗体中显示多条记录内容。图 1-5-3 所示的“课程”窗体就是一个表格式窗体，窗体上显示了 7 条记录。如果要浏览更多的记录，可以通过垂直滚动条进行浏览。

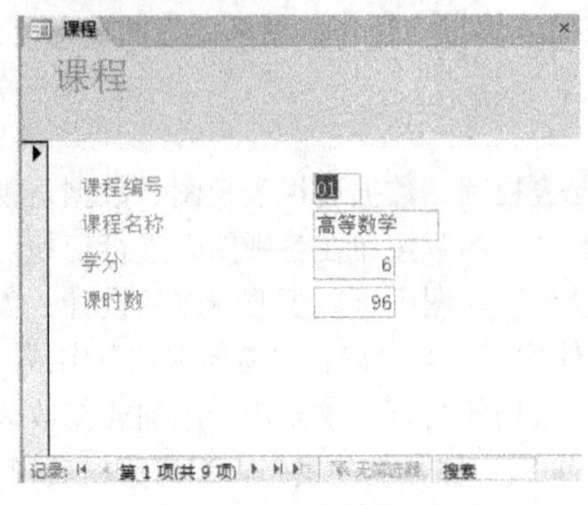

图 1-5-2　纵栏式窗体

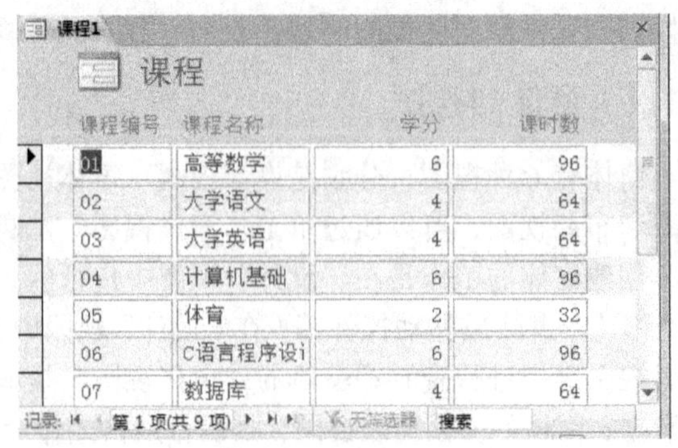

图 1-5-3　多个项目窗体

3. 数据表窗体

数据表窗体在外观上与数据表和查询显示数据的界面相同,数据表窗体的实质就是窗体的“数据表”视图，如图 1-5-4 所示。通常，数据表窗体的作用是作为一个窗体的子窗体显示数据。

4. 主/子窗体

窗体中的窗体称为子窗体，包含子窗体的基本窗体称为主窗体。主窗体和子窗体通常用于显示有“一对多”关系的表或查询中的数据。主窗体用于显示“一对多”关系中的“一”端的数据表中的数据，子窗体用于显示与其关联的“多”端的数据表中的数据。如图 1-5-5 所示，“学生”表中的数据是一对多关系中的“一”端，在主窗体中显示；“成绩”表中的数据是一对多关系中的“多”端，在子窗体中显示。

课程

课程编号	课程名称	学分	课时数
01	高等数学	6	96
02	大学语文	4	64
03	大学英语	4	64
04	计算机基础	6	96
05	体育	2	32
06	C语言程序设	6	96
07	数据库	4	64
08	VB程序设计	4	64
09	政治	2	32
*		0	0

记录: 第 1 项(共 9 项) 无筛选器 搜索

图 1-5-4　数据表窗体

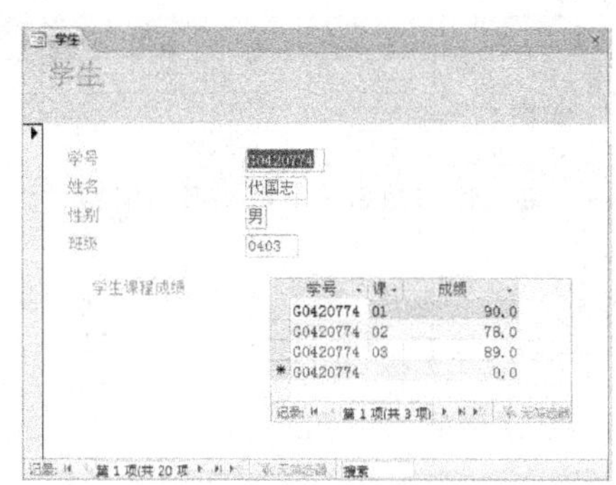

图 1-5-5　主/子窗体

注意：主/子窗体中主窗体只能显示为纵栏式的窗体，子窗体可以显示为数据表窗体，也可以显示为表格式窗体。

5. 分隔窗体

分隔窗体可以同时提供数据的窗体视图和数据表视图。分隔窗体不同于主/子窗体，它的两个视图来自于同一个数据源，如图 1-5-6 所示。

6. 模式对话框

生成的窗体总是保持在系统的最上面，不关闭该窗体，不能进行其他操作，登录窗体就属于这种窗体，如图 1-5-7 所示。

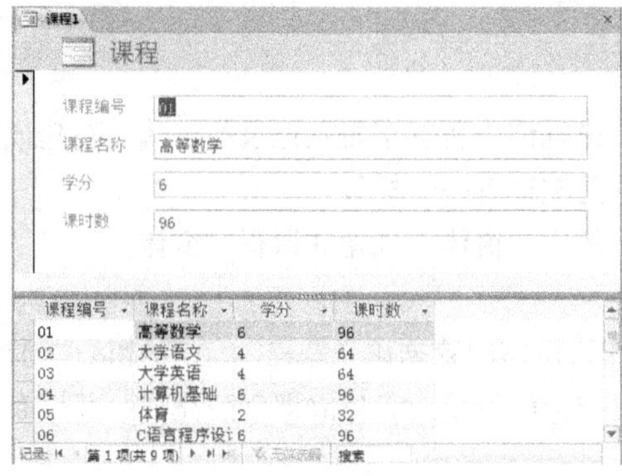

图 1-5-6　分隔窗体

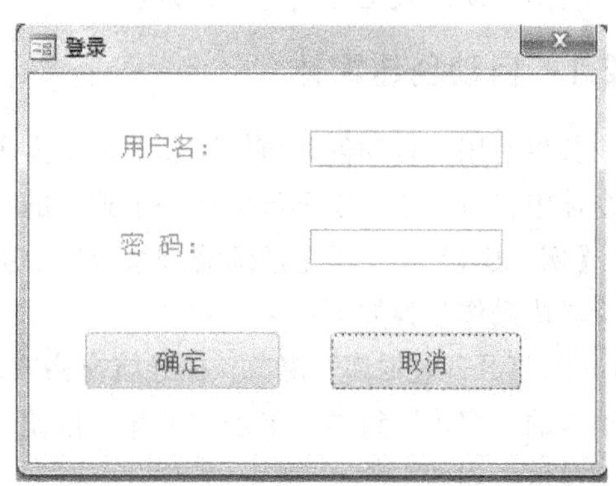

图 1-5-7　模式对话框

7. 数据透视表窗体

数据透视表窗体是以指定的数据产生一个类似 Excel 的分析表而建立的一种窗体，如图 1-5-8 所示。从外表看类似交叉表查询中的数据显示模式，但数据透视表窗体允许用户对表格内的数据进行操作；用户也可以改变透视表的布局，以满足不同的数据分析方式和要求。数据透视表窗体对数据进行的处理是 Access 其他工具所无法替代的。

8. 数据透视图窗体

数据透视图窗体用于显示数据表和窗体中数据的图形分析窗体，如图 1-5-9 所示。数据透视图窗体允许通过拖动字段和项或通过显示和隐藏字段的下拉列表中的项，查询不同级别的详细信息或指定布局。

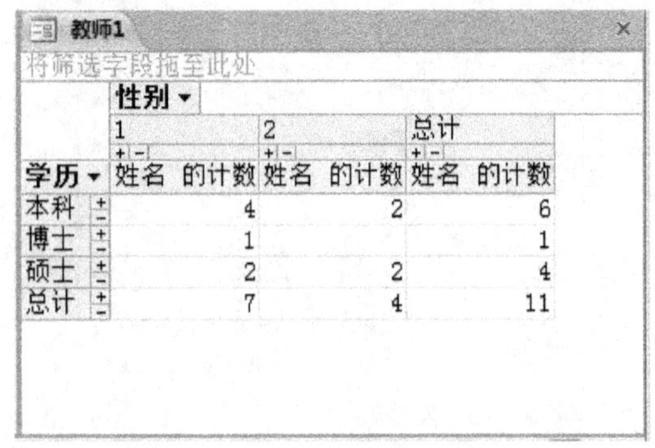

学历	1 姓名 的计数	2 姓名 的计数	总计 姓名 的计数
本科	4	2	6
博士	1		1
硕士	2	2	4
总计	7	4	11

图 1-5-8　数据透视表窗体

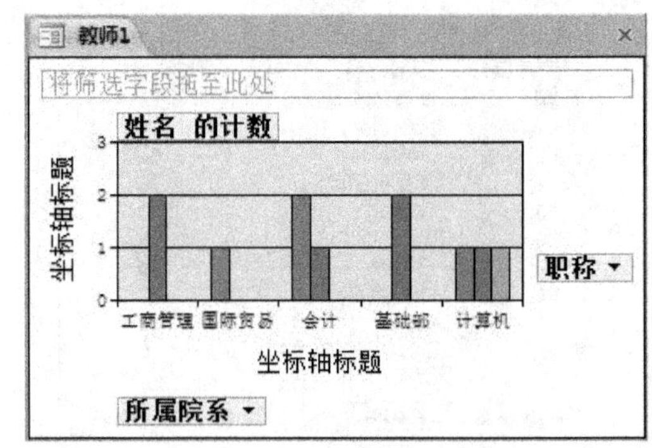

图 1-5-9　数据透视图窗体

5.2 创 建 窗 体

窗体的类型有很多，可以根据不同的功能需求选择不同的窗体类型显示数据库中的数据，同样也可以选择不同的创建窗体的方式。创建窗体有窗体、窗体设计、窗体向导和其他窗体等方法。使用人工方式创建窗体，需要创建窗体的每一个控件，并建立控件和数据源之间的联系。利用向导可以简单、快捷地创建窗体。用户可以按向导的提示输入有关信息，一步一步地完成窗体的创建工作。

通常在设计 Access 应用程序时，往往先使用“向导”建立窗体的基本框架，然后再切换到“设计”视图，使用人工方式进行调整。

5.2.1 自动创建窗体

如果使用“自动创建窗体”创建一个显示选定表或查询中所有字段及记录的窗体，在建成后的窗体中，每一个字段都显示在一个独立的行上，并且左边有一个标签。

【例 1.5.1】在“学生成绩管理系统”数据库中，使用“窗体”创建“课程”窗体。

具体操作步骤如下：

① 打开“数据库”窗口，在导航窗格中，选择作为窗体的数据源“课程”。在功能区“创建”选项卡的“窗体”组中，单击“窗体”按钮，如图 1-5-10 所示。窗体立即创建完成，并以布局视图显示，如图 1-5-11 所示。

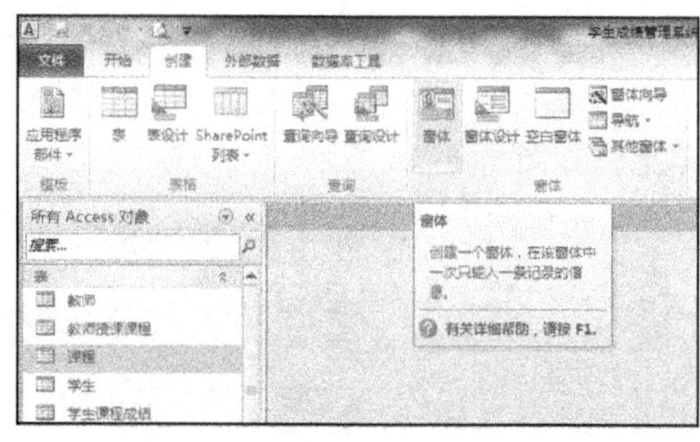

图 1-5-10　窗体对象

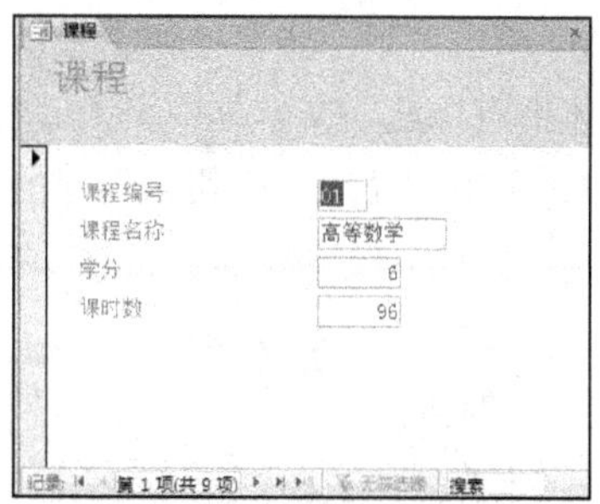

图 1-5-11　“课程”窗体

② 在快捷工具栏中，单击“保存”按钮，在“窗体名称”文本框中输入窗体的名称“课程窗体”，单击“确定”按钮保存窗体。

5.2.2　使用“窗体向导”

使用“自动创建窗体”虽可快速创建窗体，但所建窗体只适用于简单的单列窗体，窗体的布局也已确定，如果想要对数据源中的字段进行选择，则可使用“窗体向导”来创建窗体。

1．创建基于一个表的窗体

使用“窗体向导”创建的窗体，其数据源可以来自于一个表或查询，也可以来自于多个表或查询。下面通过实例介绍创建基于一个表或查询的窗体。

【例 1.5.2】在“学生成绩管理系统”数据库中创建“教师通讯录”窗体。

具体操作步骤如下：

① 打开“数据库”窗口，单击“创建”选项卡，在“窗体”命令组中单击“窗体向导”按钮。

② 在“表/查询”下拉列表框中选择“表：教师”选项。这时在左侧“可用字段”列表框中列出了所有可用的字段，如图 1-5-12 所示。

③ 在“可用字段”列表框中选择需要在新建的窗体中显示的字段，单击 > 按钮，将所选字段移到“选定的字段”列表框中，在此选择“姓名”“性别”“所属院系”和“联系电话”4 个字段。

注意：如果需要将所有的可用字段移到“选定的字段”列表框中，可单击 >> 按钮。反之，也可以通过 < 和 << 按钮将已经选定的字段部分或全部移除。

④ 单击“下一步”按钮，弹出如图 1-5-13 所示的“窗体向导”的第二个对话框。选择“纵栏表”单选按钮，这时在左边可以看到所建窗体的布局。

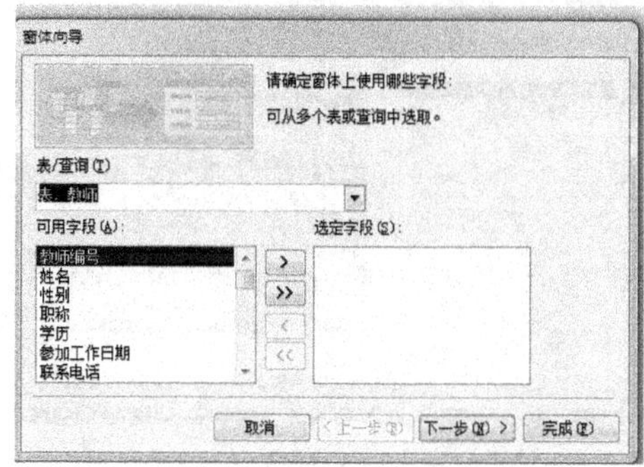

图 1-5-12　选取字段

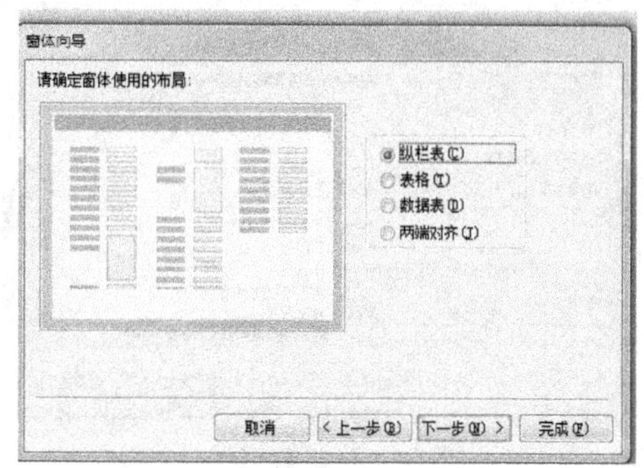

图 1-5-13　确定窗体使用布局

⑤ 单击“下一步”按钮，弹出如图 1–5–14 所示的“窗体向导”的最后一个对话框，在“请为窗体指定标题”文本框中输入“教师通讯录”。

⑥ 单击“完成”按钮，创建的窗体显示在屏幕上，如图 1–5–15 所示。

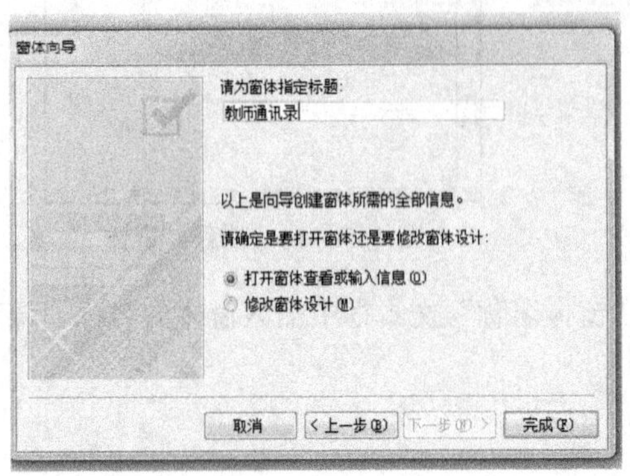

图 1–5–14　指定窗体标题

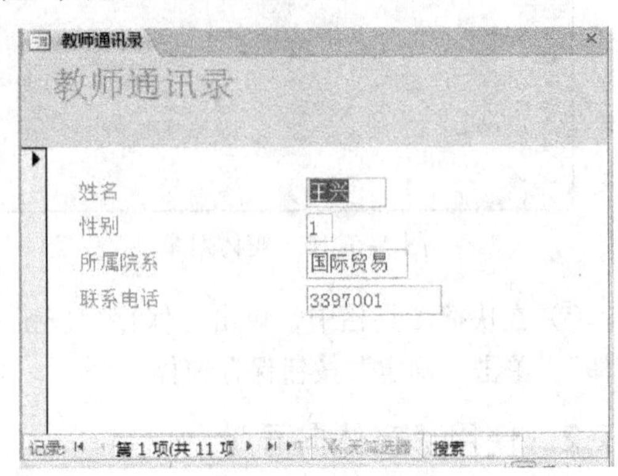

图 1–5–15　显示创建的窗体

2. 创建基于多个表的主/子窗体

创建基于多个表的主/子窗体最简单的方法是使用“窗体向导”。在创建窗体之前，要确定作为主窗体的数据源与作为子窗体的数据源之间存在着“一对多”的关系。在 Access 中，创建主/子窗体的方法有两种：一是同时创建主窗体与子窗体，二是将已有的窗体作为子窗体添加到另一个已有的窗体中。

【例 1.5.3】以“学生成绩管理系统”数据库中的“学生”表和“学生课程成绩”表为数据源，采用同时创建主窗体和子窗体的方法创建主/子窗体。

具体操作步骤如下：

①打开“数据库”窗口，单击“创建”选项卡，在“窗体”命令组中单击“窗体向导”按钮。

② 在“表/查询”下拉列表框中选择“表：学生”选项，选择“学号”“姓名”“性别”“班级”字段。再在“表/查询”下拉列表框中选择“表：学生课程成绩”选项，单击 >> 按钮选择全部字段，如图 1–5–16 所示。

③ 单击“下一步”按钮，弹出如图 1–5–17 所示的“窗体向导”的第二个对话框。该对话框要求确定窗体查看数据的方式，由于数据来源于两个表，所以有两个可选项：“通过学生”查看或“通过学生课程成绩”查看，这里选择“通过学生”选项，并选中“带有子窗体的窗体”单选按钮。

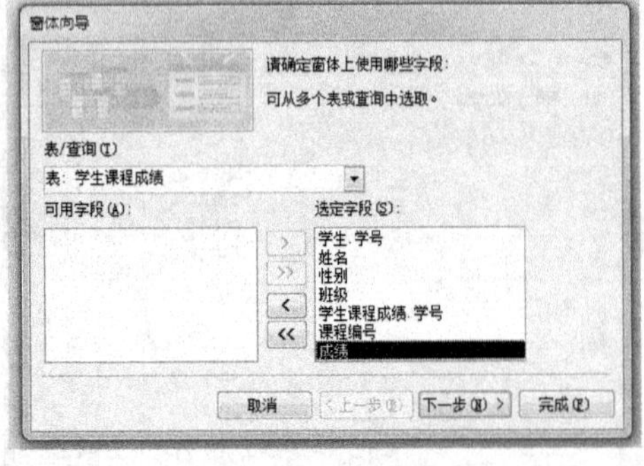

图 1–5–16　选择字段

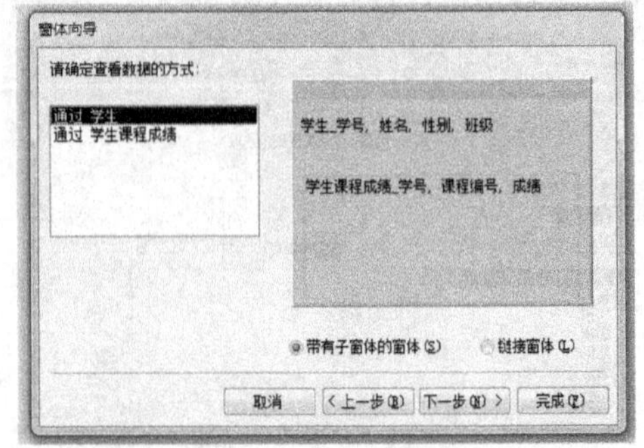

图 1–5–17　确定查看数据的方式

④ 单击“下一步”按钮，弹出如图 1-5-18 所示的“窗体向导”的第三个对话框，这里选择“数据表”单选按钮。

⑤ 单击“下一步”按钮，弹出“窗体向导”的第四个对话框。该对话框要求确定窗体所采用的样式，这里选择默认“标准”样式。

⑥ 单击“下一步”按钮，弹出“窗体向导”的最后一个对话框，如图 1-5-19 所示。在该对话框的“窗体”文本框中输入主窗体标题“学生”，在“子窗体”文本框中输入子窗体标题“学生课程成绩子窗体”。

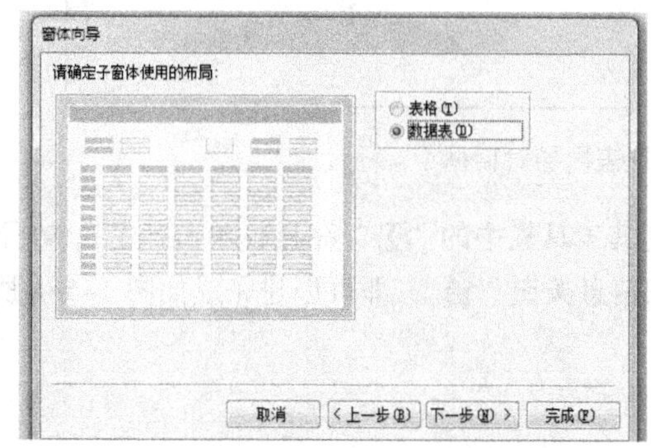

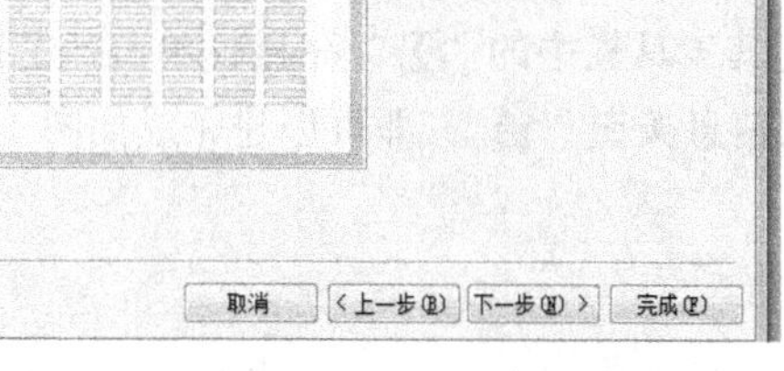

图 1-5-18　确定子窗体使用的布局

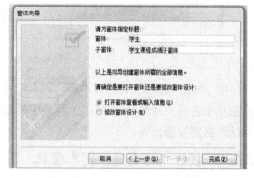

图 1-5-19　输入窗体标题

⑦ 单击“完成”按钮，所创建的主窗体和子窗体同时显示（见图 1-5-5）。

如果存在“一对多”关系的两个表都已经分别创建了窗体，就可以将具有“多”端的窗体添加到具有“一”端的主窗体中，使其成为子窗体。方法是在主窗体的“设计视图”模式下，将事先设计好的子窗体直接拖动至主窗体中适当的位置，选择“文件”→“保存”命令，在弹出的“窗体名称”文本框中输入窗体名称，即可成功创建主/子窗体。

注意：在创建多个表的窗体时，如果作为数据源的表或查询没有建立关系，Access 将会显示错误信息提示对话框。

5.2.3　创建“数据透视表”窗体

数据透视表是一种交互式的表，它可以实现用户选定的计算，所进行的计算与数据在数据透视表中的排列有关。例如，数据透视表可以水平或者垂直显示字段值，然后计算每一行或列的合计。数据透视表也可以将字段值作为行标题或列标题在每个行列交叉处计算出各自的数值，然后计算小计和总计。

【例 1.5.4】创建计算不同学历的男女教师人数的窗体。

具体操作步骤如下：

① 打开“数据库”窗口，在导航窗格中，选择作为窗体的数据源“教师”。在功能区“创建”选项卡的“窗体”命令组中，单击“其他窗体”按钮，在下拉菜单中选择“数据透视表”。

② 弹出“教师”窗体对话框，单击空白区域，将弹出的“数据透视表字段列表”中的“学历”字段拖动至“行”处，将“性别”字段拖动至“列”处，将“姓名”字段拖动至“数据”处，如图 1-5-20 所示。

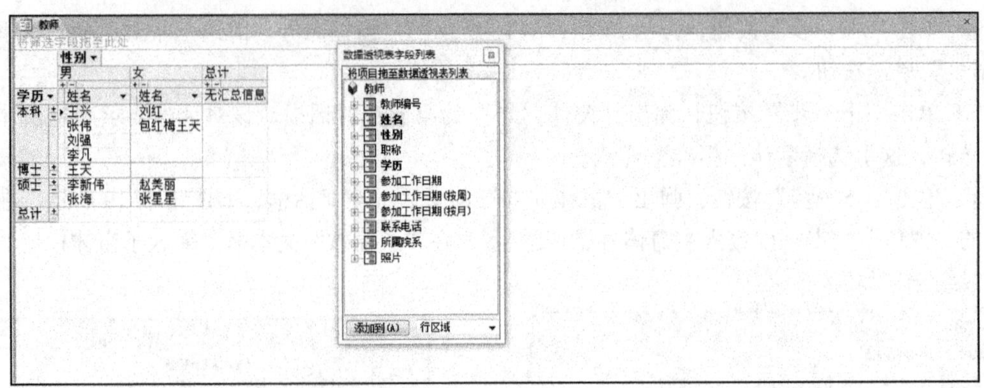

图 1-5-20 数据透视表向导对话框

③ 单击“教师”对话框中的“姓名”字段，使其工具栏中的“Σ”亮显，单击“Σ”，在下拉菜单中选择“计数”，再单击工具栏中的隐藏详细信息按钮“ ”，即可创建完成如图 1-5-8 所示的数据透视表窗体。

5.2.4 创建“数据透视图”窗体

在设计窗体时，如果在窗体中放置的是多组数据，并且需要进行对比，则使用数据透视图窗体能够更直观地显示表或查询中的数据

【例 1.5.5】使用“数据透视图”创建各院系不同职称的教师人数的窗体。

具体操作步骤如下：

① 打开“数据库”窗口，在导航窗格中，选择作为窗体的数据源“教师”。在功能区“创建”选项卡的“窗体”命令组中，单击“其他窗体”按钮，在下拉菜单中选择“数据透视图”。

② 弹出“教师”对话框，将“图表字段列表”中的“所属院系”字段拖动至下方的“分类字段”处，将“职称”字段拖动右方的“系列字段”处，将“姓名”字段拖动至“数据”处，如图 1-5-21 所示。

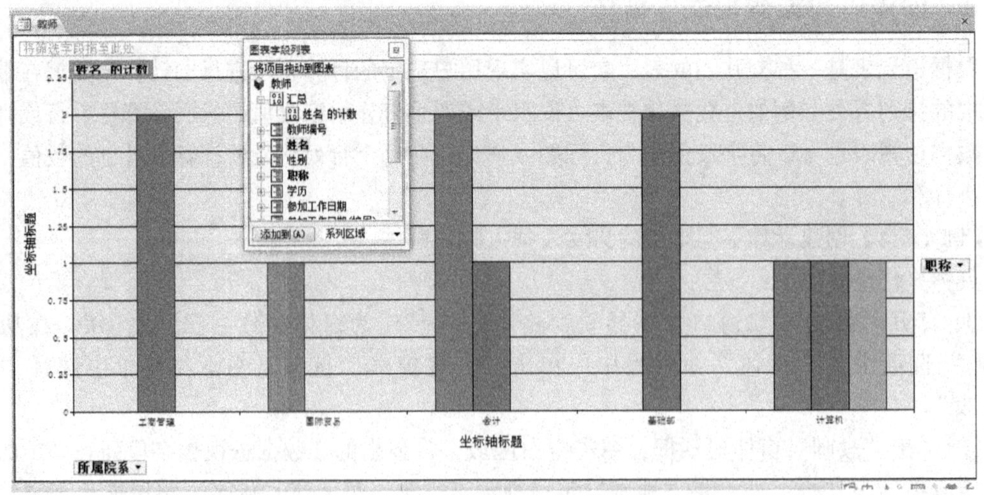

图 1-5-21 数据透视图对话框

③ 修改数据透视图的显示样式，可以单击“工具”命令组中的“属性表”按钮，弹出“属性”对话框，进行相应的修改。

5.3 自定义窗体

可以通过窗体向导或其他窗体来创建一个美观的窗体，但所创建的窗体有时需要在窗体设计器中修改后才能满足用户的需求。当然，利用窗体设计器自定义窗体不但可以修改已经创建好的窗体，还可以创建一个窗体。本节将介绍采用设计器创建窗体的方式，以及控件的概念和在窗体中使用控件的方法。

5.3.1 窗体设计工具选项卡

“窗体设计工具选项卡”包含设计、排列和格式 3 个子选项卡。其中，设计选项卡中包含“视图”“主题”“控件”“页眉/页脚”以及“工具”等 5 个命令组，这些组提供了窗体的设计工具，如图 1-5-22 所示。

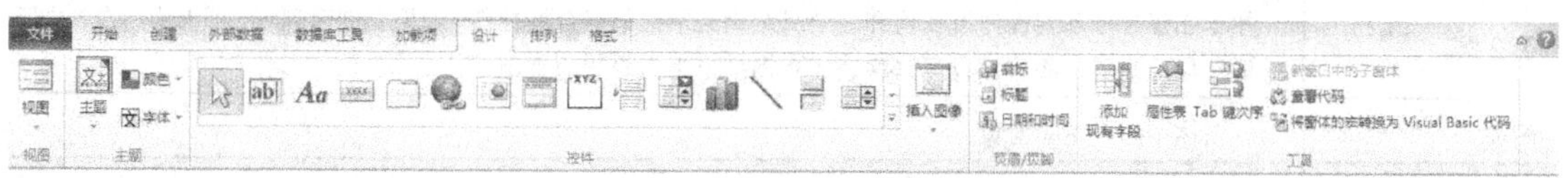

图 1-5-22 “设计”选项卡

“排列”选项卡包含“表”“行和列”“合并/拆分”“移动”“位置”和“调整大小和排序”等 6 个命令组，主要用来对齐和排列控件，如图 1-5-23 所示。

图 1-5-23 “排列”选项卡

“格式”选项卡中包括“所选内容”“字体”“数字”“背景”和“控件格式”等 5 个命令组，用来设置控件的各种格式，如图 1-5-24 所示。

图 1-5-24 “格式”选项卡

5.3.2 控件组

Access 提供了一个可视化的窗体设计工具：控件组。利用控件组，用户可以创建自定义窗体。控件组的功能强大，它提供了一些常用的控件，能够结合控件和对象构造一个窗体设计的可视化模型。

控件组是进行窗体设计的重要工具，其中各按钮的功能如表 1-5-1 所示。

表 1-5-1 控制组中的按钮名称及功能

名　　称	功　　能
选择对象	默认工具。使用该工具可以对现有控件进行选择、调整大小、移动和编辑
文本框	用于显示、输入或编辑窗体或报表的基本记录源数据，显示计算结果或接收用户输入数据的控件
标签	用于显示说明文本的控件。如窗体或报表上的标题或指示文字
命令按钮	用于在窗体或报表创建命令按钮
选项卡	用于在窗体上创建一个多页的选项卡，用来切换页面
超链接	用于在窗体中插入超链接控件
Web 浏览器	用于在窗体中插入浏览器控件
导航	用于在窗体中插入导航条
选项组	与复选框、选项按钮或切换按钮搭配使用，可以显示一组可选值
分页符	用于在多页窗体的页间添加分页符
组合框	用于创建含一系列控件潜在值和一个可编辑文本框的组合框控件。如果要创建列表，可以为组合框“行来源”属性输入一些值，也可以将表或查询指定为列表值的来源
图表	在窗体中插入图表对象
直线	创建直线，用以突出显示数据或分隔显示不同的控件
切换按钮	用于创建保持开/关、真/假、是/否值的切换按钮控件。单击“切换”按钮时，其值变为-1（表示开、真、是）并且按钮呈按下状态。再次单击该按钮，其值为 0（表示关、假、否）
列表框	用于创建含一个系列潜在值的列表框控件。如果要创建列表，可以在列表框的“行来源”属性中输入值，也可以将表或查询指定为列表中的来源
矩形	用于向窗体中添加填充的或空的矩形以增强其外观
复选框	用于创建保持开/关、真/假、是/否值的复选框控件。单击复选框时，其值变为-1 （表示开、真、是）并且框中出现对号。再次单击复选框，其值变为 0（表示关、假、否）并且框中的对号消失
未绑定对象框	用于在窗体中显示 OLE 对象，但是此对象与窗体所基于的数据源无任何关联
附件	用于在窗体中插入附件控件
选项按钮	用于创建保持开/关、真/假、是/否值的选项按钮控件。单击选项按钮时，其值变为-1（表示开、真、是）并且按钮中心出现实心圆。再次单击该按钮，其值为 0（表示关、假、否）
子窗体/子报表	用于在当前窗体中嵌入另一个来自多个表的数据的窗体
绑定对象框	用于在窗体中显示 OLE 对象，此对象与窗体所基于的数据源有关联
图像	用于在窗体显示静态的图片，一旦被添加后就无法对其进行编辑
控件向导	用于激活“控件向导”。当该按钮位于按下状态时，“控件向导”将在创建新的选项组、组合框、列表框或按钮时，帮助输入控件属性
ActiveX 控件	打开一个 ActiveX 控件，插入 Windows 系统提供的更多控件

5.3.3 窗体中的控件

控件是窗体上用于显示数据、执行操作、美化窗体的对象。在窗体中添加的每一个对象都是控件。在 Access 中控件的类型可以分为结合型、非结合型和计算型。结合型控件主要用于显示、处理数据表或查询的一个字段；非结合型控件主要用来显示一些信息，这些信息在窗体上不需要经常变动，不需要和数据表中的数据进行联系；计算型控件用来显示需要经过表达式计算而得到的结果。例如，在窗体上使用文本框显示数据，使用命令按钮打开另一个窗体，使用线条或矩形来分隔与组织控件，以增强它们的可读性等。

1. 标签控件

标签主要用来在窗体或报表上显示说明性文本。例如，如图 1-5-25 所示的“教师基本信息”、“教师编号”等都是标签控件。标签不显示字段或表达式的数值，它没有数据来源。当从一条记录移到另一条记录时，标签的值不会改变。可以将标签附加到其他控件上，也可以创建独立的标签（也称为单独的标签），但独立的标签在“数据表”视图中并不显示。使用标签工具创建的标签就是独立的标签。

2. 文本框控件

文本框主要用来输入或编辑字段数据，它是一种交互式控件。图 1-5-25 所示的“001”“王兴”所在的矩形框等都是文本框控件。文本框用于显示和编辑变量、数据表或查询中的数据以及计算结果。文本框中可以编辑显示任何类型的数据，如文本型、数字型、是/否型、日期型等。

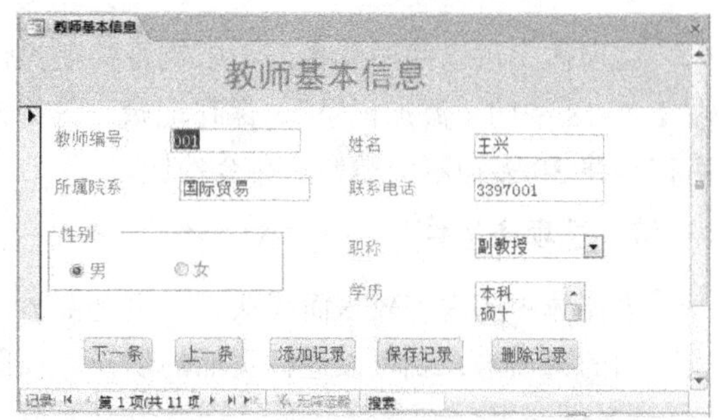

图 1-5-25 “标签”控件

3. 复选框、切换按钮、选项按钮控件

复选框、切换按钮和选项按钮是作为单独的控件来显示表或查询中的“是”或“否”的值。当选中复选框或选项按钮时，设置为“是”，如果不选则为“否”；对于切换按钮，如果按下切换按钮，其值为“是”，否则其值为“否”，如图 1-5-26 所示。

4. 选项组控件

选项组由一个组框及一组复选框、选项按钮或切换按钮组成，选项组可以使用户选择某一组确定的值变得十分简单。只要单击选项组中所需的值，就可以为字段选定数据值。在选项按钮中每次只能选择一个选项，如图 1-5-27 所示。

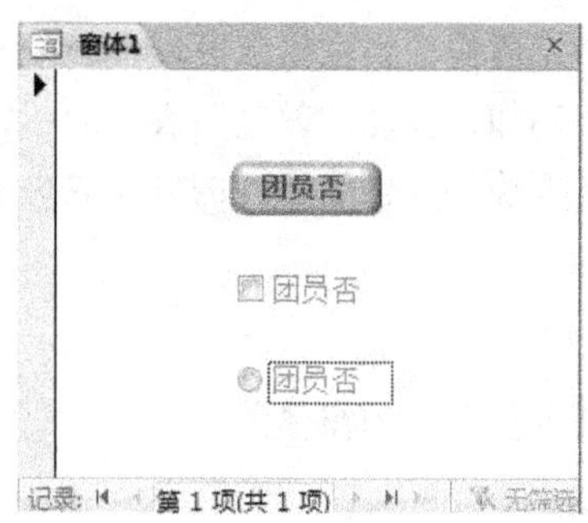

图 1-5-26 “复选框”“切换按钮”“选项按钮”控件

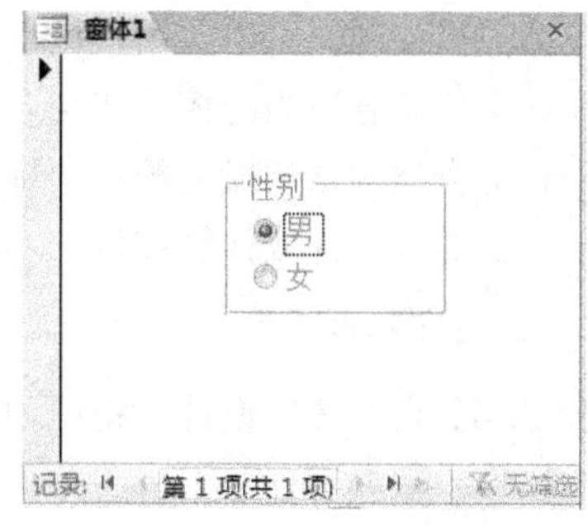

图 1-5-27 “选项按钮”控件

注意：如果选项组结合到某个字段，则只有组框架本身结合到此字段，而不是组框架内的复选框、选项按钮或切换按钮。

5．列表框与组合框控件

如果在窗体上输入的数据总是取自某一个表或查询中记录的数据，或者取自某固定内容的数据，可以使用组合框或列表框控件来完成。这样既可以保证输入数据的正确性，也可以提高数据输入的速度。例如，在输入教师基本信息时，职称的值包括“助教”“讲师”“副教授”和“教授”，若将这些值放在组合框或列表框中，用户只需通过单击鼠标就可以完成数据输入。

窗体的列表框可以包含一列或几列数据，用户只能从列表中选择值，而不能输入新值。组合框的列表由多行数据组成，但平时只显示一行，需要选择其他数据时，可以单击右侧的下拉按钮，如图 1-5-28 所示的“职称”字段。使用组合框，既可以进行选择，也可以输入文本，这就是组合框和列表框的区别。

6．命令按钮控件

在窗体中可以使用命令按钮来执行某项操作或某些操作，例如，“确定”“取消”“关闭”等。图 1-5-28 中的“添加记录”“保存记录”等都是命令按钮，使用 Access 提供的“命令按钮向导”可以创建 30 多种不同类型的命令按钮。

7．选项卡控件

当窗体中的内容较多而无法在一页全部显示时，可以使用选项卡来进行分页，用户只需要单击不同的选项卡，就可以进行页面的切换，如图 1-5-29 所示。

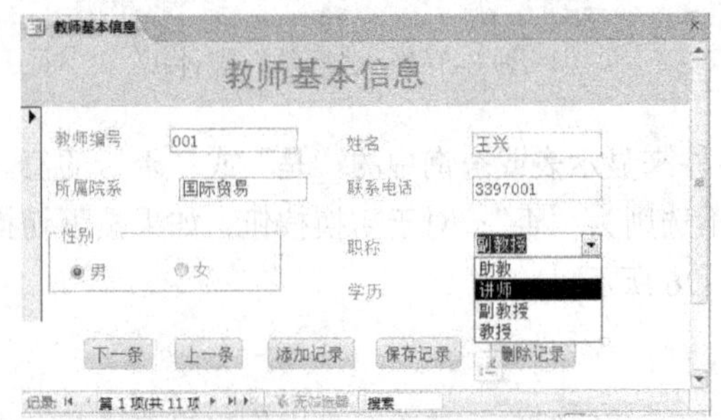

图 1-5-28 “列表框”“组合框”控件

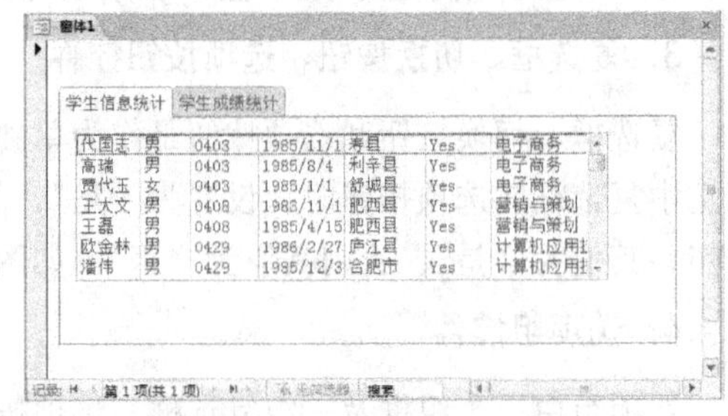

图 1-5-29 “选项卡”控件

5.3.4 控件的用法

在窗体“设计视图”中，用户可以直接将一个或多个字段拖动到主体节区域中，Access 可以自动地为该字段结合适当的控件或结合用户指定的控件。例如，拖动“教师”表中的“姓名”字段，Access 会自动为该字段分配一个标签控件和一个文本框控件，创建控件的方式取决于要创建结合控件、非结合控件或计算控件。

1．结合型文本框控件

【例 1.5.6】在窗体“设计”视图中创建名为“教师基本信息”的窗体。

具体操作步骤如下：

① 打开“学生成绩管理”数据库窗口，切换到“创建”选项卡，单击“窗体设计”按钮。

② 单击工具栏的“属性表”按钮，在弹出的“属性表”的“记录源”中选择“教师”表，然后单击工具栏中的“添加现有字段”按钮，弹出“教师”表中的字段列表，如图 1-5-30 所示。

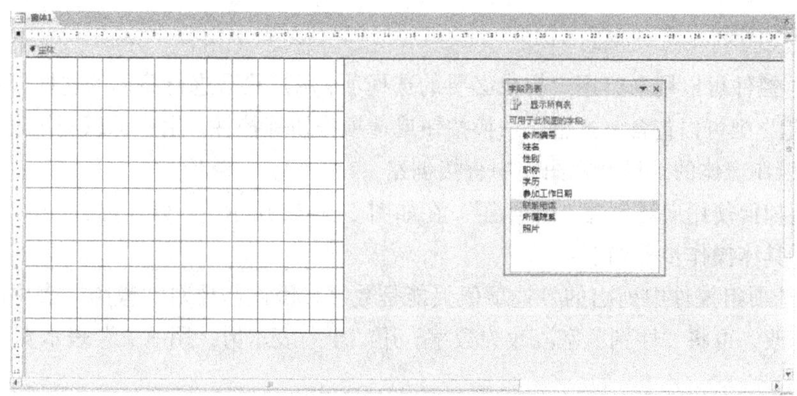

图 1-5-30　字段列表

③ 将“教师编号”“姓名”“所属院系”“联系电话”等字段依次拖动到窗体主体节中适当的位置，即可在该窗体中创建结合型文本框。Access 根据字段的数据类型和默认的属性设置，为字段创建相应的控件并设置特定的属性，如图 1-5-31 所示。

④ 单击快捷工具栏中的“保存”按钮，将窗体命名为“教师基本信息”并保存。

注意：如果要同时选择相邻的多个字段，可单击其中的第一个字段，按下【Shift】键，然后单击最后一个字段；如果要同时选择不相邻的多个字段，可按下【Ctrl】键，然后单击要包含的每个字段名称；如果要选择所有字段，则双击字段列表标题栏。

2. 标签控件

如果在窗体上设计该窗体的标题，可在窗体页眉处添加一个“标签”，下面将在如图 1-5-32 所示的“设计视图”中，添加“标签”控件作为窗体标题。

具体操作步骤如下：

① 打开以上新建的“教师基本信息”窗体，在窗体“设计视图”中，在“主体”节的任意空白处右击，在弹出的快捷菜单中选择“窗体页眉/页脚”命令，在窗体“设计视图”中添加一个“窗体页眉 / 页脚”节。

② 选择控件组中的“标签”工具，在窗体页眉处单击要放置标签的位置，然后输入标签内容“教师基本信息”，如图 1-5-32 所示。

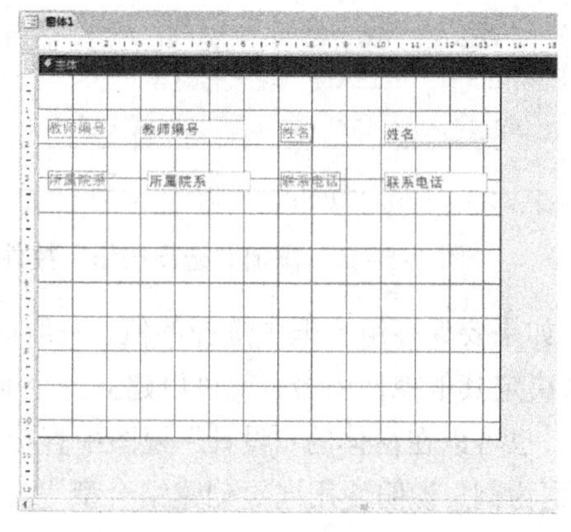

图 1-5-31　“文本框“控件设计视图

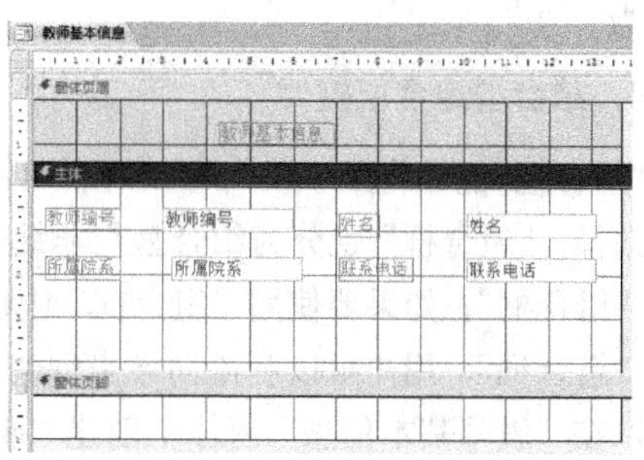

图 1-5-32　“标签”控件设计视图

3．选项组控件

“选项组”控件可以用来给用户提供必要的选择项，用户只需进行简单的选取即可完成参数的设置。“选项组”中可以包含复选框、切换按钮或选项按钮等控件。用户可以利用向导来创建“选项组”，也可以在窗体的“设计视图”中直接创建。

下面介绍如何使用向导创建“选项组”。在如图 1-5-32 所示的“设计视图”中，继续创建“性别”选项组。具体操作步骤如下：

① 由于选项组控件中列出的各选项值只能是数字，因此需要对“教师”表中的“性别”字段的值进行修改，可将“性别”字段改为数字，用“1”表示男，用“2”表示女，如图 1-5-33 所示。

② 选择控件组中的“选项组”工具，在窗体上单击要放置“选项组”的位置。将选项组控件附加的标签的内容改为“性别”，用该选项组来显示“性别”字段的值。单击工具栏中的“属性表”按钮，打开选项组的属性对话框，将选项组的“控件来源”属性设置为“性别”，如图 1-5-34 所示。

教师编号	姓名	性别	职称	学历	参加工作日	联系电话
001	王兴	1	副教授	本科	1990/9/1	3397001
002	李新伟	1	讲师	硕士	1999/9/1	3397002
003	赵美丽	2	讲师	硕士	2000/9/1	3397003
004	刘红	2	讲师	本科	2000/9/10	3397004
005	张伟	1	副教授	本科	1993/2/10	3397005
006	王天	1	教授	博士	1990/10/9	3397006
007	刘强	1	讲师	本科	2004/9/10	3397007
008	张星星	2	讲师	硕士	2003/9/10	3397008
009	李凡	1	讲师	本科	2004/9/1	3397009
010	张海	1	副教授	硕士	1997/9/1	3397010
011	包红梅王天	2	副教授	本科	1993/9/1	3397011

图 1-5-33　性别字段修改结果

图 1-5-34　设置“控件来源”属性

③ 单击控件组中的“选项按钮”控件，在选项组内部通过拖动添加两个选项按钮控件，并将这两个控件的附加标签文本内容修改为“男”和“女”（见图 1-5-35）。选中选项组控件内部的选项按钮控件，分别打开其属性对话框，将表示“男”的选项按钮控件的“选项值”属性值设为“1”，将表示“女”的选项按钮控件的“选项值”属性值设为“2”。

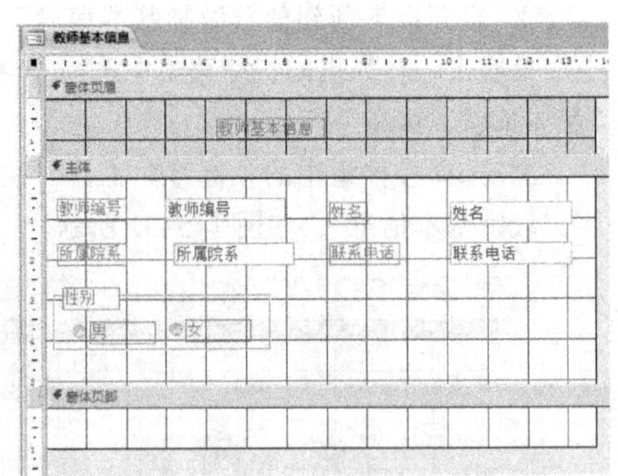

图 1-5-35　添加“选项按钮”控件

4．结合型组合框控件

“组合框”能够将某字段内容以列表形式列出供用户选择。“组合框”也分为结合型与非结合型两种。如果要保存组合框中选择的值，一般创建结合型“组合框”；如果要使用“组合框”中选择的值来决定其他控件内容，就可以建立一个非结合型的“组合框”。用户可以利用向导来创建“组合框”，也可以在窗体的“设计”视图中直接创建。下面以在“教师基本信息”窗体中创建“职称”组合框为例，说明使用向导创建结合型“组合框”以显示表中的值。

具体操作步骤如下：

① 在如图 1-5-35 所示的“设计视图”中，继续创建“职称”组合框。

② 选择控件组中的“组合框”工具，在窗体上单击要放置“组合框”的位置。弹出“组合框向导”的第一个对话框，如图 1-5-36 所示，这里选择“自行键入所需的值”单选按钮。

③ 单击“下一步”按钮，弹出如图 1-5-37 所示的“组合框向导”的第二个对话框，在“第1列”列表中依次输入“讲师”“助教”“副教授”和“教授”等值。

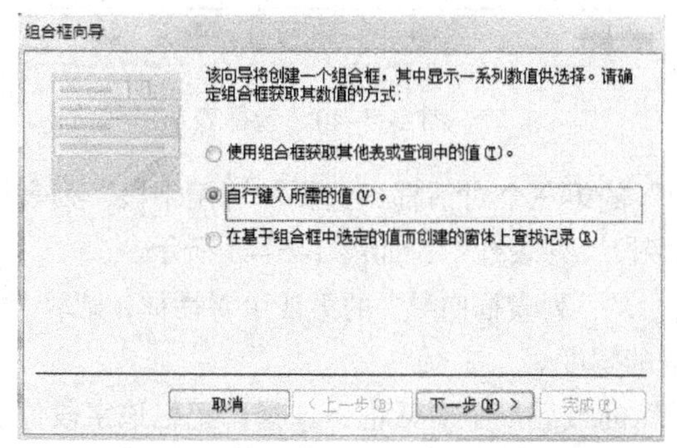

图 1-5-36　确定“组合框”获取数值的方式

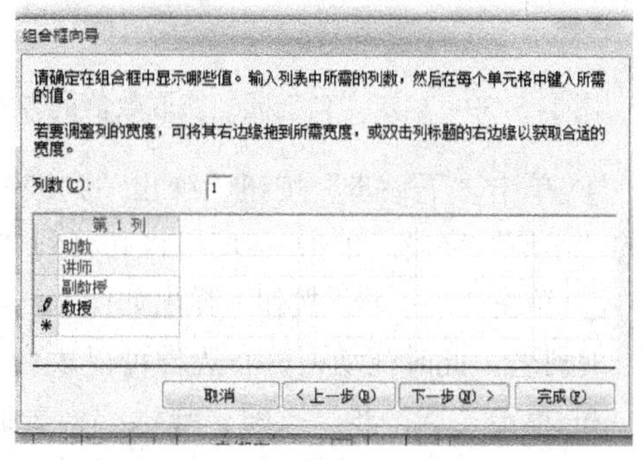

图 1-5-37　输入所需的值

④ 单击“下一步”按钮，弹出如图 1-5-38 所示的“组合框向导”的第三个对话框，选择“将该数值保存在这个字段中”单选按钮，并单击右侧的下拉按钮，从下拉列表中选择“职称”字段。

⑤ 单击“下一步”按钮，在弹出对话框的“请为组合框指定标签：”文本框中输入“职称”作为该组合框的标签，单击“完成”按钮完成组合框创建。

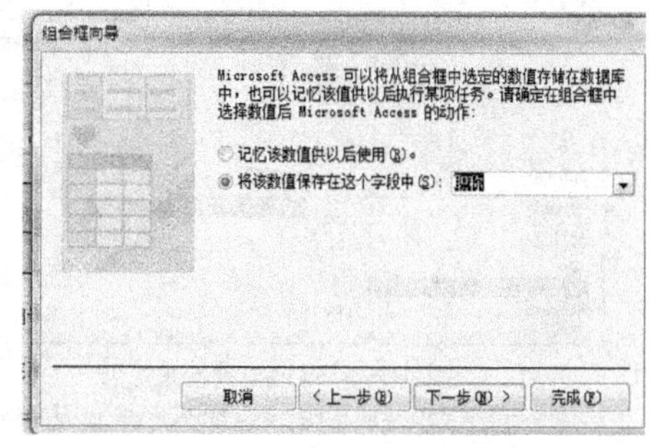

图 1-5-38　选择字段

注意：类似“学生”表中的“专业”“班级”等字段，可以参照上述方法创建组合框控件。

5. 结合型列表框控件

同“组合框”控件类似，“列表框”也可以分为结合型与非结合型两种，用户可以利用向导来创建“列表框”，也可以在窗体的“设计”视图中直接创建。下面以在“教师基本信息”窗体中创建“学历”列表框为例，说明使用向导创建结合型“列表框”以显示表中的值。

具体操作步骤如下：

① 在“设计”视图中，继续创建“学历”列表框。

② 选择控件组中的“列表框”工具，在窗体上单击要放置“列表框”的位置，弹出“列表框向导”的第一个对话框，如图 1-5-39 所示，选择“使列表框获取其他表或查询中的数值”单选按钮。

③ 单击“下一步”按钮，弹出如图 1-5-40 所示的“列表框向导”的第二个对话框，选择“视图”选项组中的“表”单选按钮，然后从表的列表中选择“教师”表。

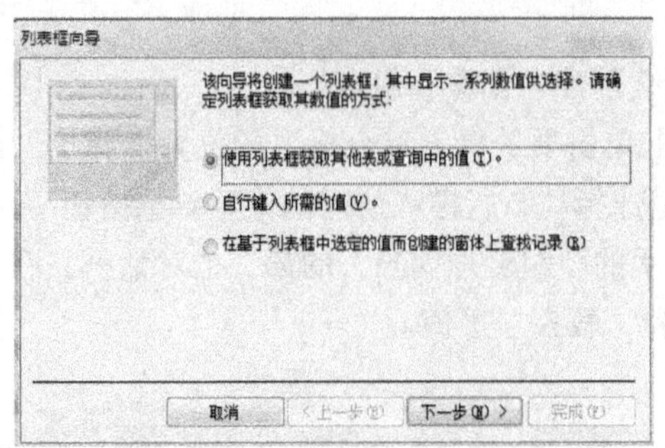

图 1-5-39　确定“列表框”获取数值的方式

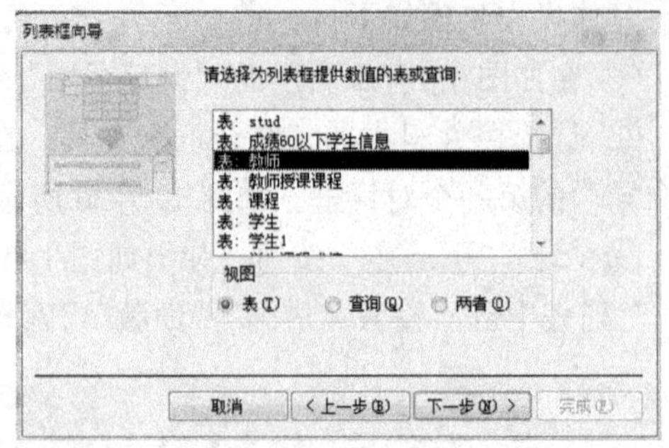

图 1-5-40　选择表

④ 单击“下一步”按钮，弹出“列表框向导”的第三个对话框，选择“可用字段”列表框中的“学历”字段，单击 > 按钮将其移到“选定字段”列表框中，如图 1-5-41 所示。

⑤ 单击“下一步”按钮，弹出如图 1-5-42 所示的“列表框向导”的第四个对话框，显示“学历”的列表，此时拖动列的右边框可以改变列表框的宽度。

⑥ 单击“下一步”按钮，显示“列表框向导”的最后一个对话框，选择“记忆该字段值供以后使用”或“将该数值保存在该字段中”单选按钮。

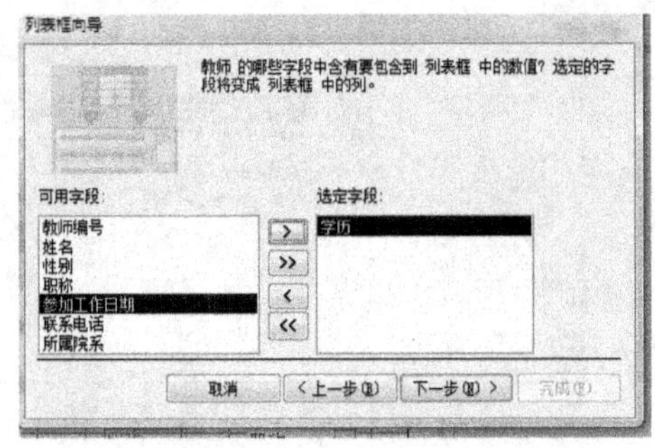

图 1-5-41　选择并移动字段

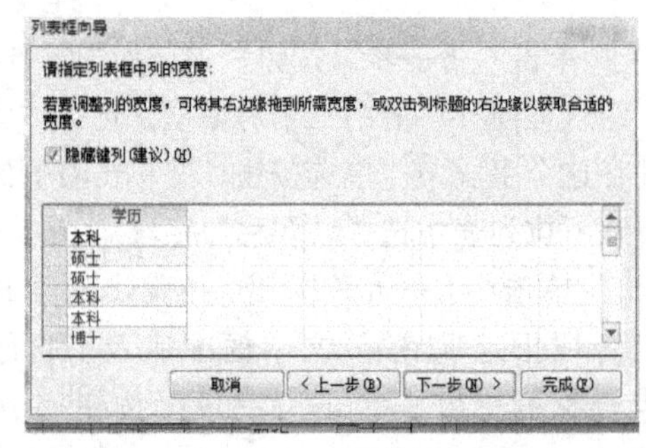

图 1-5-42　显示“学历”列表

⑦ 单击“下一步”按钮，在显示的对话框中输入列表框的标题“学历”，然后单击“完成”按钮，显示结果如图 1-5-43 所示。

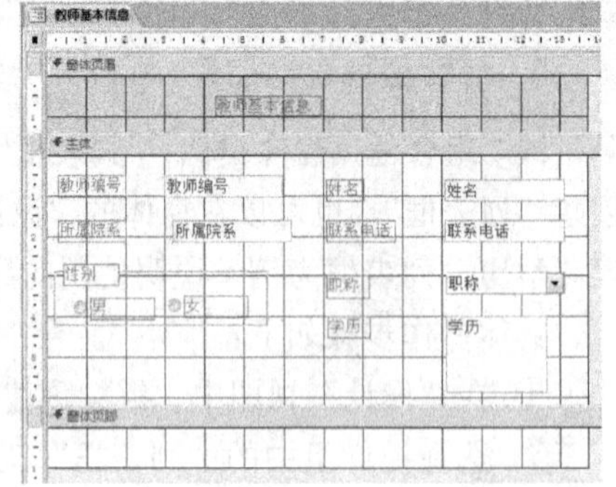

图 1-5-43　“列表框”控件设计视图

注意：如果用户在创建“学历”列表框控件步骤②时选择了“自行键入所需的值”单选按钮，那么下面的创建步骤就与“组合框”控件的创建步骤一样。因此，在具体创建时是选择“自行键入所需的值”单选按钮，还是选择“使列表框获取其他表或查询中的值”单选按钮，需要具体问题具体分析。如果用户创建输入或修改记录的窗体，一般情况下应选择“自行键入所需的值”单选按钮，这样列表中列出的数据不会重复，此时从列表中直接选择即可；如果用户创建的是显示记录窗体，可以选择“使列表框获取其他表或查询中的值”单选按钮，这时列表框中将反映存储在表或查询中的实际值。

6. 命令按钮

在窗体中可以使用命令按钮来执行某些操作，常见的有“添加记录”“保存记录”“退出”等。使用 Access 的“命令按钮向导”可以创建多种不同的命令按钮。下面以在“教师基本信息”窗体中创建“添加记录”命令按钮为例，说明使用“命令按钮向导”创建命令按钮的方法。

具体操作步骤如下：

① 在如图 1-5-43 所示的“设计视图”中，继续创建“添加记录”命令按钮。

② 选择“控件”命令组中的“按钮”工具，在窗体上单击要放置“按钮”的位置，弹出“命令按钮向导”的第一个对话框，如图 1-5-44 所示。

③ 在对话框的“类别”列表框中，列出了可供选择的操作类别，每个类别在“操作”列表框下都对应着多种不同的操作，本例在“类别”列表框中选择“记录操作”选项，然后在对应的“操作”列表框中选择“添加新记录”选项。

④ 单击“下一步”按钮，弹出如图 1-5-45 所示的“命令按钮向导”的第二个对话框，为使在按钮上清晰显示文本，选中“文本”单选按钮，在文本框中输入“添加记录”。

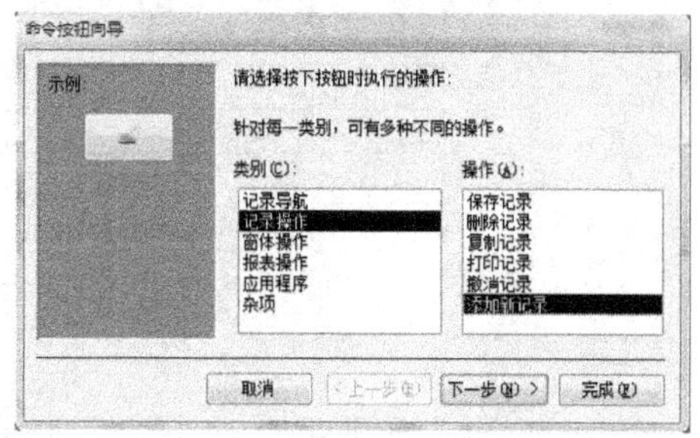

图 1-5-44　选择按钮执行的操作

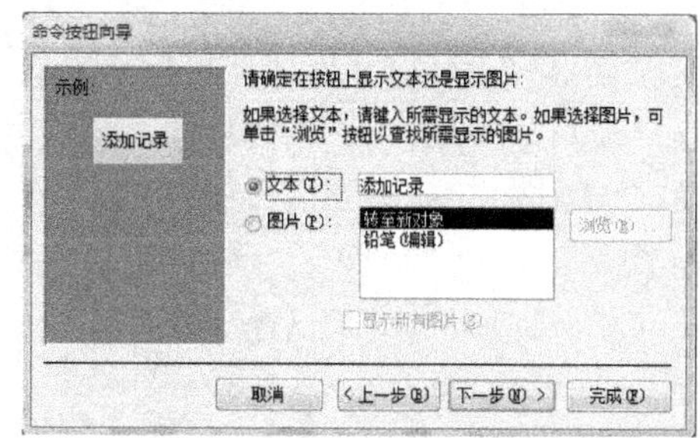

图 1-5-45　确定在按钮上显示文本

⑤ 单击“下一步”按钮，弹出如图 1-5-46 所示的“命令按钮向导”的第三个对话框，在该对话框中输入“ADD”作为命令按钮的名称。

⑥ 单击“完成”按钮，命令按钮创建完成，其他按钮的创建方法与此相同，结果如图 1-5-47 所示。

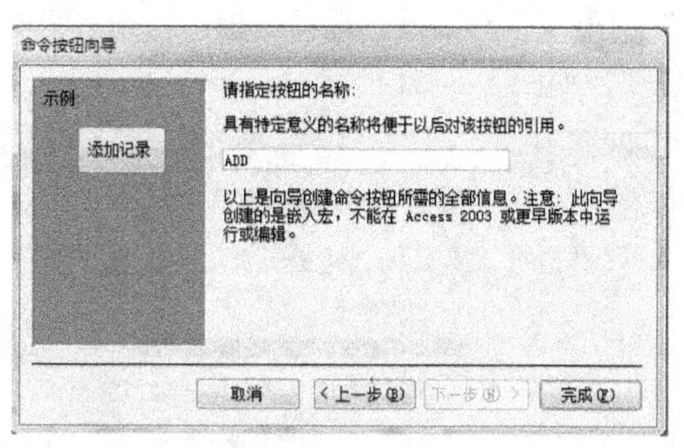

图 1-5-46　输入命令按钮的名称

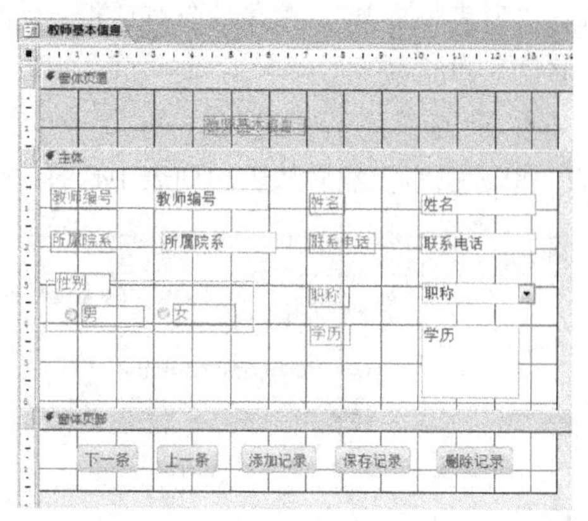

图 1-5-47　“命令按钮”控件设计视图

7. 选项卡控件

当窗体中的内容较多而无法在一页中全部显示时，可以使用选项卡来进行分页。

【例 1.5.7】创建“学生统计信息”窗体，窗体内容包含两部分：一部分是“学生信息统计”，另一部分是“学生成绩统计”。使用“选项卡”分别可以显示两页的信息。

具体操作步骤如下：

① 打开“学生成绩管理”数据库窗口，切换到“创建”选项卡，单击“窗体设计”按钮。

② 选择控件中“选项卡控件”工具，在窗体上单击要放置“选项卡”的位置，调整其大小，单击工具栏中的“属性表”按钮，弹出其属性对话框。

③ 双击“设计视图”中的选项卡“页 1”，在弹出的“属性”对话框中选择“格式”选项卡，在“标题”属性行中输入“学生信息统计”，如图 1-5-48 所示。

④ 双击“设计视图”中的选项卡“页 2”，按步骤③设置“页 2”的“标题”格式属性，设置标题为“学生成绩统计”，单击“关闭”按钮后结果如图 1-5-49 所示。

在“学生信息统计”选项卡中添加一个“列表框”控件，用来显示学生基本信息的内容。完成这一项任务的操作步骤如下：

① 在如图 1-5-49 所示的“设计视图”中，继续创建“列表框”控件。

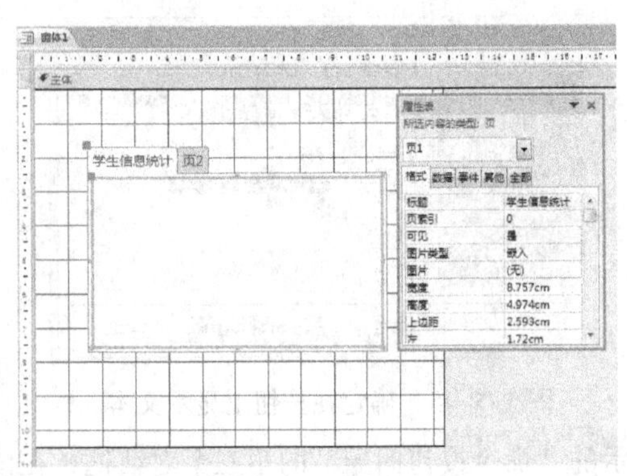

图 1-5-48 “页 1”标题设置

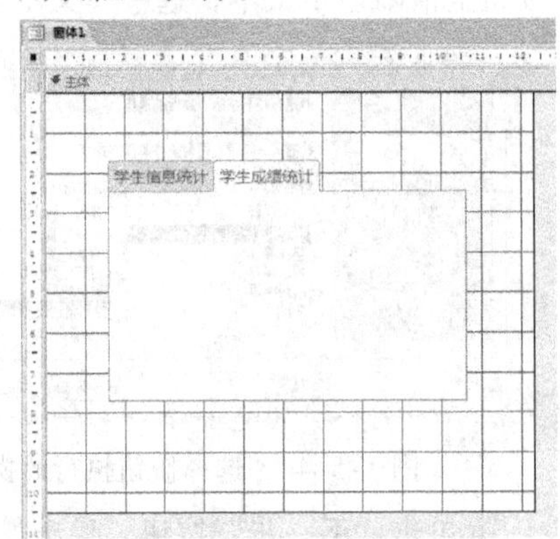

图 1-5-49 “页 2”标题设置

② 单击“控件”命令组中的“列表框”按钮，在窗体上单击要放置“列表框”的位置，弹出“列表框向导”的第一个对话框，如图 1-5-50 所示，选择“使列表框获取其他表或查询中的值”单选按钮。

③ 单击“下一步”按钮，弹出“列表框向导”的第二个对话框，选择“视图”选项组中的“表”单选按钮，然后从表的列表中选择“学生”选项，如图 1-5-51 所示。

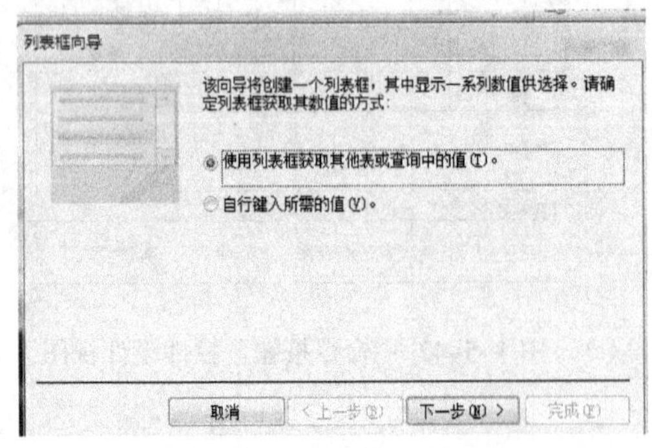

图 1-5-50 确定“列表框”获取数值的方式

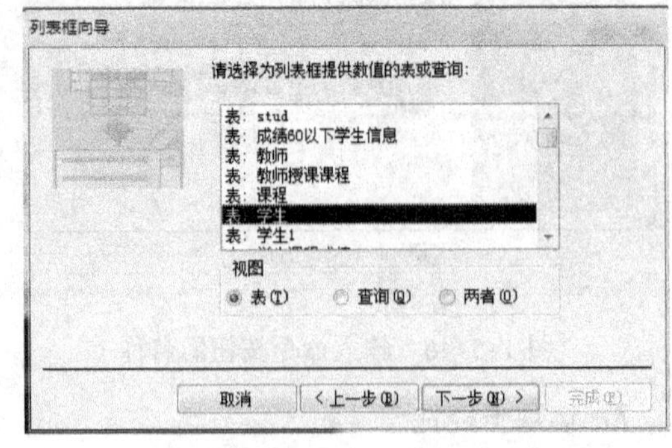

图 1-5-51 选择表

④ 单击“下一步”按钮，弹出“列表框向导”的第三个对话框，单击 >> 按钮，将“可用字段”列表中的所有字段移到“选定字段”列表框中，单击“下一步”按钮，弹出排序字段列表框向导，在此不作选择。

⑤ 单击“下一步”按钮，弹出如图 1-5-52 所示的“列表框向导”的第四个对话框，其中列出了所有字段的列表。此时，拖动各列右边框可以改变列表框的宽度。

⑥ 单击“完成”按钮，结束“学生信息统计”选项卡的设计，如图 1-5-53 所示。

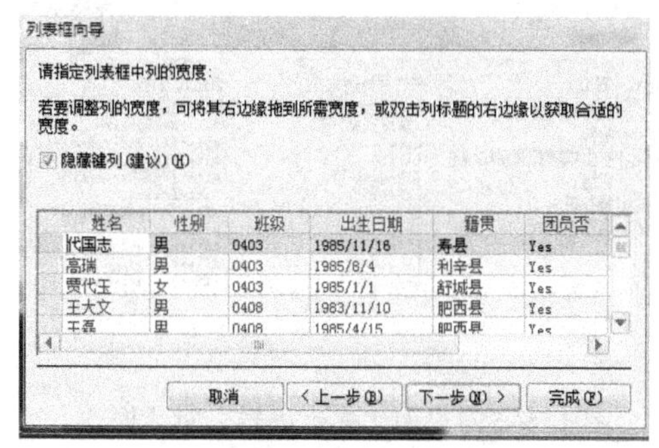

图 1-5-52 列出字段列表

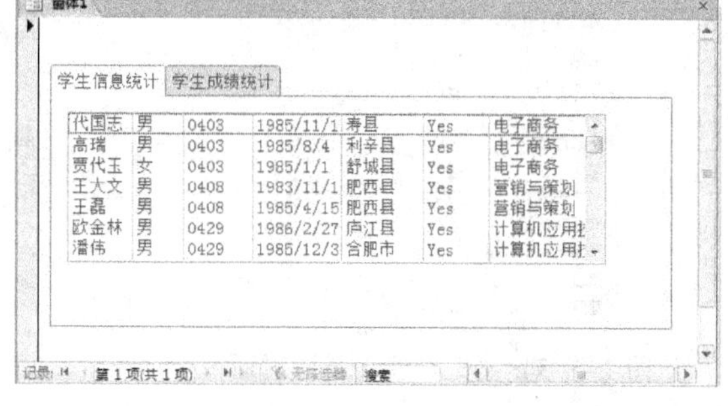

图 1-5-53 “学生信息统计”选项卡

8. 控件的删除

窗体中的每个控件均被看作是独立的对象，用户可以单击控件来选择。被选中的控件四周将出现小方块状的控件句柄，用户可以将鼠标指针放置在控制句柄上拖动以调整其大小，也可以将鼠标指针放置在控件左上角的移动控制句柄上拖动来移动控件。若要改变控件的类型，则要先选择该控件，然后右击弹出快捷菜单，选择“更改为”级联菜单中所需的新控件类型即可。如果用户希望删除不用的控件，操作步骤如下：

① 在“设计”视图中打开要操作的窗体。

② 选中要删除的控件，按【Delete】键，或右击，在弹出的快捷菜单中选择“删除”命令，该控件将被删除。如果只想删除附加的标签，则只需单击该标签，然后按【Delete】键即可。

5.3.5 窗体和控件的属性

在 Access 中，窗体中的每一个控件都具有各自的属性，窗体本身也具有相应的属性。属性决定了窗体及控件的结构和外观，包括它所包含的文本或数据的特性。使用属性对话框可以设置属性。在选定窗体、节或控件后，单击工具栏上的“属性表”按钮，即可弹出属性对话框。图 1-5-54 所示为某窗体中文本框的属性表。

1. 属性对话框

在属性对话框中，单击要设置的属性，然后在属性框中输入一个设置值或表达式即可设置该属性。如果属性框中显示有下拉按钮，也可以单击该按钮，并从列表中选择一个数值，如果属性框的旁边显示“生成器”按钮 ... 或按【Ctrl+F2】组合键，则单击该按钮可以显示一个生成器或显示一个表达式生成器的对话框，如图 1-5-55 所示。

“属性”对话框包含 5 个选项卡，分别是格式、数据、事件、其他和全部。其中，“格式”选项卡包含了窗体或控件的外观属性；“数据”选项卡包含了数据源、数据操作相关属性；“事件”选项卡包含了窗体或当期控件能够相关的事件；“其他”选项卡包含了“名称”“制表位”等其他属性。选项卡左侧是属性名称，右侧是属性值。

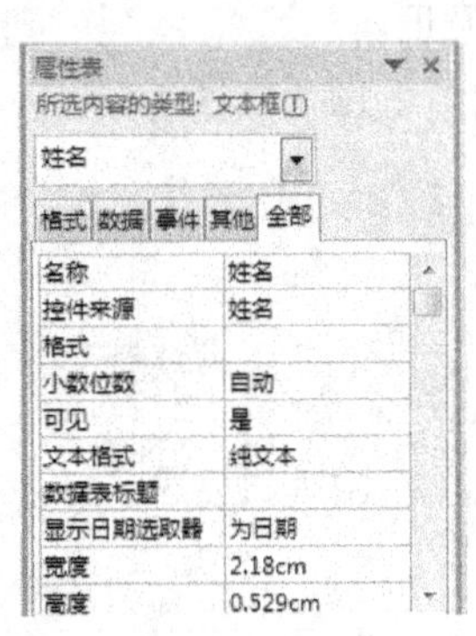

图 1-5-54 “文本框”属性对话框

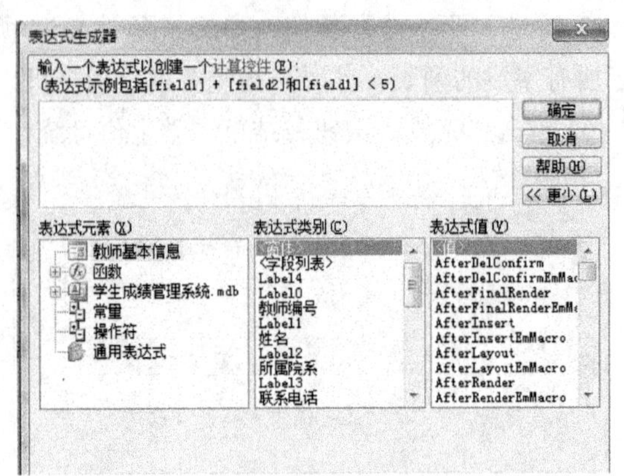

图 1-5-55 “表达式生成器”对话框

涉及窗体和控件外观、结构的属性有很多，分别位于属性对话框中的“格式”“数据”或“其他”选项卡中。如果需要使用某选项卡中的属性，可选择属性对话框中相应的选项卡。

2. 格式属性

格式属性主要是针对控件的外观或窗体的显示格式而设置的。控件的格式属性包括标题、字体名称、字体大小、字体粗细、前景颜色、背景颜色和特殊效果等。窗体的格式属性包括默认视图、滚动条、记录选定器、浏览按钮、分隔线、自动居中、控制框、最大最小化按钮、关闭按钮和边框样式等。

说明：标签控件中的“标题”属性值将成为控件中显示的文字信息。“特殊效果”属性值用于设定控件的显示效果，如“平面”“凸起”“凹陷”“蚀刻”“阴影”和“凿痕”等，用户可以从 Access 提供的这些特殊效果值中选取满意的一种。“字体名称”“字体大小”“字体粗细”和“倾斜字体”等属性，可以根据需要进行配置。

【例 1.5.8】将例 1.5.6 创建的“教师基本信息”窗体中标题的“字体名称”设为“黑体”，“字体大小”设为 22。

具体操作步骤如下：

① 在窗体的“设计视图”中，打开“教师”窗体。如果此时没有打开属性对话框，可单击工具栏中的“属性表”按钮。

② 选中“教师基本信息”标签，选择属性对话框的“格式”选项卡，并在“字体名称”下拉列表框中选择“黑体”选项，在“字体大小”下拉列表框中选择 22，也可以在工具栏的“字体”下拉列表框中选择“黑体”选项，在工具栏的“字号”下拉列表框中选择 22，设置结果如图 1-5-56 所示。

窗体的常用格式如图 1-5-57 所示，具体含义如下：

窗体中“格式”选项卡部分属性说明如下：

① “标题”属性值将成为窗体标题栏上显示的字符串。

② “默认视图”属性决定了窗体的显示形式，需在“连续窗体”“单一窗体”和“数据表”等选项中选取。

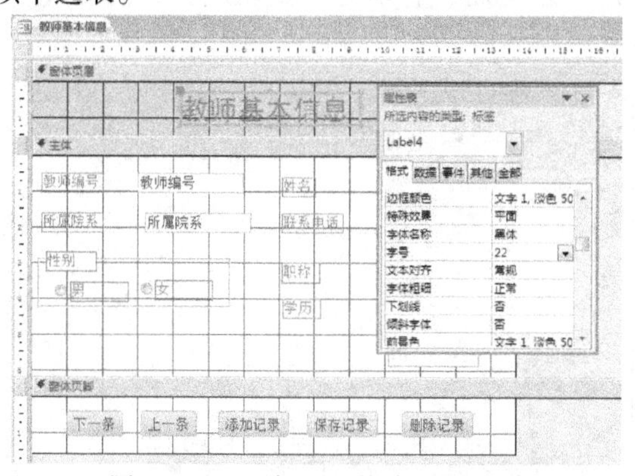

图 1-5-56 “标签”格式属性设置

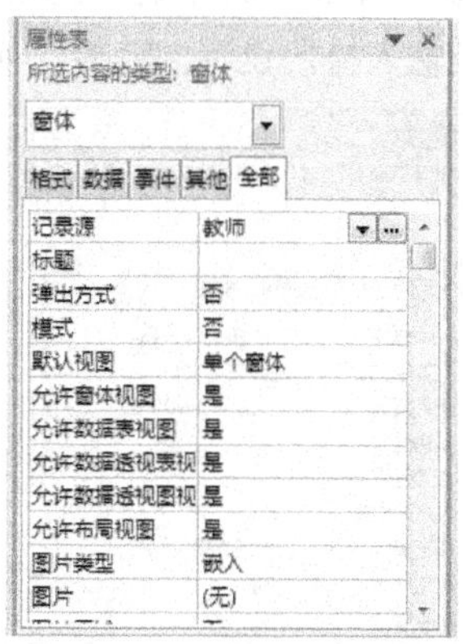

图 1-5-57 “窗体”常用格式

③ “滚动条”属性值决定了窗体显示时是否具有窗体滚动条，该属性值由“两者均无”“只水平”“只垂直”和“两者都有”4个选项，可以任选其一。

④ “记录选择器”属性值需在“是”和“否”两个选项中选取，它决定窗体显示时是否有记录选定器，即数据表最左端是否有标志块。

⑤ “导航按钮”属性值需在“是”和“否”两个选项中选取，它决定窗体运行时是否有浏览按钮，即数据表最下端是否有浏览按钮组，一般如果不需要浏览数据或在窗体本身时用户已经自己设置了数据浏览，则该属性值应设为“否”，这样可以增加窗体的可读性。

⑥ “分隔线”属性值需在“是”和“否”两个选项中选取，它决定窗体显示时是否显示窗体各节间的分隔线。

⑦ “自动居中”属性值需在“是”和“否”两个选项中选取，它决定窗体显示时是否自动居于桌面中间。

⑧ “最大最小化按钮”属性决定是否使用Windows标准的最大化和最小化按钮。

2. 数据属性

数据属性决定了一个控件或窗体中数据的数据源，以及操作数据的规则，这些数据就是绑定在控件上的数据。控件的数据属性包括控件来源、输入掩码、有效性规则、有效性文本、默认值、是否有效、是否锁定等，窗体的数据属性包括记录源、排序依据、允许编辑、数据入口等。

窗体的“记录源”一般是本数据库中的一个数据表对象名或查询对象名，它指明了该窗体的数据源。窗体的“排序依据”是一个字符串表达式，由字段名或字段名表达式组成，制定了排序的规则。

【例 1.5.9】将“教师基本信息”窗体的“参加工作日期”文本框控件的“输入掩码”属性设置为“长日期”，然后运行窗体并观察结果。

具体操作步骤如下：

① 在“设计视图”中打开“教师基本信息”窗体。

② 选择要设置输入掩码的“参加工作日期”文本框。

③ 在文本框属性表中，选择“数据”选项卡。

④ 单击“输入掩码”栏，在其输入“9999-99-99;0;#”，如图 1-5-58 所示。

⑤ 单击工具栏中的“视图”按钮，切换到“窗体视图”，单击“参加工作日期”框，这时可以看到输入掩码设置的效果，如图 1-5-59 所示。

图 1-5-58 “输入掩码”对话框

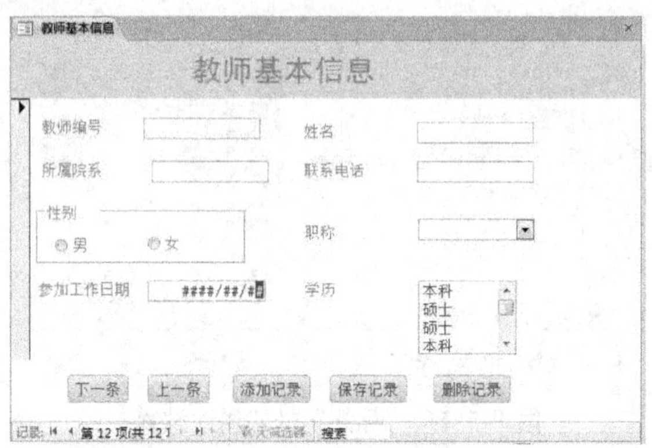

图 1-5-59 输入掩码设置的效果

文本框控件中“数据”选项卡部分属性说明如下：

① “控件来源”属性说明如何检索或保存在窗体中要显示的数据，如果控件来源中包含一个字段名，那么在控件中显示的就是数据表中的该字段值，对窗体中的数据进行的任何修改都将被写入字段中。如果设置该属性值为空，那么将不会有值被写入到数据库表的字段中；如果该属性含有一个计算表达式，那么这个控件会显示计算的结果。

② “输入掩码”属性用于设定控件的输入格式，仅对文本型或日期型数据有效。

③ “默认值”用于设置一个计算性控件或非结合型控件的初始值，可以使用表达式生成器向导来确定默认值。

④ “有效性规则”用于设定在控件中输入数据的合法性检查表达式，可以使用表达式生成器向导来建立合法性检查表达式。在窗体运行期间，当在该控件中输入的数据违背了有效性规则时，为了给出明确提示，可以显示“有效性文本”中输入的文字信息，所以“有效性文本”用于指定违背了有效性规则时显示给用户提示信息。

⑤ “可用”用于决定鼠标是否能够单击该控件。如果设置该属性为“否”，这个控件虽然一直在“窗体”视图中显示，但不能用【Tab】键选中它或使用鼠标单击它，同时在窗体中控件显示为灰色。

⑥ “是否锁定”用于指定该控件是否允许在“窗体”运行视图中接收编辑控件中显示数据的操作。

⑦ “允许编辑”、“允许添加”、“允许删除”属性值需在“是”或“否”两个选项中选取，它决定了窗体运行时是否允许对数据进行编辑修改、添加或删除等操作。

3. 其他属性

“其他”属性表示了控件的附加特征。控件的“其他”属性包括名称、状态栏文字、自动【Tab】键、控件提示文本等，窗体的“其他”属性包括弹出方式和循环等。窗体中的每一个对象都有一个名称，当在程序中要制定或使用一个对象时，可以使用这个名称，这个名称是由“名称”属性来定义的，控件的名称必须是唯一的。

“控件提示文本”属性可以使用户将鼠标指针放在一个对象上后就会显示提示文本。窗体的“模式”属性如果被设置为“是”，则可以保证在 Access 窗口中仅有该窗体处于打开状态，即该窗体打开后，将无法打开其他窗体或 Access 的其他对象。窗体的“循环”属性值可以选择“所有记录”“当前记录”和“当前页”，表示当移动控制点时按照何种规律移动。

5.3.6 窗体和控件的事件

在 Access 中，当对某一个对象进行操作时，不同的操作可能会产生不同的效果，这就是事件触发。Access 中的事件主要有键盘事件、鼠标事件、对象事件、窗口事件和操作事件等，下面将介绍窗体和控件的一些事件。

① “单击”事件表示当鼠标在该控件上单击时发生的事件。

② “双击”事件表示当鼠标在该控件上双击时发生的事件；对于窗体来说，此事件在双击空白区域或窗体上的记录选定器时发生。

③ “打开”事件是在打开窗体但第一条记录显示之前发生的事件。

④ “关闭”事件是在关闭窗体并从屏幕上移除窗体时发生的事件。

⑤ “加载”事件是在打开窗体并且显示了它在记录时发生的事件，此事件发生在“打开”事件之后。

⑥ “获得焦点”事件是当窗体或控件接收焦点时发生的事件。

⑦ “失去焦点”事件是当窗体或控件失去焦点时发生的事件。当“获得焦点”事件或“失去焦点”事件发生后，窗体只能在窗体上所有可见控件都失效，或窗体上没有控件时，才能重新获得焦点。

5.4 美 化 窗 体

上面创建的窗体都很实用，但要使窗体更加美观、漂亮，还要经过进一步的编辑处理。本节将简单介绍几种美化窗体的方法。

5.4.1 应用主题

“主题”是整体上设置数据库系统，使所有窗体具有统一色调的快速方法。“主题”是一套统一的设计元素和配色方案，为数据库系统的所有窗体页眉/页脚上的元素提供一套完整的格式集合。利用“主题”，可以非常容易地创建具有专业水准、设计精美、美观时尚的数据库系统。

在“窗体设计工具/设计”命令组中包含 3 个按钮：主题、颜色和字体。Access 一共提供了 44 套主题供用户选择。

【例 1.5.10】对学生成绩管理数据库应用主题。操作步骤如下：

① 打开学生成绩管理数据库，以“设计视图”打开一个窗体，例如“教师基本信息”。

② 在在“窗体设计工具/设计”选项卡中的“主题”命令组中，单击“主题”按钮，打开“主

题”列表，在列表中双击所要的主题，如图 1–5–60 所示。

此时窗体的页眉/页脚节颜色发生变化，如如 1–5–61 所示。

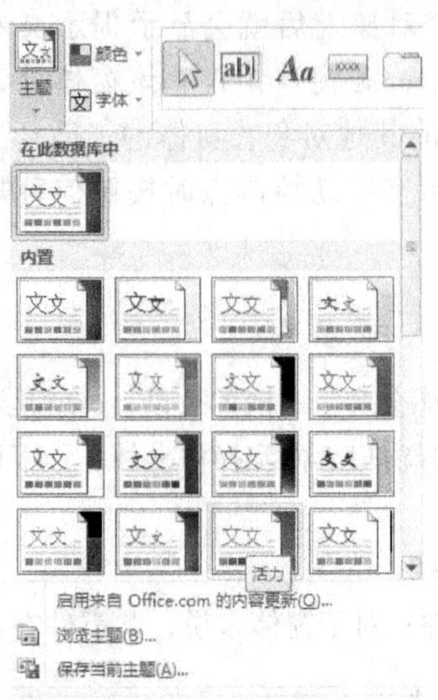

图 1–5–60　主题列表

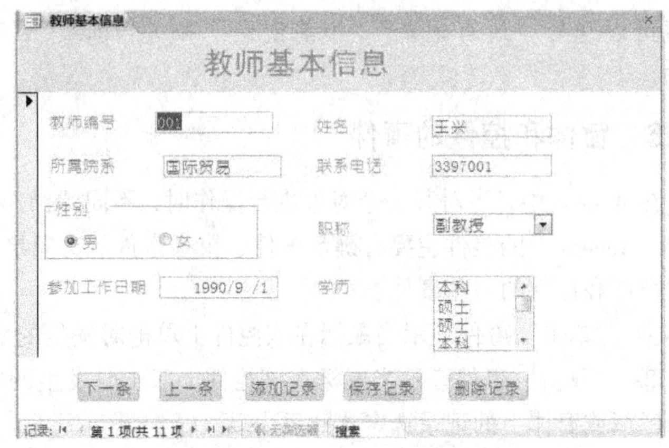

图 1–5–61　应用主题后窗体页眉/页脚的变化

现在可以打开其他窗体，会发现所有窗体的外观都发生了变化，而且外观的颜色是一致的。其实，不仅窗体外观发生了变化，报表的外观也会发生变化。

5.4.2　添加当前日期和时间

在窗体中添加当前日期和时间的操作步骤如下：

① 在“数据库”中以“设计视图”打开某个窗体。

② 单击工具栏中的“日期和时间”按钮，弹出“日期和时间”对话框，如图 1–5–62 所示。

③ 若插入日期和时间，则在对话框中选择“包含日期”和“包含时间”复选框，在选择某一项后，再选择日期和时间格式，然后单击“确定”按钮即可。如果当前窗体中含有页眉，则将当前日期和时间插入到窗体页眉中，否则插入到主体节中。如果要删除日期和时间，可以先选中它们，然后按【Delete】键。

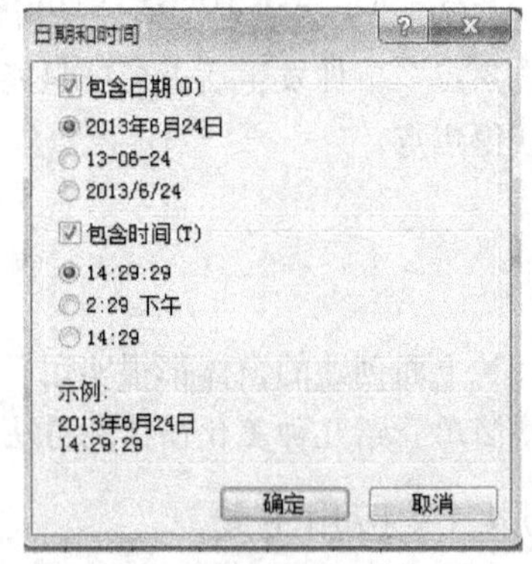

图 1–5–62　“日期和时间”对话框

5.4.3　对齐窗体中的控件

创建控件时，常采用拖动的方式进行设置，导致控件很容易与其他控件的位置不协调。为了窗体中的控件更加整齐、美观，应当将控件的位置对齐。具体操作步骤如下：

① 在“设计视图”中打开需要对齐的窗体。

② 选择要调整的控件。

③ 选择“排列”选项卡，单击“对齐”按钮，弹出级联菜单，在菜单中选择“靠左”“靠右”“靠上”“靠下”或“对齐网格”中的一种方式即可。如果对齐操作使所选的控件发生重叠

现象，则 Access 不会使它们重叠，而是使其边框相邻排列，此时可以调整框架的大小，重新使它们对齐。

小　结

窗体的作用主要是显示数据，用户可以通过窗体来浏览数据库中的数据。本章主要介绍了窗体的类型、各种不同类型窗体的创建方法、窗体上控件的使用，以及使用窗体对数据库中的数据进行添加、删除、修改等操作。

习　题

选择题

1. 在 Access 中，可用于设计输入界面的对象是（　　）。
   A. 模块　　B. 窗体　　C. 查询　　D. 表
2. 要改变窗体上文本框的数据源，应设置的属性是（　　）；要改变窗体的数据源，应设置的属性是（　　）。
   A. 记录源　；控件来源　　B. 控件来源　；记录源
   C. 筛选查阅　；控件来源　　D. 默认值　；筛选查阅
3. 键盘事件是操作键盘所引发的事件，下列不属于键盘事件的是（　　）。
   A. 键按下　　B. 键移动　　C. 键释放　　D. 击键
4. 鼠标事件应用较广的是（　　）。
   A. 单击　　B. 双击　　C. 鼠标按下　　D. 鼠标释放
5. 窗口事件是指操作窗口时所引发的事件，下列不属于窗口事件的是（　　）。
   A. 打开　　B. 加载　　C. 关闭　　D. 取消
6. 下列窗体有关的事件最先发生的是（　　）。
   A. onload　　B. onclick　　C. unonload　　D. gotfocus
7. 从外观上看与数据表和查询显示数据的界面相同的窗体是（　　）。
   A. 纵栏式窗体　　B. 图表窗体　　C. 数据表窗体　　D. 表格式窗体
8. 在窗体上有一个标有“显示”字样的按钮(command1)、一个文本框（text1）、单击该击按钮，要求将变量 sum 的值显示在文本框里面，下列代码正确的是（　　）。
   A. me!text1.caption=sum　　B. me!text1.value=sum
   C. me!text1.visible=sum　　D. me!text1.text=sum
9. 在窗体中，位于（　　）中的内容在打印预览或打印时才显示。
   A. 窗体页眉　　B. 窗体页脚　　C. 主体　　D. 页面页眉
10. 客户购买图书窗体的数据源为以下 SQL 语句:

```
select 客户.姓名 ,订单.册数, 图书.单价
from 客户 inner join (图书 inner join 订单  on  图书.图书编号=订单.图书编号) on
客户.客户编号=订单.客户编号
```

向窗体添加一个[购买总金额]的文本框，则其控件来源为（　　）。

A. [单价]*[册数]　　B. =[单价]*[册数]

C. [图书]![单价]*[订单]![册数]　　D. =[[图书]![单价]*[订单]![册数]]

11. 下列不属于 Access 窗体视图是（　　）。

A. 设计视图　　B. 追加视图　　C. 窗体视图　　D. 数据表视图

12. 下面关于列表框和组合框的叙述正确的是（　　）。

A. 列表框和组合框可以包含一列或几列数据

B. 可在列表框中输入新值，而组合框不能

C. 可在组合框中输入新值，而列表框不能

D. 在列表框和组合框中均可以输入新值

13. 为窗体上的控件设置【Tab】键的顺序，应选择属性对话框中的（　　）。

A. “格式”选项卡　　B. “数据”选项卡

C. “事件”选项卡　　D. “其他”选项卡

14. 以下有关选项组叙述正确的是（　　）。

A. 如果选项组结合到某个字段，实际上是组框架内的复选框、选项按钮或切换按钮结合到该字段上的

B. 选项组中的复选框可选可不选

C. 使用选项组，只要单击选项组中所需的值，就可以为字段选定数据值

D. 以上说法都不对

15. 用来插入或删除字段数据的交互式控件是（　　）。

A. 标签控件　　B. 文本框控件　　C. 复选框控件　　D. 列表框控件

16. 在窗体中可以使用（　　）来执行某项操作或某些操作。

A. 选项按钮　　B. 文本框控件　　C. 复选框控件　　D. 命令按钮

17. 可以用来给用户提供必要的选择选项的控件是（　　）。

A. 选项按钮　　B. 复选框控件　　C. 选项组控件　　D. 切换按钮

18. 能够将一些内容列举出来供用户选择的控件是（　　）。

A. 直线控件　　B. 选项卡控件　　C. 文本框控件　　D. 组合框控件

19. 为了使窗体界面更加美观，可以创建的控件是（　　）。

A. 组合框控件　　B. 命令按钮控件　　C. 图像控件　　D. 标签控件

20. 用户在窗体或报表中必须使用（　　）来显示 OLE 对象。

A. 对象框　　B. 结合对象框　　C. 图像框　　D. 组合框

第6章 报 表

报表是 Access 的功能和特色之一，虽然它的创建要以表、查询以及其中的数据为依据。但是，报表却使原先复杂的数据表形式有了很大的简化，使之适用于各种形式的数据打印。利用报表可以控制数据内容的大小及外观、排序、汇总相关数据，选择输出数据到屏幕上或打印设备上。本章主要介绍报表的一些基本应用操作，如报表的创建、报表的设计、分组记录及报表的存储和打印等内容。

学习目标：

- 了解报表的功能、分类及其组成结构。
- 掌握使用向导创建报表的方法，包括自动创建、图表向导与标签向导等。
- 掌握使用 Access 的设计器创建和修改报表的方法。
- 了解报表的打印预览和打印设置。

6.1 报表基础知识

报表是 Access 中非常重要的数据库对象之一。它主要用于对数据库中的数据进行分组、计算、汇总和打印输出。任何一个数据库应用软件都需要制作各式各样的报表，Access 提供的设计工具能够按照需要创建一个美观实用的报表。

6.1.1 报表的定义和功能

报表是 Access 打印和复制数据库信息的最佳方式之一，它根据既定规则打印输出格式化的数据信息。例如，学校的学生信息表、教师信息表等。和其他打印数据的方法相比，报表的优点相当突出。报表的功能主要包括：

① 可以呈现格式化的数据。

② 可以分组组织数据，进行汇总；可以包含子报表及图表数据。

③ 可以按特殊格式排版，打印输出标签、发票、订单和信封等多种样式报表。

④ 可以进行计数、求平均、求和等统计计算。

⑤ 可以嵌入图像或图片来丰富数据显示。

6.1.2 报表的视图

Access 的报表操作提供了 4 种视图：设计视图、打印预览视图、报表视图和布局视图。“设计视图”用于创建和编辑报表的结构；“打印预览视图”用于查看报表的页面数据输出形态；“报表视图”是报表最终被打印的视图，在“报表视图”中可以对报表进行高级筛选；“布局视图”可以在显示数据的情况下，调整报表设计。4 个视图的切换可以通过“报表设计”工具栏中的“视图”按钮来进行切换。

6.1.3 报表的组成

与窗体类似，报表也是由称为“节”的组件组成，主要包括报表页眉、报表页脚、页面页眉、页面页脚、组页眉、组页脚、主体 7 个节，如图 1-6-1 所示。

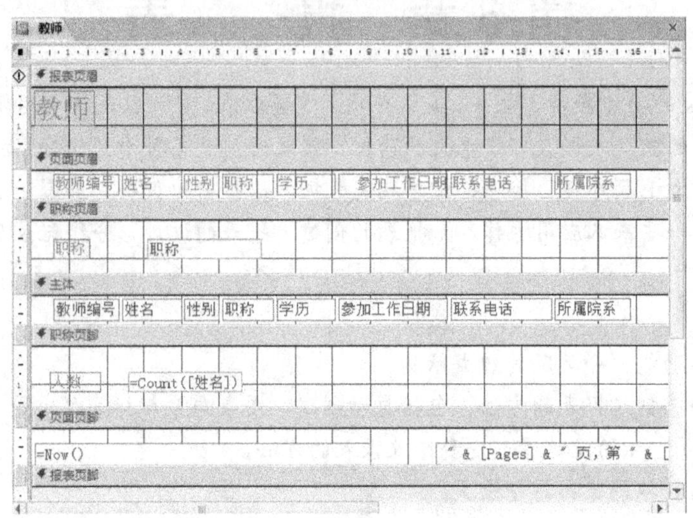

图 1-6-1 报表的组成

1. 报表页眉节

报表页眉在报表的开始处，用来显示报表的标题、图形或说明性文字，每份报表只有一个报表页眉。报表页眉中的任何内容都只能在报表的开始处即报表的第一页打印一次。在报表页眉中，一般是以大字体将该份报表的标题放在报表顶端的一个标签控件中。图 1-6-1 中报表页眉节内标题文字为“教师报表”的标签控件。一般来说，报表页眉主要用在封面。

2. 页面页眉节

页面页眉用来显示报表中的字段名称或对记录的分组名称，报表的每一页有一个页面页眉。页面页眉节的文字或控件一般输出显示在每页的顶端，通常用来显示数据的列标题。在图中，页面页眉节内安排的标题为“教师编号”“姓名”等标签控件输出在每页的顶端，作为数据列标题。在报表输出的首页，这些列标题是显示在报表页眉的下方。可以给每个控件文本标题加上特殊的效果，如颜色、字体种类和字体大小等。

注意：一般来说，把报表的标题放在报表页眉中，该标题打印时仅在第一页的开始位置出现。如果将标题移动到页面页眉中，则该标题在每一页上都显示。

3. 主体节

主体节可以打印表或查询中的记录数据，是报表显示数据的主要区域。主体节用来处理每条记录，其字段数据均需通过文本框或其他控件（主要是复选框和绑定对象框）绑定显示，可以包括计算的字段数据。

4. 页面页脚节

页面页脚打印在每页的底部，用来显示本页的汇总说明，报表的每一页有一个页面页脚，一般包含页码或控制项的合计内容，数据显示安排在文本框和其他一些类型的控件中。例如，在“学生基本信息报表”设计视图的页面页脚节内是通过安排表达式为="共 " & [Pages] & " 页，第 " & [Page] & " 页"的文本框控件，在报表每页底部打印页码信息，如“共 2 页，第 1 页”的字样。

5. 报表页脚节

报表页脚用来显示整份报表的汇总说明，在所有记录都被处理后，只打印在报表的结束处。该节区一般是在所有的主体和组页脚被输出完成后才会打印在报表的最后面。通过在报表页脚区域安排文本框或其他一些类型控件，可以显示整个报表的计算汇总或其他的统计数字信息。

除了以上 5 个通用节外，在分组和排序时，有可能要用到组页眉和组页脚。在工具栏中单击“排序与分组”命令，弹出“排序与分组”对话框。选定分组字段后，设置分组形式为“有页脚节”和“有组页脚”，在工作区即会出现相应的组页眉和组页脚。

注意：可以单独改变报表上各个节的大小。但是，报表只有唯一的宽度，改变一个节的宽度将改变整个报表的宽度。可以将鼠标指针放在节的底边（改变高度）或右边（改变宽度），上下拖动改变节的高度，或左右拖动改变节的宽度。也可以将鼠标指针放在节的右下角，然后沿对角线的方向拖动，同时改变高度和宽度。

6.1.4 报表的分类

报表主要分为以下 4 种类型：纵栏式报表、表格式报表、图表报表和标签报表。

1. 纵栏式报表

纵栏式报表（也称为窗体报表）一般是在一页中主体节区内显示一条或多条记录，而且以垂直方式显示。纵栏式报表记录数据的字段标题信息与字段记录数据一起被安排在每页的主体节区内显示。此时，只能查看数据而不能输入或修改数据。在纵栏式报表中，既可以分段显示一条记录，也可以同时显示多条记录。图 1-6-2 所示为一个学生信息的纵栏式报表输出。

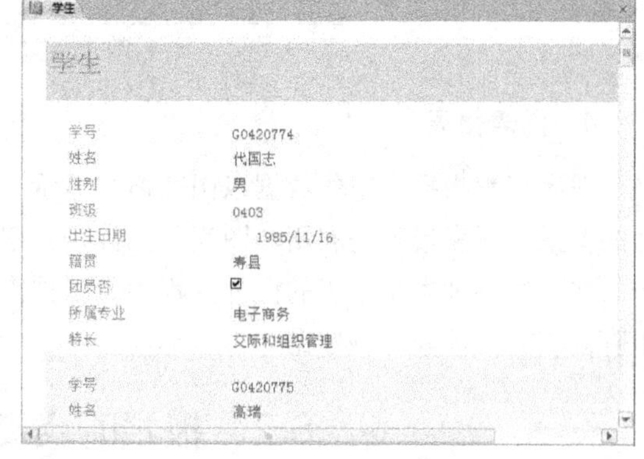

图 1-6-2　纵栏式报表

2. 表格式报表

表格式报表是以整齐的行、列形式显示记录数据，通常一行显示一条记录，一页显示多行记录。表格式报表与纵栏式报表不同，其记录数据的字段标题信息在页面页眉节区内显示。它可以对报表的数据进行分组和汇总，所以它也称为分组/汇总报表。图 1-6-3 所示为典型的表格式报表输出。

学生

学号	姓名	性别	班级	出生日期	籍贯	团员否	所属专业	特长
G0420774	代国志	男	0403	1985/11/16	寿县	☑	电子商务	交际和组织管理
G0420775	高瑞	男	0403	1985/8/4	利辛县	☑	电子商务	
G0420777	贾代玉	女	0403	1985/1/1	舒城县	☑	电子商务	
G0420904	王大文	男	0408	1983/11/10	肥西县	☑	营销与策划	
G0420906	王磊	男	0408	1985/4/15	肥西县	☑	营销与策划	
G0431370	欧金林	男	0429	1986/2/27	庐江县	☑	计算机应用技	
G0431371	潘伟	男	0429	1985/12/31	合肥市	☑	计算机应用技	

图 1-6-3　表格式报表

3. 标签报表

标签是一种特殊类型的报表。它可以用来在一页内建立多个大小和样式一致的卡片方格区域。在实际生活中，经常会用到标签，例如，物品标签、客户标签等。图 1-6-4 所示为学生标签报表输出。

G0420774 代国志	G0420775 高瑞	G0420777 贾代玉	G0420904 王大文	G0420906 王磊
G0431370 欧金林	G0431371 潘伟	G0431372 秦华	G0431373 汪冬冬	G0431391 黄静
G0431392 吕永娟	G0431393 马程程	G0431408 黄冠甲	G0431412 潘伟	G0431425 戴前梦

图 1-6-4　标签报表

4. 图表报表

图表报表指报表中的数据以图表格式显示，类似 Excel 中的图表，图表可直观地展示数据之间的关系。图表报表是利用“图表”控件来创建的。

在上述各种类型报表的设计过程中，根据需要可以在报表页中显示页码、报表日期，甚至使用直线或方框等来分隔数据。

6.2　报表的自动创建和向导创建

在 Access 中，可以使用“报表”“报表设计”“空报表”“报表向导”和“标签”等方法来创建报表。实际应用过程中，一般可以首先使用“报表”或向导功能快速创建报表结构，然后在“设计”视图中对其外观、功能加以“完善”，这样可大大提高报表设计的效率。

6.2.1　利用“报表”自动创建报表

“报表”功能是一种最为方便快捷创建报表的方法。设计时，先选择作为报表数据源的表或查询，然后单击“报表”按钮，系统会自动生成显示数据源所有字段记录数据的报表。

【例 1.6.1】在“学生成绩管理系统”数据库中使用“报表”自动创建学生信息报表。

具体操作步骤如下：

① 在 Access 中打开数据库文件，在导航窗格中选中“学生”表。

② 在“创建“选项卡的“报表”命令组中，单击“报表”按钮，“学生”报表立即创建完成，结果如图 1-6-5 所示。

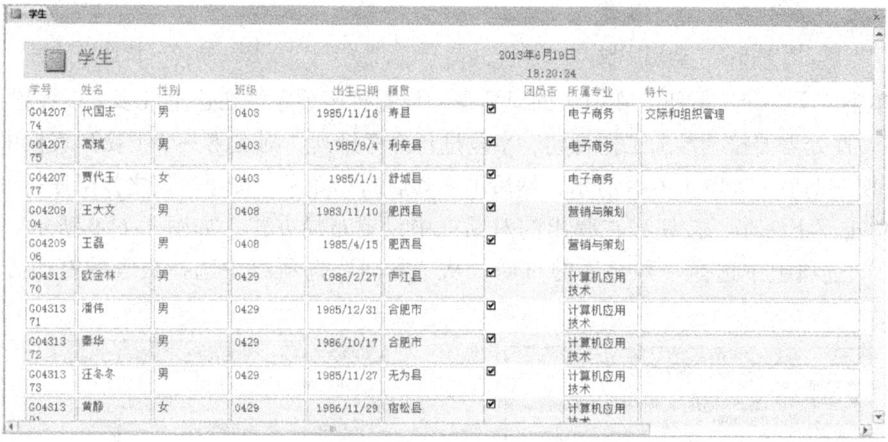

学生

学生　　2013年6月19日 18:20:24

学号	姓名	性别	班级	出生日期	籍贯	团员否	所属专业	特长
G0420774	代国志	男	0403	1985/11/16	寿县	☑	电子商务	交际和组织管理
G0420775	高瑞	男	0403	1985/8/4	利辛县	☑	电子商务	
G0420777	贾代玉	女	0403	1985/1/1	舒城县	☑	电子商务	
G0420904	王大文	男	0408	1983/11/10	肥西县	☑	营销与策划	
G0420906	王磊	男	0408	1985/4/15	肥西县	☑	营销与策划	
G0431370	欧金林	男	0429	1986/2/27	庐江县	☑	计算机应用技术	
G0431371	潘伟	男	0429	1985/12/31	合肥市	☑	计算机应用技术	
G0431372	秦华	男	0429	1986/10/17	合肥市	☑	计算机应用技术	
G0431373	汪冬冬	男	0429	1985/11/27	无为县	☑	计算机应用技术	
G04313	黄静	女	0429	1986/11/29	宿松县	☑	计算机应用	

图 1-6-5　学生报表

③ 选择“文件”→“保存”命令或单击快捷工具栏中的“保存”按钮，在弹出的“另存为”对话框中输入报表名称，单击“确定”按钮保存报表。

6.2.2　利用“报表向导”创建报表

如果在创建报表的过程中需要对报表的数据来源进行适当的排序、分组等，可以使用报表向导来创建报表。

【例 1.6.2】以“学生成绩管理系统”数据库文件中已存在的“教师表”为数据源，创建教师基本信息报表，按性别进行分组，按参加工作日期降序排序。

具体操作步骤如下：

① 打开“学生成绩管理系统”数据库，在“创建“选项卡的“报表”组中，单击“报表向导”按钮。

② 在弹出的“报表向导”对话框中，在“表/查询”中选择“表：教师”，然后从左侧的“可用字段”列表框选择需要的报表字段，在此双击选择“姓名”“性别”“参加工作日期”“职称”“学历”“联系电话”“所属院系”字段，这些字段就会显示在“选定的字段”列表中，如图 1-6-6 所示。

③ 单击“下一步”按钮，在弹出的对话框中确定分组级别，分组级别最多有 4 个字段。此处按“性别”分组，双击左侧列表框中的“性别”字段，使之显示在右侧图形页面的顶部，如图 1-6-7 所示。

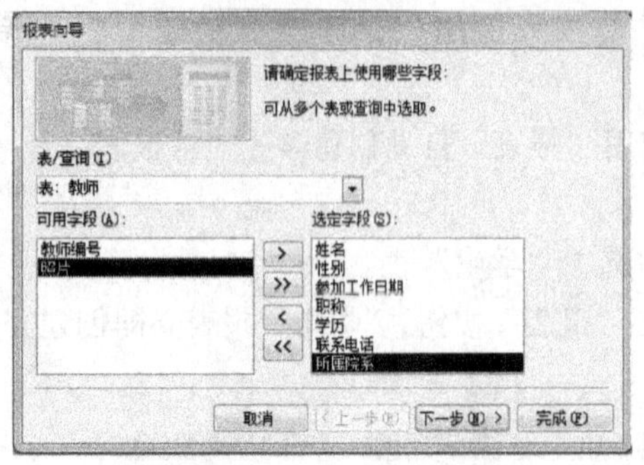

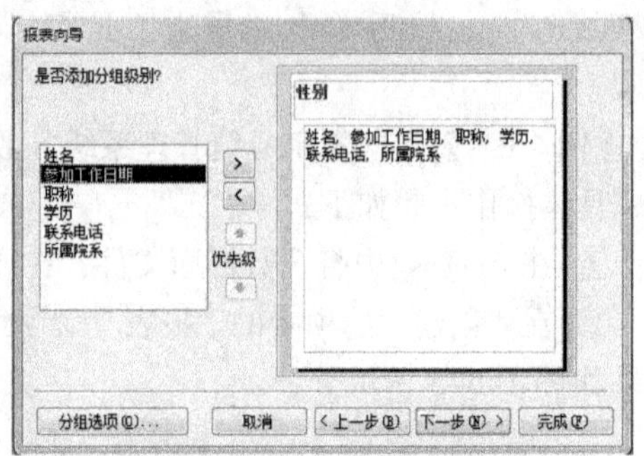

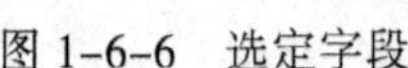
图 1-6-6　选定字段　　　　图 1-6-7　按性别分组

④ 单击“下一步”按钮，在弹出的对话框中设置排序顺序。在这里最多可以设置 4 个字段进行排序，此处需要按“参加工作日期”字段进行降序排列，则在第一个下拉列表框中选择“参加工作日期”选项，如图 1-6-8 所示，然后单击其后的“降序”按钮，使之按降序排列。

⑤ 单击“下一步”按钮，在弹出的对话框中设置布局方式，如图 1-6-9 所示。根据需要从“布局”选项组中选择一种合适的布局，从“方向”选项组中选择报表的打印方向是纵向还是横向。

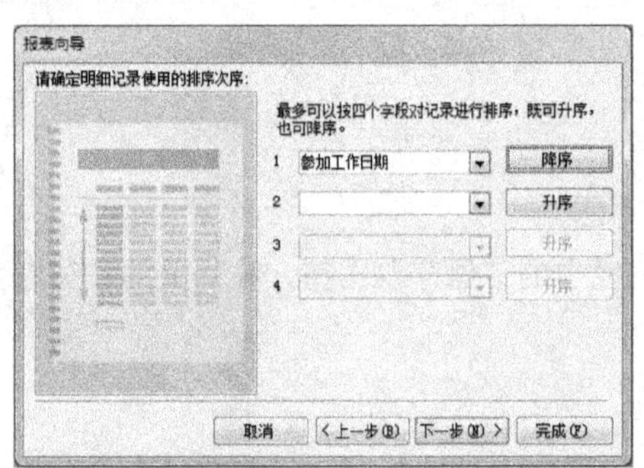

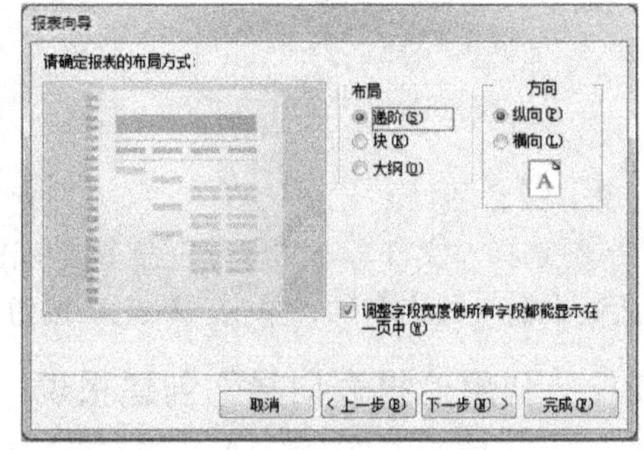

图 1-6-8　选择排序　　　　图 1-6-9　设置布局方式

⑥ 单击“下一步”按钮，在弹出的对话框中输入报表的标题“教师报表”，并选择“预览报表”。

⑦ 单击“完成”按钮，即可看到报表的制作效果，如图 1-6-10 所示。

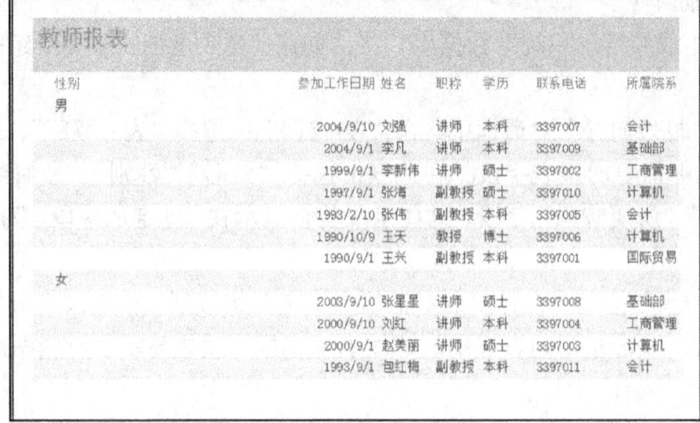

教师报表

性别	参加工作日期	姓名	职称	学历	联系电话	所属院系
男						
	2004/9/10	刘强	讲师	本科	3397007	会计
	2004/9/1	李凡	讲师	本科	3397009	基础部
	1999/9/1	李新伟	讲师	硕士	3397002	工商管理
	1997/9/1	张海	副教授	硕士	3397010	计算机
	1993/2/10	张伟	副教授	本科	3397005	会计
	1990/10/9	王天	教授	博士	3397006	计算机
	1990/9/1	王兴	副教授	本科	3397001	国际贸易
女						
	2003/9/10	张星星	讲师	硕士	3397008	基础部
	2000/9/10	刘虹	讲师	本科	3397004	工商管理
	2000/9/1	赵美丽	讲师	硕士	3397003	计算机
	1993/9/1	包红梅	副教授	本科	3397011	会计

图 1-6-10　教师报表

注意：在操作步骤③中如果没有分组，在操作步骤⑤的布局方式处可以选择“纵栏式”、或“表格式”；但是如果选择分组，那么在操作步骤⑤的布局方式处就不能选择纵栏式，而只能在提供的几种布局中选择。在操作步骤⑥中输入的标题既作为显示在报表页眉区域中的报表的标题，也作为报表保存时的报表的名称。另外，还可以选择“修改报表设计”进一步设计报表的格式。

6.2.3 利用“标签向导”创建报表

在 Access 中，标签是报表的另一种形式，它以卡片的形式显示简短信息。用户使用标签向导可以创建标签式报表，这样就可以根据需要打印各种标签。例如，在日常工作中，可能需要制作“物品”之类的标签。

【例 1.6.3】使用标签向导创建一个标签式报表，内容仅包含学生的学号和姓名。

具体操作步骤如下：

① 打开“学生成绩管理系统”数据库，在“导航”窗格中选中“学生”表，然后在“创建“选项卡的“报表”命令组中，单击“标签”按钮。

② 弹出“标签向导”对话框，如图 1-6-11 所示，在对话框中可以选择标准型号的标签，也可以自定义标签大小。此处选择产品编号为 31001 的标签样式，然后单击“下一步”按钮。

③ 在弹出的“标签向导”对话框中选择文本使用的字体、字号、字体粗细、文本颜色、下画线等，如图 1-6-12 所示。

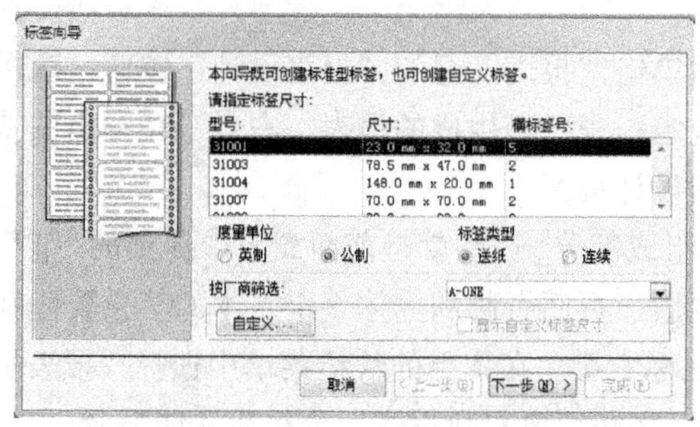

图 1-6-11 选择标签样式

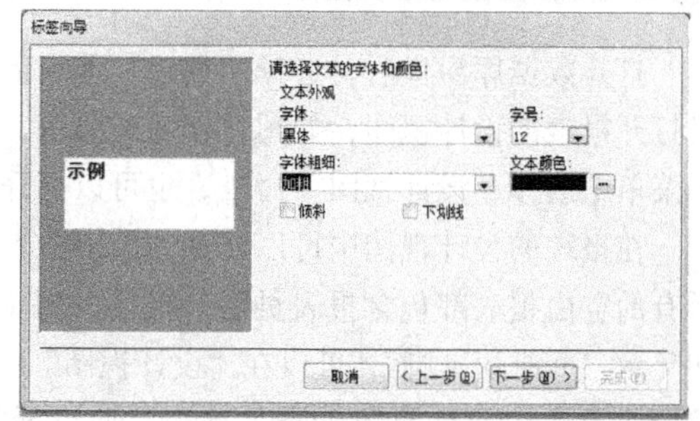

图 1-6-12 设置字体、文本颜色

④ 单击“下一步”按钮，弹出“标签向导”的第三个对话框，用来确定标签的显示内容，需要将选取的数据源中“可用字段”加入到右边的“原型标签”列表框中，如图 1-6-13 所示。此处从左侧“可用字段”列表框中双击“学号”后按回车键，然后双击“姓名”字段。

⑤ 单击“下一步”按钮，弹出“标签向导”的第四个对话框，从左侧“可用字段”列表框中选择排序字段，如图 1-6-14 所示。

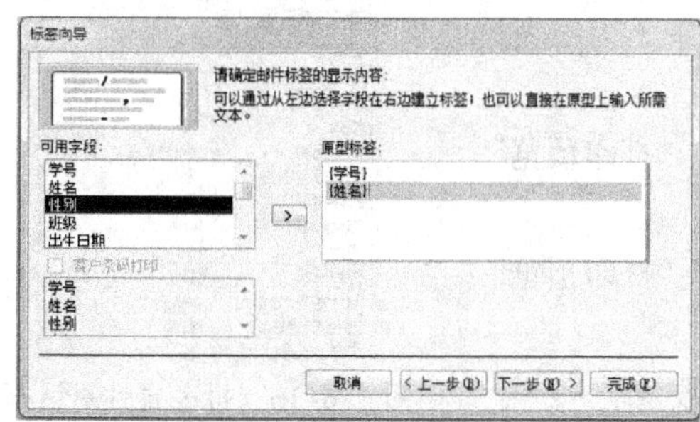

图 1-6-13 确定标签显示内容

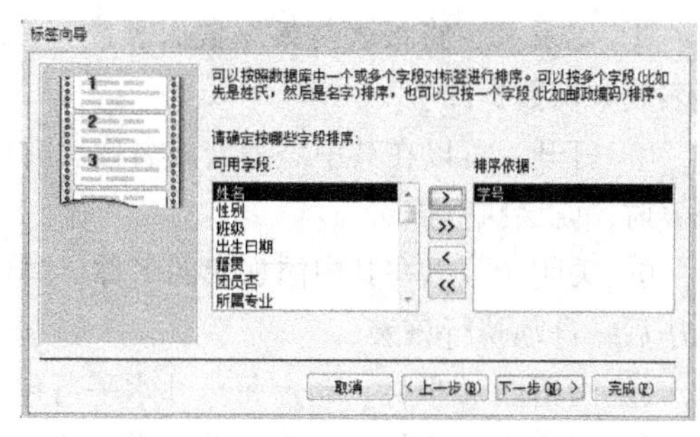

图 1-6-14 选择排序字段

⑥ 单击“下一步”按钮，在弹出的对话框中输入报表的名字“学生标签”，单击“完成”按钮，显示如图 1-6-5 所示的效果。如需要进一步对标签报表进行设计，可在这个步骤中选择“修改标签设计”打开设计视图进行设计。

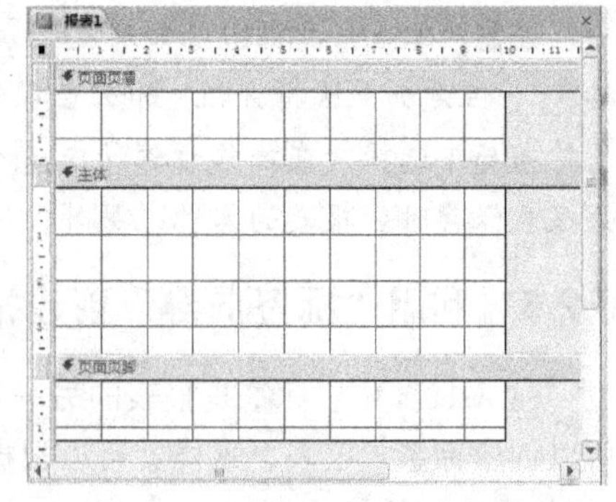

图 1-6-15　报表设计视图

6.3　报表设计视图的使用

使用报表的自动创建和向导创建可以很方便地生成报表。但是这些报表在布局上都或多或少会有一些不足之处，一般都不能完全满足实际应用的需要。报表上的文字、图片与背景的设置、计算型文本框及其计算表达式的设计，都难以通过前面所讲到的方法完成。所以，Access 还提供了一种利用“设计视图”设计报表的方法来解决这些问题。

6.3.1　报表的设计视图

打开数据库窗口后，选择“创建”选项卡，然后单击“报表”组的“报表设计”按钮，就可以打开报表的设计视图，如图 1-6-15 所示。或者选定一张已经生成的报表，右击，在弹出的快捷菜单中选择“设计视图”命令，也可以打开报表的设计视图。

在报表的设计视图中可以看到，报表被分成几个组成部分，这些就是前面章节中提到的“节”。所有的空白报表都包含报表页眉、报表页脚、页面页眉、页面页脚和主体 5 个基本的节，要隐藏和显示“页眉和页脚”，可以在“设计视图”中单击鼠标右键，在弹出的快捷菜单中选择“报表页眉/页脚”和“页面页眉/页脚”命令。而组页眉和组页脚必须要对数据进行分组后才能显示。

6.3.2　报表的格式设定

1. 报表属性

打开设计视图，单击工具栏中的“属性表”按钮或右击，在弹出的快捷菜单中选择“报表属性”命令，弹出报表属性对话框，如图 1-16-16 所示。

报表属性中的几个常用属性如下：

① 记录源：将报表与某一数据表或查询绑定起来（为报表设置表或查询数据源）。

② 打开：可以在其中添加宏的名称。“打印”或“打印预览”报表时，就会执行该宏。

③ 关闭：可以在其中添加宏的名称。“打印”或“打印预览”完毕后，自动执行该宏。

④ 网格线 X 坐标：制定每英寸水平所包含点的数量。

⑤ 网格线 Y 坐标：制定每英寸垂直所包含点的数量。

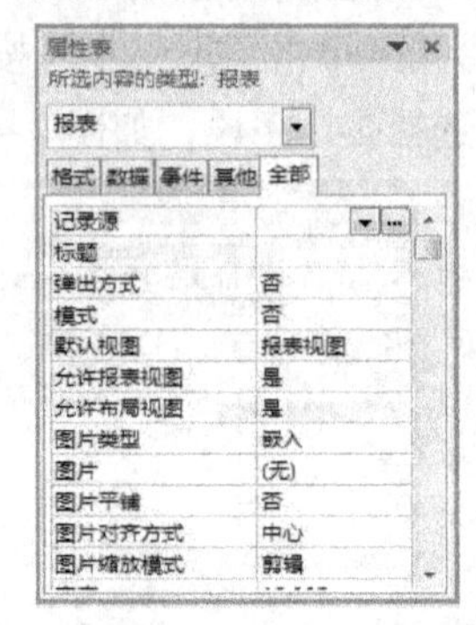

图 1-6-16　报表属性对话框

⑥ 打印布局：设置为“是”时，可以从 TrueType 和打印机字体中进行选择；如果设置为“否”，可以使用 TrueType 和屏幕字体。

⑦ 页面页眉：控制页眉标题是否出现在所有的页上。

⑧ 页面页脚：控制页脚注是否出现在所有的页上。

⑨ 记录锁定：可以设定在生成报表所有页之前，禁止其他用户修改报表所需的数据。

⑩ 宽度：设置报表的宽度。

⑪ 图片：设置报表的背景图片。

2. 节属性

在报表属性对话框的下拉选项中选取报表的节后，属性对话框就显示了相应节的属性。图 1-6-17 所示为节的属性对话框。常用的属性如下：

图 1-6-17　节属性对话框

① 新行或新列：设定这个属性可以强制在多列报表的每一列的顶部显示两次标题信息。

② 保持同页：设为“是”，一节区域内的所有行保存在同一页中；设为“否”，则跨页边界编排。

③ 可见：把这个属性设置为“是”，则区域可见。

④ 可以扩大：设置为“是”，表示可以让节区域扩展，以容纳较长的文本。

⑤ 可以缩小：设置为“是”，表示可以让节区域缩小，以容纳较短的文本。

⑥ 格式化：当打开格式化区域时，先执行该属性所设置的宏。

⑦ 打印：打印或“打印预览”这个节区域时，执行该属性所设置的宏。

3. 报表修饰

同窗体一样，也可以在“设计”选项卡的“主题”命令组中，可以应用主题对报表的外观进行设置。

6.3.3　报表中的控件使用

1. 报表中添加分页符

通常情况下，报表的页面输出是根据打印纸张的型号及打印页面设置参数来决定输出页面内容的多少，内容满一页后才会输出下一页。如果表格中的数据较多，一页显示不完时就会自动分页显示。但有时用户希望能够根据自己的意愿进行分页。在设计 Access 的报表时，可以在需要另起一页的位置上添加分页符，从而达到强制分页的目的。

【例 1.6.4】将“学生”报表改成每个学生信息占一页。

具体操作步骤如下：

① 将【例 1.6.1】中创建“学生”报表切换至“设计视图”，单击“控件”命令组的“分页符”按钮，在主体节下方的适当位置单击，分页符会在报表左侧显示虚短线，如图 1-6-18 所示。

③ 进行打印预览即可查看到分页符的效果，每个学生记录占用一个页面。

注意：虚短线表示的分页符不能将某个标签、文本框或其他控件分成两个部分。

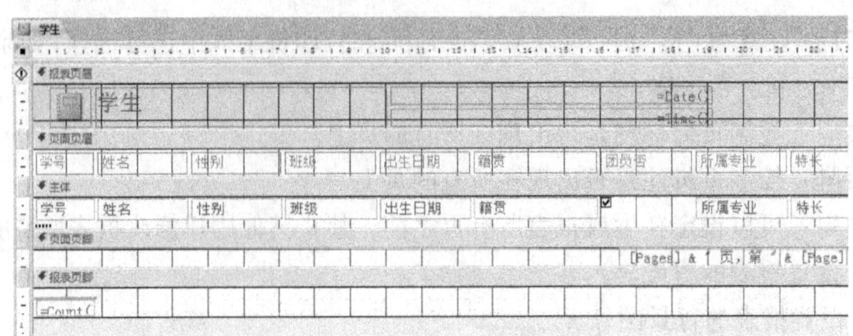

图 1-6-18　添加分页符控件

2. 报表中添加页码

在制作报表时，会将报表的页码插入在页面页眉或者页面页脚中。通常会在页面页眉和页面页脚中添加一条直线，以突出报表的主体与页眉页脚的分界。报表中添加页码的方法一般有两种：

① 单击工具栏中的“页码”按钮，在弹出的“页码”对话框中选取相应的页码格式、位置和对齐方式，如图 1-6-19 所示。

② 用户手动在报表上添加文本框，在文本框中编辑表达式以达到显示页码的目的，如图 1-6-20 所示。

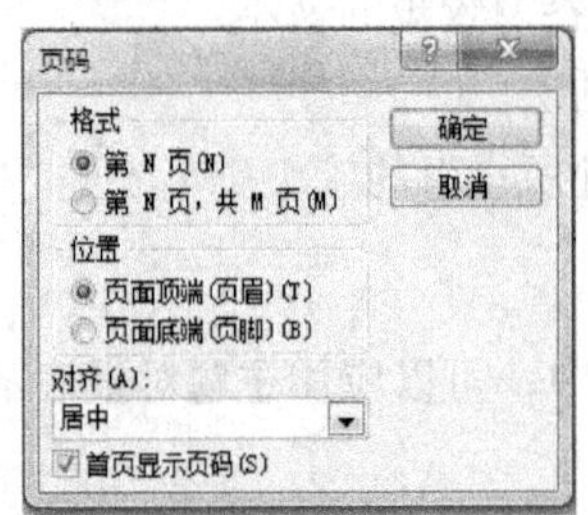

图 1-6-19　插入页码

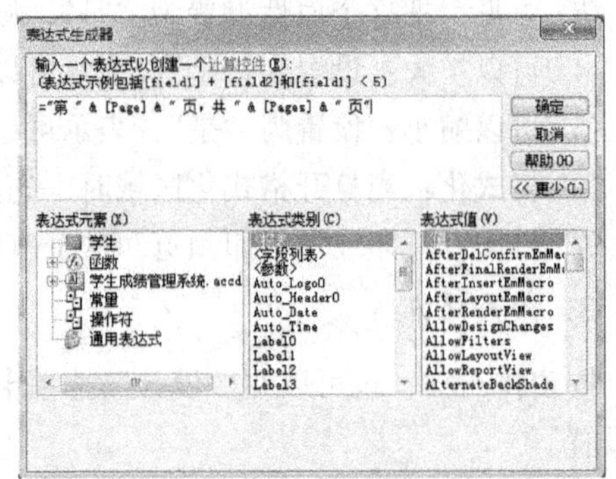

图 1-6-20　“表达式生成器”对话框

【例 1.6.5】在“学生”报表每页下方页脚位置添加显示格式为“第 3 页，共 10 页”的页码。

具体操作步骤如下：

① 切换至“设计视图”，从“控件”命令组中添加一个文本框到报表的页面页脚节。

② 右击“文本框”，在弹出的快捷菜单中选择“属性”命令，在弹出的属性对话框中选择“数据”选项卡。

③ 在“控件来源”文本框中直接输入“="第" & [Page] & "页，共" & [Pages] & "页"”，或者单击“控件来源”文本框右侧的“…”按钮，在弹出的“表达式生成器”对话框中进行输入，如图 1-6-20 所示。

④ 单击“文件”→“打印”→“打印预览”按钮，则每页下方都显示形“第 3 页，共 10 页”的字样。

注意：报表中用“[page]”表示当前页码，“[pages]”表示报表的总页数。在文本框控件的“控件来源”属性中，如果输入的是一个表达式，那么必须在此表达式的前面加上等号即“=”。

3. 绘制直线和矩形

前面提到，在报表中一般需要用线条将不同的节分隔开。通过 Access 相关控件，可以设计一个带有表格线的报表。

在报表上绘制直线的具体操作步骤如下：

① 在“设计视图”中打开报表。

② 单击“控件”命令组中的“直线”工具。

③ 单击报表的任意处可以创建默认大小的直线，或通过单击并拖动的方式可以创建自定义大小的直线。

- 如果要细微调整线条的长度或角度，可单击直线，然后同时按下【Shift】键和方向键中的任意一个。
- 如果要细微调整线条的位置，则同时按下【Ctrl】键和方向键中的任意一个。
- 在“属性”中，可以分别更改直线样式（实线、虚线和点画线）和边框样式。

在报表上绘制矩形方法和绘制直线类似，不再赘述。

4. 添加日期和时间

在报表中添加日期和时间的方法和添加页码的方法类似，也有两种方法：

① 在“设计视图”中打开报表，单击工具栏上的“日期和时间”按钮，在弹出的“日期和时间”对话框中，选择显示日期、时间还是显示格式，单击“确定”按钮即可。

② 在报表上添加一个文本框，通过设置其“控件来源”属性为日期或时间的计算表达式（例如，=Date()或=Time()等）来显示日期与时间。该控件位置可以安排在报表的任何节区。

5. 报表添加计算控件

报表设计中，可以根据需要进行各种类型统计计算并输出显示，操作方法就是使用计算控件设置其控制源为合适的统计计算表达式，文本框是最常用的计算控件。在 Access 中利用计算控件进行统计计算并输出结果操作主要有两种方法：

① 在主体节内添加计算控件，即对每条记录的若干字段值进行求和或求平均计算时，只要设置计算控件的控件源为不同字段的计算表达式即可。例如，当在一个报表中列出学生的 3 门课：“计算机实用软件”“英语”和“高等数学”，若要对每位学生计算 3 门课的平均成绩，只要设置新添计算控件的控件源为“=([计算机实用软件]+[英语]+[高等数学])/3”即可。

② 在组页眉/组页脚节区内或报表页眉/报表页脚节区内添加计算字段，即对某些字段的一组记录或所有记录进行求和或求平均统计计算。这种形式的统计计算一般是对报表字段列的纵向记录数据进行统计，而且要使用 Access 提供的内置统计函数（Count 函数完成计数，Sum 函数完成求和，Average 函数完成求平均值）来完成相应的计算操作。

6.3.4 创建基于参数查询的报表

有时候可能需要一类相似的报表，但具体到实际使用时才能确定报表的类别。在这种情况下可以使用参数查询的报表，输入不同的参数就可以生成不同的报表，这种报表实际上是一个框架。

【例 1.6.6】在学生成绩管理系统中创建一个基于参数查询的报表，要求输入一学分参数，输出大于或等于此学分的课程信息。

具体操作步骤如下：

① 打开数据库，在左边的导航窗格中选择“课程”表，单击“创建”选项卡中“报表”命令组中的“报表”按钮，生成一个表格式报表。

② 切换到“设计视图”界面。单击工具栏中的“属性表”按钮，打开属性对话框，并在“报表”对象的属性中找到“记录源”选项，单击属性文本框后面的“查询生成器”按钮，在弹出的对话框中创建查询，如图 1-6-21 所示。

③ 编辑查询，并在“学分”字段的“条件”内容中输入“>[学分:]”，保存查询。

④ 单击“打印预览”按钮，则弹出“输入参数值”对话框，如图 1-6-22 所示。输入一个学分后，则显示的报表为大于或等于此学分参数值的课程信息。

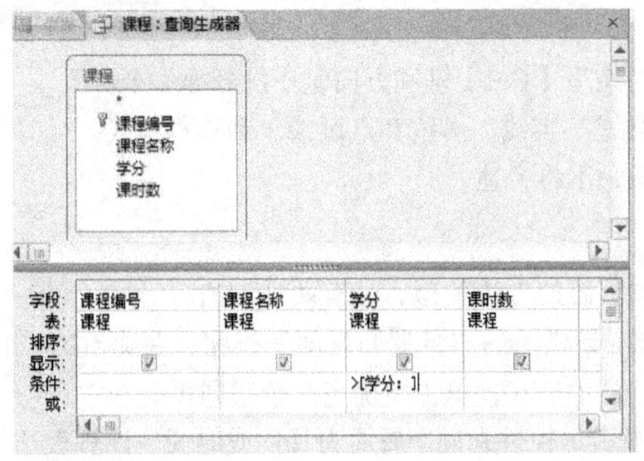

图 1-6-21 “查询生成器”对话框

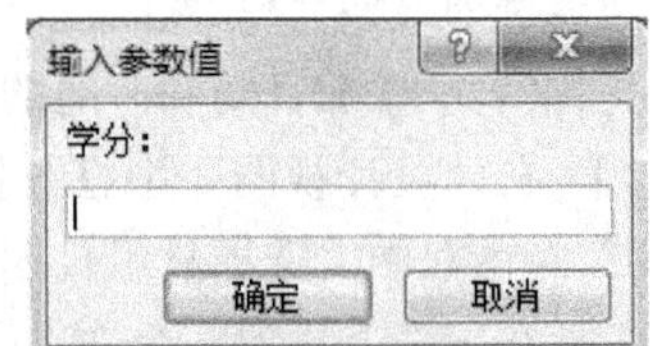

图 1-6-22 “输入参数值”对话框

6.3.5 创建子报表

类似于窗体，在制作报表过程中有时需要在显示或者打印某一个记录的同时，将与此记录相关的信息按照一定的格式一同打印出来，这就需要使用到子报表功能。

子报表是出现在另一个报表内部的报表。包含子报表的报表称为主报表。一张主报表可能包含多张子报表，但一张主报表最多只能包含两级子报表。主报表与子报表在存储时分开存放，使用时可以合并在一起显示。在显示和主报表相关的信息时，子报表必须和主报表相连接才能确保子报表中显示的数据和主报表中显示的数据相关。Access 提供了两种创建子报表的方式：一是将现有的报表添加到其他报表中成为其子报表；二是在现有的报表上通过子报表控件创建子报表。

1. 将某个已有报表添加到其他报表

创建子报表的第一种方法是将现有的报表添加到其他报表中成为其子报表。通常采用拖动的方法。

【例 1.6.7】将学生课程成绩报表加入到学生基本信息报表中作为子报表。

具体操作步骤如下：

① 建立学生成绩报表，并保存为“学生课程成绩子报表”，然后关闭此报表。

② 建立学生信息报表，并切换到“设计视图”。

③ 将学生成绩子报表拖动到学生信息报表中。

④ 调整主、子报表的位置和大小。

2. 子报表控件

【例 1.6.8】为教师报表创建子报表，子报表显示教师所教授的科目。

具体操作步骤如下：

① 打开教师报表，并切换到“设计视图”，将主体节调整至适当的高度。

② 在“控件”命令组中选中“子窗体/子报表”控件，并且将其拖动到报表设计器中主体节的适当位置，并设置好其大小。

③ 释放鼠标后出现如图 1-6-23 所示的“子报表向导”对话框。如果需要新建子报表，选中“使用现有的表和查询”单选按钮；如果数据来源是已有的报表，则选中“使用现有的报表和窗体”单选按钮，并在列表框中选择相应的报表和窗体。在此选中“使用现有的表和查询”单选按钮。

④ 单击“下一步”按钮，在弹出的对话框中选择“教师授课课程”表，并且选择课程表的所有字段，如图 1-6-24 所示。

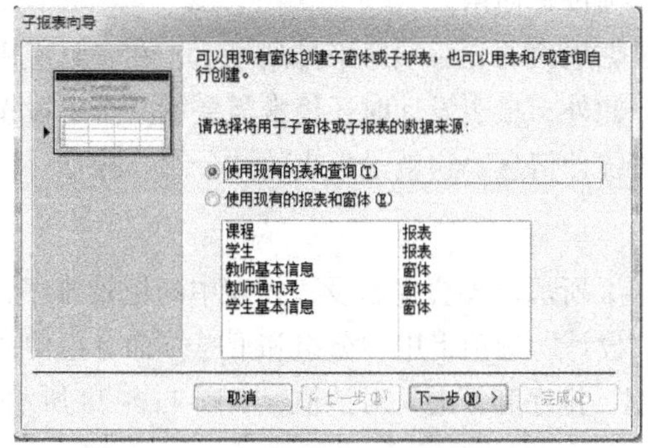

图 1-6-23 选择数据来源

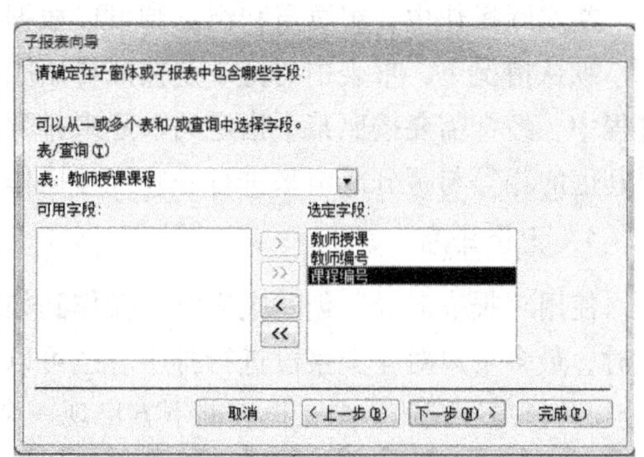

图 1-6-24 选择字段

⑤ 单击“下一步”按钮，在弹出的对话框中确定主报表和子报表的对应关系，如图 1-6-25 所示。

⑥ 单击“下一步”按钮，确定子报表的名称，如图 1-6-26 所示。

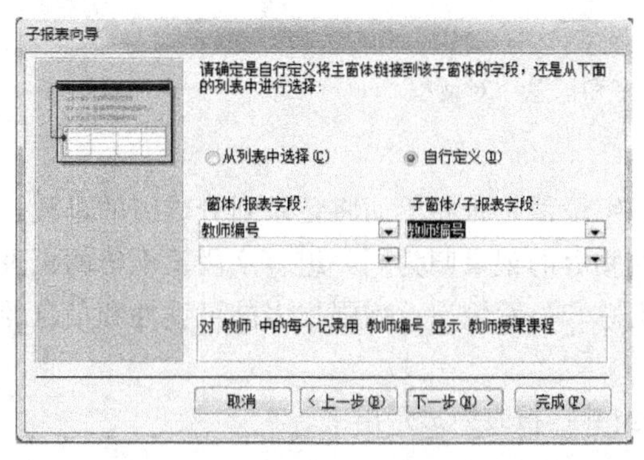

图 1-6-25 确定主报表和子报表的关系

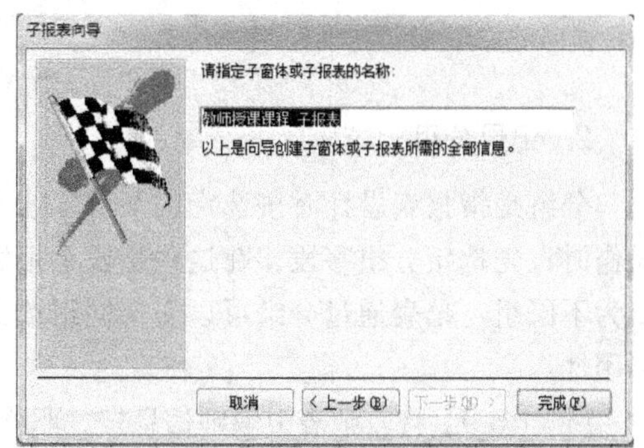

图 1-6-26 确定子报表的名称

⑦ 单击“完成”按钮，即可查看子报表的情况，如图 1-6-27 所示。

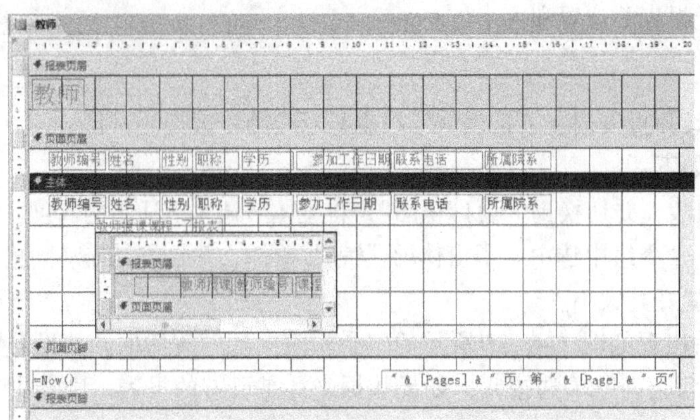

图 1-6-27　子报表设计视图

6.3.6　报表的排序和分组

在实际操作中，组页眉和组页脚可以根据需要单独设置使用。

默认情况下，报表中的记录是按照自然顺序即数据输入的先后顺序来排列显示。在实际应用过程中，经常需要按照某个指定的顺序来排列记录。此外，报表设计时还经常需要就某个字段按照其值的相等与否分成组来进行一些统计操作并输出统计信息，这就是报表的“分组”操作。

1. 记录排序

使用“报表向导”创建报表时，操作到如图 1-6-8 所示步骤会提示设置报表中的记录排序，这时，最多可以对 4 个字段进行排序。也可以单击“设计”选项卡中“分组和汇总”命令组中的“分组和排序”按钮，则在报表的下方出现一个“分组、排序和汇总”对话框，如图 1-6-28 所示。单击“添加排序”按钮，则可实现多字段排序。

图 1-6-28　“分组、排序和汇总”对话框

2. 记录分组

分组是指报表设计时按选定的某个（或几个）字段值是否相等而将记录划分成组的过程。操作时，先选定分组字段，在这些字段上把字段值相等的记录归为同一组，字段值不等的记录归为不同组。报表通过分组可以实现同组数据的汇总和显示输出，增强报表的可读性和信息的利用性。

【例 1.6.9】将教师表中教师信息按“职称”分组并在报表中显示出来。

具体操作步骤如下：

① 打开数据库“学生成绩管理系统”文件，选择导航窗格中的“教师”表。

② 选择“创建”选项卡，利用“报表向导”自动创建一个表格式报表，并切换到“设计视图”。

③ 在工具栏中单击“排序和分组”命令，或右击报表空白区域，在弹出的快捷菜单中选择

"排序与分组"命令，弹出"分组、排序和汇总"对话框，如图 1-6-28 所示。

④ 单击"添加组"按钮，如图 1-6-29 所示。

⑤ 在弹出的对话框中双击"职称"字段，如图 1-6-30 所示。

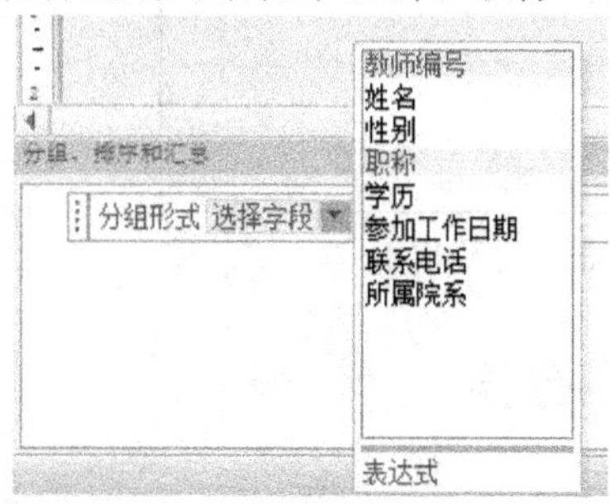

图 1-6-29　分组对话框（一）

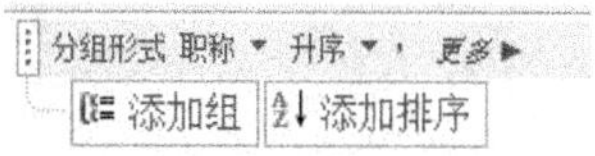

分组形式 职称 ▾ 升序 ▾ ， 更多 ▸
添加组　添加排序

图 1-6-30　分组对话框（二）

⑥ 单击"更多"按钮，展开详细设置。设置分组形式为 "有页脚节"，如图 1-6-31 所示。

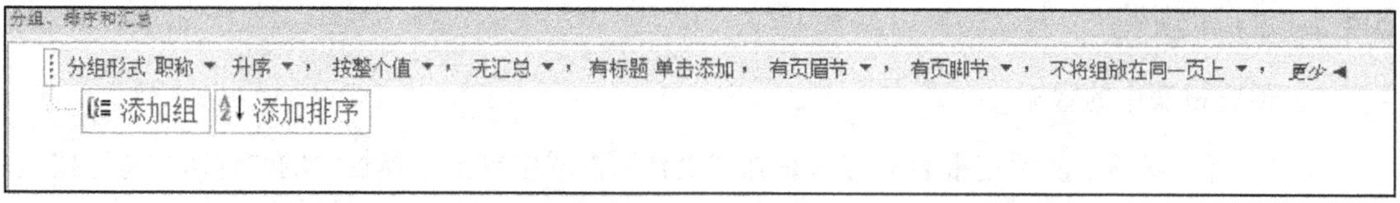

分组、排序和汇总
分组形式 职称 ▾ 升序 ▾ ， 按整个值 ▾ ， 无汇总 ▾ ， 有标题 单击添加 ， 有页眉节 ▾ ， 有页脚节 ▾ ， 不将组放在同一页上 ▾ ， 更少 ◂
添加组　添加排序

图 1-6-31　分组对话框（三）

- 分组形式选择"按整个值"，则按所选字段的整个值分组；选择"按第一个字符"，则按所选字段值的第一个字符分组；选择"按前两个字符"和"自定义"依此类推。
- 选择"不要将组放在同一页上"，则各组的值依据行间距大小可跨页，选择"将整个组放在同一页上"，则各组值会打印在同一页上。

⑦ 关闭"排序与分组"对话框后，在"设计"窗口中"职称页眉"节添加显示"职称"的文本框，在"职称页脚"节添加控件，显示职称人数统计的文本框，如图 1-6-32 所示。

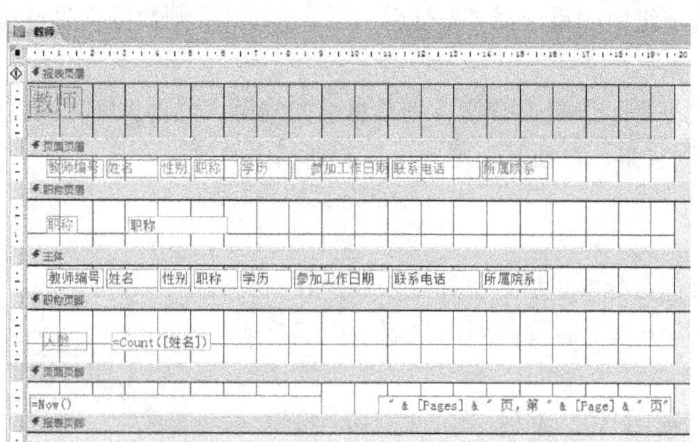

图 1-6-32　"职称"页眉/页脚设计视图

⑧ 完成后单击打印"打印预览"按钮，可看到如图 1-6-33 所示的效果。预览报表可显示打印页面的版面，这样可以快速地查看报表打印结果的页面布局，并通过查看可以预览报表的每页内容，在打印之前确认报表数据的正确性。打印报表则是将设计报表直接送往打印设备进行打印输出。

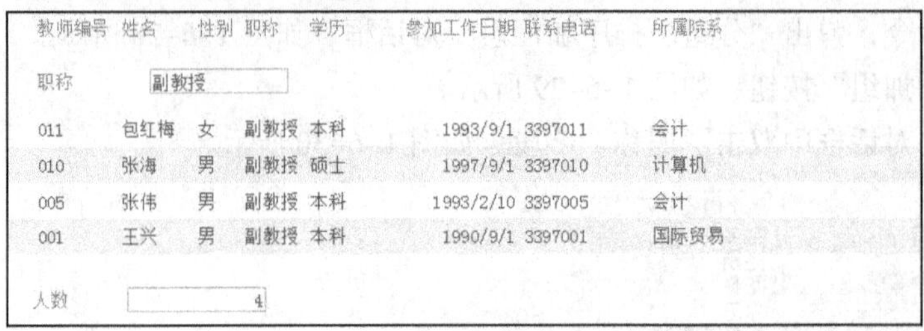

教师编号	姓名	性别	职称	学历	参加工作日期	联系电话	所属院系
职称	副教授						
011	包红梅	女	副教授	本科	1993/9/1	3397011	会计
010	张海	男	副教授	硕士	1997/9/1	3397010	计算机
005	张伟	男	副教授	本科	1993/2/10	3397005	会计
001	王兴	男	副教授	本科	1990/9/1	3397001	国际贸易
人数	4						

图 1-6-33　教师职称分组统计报表（局部）

6.4　预览和打印报表

要打印报表需要事先预览报表是否符合要求，有必要进一步在 Access 中进行报表打印设置。在第一次打印报表之前，应该仔细检查页边距、页面的方向以及其他页面设置。

6.4.1　打印预览

1. 预览报表中的数据

在“设计”视图中的预览报表的方法是在“设计”视图中单击工具栏中的“打印预览”按钮。

2. 设置页面参数

选择“页面设置”选项卡，在其工具栏中选择相应的按钮进行页面设置。

【例 1.6.10】打开例 1.6.3 所做的标签报表，设置成列报表。

具体操作步骤如下：

① 选择“页面设置”选项卡，单击“页面设置”按钮，弹出“页面设置”对话框。

② 选择“页”选项卡，打印方向选择“横向”单选按钮，纸张大小为 A4。

③ 选择“列”选项卡，在“列数”文本框中输入 6。

- “列布局”选项组中如果选择“先行后列”单选按钮，则数据会先排满第一行再排第二行，依此类推。
- 如果选择“先列后行”单选按钮，则数据会先排第一列再排第二列，依此类推。

④ 单击“确定”按钮，在预览视图中可以看到相应的效果。

6.4.2　打印报表

当确定一切布局都符合要求后，打印报表的操作步骤如下：

① 在数据库窗口中选定需要打印的报表，以“打印预览”方式打开。

② 选择“文件”→“打印”命令，单击“打印”按钮。

③ 在“打印”对话框中进行设置，如图 1-6-34 所示。

- 在“打印机”选项组中，指定打印机的型号。
- 在“打印范围”选项组中，指定打印所有页或者确定打印页的范围。
- 在“份数”选项组中，指定复制的份数或是否需要对其进行分页。

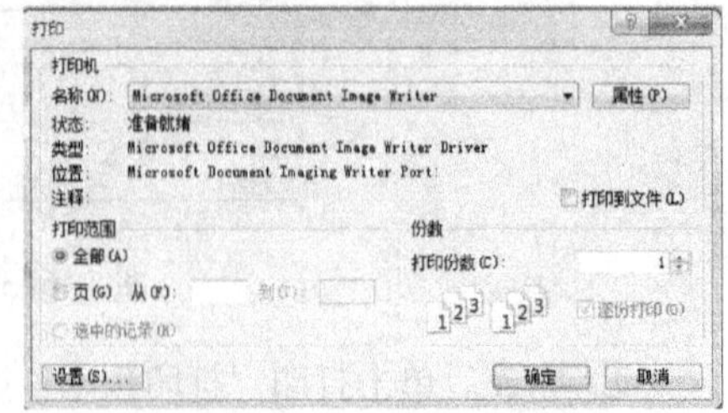

图 1-6-34 “打印”对话框

④ 单击“确定”按钮，完成打印任务。

小　结

实际应用中，许多信息都以报表的形式组成。Access 中报表就是以较为正式的格式打印数据。

① 创建报表。创建报表的方法有多种：利用向导创建报表、利用报表自动创建报表和自行创建报表等。

② 利用控件来加强报表的功能。窗体中使用的控件大部分都可在报表中使用。通过添加控件和对控件属性进行设置，使报表的功能更强大、界面更加美观。

③ 对记录进行排序和分组。在报表中，经常要用到对数据进行分组、排序，并且对分组数据进行总计计算。对分组数据进行总计计算是通过计算型文本框来实现的，文本框放在报表中不同的节中，意义不同。

④ 预览和打印报表。

习　题

选择题

1. 在报表的设计过程中，不适合添加的控件是（　　）。
   A. 标签控件　B. 图形控件　C. 文本框控件　D. 选项组控件
2. 在设计表格式报表过程中，如果控件版面布局按纵向布置显示，则会设计出（　　）。
   A. 标签报表　B. 纵栏式报表　C. 图表报表　D. 自动报表
3. 要实现报表的分组统计，其操作区域是（　　）。
   A. 报表页眉或报表页脚　B. 页面页眉或页面页脚
   C. 主体　D. 组页眉或组页脚
4. 在（　　）中，一般是以大字体将该份报表的标题放在报表顶端的一个标签控件中。
   A. 报表页眉　B. 页面页眉　C. 报表页脚　D. 页面页脚
5. 用来处理每条记录，其字段数据均须通过文本框或其他控件绑定显示的是（　　）。
   A. 主体　B. 主体节　C. 页面页眉　D. 页面页脚
6. 在报表设计中，以下可以做绑定控件显示字段数据的是（　　）。
   A. 文本框　B. 标签　C. 命令按　D. 图像
7. 要修改报表的内容，应该在（　　）中进行。
   A. 浏览器　B. 报表向导　C. 报表设计器　D. 新建报表
8. 报表输出不可缺少的内容是（　　）。
   A. 主体内容　B. 页面页眉内容　C. 页面页脚内容　D. 报表页眉
9. 关于报表数据源设置，以下说法正确的是（　　）。
   A. 可以是任意对象　B. 只能是表对象
   C. 只能是查询对象　D. 只能是表对象或查询对象

10. 如果设置报表上某个文本框的控件来源属性为“=2*4+1”，则打开报表视图时，该文本框显示的信息是（　　）。
    A. 未绑定　　B. 9　　C. 2*4+1　　D. 出错
11. 在设计表格式报表过程中，如果控件版面布局按纵向布置显示，则会设计出（　　）。
    A. 标签报表　　B. 纵栏式报表　　C. 表格报表　　D. 自动报表
12. 要显示格式为日期或时间，应当设置文本框的控件来源属性是（　　）。
    A. date() 或 time()　　B. = date() 或=time()
    C. date() & "/" &time()　　D. =date() & "/" &time()
13. 在报表上显示格式为“5/总 18 页”的页码，则计算控件的控件来源应设置为（　　）。
    A. [page]/总[pages]
    B. = [page]/总[pages]
    C. [page] & " /总 " &[pages]
    D. =[page] & " /总 " &[pages] & " 页 "
14. 计算控件的控件来源属性一般设置的开头计算表达式是（　　）。
    A. “=”　　B. “-”　　C. “>”　　D. “<”
15. 以下关于报表的叙述正确的是（　　）。
    A. 在报表中必须包含报表页眉和报表页脚
    B. 在报表中必须包含页面页眉和页面页脚
    C. 报表页眉打印在报表每页的开头，报表页脚打印在报表每页的末尾
    D. 报表页眉打印在报表第一页的开头，报表页脚打印在报表最后一页的末尾

第7章　宏

宏是一些操作的集合，使用这些“宏操作”（以下简称“宏”）可以更方便快捷地操作Access数据库系统。本章主要介绍如何在Access中创建和使用宏，主要内容包括宏的相关概念、宏的创建、调试和运行。

学习目标：

- 掌握宏的相关概念。
- 掌握宏操作的方法。
- 熟悉常见的宏操作命令。

7.1 宏的概念

宏是Access的一个对象，其基本功能是使操作自动进行。

7.1.1 宏的基本概念

宏是指Access中执行特定任务的一个或多个操作的集合，每个操作实现一个特定的功能，这些功能由Access本身提供。使用宏可以同时完成多个任务，使单调的重复性操作自动完成。宏是一种简化用户操作的工具，是提前指定的动作列表。把各种动作依次定义在宏里，运行宏时，Access会依照定义的顺序运行。

在Access中，一共有70种基本宏操作，这些基本操作还可以组合成很多其他的“宏组”操作。在使用中，常常是将宏操作命令排成一组，按照顺序执行，以完成一种特定任务。

Access系统中，宏及宏组的命名方法与其他数据库对象相同。宏按名称调用，宏组中的宏则按“宏组名.宏名”格式调用。需要注意的是，宏中包含的每个操作也有名称，但都是系统提供、用户选择的操作命令，其名称用户不能随意更改。此外，一个宏中的各个操作命令运行时一般都会被执行，不会只执行其中的部分操作，但设计了条件宏，有些操作就会根据条件情况来决定是否执行。

7.1.2 宏与Visual Basic

在Access中，通过宏或者用户界面可以完成许多任务。而在其他许多数据库中，要完成相同的任务就必须通过编程。选择使用宏还是VBA（Visual Basic for Application）要取决于完成的任务。一般来说，事务性的或重复性的操作是通过宏来完成。使用宏，可以实现以下一些操作：

① 在首次打开数据库时，执行一个或一系列操作。

② 建立自定义菜单栏。

③ 从工具栏上的按钮执行自己的宏或者程序。

④ 将筛选程序加到各个记录中，从而提高记录查找的速度。

⑤ 可以随时打开或者关闭数据库对象。

⑥ 可以设置窗体或报表控件的属性值。

当要进行以下处理操作情况时，应该使用 VBA 而不要使用宏：

① 数据库的复杂操作和维护。

② 自定义过程的创建和使用。

7.1.3 宏向 Visual Basic 程序代码转换

在 Access 数据库中提供了将宏转换为等价的 VBA 事件过程或模块的功能。

转换操作具体操作步骤如下：

① 在“设计”视图中打开需要转换的宏。

② 选择“宏工具设计”→“工具”→“将宏转换为 Visual Basic 代码运行”命令。

③ 单击对话框中的“转换”按钮，再单击“确定”按钮即可。

7.2 宏的操作

Access 数据库里的宏可以是包含操作序列的一个宏，也可以是某个宏组，宏组由若干个宏构成；还可以使用条件表达式来决定是否运行宏，以及在运行宏时是否进行某项操作。宏可以分为三类：操作系列宏、宏组和条件操作宏。而创建宏的过程主要有指定宏名、添加操作、设置参数及提供备注等。完成宏的创建后，可以选择多种方式来运行和调试。

7.2.1 创建宏

要创建宏，首先选择“创建”选项卡，再单击“宏与代码”命令组中的“宏”按钮，打开宏编辑窗口，如图 1-7-1 所示。

1. 操作序列宏的创建

创建操作序列宏的一般步骤如下：

① 打开宏编辑窗口。

② 在“添加新操作”列表中选择某个操作，或在开始框中输入某个操作的名称。也可以从右侧的“操作目录”中双击或者拖动添加操作到宏。

③ 若有必要，可以选择一个操作，然后将指针移到参数上，以查看每个参数的说明。

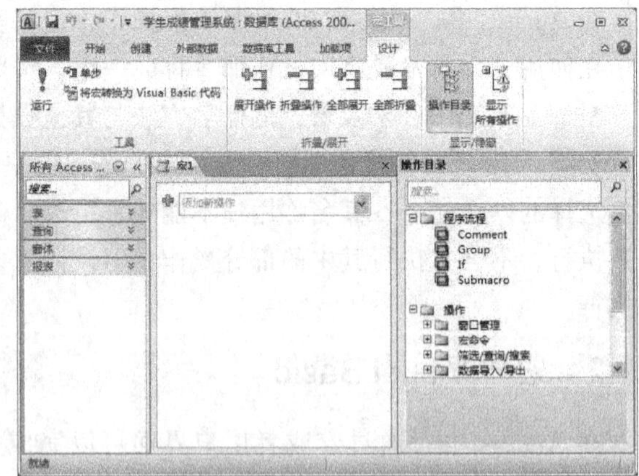

图 1-7-1　宏编辑窗口

④ 如需添加更多的操作，重复上述步骤②和③。

⑤ 单击软件左上角快速工具栏中的“保存”按 ，在“另存为”对话框中，输入宏名并保存设计好的宏。

注意：宏名为 AutoExec 的宏为自动运行宏，在打开数据库时会自动运行。如果要取消自动运行，打开数据库时按【Shift】键即可。

【例 1.7.1】在“学生成绩管理系统”数据库中，创建一个打开“学生”表的宏。

具体操作步骤如下：

① 打开“学生成绩管理系统”数据库，选择“创建”选项卡。

② 单击“宏与代码”命令组中的“宏”按钮，打开宏编辑窗口。

③ 在“添加新操作”列表中输入或选择 OpenTable，如图 1-7-2 所示。

④ 设置操作参数，选择“表名称”为“学生”，其他为默认值。

⑤ 单击快速工具栏中的“保存”按钮或选择“文件”→“保存”命令，弹出“另存为”对话框，在“宏名称”文本框中输入“打开学生表”，如图 1-7-3 所示。

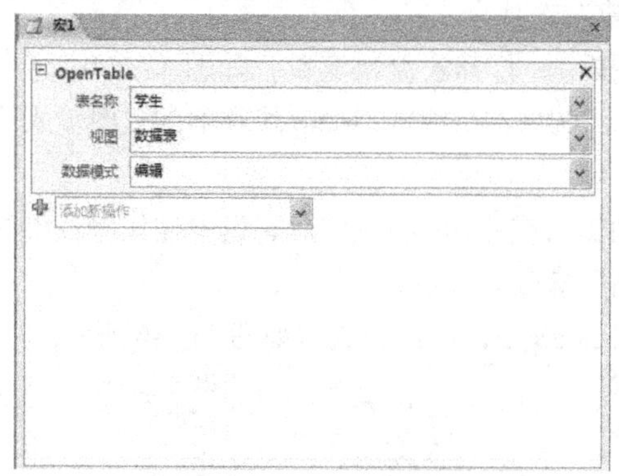

图 1-7-2 宏编辑窗口

图 1-7-3 “另存为”对话框

⑥ 单击“确定”按钮返回到宏编辑窗口。

⑦ 此时，“宏”对象列表中列出了刚刚创建的“打开学生表”的宏，如图 1-7-4 所示。

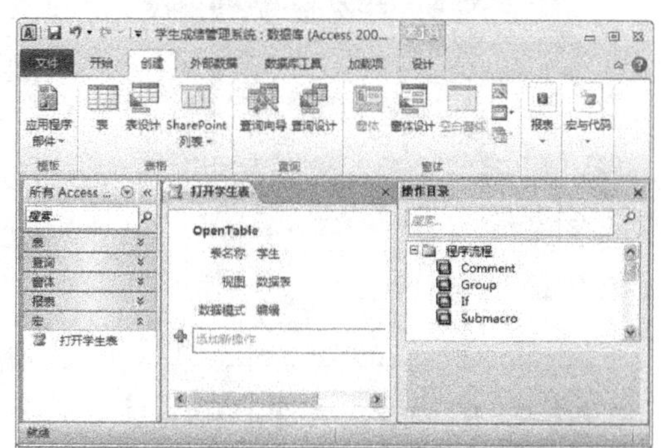

图 1-7-4 “学生成绩管理系统”数据库窗口

2. 宏组的创建

如果要在一个位置上将几个相关的宏构成组，而不希望对其单个追踪，可以将它们组织起来构成一个宏组。一般操作步骤如下：

① 在“数据库”窗口中，首先选中数据库“创建”选项卡。

② 单击“宏与代码”组中的“宏”按钮，打开宏编辑窗口（见图 1-7-1）。

③ 在宏编辑窗口中选择要进行分组的操作。

④ 右击所选的操作，选择“生成分组程序块”命令。

⑤ 在生成的 Group 块顶部的框中，输入宏组名称，即可以完成分组操作。

如果宏操作不在宏中，则操作步骤如下：

① 将 Group 块从操作目录中拖到宏编辑窗口中。

② 在生成的 Group 块顶部的框中输入宏组的名称，即可完成分组。

③ 将宏操作从操作目录中拖动到 Group 块中。

注意：保存宏组时，指定的名称是宏组的名称。这个名字也是显示在“数据库”窗口中的宏和宏组列表的名称。

要引用宏组中的宏，具体的语法如下：

宏组名．宏名

【例 1.7.2】在“学生成绩管理系统”数据库中，创建一个名为 micro 的宏组。其中包含 3 个宏：micro_1、micro_2 和 micro_3。宏 micro_1 实现以“设计视图”打开“95 年前工作的副教授信息”查询；宏 micro_2 先发出嘟嘟报警音，然后以“数据表”视图打开“教师”表，并弹出一个提示信息为“操作完成!”，标题为“提示”的消息框；宏 micro_3 实现关闭当前活动窗口的功能。

具体操作步骤如下：

① 在“数据库”窗口中，首先选中“创建”选项卡。

② 单击“宏与代码”命令组中的“宏”按钮，打开宏编辑窗口，如图 1-7-1 所示。

③ 将 Group 块从操作目录中拖到宏编辑窗口中，在生成的 Group 块顶部的框中输入第一个宏名 micro_1，如图 1-7-5 所示。

④ 添加宏 micro_1 的操作，在“操作”列输入或选择 OpenQuery，设置操作参数中的“查询名称”为“95 年前工作的副教授信息”，“视图”参数为“设计”。

⑤ 重复步骤③④分别编辑宏 micro_2 和宏 micro_3，设计完成后如图 1-7-6 所示。

图 1-7-5　有“宏名”列的宏编辑窗口

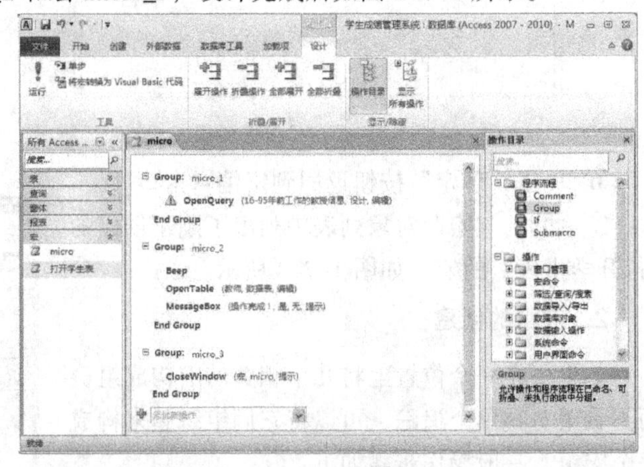

图 1-7-6　设计好的宏组

⑥ 选择“文件”→“保存”命令或单击快速工具栏中的“保存”按钮，弹出“另存为”对话框，在“宏名称”文本框中输入 micro，如图 1-7-7 所示，单击“确定”按钮。

图 1-7-7　“另存为”对话框

注意：在数据库“宏”对象列表中只显示宏组的名字 micro；如果要引用 micro 宏组中的宏 micro_1，方法为：micro micro_1。

3. 条件操作宏的创建

条件操作宏是指在数据处理过程中，当需要制定满足条件后再执行一个或多个操作，可以使用 If 块进行流程控制，还可以使用 Else If 和 Else 块来扩展 If 块，类似于 VBA 等其他序列编程语言。在宏中添加 If 块的具体操作如下：

① 在“添加新操作”列表中选择 If 选项，或将其从“操作目录”窗格拖动到宏窗格中。

② 在 If 块顶部的“条件表达式”框中，输入一个决定何时执行该块的表达式。该表达式必须为布尔表达式（也就是说，其计算结果为 True 或 False）。

在条件表达式中，可能会引用窗体或报表上的控件值。此时可以用如下语法：

```
Forms![窗体名]![控件名]
Reports![报表名]![控件名]
```

如果条件式结果为真，则执行此行中的操作；如果条件式结果为假，则忽略其后的操作。

③ 在 If 块中添加宏操作。

如果宏的组成操作序列中同时存在带条件的操作和无条件的操作，带条件的操作是否执行取决于条件式结果的真假，而无条件操作则会无条件地执行。

【例 1.7.3】在“学生成绩管理系统”数据库中，创建一个条件操作宏。

具体操作步骤如下：

① 在“数据库”窗口中，首先选中“创建”选项卡。

② 单击“宏与代码”命令组中的“宏”按钮，打开宏编辑窗口（见图 1-7-1）。

③ 在“添加新操作”列表中选择 If 选项。在 If 块顶部的“条件表达式”框中，输入表达式“[Forms]![例 3 基本信息]![学号]="G0420904"”，如图 1-7-8 所示。

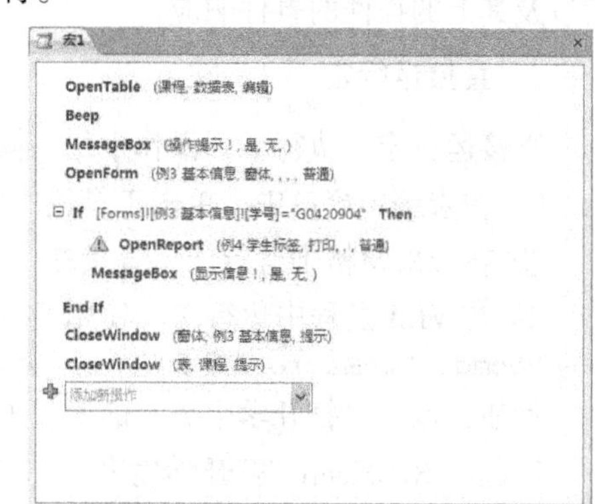

图 1-7-8 条件操作宏实例

④ 选择“文件”→“保存”命令或单击快速工具栏中的“保存”按钮，以“条件操作宏实例”为宏名保存宏。

⑤ 在宏对象列表中双击“条件操作宏实例”或选中该宏并单击工具栏中的“运行”按钮，运行宏。当条件满足时，将执行该条件后的操作。

4. 宏的操作参数设置

在宏中添加了某个操作之后，可以在宏编辑窗口中展开该操作，设置这个操作的相关参数。关于参数的设置说明如下：

① 可以在参数框中输入数值，也可以从列表中选择某个设置。

② 通常，按参数排列顺序来执行操作参数。

③ 通过从“数据库”窗体拖动数据库的方式向宏中添加操作，系统会设置适当的参数。

④ 如果操作中有调用数据库对象名的参数，则可以将对象从“数据库”窗体中拖动到参数框，从而由系统自动设置操作及对应的对象类型参数。

⑤ 可以用前面加“=”的表达式来设置操作参数，但不可以对表 1-7-1 中的参数使用表达式。

表 1-7-1 不能设置成表达式的操作参数

参 数	操 作
对象类型	Close、DeleteObject、GoToRecord、OutputTo、Rename、Save、SelectObject、SendObject、RepaintObject、SendObject、TransferDatabase
源对象类型	CopyObject

续表

参　数	操　　作
电子表格类型	TransferSpreadsheet
规格名称	TransferText
工具栏名称	ShowToolbar
输出格式	OutputTo、SendObject
命令	RunCommand

7.2.2　宏的运行

宏的运行方式有多种。它可以直接运行，也可以运行宏组中的宏，还可以将宏作为窗体、报表以及其上的控件的事件响应。

1. 直接运行宏

直接运行宏，执行下列操作中任一操作即可。

① 在宏编辑窗口中，单击工具栏中的“运行”按钮 ！。

② 在导航窗格中运行宏，直接在“宏”对象列表中双击相应的宏名。

③ 在 VBA 过程中运行宏，使用 Docmd 对象的 RunMacro 方法，具体语法为：

```
Docmd. RunMacro "宏名"
```

例如，运行“打开学生表”的宏，方法为：

Docmd. RunMacro "打开学生表"

④ 使用 OnError 宏操作调用宏。

2. 运行宏组中的宏

运行宏组中的宏，与直接运行宏的方法类似，可以执行下列操作之一：

① 将宏组中的宏指定为某控件的属性，或指定为 RunMacro 方法的宏名参数，引用方法为：

```
宏组名.宏名
```

② 在 VBA 过程中运行宏，使用 Docmd 对象的 RunMacro 方法，具体语法为：

```
Docmd. RunMacro "宏组名.宏名"
```

通常情况下直接运行宏只是进行测试。可以在确保宏的设计无误后，将宏附加到窗体、报表或控件中以对事件做出响应，也可以创建一个运行宏的自定义菜单命令。

3. 将宏作为窗体、报表以及其上控件的事件响应

一般操作步骤如下：

① 在“设计视图”中打开窗体或报表。

② 设置窗体、报表或其上控件的有关事件属性为宏的名称。

③ 在打开窗体、报表后，如果发生相应事件，则会自动运行设置的宏。

7.2.3　宏的调试

在 Access 系统中提供了“单步”执行的宏调试工具。使用单步跟踪执行，可以观察宏的流程和每一个操作的结果，从中发现并排除出现的问题和错误的操作。

【例 1.7.4】以例 1.7.2 中的宏组 micro 为例，说明宏的调试的操作步骤。

具体操作步骤如下：

① 在“设计视图”中打开需要调试的宏。

② 单击工具栏中的“单步”按钮（使其处于按下状态）。

③ 单击工具栏中的“运行”按钮 ！，在弹出的“单步执行宏”对话框中选择需要调试的宏，弹出“单步执行宏”对话框，如图 1–7–9 所示。

④ 单击“单步执行”按钮，执行其中的操作。

⑤ 单击“停止所有宏”按钮，停止宏的执行并关闭对话框。

⑥ 单击“继续”按钮，关闭“单步执行宏”对话框，并执行宏的下一个操作命令。若宏的操作有误，则会弹出“操作失败”对话框。在宏执行的过程中，按【Ctrl+Break】组合键可以暂停宏的执行。

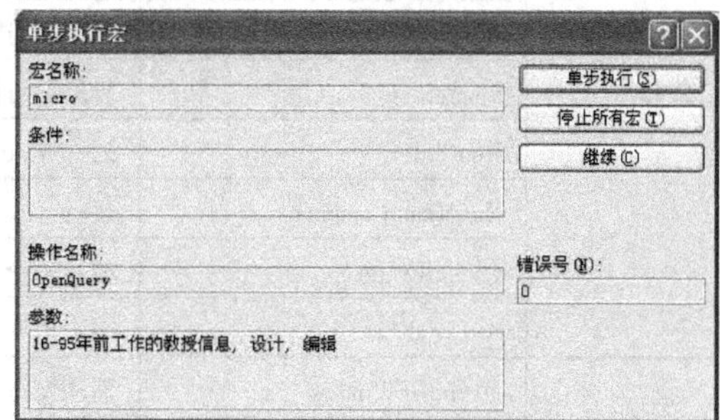

图 1–7–9 “单步执行宏”对话框

7.2.4 常用宏操作

在设计宏时，宏中一系列操作都是通过相关的操作命令来完成的。Access 宏编辑窗口中提供了 70 个可选的宏操作命令，常用命令及其说明如表 1–7–2 所示。

表 1–7–2 常用宏操作命令

类 型	操 作 命 令	功 能 说 明
操作记录（筛选/查询/搜索）	ApplyFillter	应用筛选
	FindNextRecord	根据条件查找下一条记录，可以反复查找
	FindRecord	查找符合指定条件的第一条或下一条记录
	OpenQuery	打开选择查询或交叉表查询
	Refresh	刷新视图中的记录
	RefreshRecord	刷新当前记录
	Requery	通过在查询控件的数据源来更新活动对象中的特定控件的数据
	ShowAllRecords	关闭已用筛选，显示所有记录
系统命令	CloseDatabase	关闭当前数据库
	DisplayHourglassPointer	当执行宏时光标变为沙漏形状或其他图标，宏执行完成后恢复正常光标
	QuitAccess	退出 Access
	Beep	发出“嘟嘟”声
数据库对象	GotoRecord	指定当前记录
	GoToControl	转移焦点
	OpenForm	打开窗体
	OpenReport	打开报表或立即打印报表
	OpenTable	打开表并选择数据输入方式
	PrintObject	打印当前对象

续表

类　型	操 作 命 令	功　能　说　明
宏命令	RunMacro	运行宏
	StopMacro	停止正在运行的宏
	StopAllMacros	中止所有正在运行的宏
	RunDataMacro	运行数据宏
	SingleStep	暂停宏的执行并打开“单步执行宏”对话框
	RunCode	运行 Visual Basic 的函数过程
	RunMemuCommand	运行一个 Access 菜单命令
	CancelEvent	中止一个事件
	SetLocalVar	将本地变量设置为给定值
窗口管理	MaximizeWindow	活动窗口最大化
	MinimizeWindow	活动窗口最小化
	RestoreWindow	窗口复原
	MoveAndSizeWindow	移动并调整活动窗口
	CloseWindow	关闭指定的 Access 对象。没有指定窗口或对象，则关闭活动窗口
输入数据操作	SaveRecord	保存当前记录
	DeletRecord	删除当前记录
	EditListItems	编辑查阅列表中的项
用户界面命令	MessageBox	显示消息框
	AddMenu	为窗体或报表将菜单添加到自定义菜单栏
	SetMenuItem	操作可以设置活动窗口的自定义菜单栏或全局菜单栏上的菜单选项状态
	UndoRecord	撤销最近用户的操作
	SetDisplayedCategories	用于指定要在导航窗格中显示的类别
	Redo	重复最近用户的操作

小　结

本章主要介绍了宏的基本概念、宏及宏组以及条件操作宏的创建方法、运行和调试的方法等。要求能根据实际情况，合理地运用宏对象完成相关操作。

习　题

选择题

1. 某窗体中有一个命令按钮，在窗体视图中单击此命令按钮打开另一个窗体，需要执行的宏操作是（　　）。

   A. OpenQuery　　B. OpenReport　　C. OpenWindow　　D. OpenForm

2. 要限制宏命令的操作范围，可以在创建宏时定义（　　）。

   A. 宏操作对象　　B. If 块

C. 窗体或报表控件属性 D. Group 块

3. 在一个宏的操作序列中，如果既包含带条件的操作，又包含无条件的操作，则带条件的操作是否执行取决于条件式的真假，而没有指定条件的操作则会（ ）。

A. 无条件执行 B. 有条件执行 C. 不执行 D. 出错

4. 宏操作 QuitAccess 的功能是（ ）。

A. 关闭表 B. 退出宏 C. 退出查询 D. 退出 Access

5. 使用宏组的目的是（ ）。

A. 设计出功能复杂的宏 B. 设计出包含大量操作的宏

C. 减少程序内存消耗 D. 对多个宏进行组织和管理

6. 在宏的参数中，要引用窗体 F1 上的 Text1 文本框的值，应该使用的表达式是（ ）。

A. [Forms]![F1]![Text1] B. [Forms]_[F1]_[Text1]

C. [F1].[Text1] D. [Forms]_[F1]_[Text1]

7. 在宏的调试中，可配合使用设计器上的（ ）工具按钮。

A. 调试 B. 条件 C. 单步 D. 运行

8. 在运行宏的过程中，宏不能修改的是（ ）。

A. 窗体 B. 宏本身 C. 表 D. 数据库

9. 在一个数据库中已经设置了自动宏 AutoExec，如果在打开数据库时不想执行这个自动宏，正确的操作是（ ）。

A. 用【Enter】键打开数据库

B. 打开数据库时按住【Alt】键

C. 打开数据库时按住【Ctrl】键

D. 打开数据库时按住【Shift】键

10. 下列叙述中，错误的是（ ）。

A. 宏能够一次完成多个操作

B. 可以将多个宏组成一个宏组

C. 宏命令一般由动作名和操作参数组成

D. 可以用编程的方法来实现宏

11. 以下可以一次执行多个操作的数据库对象是（ ）。

A. 数据访问页 B. 菜单 C. 宏 D. 报表

12. 在模块中执行宏 macro1 的格式为（ ）。

A. Function.RunMacro MacroName

B. DoCmd.RunMacro macro1

C. Sub.RunMacro macro1

D. RunMacro macro1

13. 用于查找满足条件的下一条记录的宏命令是（ ）。

A. FindNextRecord B. FindRecord C. GoToRecord D. Requery

14. 下列关于宏操作的叙述错误的是（ ）。

A. 可以使用宏组来管理相关的一系列宏

B. 使用宏可以启动其他应用程序

C. 所有宏操作都可以转化为相应的模块代码

D. 宏的关系表达式中不能应用窗体或报表的控件值

15. 以下关于宏的说法不正确的是（ ）。

A. 宏能够一次完成多个操作

B. 每一个宏命令都是由动作名和操作参数组成

C. 宏可以是很多宏命令组成在一起的宏

D. 宏是用编程的方法来实现的

第 8 章　VBA 编程和数据库编程

在 Access 系统中，宏对象可以完成事件的响应处理，但是宏的使用有一定的局限性，一是它只能处理一些简单的操作，对于复杂条件和循环等结构则无能为力；二是宏对数据库对象的处理能力很弱。在这种情况下，可以使用 Access 系统提供的"模块"数据库对象来解决一些复杂应用。

本章主要介绍 Access 中模块的基本概念、VBA 编程环境、常量变量、运算符与表达式、语句及控制结构、过程以及 VBA 代码编写与调试的基础知识。

学习目标：

- 掌握创建模块的基本方法。
- 掌握过程定义调用的基本方法。
- 掌握 VBA 程序设计的基础知识。
- 掌握 VBA 程序设计的基本方法。

8.1　模块的基本概念

本节主要介绍 Access 数据库的 VBA 代码操作以及代码"容器"——模块的类型、组成及面向对象程序设计的基本概念。

8.1.1　模块的类型

模块是 Access 系统中的一个重要对象，它以 VBA（Visual Basic for Application）语言为基础编写，以函数过程（function）或子过程（sub）为单元的集合方式存储。在 Access 中，模块分为类模块和标准模块两种类型。

1. 类模块

窗体模块和报表模块都属于类模块，它们从属于各自的窗体或报表。在窗体或报表的设计视图环境下可以用两种方法进入相应的模块代码设计区域：一是单击"设计"工具栏组中的"查看代码"按钮进入；二是为窗体或报表创建事件过程时，系统自动进入相应代码设计区域。

窗体模块和报表模块通常都含有事件过程，而过程的运行用于响应窗体或报表上的事件。使用事件过程可以控制窗体或报表的行为以及它们对用户操作的响应。

窗体模块和报表模块中的过程可以调用标准模块中已经定义好的过程。

窗体模块和报表模块具有局部特性，其作用范围局限在所属窗体或报表内部，而生命周期则伴随着窗体或报表的打开或关闭而开始或结束。

2．标准模块

标准模块一般用于存放供其他 Access 数据库对象使用的公共过程。在 Access 系统中可以通过新建的模块对象进入其代码设计环境。标准模块通常安排一些公共变量或过程以供类模块中的过程调用。在各个标准模块内部也可以定义私有变量和私有过程以供本模块内部使用。

标准模块中的公共变量和公共过程具有全局特性，其作用范围为整个应用程序，生命周期伴随着应用程序的运行或关闭而开始或结束。

8.1.2 模块的组成

过程是模块的组成单元，由 VBA 代码编写而成。过程分两种类型：Sub 子过程和 Function 过程。

1．Sub 过程

Sub 过程又称为子过程，其执行一系列操作，无返回值。一般定义格式如下：

```
Sub 过程名
   [程序代码]
End Sub
```

可以引用过程名直接调用该子过程，也可以加关键字 Call 来调用一个子过程。在过程名前加上关键字 Call 是一个好的程序设计习惯。

2．Function 过程

Function 过程又称为函数过程，其执行一系列操作，有返回值。一般定义格式如下：

```
Function 过程名
   [程序代码]
End Function
```

函数过程不能使用关键字 Call 来调用，而是直接引用函数过程名，并由接在函数过程名后的括号所辨别。

8.1.3 面向对象程序设计的基本概念

Access 内嵌的 VBA 功能强大，采用面向对象机制和可视化编程环境，在 Access 数据库窗口中可以方便地处理各种对象（表、查询、宏、报表、页等）。VBA 与传统语言的重要区别之一就是它是面向对象的。对象是 Visual Basic 程序设计的核心。

1．对象和集合

一个对象是一个实体，其将数据和代码封装起来，是代码和数据的组合。每个对象都有自己的属性，对象可以通过属性区别于其他对象。对象可以执行的动作称为对象的方法，一个对象一般具有多种方法。

集合表示的是某类对象所包含的实例构成。

2．属性和方法

对象的属性和方法描述了对象的性质和行为。对象的属性（方法）的引用格式为：

```
对象. 属性（方法）
```

这里的对象可能是单一对象，也可能是对象的集合。在 Access 中文版中，窗体、报表设计视图中所显示的属性等名称为中文，VBA 中调用的属性可以和设计视图中属性表中属性对应，但是名称不相同。常用属性说明如表 1-8-1 所示。

表 1-8-1　控件部分常用属性说明

属　　性	说　　　　明
Caption	（标题）返回或设置指定命令栏控件的标题文字
Format	（格式化）用于自定义数字、日期、时间和文本的显示方式
Visible、Enabled	（可见性）指定显示或隐藏窗体、报表、窗体或报表节、数据访问页、控件。Enabled 设置控件能否接收焦点和响应用户产生的事件
Controlsource	（数据源）指定控件中显示的数据
Decimalplaces	（格式）指定可以显示的小数位数
DefaultValue	（默认值）指定一个数值，该数值在新建记录时将自动输入到字段中
BackStytle	（背景样式）指定控件是否透明。常规为 1，透明为 0
Scrollbars	（滚动条）指定是否在窗体或文本框控件上显示滚动条
Height、Width	Height（高度）和 Width（宽度）属性用于将对象的大小设置为指定的尺寸
Left、Top	Left（左边距）和 Top（上边距）属性又能与指定对象在窗体或报表中的位置
BackColor	（背景颜色）指定控件或节的内部颜色
FontName、FontSize	FontName（字体名称）及 FontSize（字体大小）属性分别为文本指定字体及磅数的大小
Text	用于设置或返回文本框中包含的文本，或组合框中文本框部分包含的文本
TabIndex	用于设定该控件是否自动设定 Tab 键的顺序

Access 中除了数据库的 7 个对象外，还提供了一个重要的对象：DoCmd 对象。其主要功能是通过调用 DoCmd 对象的方法来实现对 Access 的操作。使用以下语法可以在过程中添加对应于一个操作的 DoCmd 方法：

```
DoCmd. Method[Arguments]
```

Method 是方法的名称。当方法具有参数时，Arguments 代表方法参数。该对象常用方法说明如表 1-8-2 所示。

表 1-8-2　DoCmd 对象部分常用方法说明

方　　法	语　　　　法	说　　　　明
Openform	DoCmd.Openform "窗体名称"	打开一个窗体
OpenQuery	DocmdOpenQuery queryname [,view][,datamode]	运行一个查询
OpenReport	Docmd.OpenReport reportname[,view] [,filtername] [, wherecondition]	打开报表或立即打印报表
Openview	Docmd.OpenView viewname[,viewmode][,datamode]	在数据表视图、设计视图或“打印预览”中打开视图
OpenModule	Docmd.OpenView [modulename][,procedurename]	在指定的过程中打开特定的 Visual Basic 模块。该过程可以是 Sub 过程、Function 过程或事件过程
OpenDataAccessPage	Docmd.OpenDataAccessPagedatapagename [,data pageview]	在页视图或设计视图中，使用 Openoata AccessPage 操作来打开数据访问页

续表

方　法	语　　法	说　　明
Opentable	DoCmd.OpenTable tablename [,view][,datamode]	使用 Opentable 操作，可以在数据表视图、设计视图或打印预览中打开表，也可以选择表的数据输入方式
Close	Docmd.close [objecttype , objectname] , [save]	关闭指定的 Microsoft Access 窗口。如果没有指定窗口，则关闭活动窗口
RunMacro	DoCmdRunMacromacroname[,repeatcount][,repeatexpression]	用 RunMacro 操作可以运行宏。该宏可以在宏组中
RunSQL	DoCmd.RunSQL sqlstatement [， usetransaction]	用 RunSQL 操作来运行 Microsof Access 的操作查询。还可以运行数据定义查询

3. 事件和事件过程

事件是可以由对象识别的动作，如鼠标单击、窗体打开等。Access 可以使用两种方法来处理窗体、报表或控件的事件响应。一是使用宏对象来设置事件属性；二是为某个事件编写 VBA 代码过程，完成指定的动作，这样的代码过程称为事件过程或事件响应代码。

在 Access 中，窗体、报表和控件都有自己的事件，不同的事件完成不同的动作。对象的主要事件如表 1-8-3 所示。

表 1-8-3　Access 的主要对象事件

对象名称	事件动作	动作说明
窗体	Open	窗体打开时发生事件
	Load	窗体加载时发生事件
	Unload	窗体卸载时发生事件
	Close	窗体关闭时发生事件
	Click	窗体单击时发生事件
	DblClick	窗体双击时发生事件
	MouseDown	窗体按下鼠标时发生事件
	KeyPress	窗体键盘按键时发生事件
	KeyDown	窗体键盘按下时发生事件
报表	Open	报表打开时发生事件
	Close	报表关闭时发生事件
命令按钮控件	Click	按钮单击时发生事件
	DblClick	按钮双击时发生事件
	Enter	按钮获得输入焦点前发生事件
	GotFocus	按钮获得输入焦点时发生事件
	MouseDown	按钮鼠标按下时发生事件
	KeyPress	按钮键盘按键时发生事件
	KeyDown	按钮键盘按下时发生事件

续表

对象名称	事件动作	动作说明
文本框	BeforeUpdate	文本框内容更新前发生事件
	AfterUpdate	文本框内容更新后发生事件
	Enter	文本框获得输入焦点前发生事件
	GotFocus	文本框获得输入焦点时发生事件
	LostFocus	文本框失去焦点时发生事件
	Change	文本框内容更新时发生事件
	KeyPress	文本框键盘按键时发生事件
	MouseDown	文本框鼠标按下时发生事件
组合框控件	BeforeUpdate	组合框内容更新前发生事件
	AfterUpdate	组合框内容更新后发生事件
	Enter	组合框获得输入焦点前发生事件
	GotFocus	组合框获得输入焦点时发生事件
	LostFocus	组合框失去焦点时发生事件
	Click	组合框单击时发生事件
	DblClick	组合框双击时发生事件
	KeyPress	组合框内键盘按键时发生事件
选项组控件	BeforeUpdate	选项组内容更新前发生事件
	AftierUpdate	选项组内容更新后发生事件
	Enter	选项组获得输入焦点之前发生事件
	Click	选项组单击时发生事件
	DblClick	选项组双击时发生事件
单选按钮控件	KeyPress	单选按钮内键盘按键时发生事件
	GotFocus	单选按钮获得输入焦点时发生事件
	LostFocus	单选按钮失去焦点时发生事件
复选框控件	BeforeUpdate	复选框更新前发生事件
	AfterUpdate	复选框更新后发生事件
	Enter	复选框获得输入焦点前发生事件
	Click	复选框单击时发生事件
	DblClick	复选框双击时发生事件
	GotFocus	复选框获得输入焦点时发生事件

8.2　VBA 开发环境

Access 使用 VBE 作为编程界面。在该界面中，可以对类模块和标准模块代码进行编写。

8.2.1　进入 VBA 编程环境

类模块和标准模块可以使用不同的方法进入 VBA 编程环境。对于类模块，可以直接定位到窗体或报表上，然后单击工具栏上的“查看代码”按钮进入；或定位到窗体、报表和控件上通过指定对象事件处理过程进入。

标准模块进入 VBA 编程环境的情况有 3 种：

① 对于已存在的标准模块，选择“导航窗格”中“模块”选项，双击要查看的模块对象。

② 要创建新的标准模块，单击“创建”工具栏上的“宏与代码”组中的“模块”按钮即可。

③ 单击“创建”工具栏上的“宏与代码”组中的 Visual Basic 命令，即可启动 VBA 编辑器。

8.2.2 VBA 窗口

VBA 编辑窗口由标准工具栏、工程窗口、属性窗口和代码窗口组成，如图 1-8-1 所示。

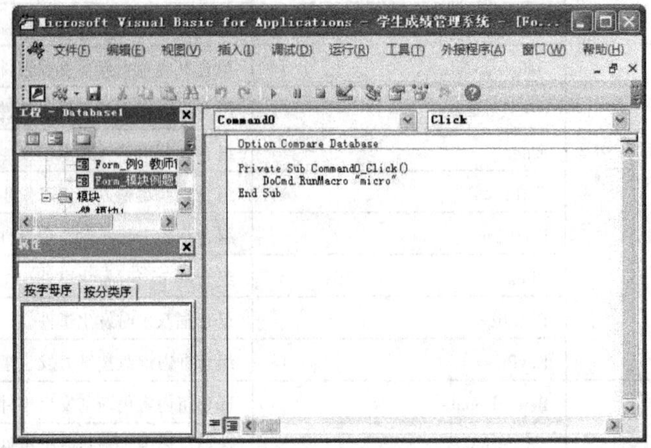

图 1-8-1　VBA 窗口

1. 标准工具栏

VBA 窗口中的标准工具栏如图 1-8-2 所示。

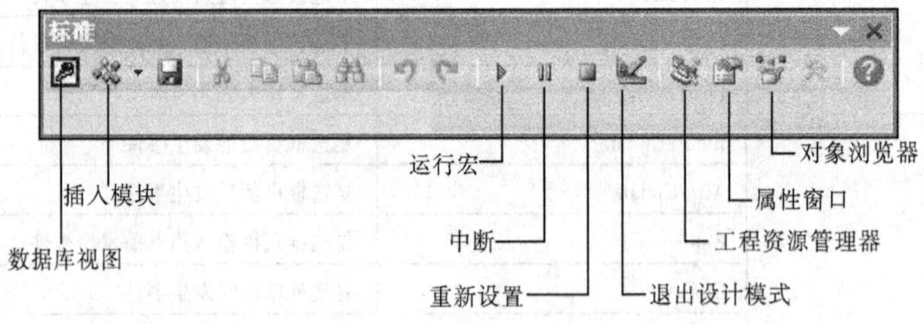

图 1-8-2　标准工具栏

可以利用标准工具栏上的各种按钮完成程序调试以及打开属性窗口等操作。

2. 工程窗口

工程窗口又称为工程项目管理器，在其中的列表框中列出了应用程序的所有模块文件。单击“查看代码”按钮可以打开相应代码窗口，单击“查看对象”按钮可以打开相应的对象窗口，单击“切换文件夹”按钮可以隐藏或显示对象分类文件夹。

双击工程窗口中的一个模块或类，相应的代码窗口就会显示出来。

3．属性窗口

属性窗口列出了所选对象的各个属性，可以“按字母序”或“按分类序”查看属性，可以直接在属性窗口中编辑对象的属性，这属于对象属性的“静态”设置方法；还可以在代码窗口中使用 VBA 代码编辑对象的属性，这属于对象属性的“动态”设置方法。

4．代码窗口

代码窗口用于输入和编辑 VBA 代码。实际操作时，可以打开多个代码窗口查看各个模块的代码，而且代码窗口之间可以进行复制和粘贴。

5．立即窗口

立即窗口是用来进行快速的表达式计算、简单方法的操作及进行程序测试的工作窗口。在代码窗口编写代码时，要在立即窗口打印变量或表达式的值，可使用 Debug.Print 语句。

8.2.3 编写 VBA 代码

Access 的 VBE 编辑窗口提供了完整的开发和调试工具。其中代码窗口顶部包含两个组合框，左侧为对象列表，右侧为过程列表。操作时，从左侧组合框选定一个对象后，右侧过程组合框中会列出该对象的所有事件过程，然后从该对象事件过程列表选项中选择某个事件名称，系统会自动生成相应的事件过程模板，用户添加代码即可。双击工程窗口中任何类或对象都可以在代码窗口中打开相应代码并进行编辑处理。在代码窗口使用时，提供了一些便利的功能，主要有：

1．对象浏览器

使用对象浏览器工具可以快速对所操作对象的属性及方法进行检索。

2．快速访问子过程

利用代码窗口顶部右边的“过程”组合框可以快速定位到所需的子过程位置。

3．自动显示提示信息

在代码窗口中输入代码时，系统会自动显示关键字列表、关键字属性列表及过程参数列表等提示信息，如图 1-8-3 所示，这极大地方便了初学用户的使用。

图 1-8-3 代码窗口

4．F1 帮助信息

可以将光标停留在某个语句命令上并按【F1】键，系统会立刻提供相关命令的帮助信息。用【Alt+F11】组合键可以方便地在数据库窗口和 VBE 窗口之间进行切换。

【例 1.8.1】编写一个简单的 VBA 程序。实现单击窗体，弹出“欢迎使用”的消息框。

具体操作步骤如下：

① 打开“学生成绩管理系统”数据库，选中“创建”选项卡，单击工具栏中的“窗体设计”按钮，以设计视图创建一个新窗体，如图 1-8-4 所示。

② 右击窗体选择按钮（见图 1-8-5），选择“事件生成器”命令，弹出“选择生成器”对话框，如图 1-8-6 所示。

③ 选择“代码生成器”选项，单击“确定”按钮，进入 VBA 编程窗口，如图 1-8-7 所示。

图 1-8-4 “窗体 1”设计视图 1

图 1-8-5 “窗体 1”设计视图 2

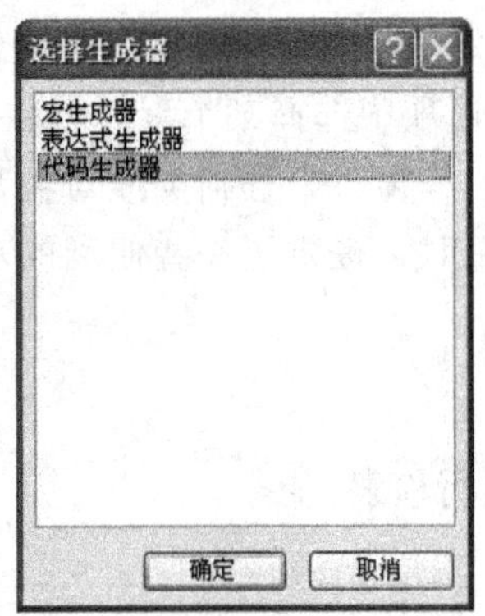

图 1-8-6 “选择生成器”对话框

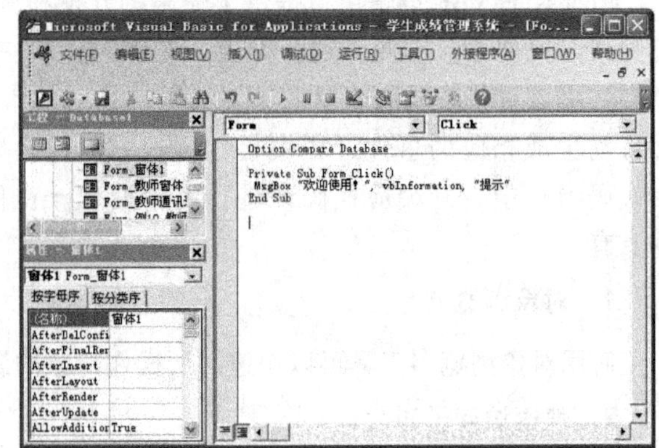

图 1-8-7 编辑 Form_Click()过程

④ 在代码编辑窗口中，选择 Form 对象及 Click 事件，系统自动生成 Form_Click()过程，在 Sub 和 End Sub 之间输入语句（见图 1-8-7）。

⑤ 单击快速工具栏中的“保存”按钮保存过程和窗体 1。

⑥ 按【Alt+F11】组合键切换到数据库窗口，切换“窗体 1”的视图为“窗体视图”，在窗体上单击将弹出如图 1-8-8 所示的消息对话框。

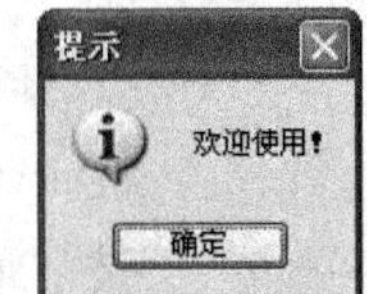

图 1-8-8 消息对话框

8.3 常量、变量、运算符和表达式

8.3.1 数据类型和数据库对象

1. 标准数据类型

Access 数据库系统创建表对象时所涉及的字段数据类型（除了 OLE 对象和备注数据类型外）在 VBA 中都有相对应的数据类型。传统的 BASIC 语言使用类型说明标点符号来定义数据类型，VBA 则除此之外，还可以使用类型说明字符来定义数据类型，参见表 1-8-4 中的 VBA 类型标识、符号、字段类型及取值范围。在使用 VB 代码中的字节、整数、长整数、自动编号、单精度数和双精度数等常量和变量与 Access 的其他对象进行数据交换时，必须符合数据表、查询、窗体和报表中相应的字段属性。

表 1-8-4 VBA 数据类型列表

数据类型	类型标识	符 号	字段类型	取值范围
整数	Integer	%	字节/整数/是/否	- 32 768～32 767
长整数	Long	&	长整数/自动编号	-2 147 483 648～2 147 483 647
单精度数	Single	!	单精度数	负数-3.402823E38～-1. 401298E -45 正数 1.401298E-45～3.402823E38
双精度数	Double	#	双精度数	负数-1.79769313486232E308～-4.94065645841247E -324 正 数 4 . 94065645841247E-324 ～ 1 . 797693 1 3486232E308
货币	Currency	@	货币	-922337203685477.5808～922337203685477. 5807
字符串	String	$	文本	0～65 500 字符
布尔型	Boolean		逻辑值	True 或 False
日期型	Date		日期 / 时间	00 年 1 月 1 日—9999 年 12 月 31 日
变体类型	Variant	无	任何	January1 /10000（日期）；数字和双精度相同；文本和字符串相同

（1）Boolean 数据类型

Boolean 变量只能是 True 或者 False。当其他类型的数据转换为 Boolean 值时，0 转换为 False，非 0 值则转换成 True。当 Boolean 值转换为其他数据类型时，False 转换成 0，而 True 转换为-1。

（2）Date 数据类型

Date 变量存储为 64 位（8 个字节）浮点数值形式，其可以表示的日期范围从 100 年 1 月 1 日—9999 年 12 月 31 日，而时间可以为 0:00:00—23:59:59。任何可辨认的文本日期都可以赋值给 Date 变量。日期文字须以数字符号（#）括起来，例如，#January l,1993#或 # 1 Jan 93 # 。

Date 变量会根据计算机中的短日期格式来显示。时间则根据计算机的时间格式（12 或 24 小时制）来显示。但其他的数值类型要转换为 Date 型时，小数点左边的值表示日期信息，而小数点右边的值则表示时间，午夜为 0 而中午 0.5。负整数表示 1899 年 12 月 30 日之前的日期。

（3）Variant 数据类型

Variant 数据类型没有类型声明字符，是一种特殊的数据类型，除了定长 String 数据及用户定义类型外，可以包含任何种类的数据。Variant 也可以包含 Empty、Error、Nothing 及 Null 等特殊值。可以用 VarType()函数或 TypeName()函数来检查 Variant 中的数据。VBA 中规定，所有未被显式声明（用如 Dim、Private、Public 或 Static 等语句）或使用符号来定义的变量的数据类型，默认为变体类型。变体类型非常灵活，但缺乏可读性。

2. 用户自定义数据类型

VBA 中可以使用类型说明字符来定义数据类型。应用过程中建立包含一个或多个 VBA 标准数据类型的数据类型，称为用户定义数据类型。在用户定义数据类型中，可以包含 VBA 标准的数据类型，也可以包含其他用户定义的数据类型。

数据类型的定义格式为：

```
Type [数据类型名]
```

```
<域名> As <数据类型>
<域名> As <数据类型>
…
End  Type
```

例如，定义班级中学生的基本情况数据类型如下：

```
Public Type Students
Name  As  Strings(8)
Age  As  Integer
End Type
```

VBA 中变量声明有两种方法：隐性声明和显示声明。

① 隐性声明：如果没有制定变量的类型而使用变量，则此变量默认为 Variant 类型。这种声明方式不但增加了程序运行的负担，而且极容易出现数据运算问题，造成程序出错。

② 显式声明。

语法：`Dim 变量名[As 数据类型]`

例如：`Dim Student As Students`

引用数据：

```
Student. Name="王小二"
Student. Age=15
```

3. 数据库对象

数据库对象，如数据库、表、查询、窗体和报表等，也有对应的 VBA 对象数据类型，这些对象数据类型由引用的对象库所定义，常用的 VBA 对象数据类型和对象库中所包括的对象如表 1-8-5 所示。

表 1-8-5　VBA 支持的数据库对象类型

对象数据类型	对　象　库	对应的数据库对象类型
数据库（Database）	DAO3.6	使用 DAO 时用 Jet 数据库引擎打开的数据库
连接（Connection）	ADO2.1	ADO 取代 DAO 的数据库连接对象
窗体（Form）	Access9.0	窗体，包括子窗体
报表（Report）	Access9.0	报表，包括子报表
控件（Control）	Access9.0	窗体和报表上的控件
查询（Query Def）	DAO3.6	查询
表（TableDef）	DAO3.6	数据表
命令（Command）	ADO2.1	ADO 取代 DAO.QueryDef 对象
结果集（DAO.Recordset）	DAO3.6	表的虚拟表示或 DAO 创建的查询结果
结果集（ADO.Recordset）	ADO2.1	ADO 取代 DAO.Recordset 对象

8.3.2　常量与变量

1. 常量

常量是执行程序时保持常数值的命名项目。定义常量来代替那些固定不变的数字或字符串，可以提高代码的可读性和可维护性。常量可以是字符串、数值、另一常量、任何（除乘幂与 Is 之外的）算术运算符的组合。

常量可以分为系统常量、直接常量和自定义常量。

系统常量由 Access 系统内部定义，启动时就建立的常量，有 True、False、Yes、No、On、Off 和 Null 等。系统常量位于对象库中，在 VBA 环境中，选择“视图”菜单中的“对象浏览器”命令，可以在“对象浏览器”中查看到 Access、VBA 等对象库中提供的常量，在编写代码是可以直接使用。

对于一些使用频度较多的常量，可以用符号常量形式来表示。符号常量使用关键字 Const 来定义，格式如下：

```
Const 符号常量名称=常量值
```

例如，Const PI=3.14 就定义了常量 PI。

若在模块的声明区中定义符号常量，则建立一个在所有模块都可以使用的全局符号常量。一般是在 Const 前加上 Global 或 Public 关键字。符号常量定义时不需要为常量指明数据类型，VBA 会自动按照存储效率最高的方式确定其数据类型。符号常量一般要求大写命名，以便与变量区分。

2. 变量

变量是一个命名的存储位置，用来保存程序运行期间可修改的数据。每一个变量在其范围中都有唯一识别的名称，变量的数据类型可以指定，也可以不指定。当变量的数据类型不指定时，默认为 Variant 数据类型。

变量的命名同字段命名要求相同，同时变量命名中不能使用 VBA 关键字，在变量命名时，不区分大小写。为了便于识别数据类型，在给变量或常量命名时，常常采用给变量名或常量名加前缀的方法。在 VBA 中，有一些约定俗成的常量和变量的命名前缀，如表 1-8-6 所示。

表 1-8-6 常量和变量的命名前缀

数据类型	前缀	数据类型	前缀
Byte	Byt	String	Str
Integer	Int	Boolean	Bln
Long	Lng	Date	Date
Single	Sng	Variant	Vnt
Double	Dbl	Object	Obj
Currency	Cur	用户自定义	Udt

根据变量的定义方式，变量可以划分为隐含型变量和显式变量。

（1）隐含型变量

隐含型变量不直接定义或者使用字符来定义变量类型。

（2）显式变量

显式变量使用 Dim ...[As VarType] 结构知名变量类型。在模块设计窗口的说明区域中，可以使用 Option Explicit 语句强制要求所求变量必须定义后使用。

根据变量的定义位置和方式不同，它存在的时间和起作用的范围也有所不同，这就是变量的生命周期和作用域。变量的作用域有 3 个层次。局部范围：定义在模块过程内部，过程代码执行时才可见；模块范围：定义在模块的所有过程之外的起始位置，运行时在模块所包含的所有子过程和函数过程中可见；全局范围：定义在标准模块的所有过程之外的起始位置，运行时在所有类模块和标准模块的所有子过程和函数过程中可见。

在过程中使用 Static 关键字的变量称为静态变量，静态变量持续时间是整个模块执行时间，它的有效作用范围根据定义位置决定。

当过程开始运行时，所有的变量都会被初始化。数值变量会初始化成 0，变长字符串被初始化成零长度的字符串(""),而定长字符串会被填满 ASCII 字符码 0 所表示的字符或是 chr (0)。Variant 变量会被初始化成 Empty。用户自定义类型中每一个元素变量会被当成个别变量来进行初始化。

数据类型是变量的特性，用来决定可保存何种数据。数据类型包括 Byte、Boolean、Integer、Long、Currency、Decimal、Single、Double、Date、String、Object、Variant（默认）和用户定义类型等。

3. 数据类型之间的转换

为了方便编程过程中的数据类型转换，Access 提供了一些数据类型转换函数。在 VBA 编程过程中，用户可以利用转换函数将一种数据类型的数据转换为另一种特定类型的数据。例如：A =Cstr (2000)，就是将数值转换为字符型数据。表 1-8-7 列出了常见的数据类型转换函数。

表 1-8-7 常见数据类型转换函数

函数名	目 标 类 型	函数名	目 标 类 型
CByte ( )	Byte	CInt ( )	Integer
CCur ( )	Currency	CLng ( )	Long
CDate ( )	Date	CSng ( )	Single
CVar ( )	Variant	CDbl ( )	Double
CStr ( )	String	CBool ( )	Boolean

8.3.3 数组

数组是由一组具有相同数据类型的变量（称为数组元素）构成的集合。在一个数组中，所有元素都用数组名作为名称，所不同的只是其下标。数组在内存中是用连续区域存储的。

在 VBA 中不允许隐式说明数组，用户可用 Dim 语句来声明数组。VBA 中的数组分为两类：固定数组和动态数组，即在运行时保持同样大小的数组和在运行时可以改变大小的数组。在 Visual Basic 中最多可以声明数组变量到 60 维。

1. 固定数组

一个数组中的所有元素应具有相同的数据类型，可以把数组声明为任何数据类型，包括用户自定义类型。声明数组的语句格式为：

```
Dim/Public/Static/Private 数组名（[下标 To]上标[,[下标] To 上标, …]) [As 数据类型]
```

说明：

① 在声明数组前加上 Public 关键字，即可建立全局数组。

② 在声明数组前加上 Private 关键字，即可建立模块级数组。

③ 在模块中，可用 Dim 语句来声明数组。

④ 在过程中，可用 Static 语句来声明数组。

在声明数组时，数组名后跟一个括号括起来的下界和上界。如果省略下界，则 VBA 默认下界为 0，数组的上界必须大于或等于下界。

例如，可以声明一维数组：

```
Public Students (9) As Integer                '下标为 0~9
Dim  Workers ( -4 To 5)  As Integer           '下标为-4~5
Static  Workers(3 To 12)  As Integer          '下标为 3~12
```

以上 3 个数组都包含了 10 个整数。

除了常用的一维数组外，还可以使用二维数组和多维数组。例如，可以用如下方法声明一个 20×20 的矩阵：

```
Dim  A(19, 19 )  As  Integer
```

或者

```
Dim  A (1 To 20 , 1 To 20)  As  Integer
```

在定义完数组后，它的值还只是数组的数据类型的默认值，必须对数组进行初始化才能使用。一般使用 For ... Next 语句进行数组的初始化。

2. 动态数组

如果在数组运行之前不能肯定数组的大小，这时候就要用到动态数组，即在程序运行时动态决定数组的大小。它具有灵活多变的特点，可以在任何时候根据需要改变数组的大小，有助于有效管理内存。

建立动态数组的步骤如下：

① 用 Public、Private、Static 或 Dim 语句声明空的动态数组，给数组附以一个空维表，此时维数不确定。例如：

```
Dim A( ) As Single
```

② 用 ReDim 语句来配置数组元素个数。例如：

```
ReDim A(9, 10) As Single
```

③ 以后还可以用 ReDim 语句重新分配数组空间。

说明：ReDim 语句只能出现在过程中，与 Dim 语句和 Static 语句不同，它是可执行语句。ReDim 语句可以改变数组中元素的个数，但是如果数据不是 Variant 类型，则不能使用 ReDim 语句改变数据类型。

8.3.4 运算符与表达式

运算符是通知 VBA 以什么样的方式来操作数据的符号。由运算符将常量、变量和关键字等连接起来的子句称为表达式。VBA 提供了丰富的运算符，可以构成多种表达式。

1. 算术运算符与算术表达式

算术运算是所有运算中使用频率最高的运算方式。VBA 提供了 8 种算术运算符，如表 1-8-8 所示。

表 1-8-8 算术运算符

运　　算	运　算　符	表达式举例
指数运算	^	3 ^ 2 结果为 9
取负运算	–	– X
乘法运算	*	X * Y
浮点除法运算	/	X / Y
整数除法运算	\	10 \3 结果为 3
取模运算	Mod	–7 Mod –2 结果为–1
加法运算	+	X + Y
减法运算	–	X – Y

在 8 种算术运算符中，除取负（ – ）是单目运算符外，其他均为双目运算符。加（ + ）、减（ – ）、乘（ * ）、取负（ – ）等几个运算符的含义与数学中基本相同，下面介绍其他几个运算符的操作。

（1）指数运算

指数运算用来计算乘方和方根，其运算符为“^”，例如 2^8 表示 2 的 8 次方，而 2^(l/2)或 2^0.5 表示 2 的平方根。

（2）浮点数除法与整数除法

浮点数除法运算符（ / ）执行标准除法操作，其结果为浮点数。例如，表达式 5/2 的结果为 2.5，与数学中的除法一样。整数除法运算符（\）执行整数除法，结果为整型值，例如，表达式 5\2 的值为 2。

整除的操作数一般为整型值。当操作数带有小数时，首先四舍五入为整型数或长整型数，然后进行整除运算。操作数必须在 – 2 147 483 648～2 147 483 647 范围内，其运算结果被截断为整型数（Integer）或长整型数（Long），不再进行舍入处理。

（3）取模运算

取模运算符（Mod）用来求余数，其结果为第一个操作数整除第二个操作数所得的余数，结果的符号取被除数的符号。

表 1-8-8 按优先顺序列出了算术运算符。在 8 个算术运算符中，指数运算符（^）优先级最高，其次是取负（ – ）、乘（ * ）、浮点除（ / ）、整除（\）、取模（Mod）、加（ + ）、减（ – ）。其中，乘和浮点除是同级运算符，加和减是同级运算符。当一个表达式中含有多种算术运算符时，必须严格按上述顺序求值。此外，如果表达式中含有括号，则先计算括号内表达式的值；有多层括号时，先计算内层括号中的表达式。

2. 字符串连接符与字符串表达式

字符串连接符（&）用来连接多个字符串（字符串相加）。例如：

```
A$="My"
B$="Home"
C$=A$&B$
```

变量 C$的值为 MyHome。

在 VBA 中，“+” 既可用作加法运算符，也可以用作字符串连接符，但 “&” 专门用作字符串连接运算符，其作用与“+”相同。在有些情况下，用“&”比用“+”可能更安全。

3. 关系运算符与关系表达式

关系运算符也称为比较运算符，用来对两个表达式的值进行比较，比较的结果是一个逻辑值，即真（True）或假（False）。用关系运算符连接两个算术表达式所组成的表达式称为关系表达式。VBA 提供了 6 种关系运算符，如表 1-8-9 所示。

表 1-8-9 VBA 的关系运算符

运 算 符	测试关系	表达式举例
=	相等	X= Y
<>或><	不等于	X<>Y
>	大于	X>Y
<	小于	X<Y
<=	小于或等于	X<=Y
>=	大于或等于	X>=Y

在 VBA 中，允许部分不同数据类型的量进行比较，但要注意其运算方法。

关系运算符的优先次序如下：

① =、<>或><、<、>、>=、<=的优先级别相同，按照从左到右的顺序运算。

② 关系运算符的优先级低于算术运算符。

③ 关系运算符的优先级高于赋值运算符“=”。

4. 逻辑运算符及其表达式

逻辑运算也称为布尔运算，由逻辑运算符连接两个或多个关系表达式，组成一个布尔表达式。VBA 的逻辑运算符主要有与（And）、或（Or）和非（Not）。逻辑运算的结果仍为逻辑值，运算法则如表 1-8-10 所示。

表 1-8-10 逻辑运算符运算法则

X	Y	X And Y	X Or Y	Not X
True	True	True	True	False
True	False	False	True	False
False	True	False	True	True
False	False	False	False	True

5. 对象运算符与对象运算表达式

对象运算表达式中使用“!”和“.”两种运算符，使用对象运算符指出随后将出现的项目类型。

① “!”运算符：其作用是指出随后为用户定义的内容。使用“!”运算符可以引用一个开启的窗体、报表或开启窗体或报表上的控件。例如：

```
Forms! [学生]                '表示开启的“学生”窗体
Forms! [学生] ![姓名]        '表示开启的“学生”窗体上的“姓名”控件
```

② “.”（点）运算符：该运算符通常指出随后是 Access 定义的内容。例如，使用“.”运算符可引用窗体、报表或控件等对象的属性。

在表达式中可以使用标识符来引用一个对象或对象的属性。例如，可以引用一个开启的报表的 Visible 属性： Reports![成绩]! [分数]. Visible ，其中[成绩]引用“报表”集合中的“成绩”报表，[分数]引用“成绩”报表中的“分数”控件。例如，将控件“标签 1 ”的颜色设置为红色的代码为：

```
标签1.ForeColor= RGB(255, 0, 0)
```

8.4 常用标准函数

在 VBA 中，可以利用函数方便地处理多种操作。标准函数一般用于表达式，有的能和语句一样使用。使用形式为：

```
函数名（<参数1 > <,参数2 > [,参数3][,参数4]…）
```

其中，函数名必不可少，函数的参数放在函数名后的圆括号内，参数可以是常量、变量或表达式，可以为一个或多个，少数函数为无参函数。当函数被调用后，都会返回一个值，函数的参数和返回值都有特定的数据类型。

8.4.1 数学函数

数学函数完成数学计算功能。常用的数学函数及应用举例如表 1-8-11 所示。

表 1-8-11 常见数学函数及应用举例

函　　数	功　　能	应用举例
Abs(<表达式>)	返回数值表达式的绝对值	Abs(-3)=3
Int(<数值表达式>)	返回数值表达式的整数部分，如果数值表达式的值为负值，则返回小于等于参数值的第一个负数	Int(3.25)=3　Int(-3.25)=-4　Int（3.75）=3
Fix(<数值表达式>)	返回数值表达式的整数部分，如果数值表达式的值为负值，则返回大于等于参数值的第一个负数	Fix(3.25)=3　Fix(-3.25)=-3
Round（<数值表达式>[，表达式]）	按照指定的小数位数进行四舍五入运算的结果。[,表达式]是进行四舍五入运算小数点右边应保留的位数	Round（3.255,1）=3.3 Round（3.255,2）=3.26 Round（3.755,0）=4
Sqr(<数值表达式>)	计算数值表达式的算术平方根	Sqr(9)=3
Rnd(<数值表达式>)	产生一个[0,1)之间的单精度类型的随机数。数值表达式参数为随机数种子，决定产生随机数的方式。如果数值表达式值小于 0，每次产生相同的随机数；如果数值表达式值大于 0 ，每次产生新的随机数；如果数值表达式值等于 0 ，产生最近生成的随机数，且生成的随机数序列相同；如果省略数值表达式参数，则默认参数值大于 0。 实际应用时，先用 Randomize()函数初始化随机数生成器，以产生不同的随机数。	产生[0,99]的随机整数：Int (100 * Rnd) 产生[0,100]的随机整数：Int (101 * Rnd) 产生[1,100]的随机整数：Int (100 * Rnd + 1) 产生[100,299]的随机整数：Int（100 + 200 * Rnd） 产生[100,300]的随机整数：Int（100 + 201 * Rnd）

8.4.2 字符串函数

字符串函数完成字符串处理功能。常见的字符串函数及应用举例如表 1-8-12 所示。

表 1-8-12 常见字符串函数及应用举例

函 数	功 能	应用举例
Len(<字符串表达式>)	返回字符串表达式所含字符数。若为定长字符串，返回定义时的长度，和实际值无关	Len (" 12345")返回值为 5；Len ("考试中心")返回值为 4；len (3.8) 的返回值为 3;len(str(3.8))的返回值为 4
InStr ([Start,]<Str1>,<Str2>[,Compare])	检索子字符串 Str2 在字符串 Str 中最早出现的位置，返回一个整数，Start 为检索起始位置，Compare 为检索比较的方法	Instr ("98765"， "65") 返回 4 Instr (3, "aSsiAa","a",1) 返回 5
Left (<字符串表达式>, <N >)	从字符串左边起截取 N 个字符	Left ([学号],4)返回学号的前 4 位
Right (<字符串表达式>, <N>)	从字符串右边起截取 N 个字符	Right ("abcde",2)返回 de
Mid(<字符串表达式>, <N1>, [N2])	从字符串左边第 N1 个字符起截取 N2 个字符。如果 N1 值大于字符串的字符数，返回零长字符串；如果省略 N2，返回字符串中左边起 N1 个字符开始的所有字符	Mid ([学号，1 ，1])返回姓名字段的第一个字
Replace(<S1>, <S2>,<S3>[,Start[,Count[, Compare]]])	把指定字符串 S1 中的一个或一组字符 S2，替换成另一组字符 S3。Start 表示开始位置，Count 表示替换字符的个数，Compare 表示比较方法	Repace ("计算机测试"，"测"，" 考") 返回 “计算机考试”
Space (<数值表达式>)	返回数值表达式的值指定的空格字符数	Space (3) 返回 3 个空格字符
Ucase (<字符串表达式>)	将字符串中小写字母转成大写字母	Ucase ("AaBb")返回 AABB
Lcase (<字符串表达式>)	将字符串中大写字母转成小写字母	Lcase (AaBb)返回 aabb
LTrim (<字符串表达式>	删除字符串的开始空格	
RTrim (<字符串表达式>)	删除字符串的尾部空格	
Trim (<字符串表达式>)	删除字符串的开始和尾部空格	

8.4.3 日期/时间函数

日期 / 时间函数的功能是处理日期和时间。常用的日期 / 时间函数如表 1-8-13 所示。

表 1-8-13 常用的日期 / 时间函数

函 数	功 能
Date()	返回当前系统日期
Time()	返回当前系统时间
Now()	返回当前系统日期和时间
Year (<日期表达式>)	返回日期表达式年份的整数
Month (<日期表达式>)	返回日期表达式月份的整数
Day (<日期表达式>)	返回日期表达式日期的整数
Weekday (<表达式>,[W])	返回 1～7 的整数，表示星期几

续表

函　　数	功　　能
Hour（<日期表达式>）	返回时间表达式的小时数（0～23）
Minute（<日期表达式>）	返回时间表达式的分钟数（0～59）
Second(<日期表达式>)	返回时间表达式的秒数（0～59）
DateAdd（<间隔类型>,<间隔值>,<日期表达式>）	对日期表达式按照间隔类型加上或减去指定的时间间隔值 间隔类型为字符串：yyyy 表示年，m 表示月，d 表示日，y 表示一年中的日，w 表示一周中的日，ww 表示周，h、n、s 分别表示时分秒，q 表示季
DateDiff（<间隔类型>,<日期 1>,<日期 2>[,W1][,W2]）	返回日期 1 和日期 2 之间按照间隔类型所指定的试卷间隔数目
DatePart（<间隔类型>,<日期>[,W1][,W2]）	返回日期中按照间隔类型所指定的时间部分值
DateSerial（表达式 1,表达式 2,表达式 3）	由表达式 1 为年、表达式 2 为月、表达式 3 为日而组成的日期值

8.4.4　类型转换函数

类型转换函数的功能是将数据类型转换成指定的数据类型。在表 1-8-7 中已经列出了以 C 开头的一些类型转换函数。除此之外，还有一些常用类型转换函数，如表 1-8-14 所示。

表 1-8-14　常用类型转换函数及应用举例

函　数	功　　能	应 用 举 例
Asc(<字符串表达式>)	返回字符串表达式首字符的 ASCII 码值	Asc（"abcdefg"）返回值为 a 的 ASCII 码值 97
Chr(<表达式>)	返回以表达式的值为 ASCII 码值的字符	Chr (65) 返回 A
Str (<数值表达式>)	将数值表达式的值转换成字符串	Str (99) 返回 " 99 "
Val (<字符串表达式>)	将数字字符串转换成数值型数字	Val (" 3 45 ")返回 345；Val (" 76ah9 ")返回 76
DateValue（<字符串表达式>）	将字符串转换为日期值	DateValue （ "February 29,2010" ） 返 回 为 #2010-2-29#
Nz（表达式或字段属性值[,规定值]）	当一个表达式或字段属性值为 Null 时，函数可返回 0、""或其他指定值	省略规定值时，日期型 Null 返回 0；字符型 Null 返回""

8.5　语句和控制结构

语句是能够完成某项操作的一条命令。VBA 程序的功能就是由大量的语句串命令构成。VBA 程序语句按照其功能不同分为两大类型：一是声明语句，用于给变量、常量或过程定义命名；二是执行语句，用于执行赋值操作，调用过程，实现各种流程控制。

8.5.1　语句概述

1．程序语句书写及注释语句

语句书写规定，通常将一个语句写在一行。语句较长，一行写不下时，可以用续行符（_）将语句连续写在下一行(使用时续行符前要加空格,否则无法正确编译)。可以使用冒号（:）将几个语句分隔写在一行中。当输入一行语句并按【Enter】键时，如果该行代码以红色文本显示（有时伴有错误信息出现），则表明该行语句存在错误应更正。

一个好的程序一般都有注释语句，添加注释语句对程序的维护有很大的帮助。在 VBA 程序中，注释可以通过以下两种方式实现：

（1）使用 Rem 语句

格式：Rem 注释语句

例如：
```
Rem 定义两个变量
Dim  Str1,Str2
Str1="Beijin"  :  Rem  注释，在语句之后要用冒号隔开
```

（2）用单引号“'”

格式：'注释语句

例如：
```
Str2="Shanghai"      '这也是一条注释。这时，无须使用冒号
```

注释可以添加到程序模块的任何位置，并且默认以绿色文本显示。

2．声明语句

声明语句用于命名和定义常量、变量、数组和过程。在定义内容的同时，也定义了其生命周期与作用范围，这取决于定义位置（局部、模块或全局）和使用的关键字（Dim、Public、Static 或 Global 等）。

例如：
```
Sub Sample ( )
  Const PI = 3.14159
  Dim i as Integer
End Sub
```

上述语句定义了一个子过程 Sample。当这个子过程被调用运行时，包含在 Sub 与 End Sub 之间的语句都会被执行。Const 语句定义了一个名为 PI 的符号常量；Dim 语句则定义了一个名为 i 的整形变量。

3．赋值语句

赋值语句是为变量指定一个值或表达式。通常以等号赋值运算符连接。其使用格式为：

```
[Let] 变量名=值或表达式
```

其中，Let 为可选项。

例如：
```
Dim txtAge As Integer
txtAge=24
Debug.Print txtAge
```

这里声明了一个变量 txtAge，并赋值为 24，在立即窗口中输出。

4．标号和 GoTo 语句

GoTo 语句用于无条件转移，使用格式为：

```
GoTo 标号
```

程序执行到这条语句，就会无条件跳转到“标号”位置，并继续执行后面的语句。这里，“标号”必须在程序中先定义。定义标号时名字必须从代码的最左列（第 1 列）开始书写。

例如：
```
Goto Lab1                '跳转到标号为 Lab1 的位置执行其后的语句
…
```

```
Lab1:                '定义 Lab1 标号位置
…
```

注意：由于 Goto 语句无条件跳转，所以应该有条件使用。而且应该尽量避免使用 GoTo 语句。

5. 控制语句

控制语句又分为 3 种结构：

① 顺序结构：按照语句顺序顺次执行，如赋值语句、过程调用语句等。

② 条件结构：又称为选择结构，根据条件选择执行路径。

③ 循环结构：重复执行某一段程序语句。

8.5.2 条件结构

VBA 支持的条件判断语句主要有两种：If 语句和 Select 语句，下面分别进行介绍。

1. If 语句

If 语句可以根据条件来决定程序的走向，以实现程序的分支控制，其语法格式如下：

```
If 条件表达式 Then
   <程序代码 1>
[Else
   <程序代码 2>]
End If
```

说明：

① 当条件表达式的值为 True 时执行程序代码 1；当条件为 False 时执行程序代码 2。

② 方括号所括起来的部分表示可以省略。

If 语句还有一种嵌套格式，以实现多级分支：

```
If 条件表达式 1 Then
   <程序代码 1>
ElseIf 条件表达式 2  Then
   <程序代码 2>
   …
[Else
   <程序代码 N+1>]
End If
```

【例 1.8.2】根据成绩给出相应等级。要求：用输入框接收一个成绩，给出相应等级，90～100 分为优秀，80～90 分为良好，70～80 分为较好，60～70 分为及格，60 分以下不及格，若成绩大于 100 分或者小于 0 分，提示输入的成绩不合法。

参考程序如下：

```
Public Sub test()
  Dim s As String
  Dim g As Single
  g=InputBox("请输入学生成绩：", "输入")
  If g<0 or g>100 Then
    MsgBox "输入的成绩不合法！", vbCritical, "警告"
  ElseIf g>=90 Then
    s="优秀"
```

```
  ElseIf g>=80 Then
    s="良好"
  ElseIf g>=70 Then
    s="较好"
  ElseIf g>=60 Then
    s="及格"
  Else
    s="不及格"
  End If
  MsgBox s, vbInformation, "成绩等级"
End Sub
```

当调用 test 过程时，输入 80，结果提示内容为“良好”。

2. Select 语句

虽然使用 If 语句可以实现多分支的控制，但它不够灵活，当层次较多时容易出错。Select 语句是专门用于多分支控制的语句。使用该语句，可以使程序更加简洁、明了。其语法格式如下：

```
Select Case 表达式
Case 表达式 1
   <表达式的值与表达式 1 的值相等时执行的语句序列>
[Case 表达式 2  To 表达式 3 ]
   [<表达式的值介于表达式 2 与表达式 3 的值之间时执行的语句序列> ]
[Case Is 关系运算符 表达式 4]
   [<表达式的值与表达式 4 的值之间满足关系运算为真时执行的语句序列>]
[Case Else]
   [<以上情况均不符合时执行的语句序列>]
End Select
```

Select Case 结构运行时，首先计算“表达式”的值，然后会依次计算测试每个 Case 表达式的值，直到值匹配成功，程序会转入相应 Case 结构内执行语句。Case 表达式可以是下列 4 种格式之一：

① 单一数值或一行并列的数值，用来与“表达式”的值相比较，成员间以逗号隔开。

② 由关键字 To 分隔开的两个数值或表达式之间的范围，前一个值必须比后一个值要小，否则没有符合条件的情况。字符串从其第一个字符的 ASCII 码值开始比较，直到分出大小为止。

③ 关键字 Is 接关系运算符，如<>、<=、=、>=或>，后面再接变量或精确的值。

④ 关键字 Case Else 后的表达式，是在前面的 Case 条件都不满足时执行的。

注意：

① Case 语句是依次测试的，并执行第一个符合 Case 条件的相关的程序代码，即使再有其他符合条件的分支也不会再执行。

② 如果没有找到符合的，且有 Case Else 语句，就会执行接在该语句后的程序代码。然后，程序从接在 End Select 终止语句的下一行程序代码继续执行。

【例 1.8.3】用 Select 语句实现例 1.8.2 的功能。

参考程序如下：

```
Public Sub test1()
   Dim s As String
   Dim g As Single
```

```
    g=InputBox("请输入学生成绩: ", "输入")
    Select Case g
    Case Is>100, Is<0
      s="输入的成绩不合法! "
    Case Is>=90
      s="优秀"
    Case Is>=80
      s="良好"
    Case Is>=70
      s="较好"
    Case Is>=60
      s="及格"
    Case Else
      s="不及格"
    End Select
    MsgBox s, vbInformation, "成绩等级"
  End Sub
```

【例 1.8.4】判断字符的类型。

参考程序如下：

```
Select Case a$
  Case "A" To "Z"
    Str $="是大写字母! "
  Case " a " To " z "
    Str $="是小写字母! "
  Case " 0 " To " 9 "
    Str $="是数字! "
  Case " ! " , " ? " , " , " , " . " , " ; "
    Str $="是标点符号! "
  Case " "
    Str $="是空字符串! "
  Case Is <32
    Str $="是特殊字符! "
  Case Else
    Str $="是未知字符! "
End Select
```

这个例子是利用 Select Case 结构来处理字符的不同取值。

除上述两种条件语句结构外，VBA 还提供 3 个函数来完成相应的选择操作。

1. Iif()函数

调用格式：IIf（条件式 ，表达式 1 ，表达式 2）

该函数是根据“条件式”的值来决定函数返回值。“条件式”的值为 True，函数返回“表达式 1”的值；“条件式”值为 False，函数返回“表达式 2”的值。

例如：将变量 a、b 的最大值存入变量 Max 中，可以用下列语句实现：

```
Max=IIf(a>b,a,b)
```

2. Switch()函数

调用格式：Switch（条件式 1,表达式 1[,条件式 2,表达式 2 …[,条件式 *n*,表达式 *n*]]）

该函数是分别根据“条件式 1”“条件式 2”直至“条件式 *n*”的值来决定函数返回值。条件式是由左至右进行计算判断的，而表达式则会在第一个相关的条件式为 True 时作为函数返回值返回。如果其中有部分不成对，则会产生一个运行错误。

例如，根据变量 x 的值来为变量 y 赋值。

```
y=Switch(x>0,1,x=0,0, ,x<0,-1)
```

3. Choose()函数

调用格式：Choose(索引式 , 选项 1 [, 选项 2, … [,选项 *n*]])

该函数是根据“索引式”的值来返回选项列表中的某个值。“索引式”值为 1，函数返回“选项 1”值；“索引式”值为 2，函数返回“选项 2”值；依此类推。

注意：只有在“索引式”的值界于 1 和可选择的项目数之间，函数才返回其后的选项值；当“索引式”的值小于 1 或大于列出的选择项数目时，函数返回无效值（Null）。

8.5.3 循环结构

VBA 支持的循环结构主要有以下 3 种：For…Next 语句、Do…Loop 语句和 While…Wend 语句。

1. For…Next 语句

For…Next 语句是 Visual Basic 中最常用的循环控制语句。其语法格式如下：

```
For 循环变量=初始值 To 终值 [Step 步长]
   循环体
   [条件语句序列
      Exit For
   结束条件语句序列]
Next  [循环变量]
```

执行步骤如下：

① 循环变量取初值。

② 循环变量与终值比较，确定循环体是否执行，具体比较方法如下：

- 步长>0 时，若循环变量<=终值，循环继续，否则退出循环。
- 步长=0 时，若循环变量<=终值，死循环；否则一次也不执行循环体。
- 步长<0 时，若循环变量>=终值，循环继续，否则退出循环。

③ 执行循环体。

④ 修改循环变量值（循环变量=循环变量+步长）。

⑤ 转向执行步骤②。

说明：

① 如果在 For 语句中省略 Step 项，则“步长”默认为 1，即“循环变量”每循环一次加 1。

② 如果在循环中有 Exit For 语句，当循环中执行到该语句时结束循环，程序继续执行 Next 的下一条语句。

③ 若循环体内没有修改循环变量的值，那么循环执行次数=Int((终值-初值)/步长)+1。

【例 1.8.5】在“学生成绩管理系统”数据库中，新建一个名为“循环例题”的窗体，添加一个命令按钮，名称为“求和”，标题为“求 1+2+3+…+20 的和”，实现单击此按钮提示 1+2+3+…

+20 的和。

具体操作步骤如下：

① 打开“学生成绩管理系统”数据库，单击“创建”选项卡，单击工具栏中的“窗体设计”按钮，设计视图新建一个窗体。

② 单击快速工具栏中的“保存”按钮，在“另存为”对话框的“窗体名称”文本框中输入“循环例题”，然后单击“确定”按钮。

③ 添加一个命令按钮，设置其属性，如图 1-8-9 所示。

④ 使用前面介绍的方法进入 VBA 编程环境，在代码窗口中输入代码，如图 1-8-10 所示。

图 1-8-9 “求和”按钮属性设置

⑤ 单击快速工具栏中的“保存”按钮，使用【Alt+F11】组合键切换到数据库窗口。

⑥ 选择“开始”选项卡中的“视图”→“窗体视图”选项，将“循环例题”窗体切换到“窗体视图”。

⑦ 单击标题为“求 1+2+3+…+20 的和”的命令按钮，弹出“结果”对话框，如图 1-8-11 所示，从中可以看出 1+2+3+…+20 的和为 210。

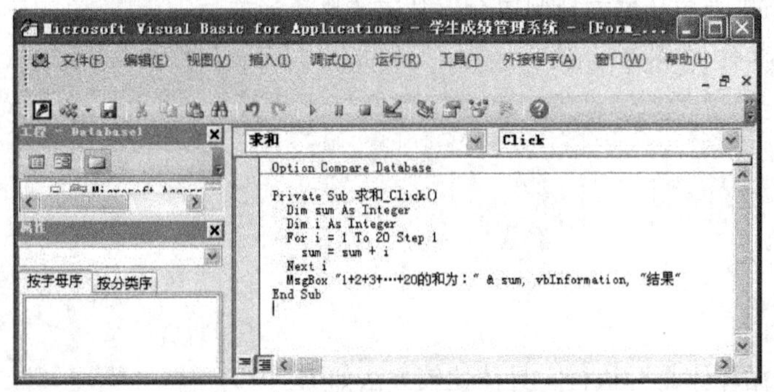

图 1-8-10 编写“求和”按钮的代码

图 1-8-11 运行结果

说明：

① 程序段：

```
For i=1 To 20 Step 1
   sum=sum+i
Next i
```

实现求 1+2+3+…+20 的和并存入 sum 变量中。其中，step 1 可以省略。

② 语句 MsgBox "1+2+3+…+20 的和为：" & sum, vbInformation, "结果"

其中，sum 不能加双引号（如果加双引号，结果消息框中提示为 sum，而不是变量 sum 的值）。

③ 本例循环执行后，变量 sum 的值为 210，变量 i 的值为 21。

【例 1.8.6】在“学生成绩管理系统”数据库的“循环例题”窗体中，添加一个命令按钮，单击求解 5!，用 MsgBox 提示结果。

具体操作步骤如下：

① 依照上例相同的方法，以“设计视图”打开“循环例题”窗体，并添加一个命令按钮，设置按钮“名称”属性为“求阶乘”，“标题”属性为“求 5!”。

② 进入 VBA 编程，在代码窗口中输入代码，如图 1-8-12 所示。

③ 保存并切换到数据库窗口，选择“开始”选项卡中的“视图”→“窗体视图”命令，将“循环例题”窗体切换到“窗体视图”。

④ 单击“求 5!”按钮，测试运行结果，可以看到结果为 120，如图 1-8-13 所示。

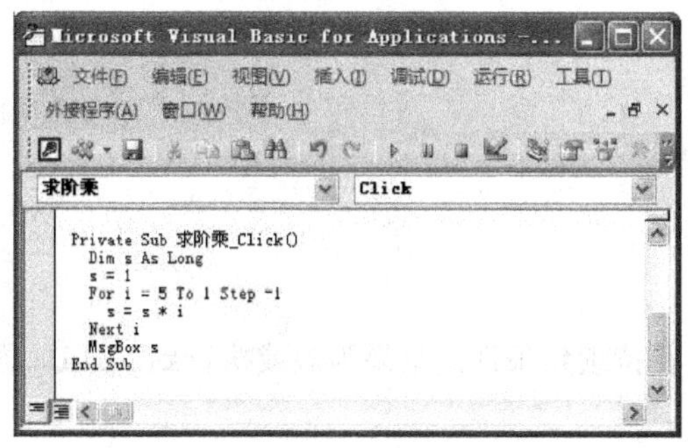

图 1-8-12　输入代码

图 1-8-13　运行结果

说明：

① 变量 s 的初值必须设置为 1，否则运行结果为 0。

② 循环步长非 1 的情况下，不能省略。

③ MsgBox　s 中的 s 不能加双引号。

【例 1.8.7】 编程求 1! +2! +…+10!

分析：本例第 1 项为 1!，第 2 项为 2!，……，第 i 项为 i!，而题目要求到 10!，因此可以使用循环来实现，循环变量 i 的初值为 1，终值为 10，步长为 1；但是此例中第 i 项为 i!，不是 i。解决的思路是：循环体内，首先计算 i!，然后求和。

参考程序如图 1-8-14 所示。

说明：

① 变量 jch 的初值必须为 1，因为阶乘的值较大，所以变量声明为 long 类型。

② 循环语句 jch=jch*i，第 1 次执行 jch 为 1!，第 2 次执行 jch 为 2!，第 i 次执行 jch 为 i!。

③ 循环语句 sum=sum+jch，第 1 次执行时 sum 为 1!，第 2 次执行为 sum 为 1! +2!，第 i 次执行时 sum 为 1!+2!+…+i!。

④ 最后运行结果如图 1-8-15 所示。

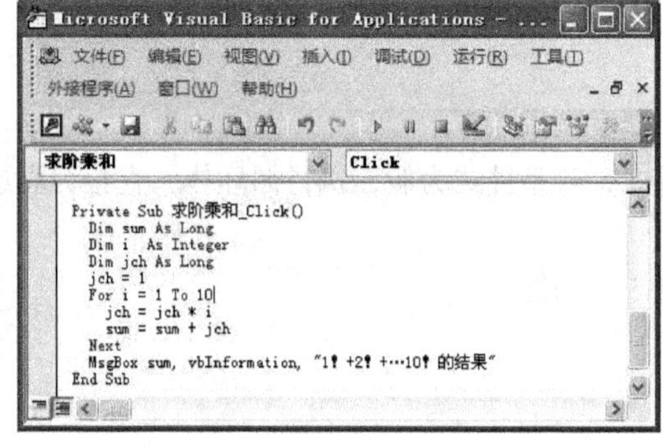

图 1-8-14　求 1! +2! +…+10! 的参考程序

图 1-8-15　例 1.8.7 运行结果

2．Do...Loop 语句

Do...Loop 语句共有 4 种形式，分别为 Do While...Loop、Do Until...Loop、Do...Loop While 和 Do...Loop Until。

（1）Do While...Loop 语句

其使用格式如下：

```
Do While 条件式
   循环体
   [条件语句序列
       Exit Do
   结束条件语句序列]
Loop
```

该结构在条件式结果为真时，执行循环体，并持续到条件式结果为假或执行到 Exit Do 语句退出循环。

（2）Do Until...Loop 语句

其使用格式如下：

```
Do Until 条件式
   循环体
   [条件语句序列
      Exit Do
   结束条件语句序列]
Loop
```

该结构当条件式值为假时，重复执行循环，直至条件式值为真，结束循环。

（3）Do...Loop While 语句

```
Do
   循环体
   [条件语句序列
      Exit Do
   结束条件语句序列]
Loop While 条件式
```

该结构先执行一次循环体，然后判断条件式，若条件式为真，执行循环体，直至为假或执行到 Exit Do 语句时退出循环。

（4）Do...Loop Until 语句

```
Do
   循环体
   [条件语句序列
      Exit Do
   结束条件语句序列]
Loop Until 条件式
```

该结构先执行一次循环体，然后判断条件式，若条件式为假，执行循环体，直至为真或执行到 Exit Do 语句时退出循环。

【例 1.8.8】使用 Do...Loop 语句实现例 1.8.5 的功能。

只要将图 1-8-10 中代码改为：

```
Private Sub 求和_Click()
   Dim sum As Integer
   Dim i As Integer
```

```
    Do While i<20
      i=i+1
      sum=sum+i
    Loop
    MsgBox "1+2+3+…+20 的和为: " & sum, vbInformation, "结果"
End Sub
```

说明：

① 变量 i 没有赋初值，声明时默认为 0。

② 由于 Do…Loop 语句不像 for…next 语句有修改循环变量的操作，因此，在循环体内必须要有修改循环变量值的语句，例如 i = i + 1 语句，否则，将是死循环。

③ 本例执行循环执行完后，变量 sum 的值为 210，i 的值为 20。

3. While...Wend 语句

此语句的一般格式为：

```
While 条件式
   循环体
Wend
```

While...Wend 语句主要是为了兼容 QBasic 和 Quick BASIC 而提供的。由于 VBA 中已经有 Do While...Loop 结构，所以尽量不要使用 While...Wend 语句。

8.6 调用过程及参数传递

在 Access 中，利用模块可以创建自己的函数、子过程和事件过程等，它可以代替宏执行复杂的操作，完成标准宏所不能执行的功能。

8.6.1 过程定义和调用

创建模块的具体操作步骤如下：

① 单击“创建”选项卡“宏与代码”命令组中的“模块”工具按钮，打开 VBA 窗口，如图 1-8-16 所示。

② 选择“插入”→“过程”“模块”或“类模块”命令，即可添加相应的模块，进行 VBA 程序的编写。

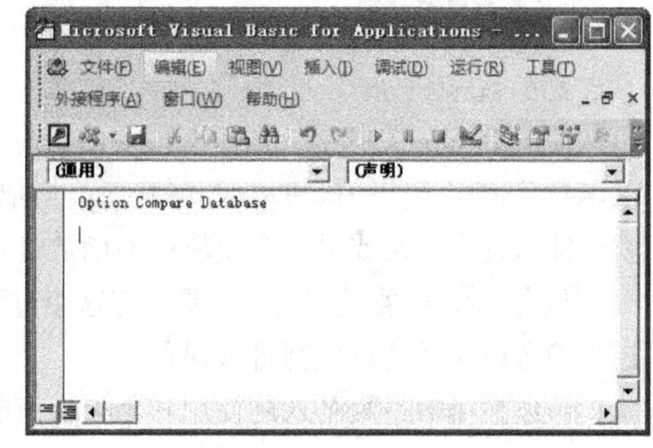

图 1-8-16　VBA 窗口

模块是由过程组成的，过程是包含 VBA 代码的基本单位，它由一系列可以完成某项指定的操作或计算的语句和方法组成。定义过程的名称总是在模块级别内进行，所有可执行的代码必须属于某个过程，一个过程不能嵌套在其他过程中。过程通常分为 Sub 过程和 Function 过程。

1. Sub 过程的定义和调用

【例 1.8.9】 创建一个打开指定窗体的 Sub 过程 OpenForms()。

具体操作步骤如下：

① 单击“创建”选项卡“宏与代码”命令组中的“模块”工具按钮，打开 VBA 窗口。

② 选择“插入”→“过程”命令，弹出“添加过程”对话框，如图 1-8-17 所示。

③ 输入过程名 OpenForms，单击“确定”按钮，在 Sub 和 End Sub 之间添加代码，如图 1-8-18 所示。

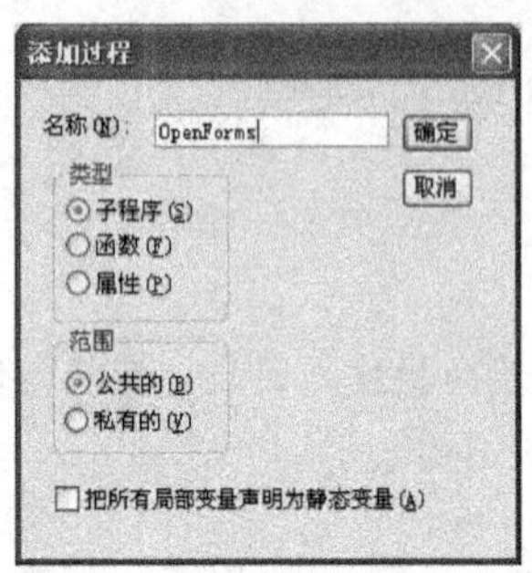

图 1-8-17 “添加过程”对话框

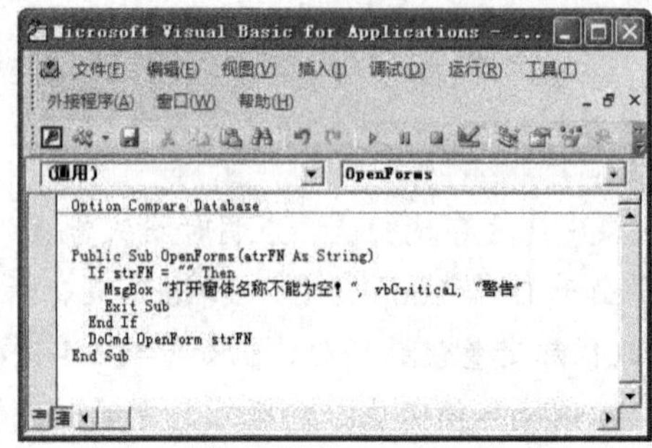

图 1-8-18 编写过程代码

④ 单击快速工具栏中的“保存”按钮保存设计的过程。

说明：程序代码中 DoCmd.OpenForm 是用于打开窗体的命令，在后面将详细介绍。

2. 函数过程的定义和调用

可以使用 Function 语句定义一个新函数过程、接受参数、返回变量类型及运行该函数过程的代码。其定义格式如下：

```
[ Public| Private|][Static] Function 函数过程名 ( [<形参> = ) [ As 数据类型]
[<函数过程语句>]
[函数过程名=<表达式>]
[ Exit Function ]
[<函数过程语句>]
[函数过程名=<表达式>]
End Function
```

使用 Public 关键字，则所有模块的所有其他过程都可以调用它。使用 Private 关键字可以使该函数只适用于同一模块中的其他过程。当把一个函数过程说明为模块对象中的私有函数过程时，就不能从查询、宏或另一个模块中的函数过程调用这个函数过程。

包含 Static 关键字时，只要含有这个过程的模块是打开的，则所有在这个过程中无论是显示还是隐含说明的变量值都将被保留。

可以在函数过程名末尾使用一个类型声明字符或使用 As 子句来声明被这个函数过程返回的变量数据类型，否则 VBA 将自动赋给该函数过程一个最合适的数据类型。

函数过程的调用形式只有一种：

```
函数过程名([<实参>])
```

函数过程会返回一个值。实际上，函数过程的上述调用形式主要有两种用法：一是将函数过程返回值作为赋值成分赋予某个变量，其格式为“变量 = 函数过程名（[<实参>]）”；二是将函数过程返回值作为某个过程的实参成分使用。

【例 1.8.10】编写一个求圆面积的函数过程 Area()。

具体操作步骤如下：

① 单击“创建”选项卡“宏与代码”命令组中的“模块”按钮，打开 VBA 窗口。

② 选择“插入”→“过程”命令，弹出“添加过程”对话框（见图 1-8-17）。

③ 输入过程名 Area，在“类型”选项组中选择“函数”单选按钮，单击“确定”按钮，在 Function Area()和 End Function 之间添加代码，如图 1-8-19 所示。

如果需要调用该函数过程计算半径为 4 的圆的面积，只要调用函数 Area (4)即可。

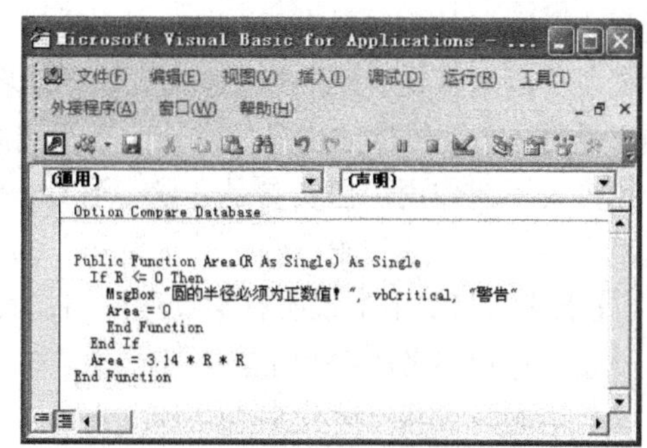

图 1-8-19 定义函数 Area()

8.6.2 参数传递

从上面的过程定义式可以看到，过程定义时可以设置一个或多个形参，多个形参之间用逗号分隔。其中，每个形参的完整定义格式为：

```
[Optional][ByVal | ByRef ][ ParamArray] Varname [ ( ) ] [As Type][ =DefaultValue ]
```

各项含义说明如下：

① Optional 为可选项，表示参数不是必需的。但如使用了 ParamArray，则任何参数都不能使用 Optional 声明。

② ByVal 为可选项，表示该参数按值传递。

③ ByRef 为可选项，表示该参数按址传递，若用户不指定，则为系统默认选项。

④ ParamArray 为可选项，只用于 Arglist 的最后一个参数，指明最后这个参数是一个 Variant 元素的 Optional 数组。使用 ParamArray 关键字可以提供任意数目的参数，但不能与 ByVal、ByRef 或 Optional 一起使用。

⑤ Varname 为必选项，代表参数的变量名称，遵循标准的变量命名约定。

⑥ Type 为可选项，表示传递给该过程的参数的数据类型。当没有选择参数 Optional 时，可以是用户自定义类型或对象类型。

⑦ DefaultValue 为可选项，为任何常数或常数表达式，只对于 Optional 参数是合法的。如果类型为 Object，则显式默认值只能是 Nothing。

含参数的过程被调用时，主调过程中的调用式必须提供相应的实参，并通过实参向形参传递的方式完成操作过程。

关于实参向形参的数据传递，还需了解以下内容：

① 实参可以是常量、变量或表达式。

② 实参数目和类型应该与形参数目和类型相匹配，除非形参定义含 Optional 和 ParamArray 选项，否则参数类型可能不一致。

③ 传值调用（ByVal 选项）的“单向”作用形式与传址调用（ByRef 选项）的“双向”作用形式。

下面就传值调用和传址调用做进一步分析和说明。

过程定义时，如果形式参数被说明为传值（ByVal 项），则过程调用只是相应位置实参的值“单向”传送给形参处理，而被调用过程内部对形参的任何操作引起的形参值的变化均不会反馈、影响实参的值。由于这个过程数据的传递只有单向性，故称为“传值调用”的“单向”作用形式。反之，如果形式参数被说明为传址（ByRef 项），则过程调用是将相应位置实参的地址传送给形参处理，而被调用过程内部对形参的任何操作引起的形参值的变化又会反向影响实参的值。在这个过程中，数据的传递具有双向性，故称为“传址调用”的“双向”作用形式。需要指出的是，实参提供可以是常量、变量或表达式 3 种方式之一。常量与表达式在传递时，形参即便是传址（ByRef 项）说明，实际传递的也只是常量或表达式的值，这种情况下，过程参数“传址调用”的“双向”作用形式不起作用。但实参是变量、形参是传址（ByRef 项）说明时，可以将实参变量的地址传递给形参，这时，过程参数“传址调用”的“双向”作用形式就会产生影响。

【例 1.8.11】举例说明有参过程调用，其中主调过程 test_Click( )，被调过程 GetData ( )。

主调过程参考程序如下：

```
Private Sub test_Click()
   Dim J As Integer
   J=5                                     '赋变量 J 的初始值为 5
   Call GetData(J)                         '调用过程，传递实参 J（实际上是 J 的地址）
   MsgBox J                                '测试观察实参 J 的值的变化(消息框显示 J 值)
End Sub
```

被调过程参考程序如下：

```
Private Sub GetData(ByRef f As Integer ) '形参 f 被说明为 ByRef 传址形式的整型量
   f=f+2                                 '表达式改变形参的值
End Sub
```

当运行 test_Click( )过程，并调用 GetData( )后，执行 MsgBox　J 语句，会显示实参变量 J 的值已经变化为 7，即被调过程 GetData ( )中形参 f 变化到最后的值 7（= 5 + 2），表明变量的过程参数“传址调用”的“双向”作用有效。

如果将主调过程 test_Click( )中的调用过程语句 Call GetData (J)换成常量 Call GetData (5) 或表达式 Call GetData (J+1)，运行、测试发现，执行 MsgBox　J 语句后，显示实参变量 J 的值依旧是 5 。表明常量和表达式的过程参数“传址调用”的“双向”作用无效。总之，在有参过程的定义和调用中，形参的形式及实参的组织有很多变化。如果充分了解不同的使用方式，就可以极大地提高模块化编程能力，对一些特殊问题可以达到一些特殊的解决效果。

8.7 常用操作方法

在 VBA 编程过程中会经常用到一些操作，例如，打开或关闭某个窗体和报表、给某个量输入一个值、根据需要显示一些提示信息、对控件输入数据进行验证或实现一些“定时”功能（如动画）等，这些功能就可以使用 VBA 的输入框、消息框及计时事件 Timer 等来完成，下面分别进行介绍。

8.7.1 打开和关闭窗体

一个程序中往往包含多个窗体，可以用代码的形式关联这些窗体，从而形成完整的程序结构。

1. 打开窗体操作

其命令格式为：

```
DoCmd.OpenForm formname [,view][, filtername][, wherecondition][, datamode]
[,windowmode]
```

其中，各参数说明如下：

① formname 为字符串表达式，代表窗体的有效名称。

② view 为以下固有常量之一：acDesign、acFormDS、acNormal（默认值）、acPreview。

③ filtername 为字符串表达式，代表过滤查询的有效名称。

④ wherecondition 为字符串表达式，不包含 Where 关键字的有效 SQL Where 字句。

⑤ datamode 为以下固有常量之一：acFormAdd、acFormEdit、acFormPropertySettings（默认值）、acFormReadOnly。

⑥ windowmode 为以下固有常量之一：acDiaog、acHidden、acIcon、acWindowNormal（默认值）。

例如，以对话框的方式打开“学生信息”窗体。

```
DoCmd.OpenForm "学生信息",,,, acDiaog
```

注意：参数可以省略，取其默认值，但分隔符“,”不能少。

2. 关闭窗体操作

其命令格式为：

```
DoCmd.Close [ objecttype , objectname],[save]
```

其中，各参数说明如下：

① objecttype 为以下固有常量之一：acDataAccessPage、acDefault（默认值）、acDiagram、acForm、acMacro、acModule、acQuery、acReport、acserverView、acstoredProcedure、acTable。

② objectname 为字符串表达式，代表有效的对象名称。该对象的类型由 objecttype 参数指定。

③ save 为以下固有常量之一：acsaveNo、acsvePrompt（默认值）、acSaveYes。

实际上，由 DoCmd.Close 命令参数可以看出，其可以关闭 Access 各种对象，省略所有参数时表示关闭当前窗体对象。

例如，关闭“学生信息”窗体的方法是：

```
DoCmd.Close acForm,"学生信息"
```

8.7.2 打开和关闭报表

报表的打开与关闭也是 Access 应用程序中的常用操作。VBA 也就此提供了两个操作命令：打开报表 DoCmd.OpenReport 和关闭报表 DoCmd.Close。

1. 打开报表操作

其命令格式为：

```
DoCmd.OpenReport reportname [ ,view][, filtername][, wherecondition]
```

其中，各参数说明如下：

① reportname 为字符串表达式，代表报表的有效名称。

② view 为以下列固有常量之一：acViewDesign、acViewNormal（默认值）、acViewPreview。

③ filtername 为字符串表达式，代表当前数据库中查询的有效名称。

④ wherecondition 为字符串表达式，不包含 Where 关键字的有效 SQL Where 子句。

其中的 filtername 与 wherecondition 两个参数用于对报表的数据源数据进行过滤和筛选；view 参数则规定报表以预览还是打印机等形式输出。

例如，预览名为“教师信息”报表的语句为：

```
DoCmd.OpenReport "教师信息", acViewPreview
```

注意：参数可以省略，取默认值，但分隔符逗号“,”不能省略。

2. 关闭报表操作

关闭报表操作也可以使用 DoCmd.Close 命令来完成。

例如，关闭名为“教师信息”报表的语句为：

```
Docmd.Close acReport , "教师信息"
```

8.7.3 输入框

输入框用于在一个对话框中显示提示，等待用户输入正文并按下按钮，返回包含文本框内容的数据信息。该功能以函数形式调用，格式为：

```
InputBox ( prompt [ , title ] [ , default ] [ , xpos ] [ , ypos ] [ , helpfile ,
  context])
```

其中，各参数说明如下：

① prompt 必选，提示字符串。

② title 可选，显示对话框标题中的字符串。

③ default 可选，显示文本框中的字符串表达式。

④ xpos 可选，指定对话框左边与屏幕左边的水平距离，默认为水平方向居中。

⑤ ypos 可选，数值表达式，成对出现，指定对话框的上边与屏幕上边的距离。系统默认将对话框放置在屏幕垂直方向距下边约 1/ 3 的位置。

⑥ helpfile 可选，字符串表达式，识别帮助文件。

⑦ context 可选，数值表达式，由帮助文件的作者指定给某个帮助的主体的帮助上下文编号。

注意：调用该函数时，参数可以省略，但分隔符“,”不能省略。

例如，语句 s = InputBox("请输入教师姓名：","输入")执行时对应的输入框如图 1-8-20 所示。

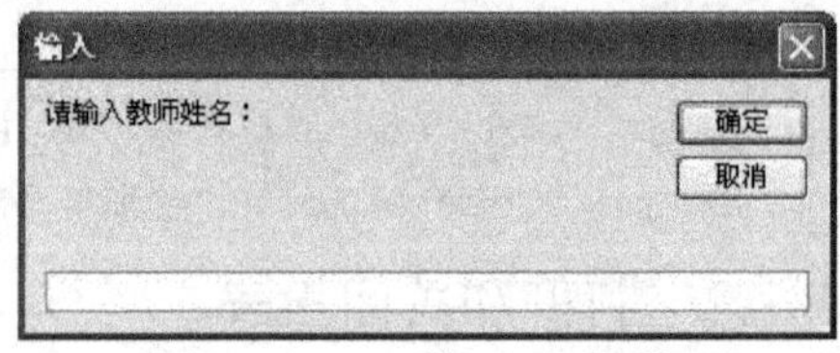

图 1-8-20 “输入”对话框

8.7.4 消息框

消息框用于在对话框中显示消息，等待用户单击按钮，并返回一个整数。该功能也在 VBA 中以函数形式调用。格式为：

```
MsgBox ( prompt [ , buttons ] [, title ] [, helpfile , context])
```

其中，各参数说明如下：

① prompt 必选，字符串表达式，显示在对话框中的消息。prompt 的最大长度为 1 024 个字符，由所用字符的宽度决定。如果 prompt 的内容超过一行，则可以在每一行之间用回车符（Chr（13））、换行符（Chr（10））或是回车符与换行符的组合（Chr(13) & Chr (10)）将各行分隔开。

② buttons 可选，数值表达式是值的总和，指定显示按钮的数目及形式、使用的图表样式、默认按钮是什么以及消息框的强制回应等。如果省略，则 buttons 的默认值为 0。

③ title 可选，在对话框标题栏中显示的字符串表达式。如果省略 title，则将应用程序名放在标题栏中。

④ helpfile 可选，字符串表达式，识别用来向对话框提供上下文帮助文件。如果提供了 helpfile，则也必须提供 context。

⑤ context 可选，数值表达式，由帮助文件的作者指定给适当帮助主题的帮助上下文编号。如果提供了 context，则也必须提供 helpfile。

其中，buttons 参数设置值如表 1-8-15 所示。

表 1-8-15　buttons 参数设置值

常　　量	值	说　　明
vbOKOnly	0	只显示 OK 按钮
vbOKCancel	1	显示 OK 及 Cancel 按钮
vbAbortRetryIgnore	2	显示 Abort、Retry 及 Ignore 按钮
vbYesNoCancel	3	显示 Yes、No 及 Cancel 按钮
vbYesNo	4	显示 Yes 及 No 按钮
vbRetryCancel	5	显示 Retry 及 Cancel 按钮
vbCritical	16	显示 Critical Message 图标
vbQuestion	32	显示 warning Query 图标
vbExclamation	48	显示 warning Message 图标
vblnformation	64	显示 Information Message 图标
vbDefaultButton1	0	第 1 个按钮是默认值
vbDefaultButton2	256	第 2 个按钮是默认值
vbDefaultButton3	512	第 3 个按钮是默认值
vbDefaultButton4	768	第 4 个按钮是默认值

8.7.5　计时事件 Timer

在 VB 中提供 Timer 时间控件可以实现“定时”功能。但 VBA 并没有直接提供 Timer 时间控件，而是通过设置窗体的“计时器间隔（TimerInterval）”属性与添加“计时器触发（Timer）”事件来完成类似“定时”功能。其处理过程是：Timer 事件每隔 TimerInterval 时间间隔就会被触发一次，并运行 Timer 事件过程来响应，从而实现“定时”功能，其中 TimerInterval 属性值以 ms 为单位。

【例 1.8.12】设计一个简单的计时器。具体要求：在“学生成绩管理系统”数据库中，新建一个“计时器”窗体，用标签显示逝去的时间；添加“暂停/继续”复用按钮，一个“退出”按钮，分别实现暂停继续计时和退出窗体功能。

具体操作步骤如下：

① 打开“学生成绩管理系统”数据库，创建“计时器”窗体，并在其上添加一个标签 LTime 和两个按钮（名称分别为 BPC 和 Bexit）。

② 打开“计时器”窗体属性对话框，设置“计时器间隔”属性值为 1000，并选择“计时器触发”属性为“（事件过程）”，如图 1-8-21 所示，单击右侧的[...]按钮，进入 VBE 编程窗口。

③ 设计窗体 Timer 事件、BPC 按钮和 Bexit 按钮的单击事件代码及有关变量，如图 1-8-22 所示。

图 1-8-21　窗体属性设置

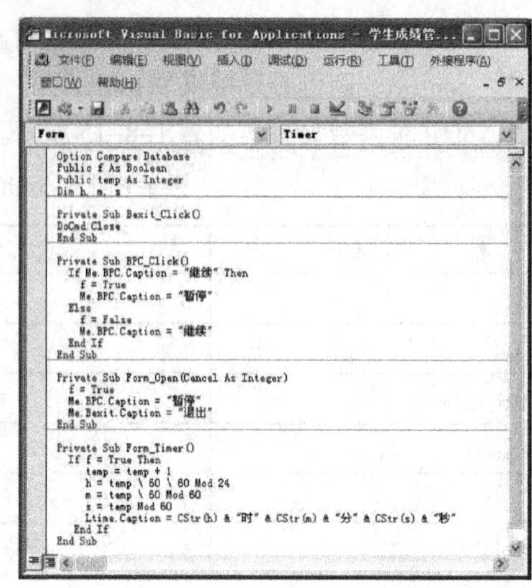

图 1-8-22　编辑计时器代码

④ 运行测试，如图 1-8-23 所示。

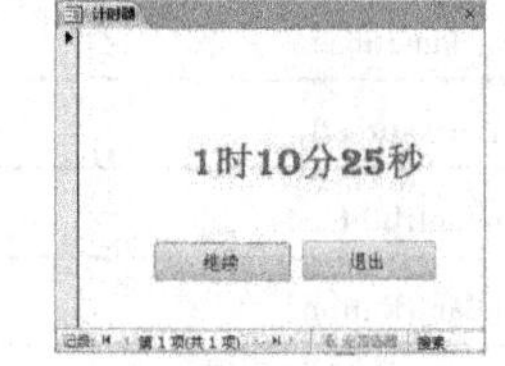

图 1-8-23　计时器运行结果

说明：

① “暂停/继续”复用按钮在正常计时的情况下，按钮标题为“暂停”，停止计时时，显示为“继续”。

② 必须要声明变量 f 和 temp。其中 f 为布尔型变量，用于控制是否计时，temp 为计数变量，然后转换为时、分和秒的格式。

③ 程序中变量 h、m 和 s 的值需要使用类型转换函数转换成字符串类型。

8.7.6　VBA 编程验证数据

使用窗体和数据访问页，每当保存记录数据时，所做的更改便会保存到数据源表中。在控件中的数据被改变之前或记录数据被更新之前会发生 BeforeUpdate 事件。通过创建窗体或控件的 BeforeUpdate 事件过程，可以实现对输入到窗体控件中的数据进行各种验证。例如，数据类型验证、数据范围验证等。

控件的 BeforeUpdate 事件过程是有参过程。通过设置其参数 Cancel，可以确定 BeforeUpdate 事件是否发生，将 Cancel 参数设置为 True 将取消 BeforeUpdate 事件。另外，在进行控件输入数据验证时，VBA 提供了一些相关函数来帮助进行验证，常用的验证函数如表 1-8-16 所示。

表 1-8-16　VBA 常用验证

函数名称	返回值	说明
IsNumeric	Boolean 值	指出表达式的运算结果是否为数值。返回 True，为数值
IsDate	Boolean 值	指出一个表达式是否可以转换成日期。返回 True，可转换
IsNull	Boolean 值	指出表达式是否为无效数据(Null)。返回 True，无效数据
IsEmpty	Boolean 值	指出变量是否已经初始化。返回 True，未初始化
IsArray	Boolean 值	指出变量是否为一个数组。返回 True，为数组
IsError	Boolean 值	指出表达式是否为一个错误值，返回 True，有错误
IsObject	Boolean 值	指出标识符是否表示对象变量。返回 True，为对象

8.8 VBA 程序的错误处理和调试

8.8.1 错误处理

无论怎样对程序代码进行测试与排错，程序错误仍可能出现。VBA 中提供 On Error GoTo 语句来控制当有错误发生时程序的处理。

On Error GoTo 指令的一般语法如下：

```
On Error GoTo 标号
On Error Resume Next
On Error GoTo 0
```

“On Error GoTo 标号”语句在遇到错误发生时程序转移到标号所指位置代码执行。一般标号之后都是安排错误处理程序，参见以下错误处理过程 ErrorProc 调用位置：

```
On Error GoTo ErrHandler          '发生错误，跳转至 ErrHandler 位置执行
…
ErrHandler:                       '标号 ErrHandler 位置
  Call ErrorProc                  '调用错误处理过程 ErrorProc
…
```

在此例中，On Error GoTo 指令会使程序流程转移到 ErrHandler 标号位置。一般来说，错误处理的程序代码会在程序的最后。

On Error Resume Next 语句在遇到错误时不会考虑错误，并继续执行下一条语句。

On Error GoTo 0 语句用于关闭错误处理。

【例 1.8.13】错误处理应用。

参考程序如下：

```
Private sub test_click ( )        '定义一事件过程
  on Error GoTo ErrHandle         '监控错误，安排错误处理至标号 ErrHandle 位置
  Error  11                       '模拟产生代码为 11 的错误
  Msgbox " no error ! "           '没有错误，显示“ no error ! ”信息
  Exit Sub                        '正常结束过程
ErrHandle:                        '标号 ErrHandle
  MsgBox Err.Number               '显示错误代码（显示为 11 ）
  MSgBox Error$ (Err.Number)      '显示错误名称（显示为“除数为零” ）
End Sub
```

Err 对象还提供其他一些属性（如 Source、Description 等）和方法（如 Raise、Clear）来处理错误。

实际编程中，需要对可能发生的错误进行了解和判断，可以充分利用上述错误处理机制以快速、准确地找到错误原因并加以处理，从而编写出正确的程序代码。

8.8.2 调试

Access 的 VBE 编程环境提供了完整的一套调试工具和调试方法。熟练掌握好这些调试工具和调试方法的使用，可以快速、准确地找到问题所在，不断修改，加以完善。

1. “断点”的概念

所谓“断点”就是在过程的某个特定语句上设置一个位置点以中断程序的执行。“断点”的设

置和使用贯穿在程序调试运行的整个过程。

设置和取消"断点"有 4 种方法：

① 选择语句行，单击"调试"工具栏中的"切换断点"按钮可以设置和取消"断点"。

② 选择语句行，选择"调试"→"切换断点"命令可以设置和取消"断点"。

③ 选择语句行，按【F9】键可以设置和取消"断点"。

④ 选择语句行，鼠标光标移至行首单击可以设置和取消"断点"。

在 VBE 环境里，设置好的"断点"行以"酱色"亮条显示。

2. 调试工具的使用

在 VBE 环境中，右击菜单空白位置，在弹出的快捷菜单中选择"调试"命令，打开"调试"工具栏，或者选择"视图"→"工具栏"→"调试"命令，打开"调试"工具栏，如图 1-8-24 所示。

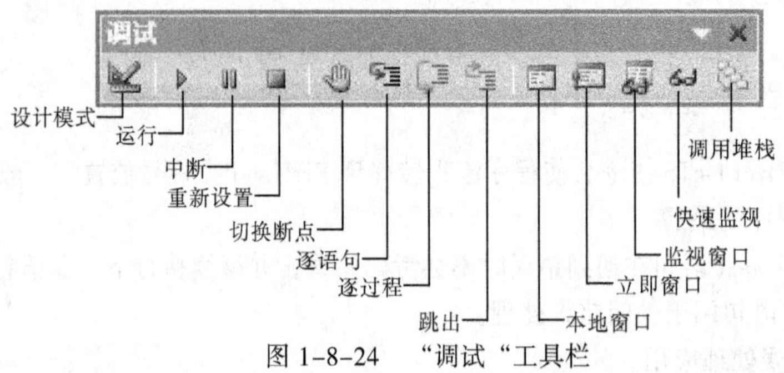

图 1-8-24　"调试"工具栏

各个按钮的基本功能如下：

① 设计模式：单击此按钮，打开或关闭设计模式。

② 运行：单击此按钮，如果光标在过程中则运行当前过程；如果用户窗体处于激活状态则运行用户窗体；否则运行宏。

③ 中断：单击此按钮，将停止程序的运行，并转换到中断模式。

④ 重新设置：单击此按钮，清除执行堆栈和模块级变量并重新设置工程。

⑤ 切换断点：单击此按钮，在当前行设置或清除断点。

⑥ 逐语句：单击此按钮，一次执行一条语句。

⑦ 逐过程：单击此按钮，在代码窗口中一次执行一个过程或一条语句。

⑧ 跳出：单击此按钮，执行当前执行点处的过程的其余行。

⑨ 本地窗口：单击此按钮，显示"本地窗口"。

⑩ 立即窗口：单击此按钮，显示"立即窗口"。

⑪ 监视窗口：单击此按钮，显示"监视窗口"。

⑫ 快速监视：单击此按钮，显示所选表达式的当前值的"快速监视"对话框。

⑬ 调用堆栈：单击此按钮，显示"调用堆栈"对话框，列出当前活动过程调用。

对于 VBA 程序代码的执行，Access 提供了以下 5 种运行方式：

（1）逐语句执行

如果用户需要单步执行每一行程序代码，包括被调用过程中的程序代码，可单击工具栏中的

“逐语句”按钮。在执行该命令后，VBA 运行当前语句，并且自动转移到下一条语句，同时将程序挂起。

有时，在一行中有多条语句，被冒号隔开，在使用“逐语句”按钮时，将逐个执行该行中的每条语句，而断点只是应用该行的第一条语句。

（2）逐过程执行

如果用户希望执行每一行程序代码，并将任何被调用过程作为一个单位执行，可单击工具栏中的“逐过程”按钮。逐过程执行与逐语句执行的不同之处在于：当执行代码调用其他过程时，逐语句是将当前行转移到过程中，在此过程中一行一行地执行；而逐过程执行将调用过程作为一个单位执行，该过程执行完毕，然后进入下一条语句。

（3）跳出执行

如果用户希望执行当前过程中的剩余代码，可单击工具栏上的“跳出”按钮，当执行跳出命令时，VBA 就会将该过程中未执行的语句全部执行完。当执行完成这个过程，程序返回到调用该过程的过程后，“跳出”命令执行完毕。

（4）运行到光标处

选择“调试”→“运行到光标处”命令，VBA 就会运行到当前光标所在处。当用户确定某一范围的语句正确，而对后面语句的正确性不能保证时，可使用该命令运行程序到某条语句，再在该语句后逐步调试。

（5）设置下一语句

在 VBA 中，用户可以自由设置下一条要执行的语句，用户可在程序中选择要执行的下一条语句。右击并选择“设置下一条语句”命令即可，这个命令必须在程序挂起时使用。

3．使用“监视窗口”

使用“监视窗口”可以查看表达式的当前值。在“Visual Basic 编辑器”的监视窗口中添加、修改或删除监视表达式，一般步骤如下：

① 在“代码”窗口中打开过程。

② 选择“调试”→“添加监视”命令。

③ 如果已经在“代码”窗口选择了表达式，该表达式就会自动显示在对话框中。如果未显示任何表达式，则可以输入所需的表达式。表达式可以是变量、属性、函数调用，也可以是任何其他有效表达式。除了输入表达式以外，也可以在“代码”窗口中选择表达式，并将其拖动到“监视窗口”中。

④ 若要选择表达式的取值范围，可在“上下文”中选择一个模块和过程作为上下文。但应尽量选择适合需要的最小范围，因为选择全部的程序或模块将减慢代码的执行速度。

⑤ 若要定义系统如何对监视表达式做出响应，可在“监视类型”下选择某个选项。

- 若要显示监视表达式的值，请选择“监视表达式”选项。
- 若要在表达式的值为 True 时挂起执行，可选择“当监视值为真时中断”选项。
- 若要在表达式的值有所更改时挂起执行，请选择“当监视值改变时中断”选项。

运行代码时，“监视窗口”将显示所设值的表达式的值。

4. 禁用语法检查

在“Visual Basic 编辑器”的“代码”窗口中输入代码时，Microsoft Visual Basic 会自动检查代码中的语法错误，可以禁用该功能。一般步骤如下：

① 选择“工具”→“选项”命令。

② 选择“编辑器”选项卡。

③ 取消选择“代码设置”下的“自动语法检测”复选框。

忽略错误处理：在向 Visual Basic 过程中添加 On Error 语句后，出现错误时 VBA 会自动进入错误处理子过程。但在某些情况下（如调试过程时），可能希望忽略过程的错误处理代码。

8.9 VBA 数据库编程

8.9.1 数据库引擎及其接口

VBA 通过数据引擎工具完成对数据库的访问，所谓数据库引擎是一组动态链接库（DLL），程序运行时被连接到 VBA 程序而实现对数据库的数据库访问功能。数据库引擎是应用程序与物理数据库之间的桥梁，它以一种通用接口的方式，使各种类型物理数据库对用户而言都具有统一的形式和相同的数据访问与处理方法。

VBA 中提供了 ODBC API、DAO 和 ADO 共 3 种数据访问接口。VBA 通过数据库引擎可以访问本地数据库、外部数据库以及 ODBC 数据库。

ODBC API：目前 Windows 提供的 32 位 ODBC 驱动程序对每一种客户机/服务器 RDBMS、最流行的索引顺序访问方法（ISAM）数据库（Jet、dBASE、FoxBase 和 FoxPro）、扩展表（Excel）和划界文本文件都可以操作。在 Access 应用中，直接使用 ODBC API 需要大量 VBA 函数原型声明（Declare）和一些烦琐、低级的编程，因此，实际编程很少直接进行 ODBC API 的访问。

DAO：提供一个访问数据库的对象模型。利用其中定义的一系列数据访问对象，如 DataBase、QueryDef、RecordSet 等对象，实现对数据库的各种操作。这是 Office 早期版本提供的编程模型，用来支持 Microsoft Jet 数据库引擎，并允许开发者通过 ODBC 直接连接到其他数据库一样，连接到 Access 数据。DAO 最适用于单系统应用程序或在小范围本地分布使用，其内部已经对 Jet 数据库的访问进行了加速优化，而且其使用起来也很方便。所以，如果数据库是 Access 数据库且在本地使用，则可以使用这种访问方式。

ADO：是基于组件的数据库编程接口，是一个和编程语言无关的 COM 组件系统。使用它可以方便地连接任何符合 ODBC 标准的数据库。

Microsoft Office 2000 及以后版本应用程序均支持广泛的数据源和数据访问技术，于是产生了一种新的数据访问策略：通用数据访问（Universal Data Access，UDA）。用来实现通用数据访问的主要技术是 OLE DB（对象链接和嵌入数据库）的低级数据访问组件结构和 ActiveX 数据对象 ADO 的对应于 OLE DB 的高级编程接口。逻辑结构如图 1-8-25 所示。

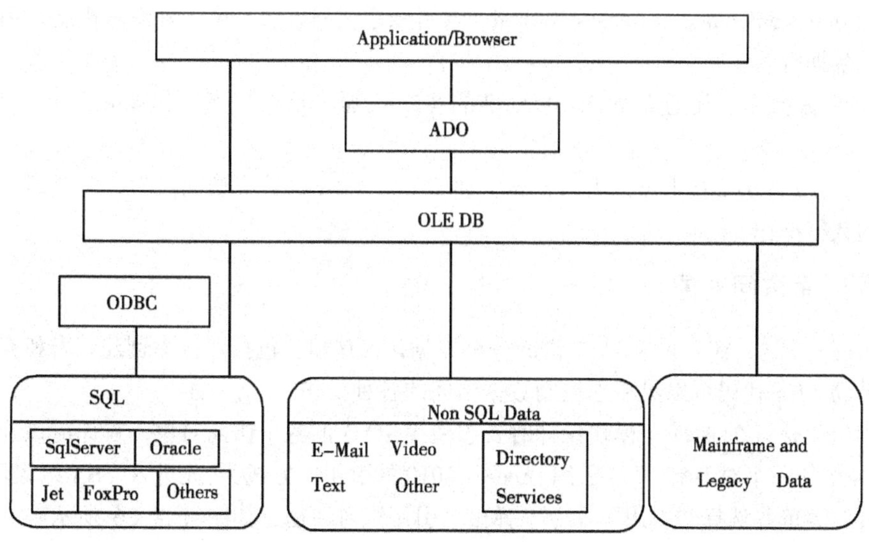

图 1-8-25 UDA 连接示意图

OLE DB 定义了一个 COM 接口集合，它封装了各种数据库管理系统服务。这些接口允许创建实现这些服务的软件组件。OLE DB 组件包括 3 个主要内容：

1. 数据提供者（Data Provider）

提供数据存储的软件组件，小到普通的文本文件、大到主机上的复杂数据库，或者电子邮件存储，都是数据提供者的例子。有时也将这些软件组件的开发商称为数据提供者。

2. 数据消费者（DataConsumer）

任何需要访问数据的系统程序或应用程序，除了典型的数据库应用程序之外，还包括需要访问各种数据源的开发工具或语言。

3. 服务组件（Business Component）

专门完成某种特定业务信息处理和数据传输、可以重用的功能组件。

OLE DB 的设计是以消费者和提供者概念为中心。OLE DB 消费者表示传统的客户方，提供者将数据以表格形式传递给消费者。因为有 COM 组件，消费者可以用任何支持 COM 组件的编程语言去访问各种数据源。

分析 DAO 和 ADO 两种数据访问技术，ADO 是 DAO 的后继产物，它“扩展”了 DAO 所使用的层次对象模型，用较少的对象、更多的属性、方法（和参数），以及事件来处理各种操作，简单易用，微软已经明确表示今后把重点放在 ADO 上，对 DAO 等不再作升级，所以 ADO 已经成为了当前数据库开发的主流技术。Microsoft Access 2010 同时支持 ADO（含 ADO+ODBC 及 ADO+OLE DB 两种形式）和 DAO 的数据访问。

8.9.2 VBA 访问的数据库类型

VBA 访问的数据库有 3 种：

① Jet 数据库，即 Microsoft Access。

② ISAM 数据库，如 dBASE、FoxPro 等。

ISAM（Indexed Sequential Access Method，索引顺序访问方法）是一种索引机制，用于高效访问文件中的数据行。

③ ODBC 数据库，凡是遵循 ODBC 标准的客户机/服务器数据库，如 Microsoft SQL Server、Oracle 等。

实际上，使用 UDA 技术可以大大扩展上述 Office VBA 的数据访问能力，完成多种非关系结构数据源的数据操作。

8.9.3 数据库访问对象

数据访问对象（DAO）是 VBA 提供的一种数据访问接口。包括数据库创建、表和查询的定义等工具，借助 VBA 代码可以灵活地控制数据访问的各种操作。

需要指出的是，在 Access 模块设计时要想使用 DAO 的各个访问对象，首先应该确认系统安装有 ACE 并增加一个对 DAO 库的引用。Access 2010 的引用库方式为：先进入 VBA 编程环境 VBE，打开“工具”菜单并选择“引用”命令，弹出“引用”对话框，如图 1-8-26 所示，从“可使用的引用”列表框选项中选中 Microsoft Office 14.0 Access database engine Object Library 选项，单击“确定”按钮即可。

1. DAO 模型结构

DAO 模型的分层结构简图如图 1-8-27 所示。它包含了一个复杂的可编程数据关联对象的层次，其中 DBEngine 对象处于最顶层，它是模型中唯一不被其他对象所包含的数据库引擎本身。层次低一些的对象，如 Workspace(s)、DataBase(s)、QueryDef(s)、RecordSet(s)和 Field(s)是 DBEngine 下的对象层，其下的各种对象分别对应被访问的数据库的不同部分。在程序中设置对象变量，并通过对象变量来调用访问对象方法、设置访问对象属性，这样就实现了对数据库的各项访问操作。

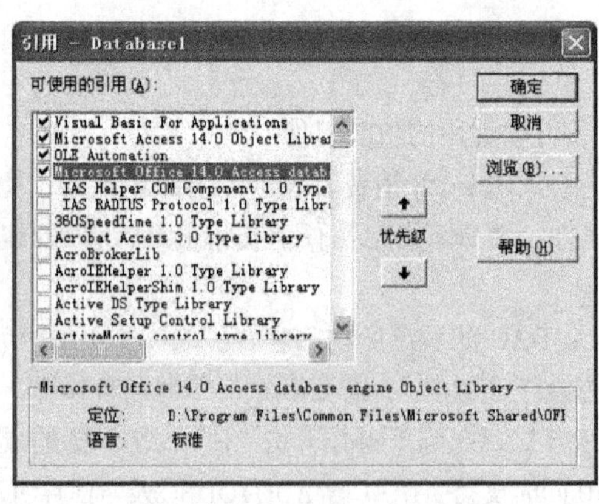

图 1-8-26 “引用”对话框

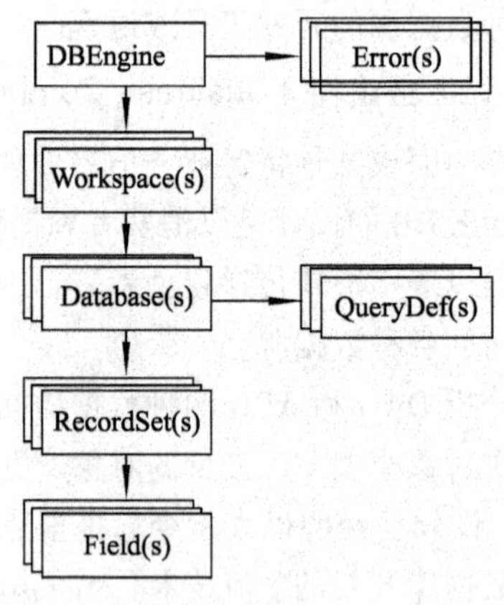

图 1-8-27 DAO 模型层次简图

下面对 DAO 的对象层次分别进行说明：

① DBEngine 对象：表示 Microsoft Jet 数据库引擎。它是 DAO 模型的最上层对象，而且包含并控制 DAO 模型中的其余全部对象。

② Workspace 对象：表示工作区。

③ DataBase 对象：表示操作的数据库对象。

④ RecordSet 对象：表示数据操作返回的记录集

⑤ Field 对象：表示记录集中的字段数据信息。

⑥ QueryDef 对象：表示数据库查询信息。

⑦ Error 对象：表示数据提供程序出错时的扩展信息。

2. 利用 DAO 访问数据库

通过 DAO 编程实现据库访问时，首先要创建对象变量，然后通过对象方法和属性来进行操作。下面给出数据库操作的一般语句和步骤：

程序段：

```
   '定义对象变量
Dim ws As Workspace
Dim db As Database
Dim rs As RecordSet
   '通过 Set 语句设置各个对象变量的值
Set  ws=DBEngine Workspace(0)                          '打开默认工作区
Set  db=ws. OpenDatabase(<数据库文件名>)                 '打开数据库文件
Set  rs=db. OpenRecordSet(<表名、查询名或 SQL 语句>)      '打开数据记录集
Do While Not rs. EOF                 '利用循环结构遍历整个记录集直至末尾
   …                                 '安排字段数据的各类操作
   rs. MoveNext                      '记录指针移至下一条
Loop
rs. Close                            '关闭记录集
db. Close                            '关闭数据库
Set  rs = Nothing                    '回收记录集对象变量的内存占有
Set  db = Nothing                    '回收数据库对象变量的内存占有
```

8.9.4 ActiveX 数据对象

ActiveX 数据对象（ADO）是基于组件的数据库编程接口，它是一个和编程语言无关的 COM 组件系统，可以对来自多种数据提供者的数据进行读取和写入操作。

在进行 Access 模块设计时要想使用 ADO 的各个组件对象，也应该增加对 ADO 库的引用。Access 2010 的 ADO 引用库有 ADO2.0、2.1、2.5、2.6、2.6、2.7、2.8 及 6.0 等版本，其引用设置方式为：先进入 VBA 编程环境 VBE，打开“工具”菜单并选择“引用”命令弹出“引用”对话框，如图 1-8-26 所示，从“可使用的引用”列表框选项中选中 Microsoft ActiveX Data Objects 6.0 Library，单击“确定”按钮即可。

需要指出的是，当打开一个新的 Access 2010 数据库时，Access 可能会自动增加对 Microsoft Office 14.0 Access database engine Object Library 库和 Microsoft ActiveX Data Objects 2.1 库的引用，即同时支持 DAO 和 ADO 的数据库操作。但两者之间存在一些同名对象（如 RecordSet、Field），使用起来会产生歧义和错误，为此 ADO 类型库引用必须加 ADODB 短名称前缀，用于明确标识与 DAO（RecordSet）同名的 ADO 对象。

如 Dim rs As new ADODB. RecordSet 语句，显式定义 ADO 类型库的 RecoedSet 对象变量 rs。

1. ADO 对象模型

ADO 对象模型简图如图 1-8-28 所示，它提供一系列组件对象供使用。不过，ADO 接口与 DAO 不同，ADO 对象无须派生，大多数对象都可以直接创建（Field 和 Error 除外），没有对象的分级结构。使用时，只需在程序中创建对象变量，并通过对象变量来调用访问对象方法、设置访问对象属性，这样就实现对数据库的各项访问操作。

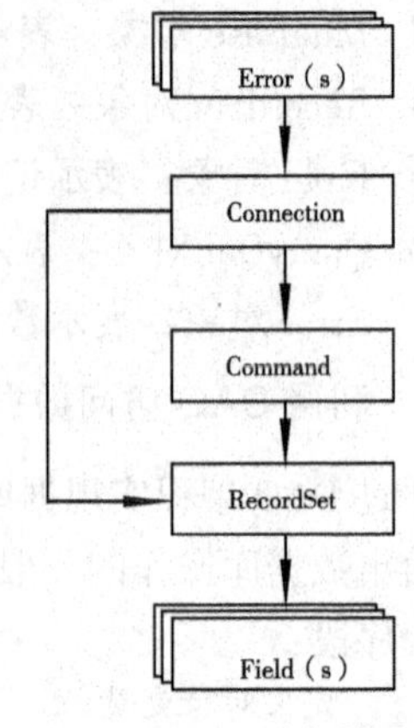

图 1-8-28　ADO 对象模型简图

其主要对象如下：

① Connection 对象：用于建立与数据库的连接。通过连接可从应用程序访问数据源，它保存诸如指针类型、连接字符串、查询超时、连接超时和缺省数据库这样的连接信息。例如，可以用连接对象打开一个对 Access 数据库的连接。

② Command 对象：在建立数据库连接后，可以发出命令操作数据源。一般情况下，Command 对象可以在数据库中添加、删除或更新数据，或者在表中进行数据查询。Command 对象在定义查询参数或执行存储过程时非常有用。

③ RecordSet 对象：表示数据操作返回的记录集。这个记录集是一个连接的数据库中的表，或者是 Command 对象的执行结果返回的记录集。所有对数据的操作几乎都是在 RecordSet 对象中完成的，可以完成指定行、移动行、添加、更改和删除记录操作。

④ Field 对象：表示记录集中的字段数据信息。

⑤ Error 对象：表示数据提供程序出错时的扩展信息。

2. 主要 ADO 对象使用

ADO 的各组件对象之间都存在一定的联系，如图 1-8-29 所示。了解并掌握这些对象间的联系形式和联系方法是使用 ADO 技术的基础。

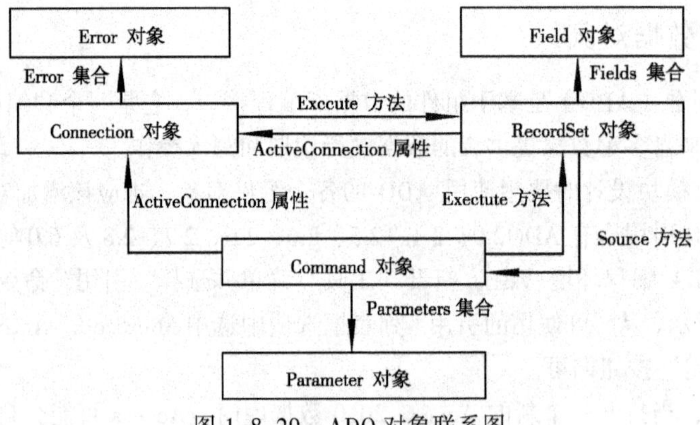

图 1-8-29　ADO 对象联系图

在实际编程过程中，使用 ADO 存取数据的主要对象操作有：

（1）连接数据源

利用 Connection 对象可以创建一个数据源的连接。应用的方法是 Connection 对象的 Open 方法。语法如下：

```
Dim cnn  As new ADODB. Connection                    '创建 Connection 对象实例
```

```
    '打开连接
cnn. Open[ConnectionString][, UserlD][, PassWord][, OpenOptions]
```

其中：

① ConnectionString：可选项，包含了连接的数据库信息。其中，最重要的就是体现 OLE DB 主要环节的数据提供者（Provider）信息。不同类型的数据源连接，需使用规定的数据提供者。

数据提供者信息也可以在连接对象 Open 操作之前的 Provider 属性中设置。例如，cnn 连接对象的数据提供者（Access 数据源）可以设置为：

```
cnn. Provide= "Microsoft. ACE. OLEDB. 12. 0"
```

② UserlD：可选项，包含建立连接的用户名。

③ PassWord：可选项，包含建立连接的用户密码。

④ OpenOptions：可选项，假如设置为 adConnectAsync，则连接将异步打开。

此外，利用 Connection 对象打开连接之前，一般还有一个因素需要考虑：记录集游标位置。它是通过 CursorLocation 属性来设置的，其语法格式为：

```
cnn.CursorLocation=Location
```

其中：Location 指明了记录集存放的位置。具体取值如表 1-8-17 所示。

表 1-8-17　Location 取值列表

常　量	值	说　　明
adUseServer	2	默认值。使用数据提供者或驱动程序提供的服务器端游标
adUseClient	3	使用由本地游标库提供的客户端游标

CursorLocation 属性简单理解就是记录集保存的位置，对于客户端游标，记录集将会被下载到本地缓冲区，这样对于大数据量查询，会导致网络资源的严重占用，而服务器端游标直接将记录集保存到服务器缓冲区上，可以大大提高页面的处理速度。

服务器端游标对数据的变化有很强的敏感性。客户端游标在处理记录集的速度上有优势，配合仅向前游标等使用可以提高程序的性能，并且少占网络资源。

如果取到记录集以后，有人修改了数据库中的数据，使用服务器端游标加上动态游标就可以得到最新的数据，而客户端游标就无法察觉到数据的变化，要根据实际情况来使用。使用服务器端游标可以调用存储过程，但无法返回记录条数（RecordCount）。

（2）打开记录集对象或执行查询

实际上，记录集是一个从数据库取回的查询结果集；执行查询则是对数据库目标表直接实施追加、更新和删除记录操作。一般有 3 种处理方法：一是使用记录集的 Open 方法，二是用 Connection 对象的 Execute 方法，三是用 Command 对象的 Execute 方法。其中一部分只涉及记录集操作，二、三部分则会涉及记录集及执行查询操作。

① 记录集的 Open 方法。

语法如下：

```
Dim  rs  As  new  ADODB.RecordSet      '创建 RecordSet 对象实例
    '打开记录集
rs. Open[Source][, ActiveConnection][,CursorType][,LockType][,Options]
```

其中：

• Source：可选项，指明了所打开的记录源信息。可以是合法的 SQL 语句、表名、存储过程调用或保存记录集的文件名。

- ActiveConnection：可选项，合法的已打开的 Connection 对象变量名，或者是包含 ConnectionSting 参数的字符串。该字符串内可能要提供连接对象的数据提供者信息。参见上面 ConnectionSting 参数说明。
- CursorType：可选项，确定打开记录集对象使用的游标类型。具体取值如表 1-8-18 所示。

表 1-8-18　CursorType 取值列表

常　量	值	说　　明
adOpenForwardOnly	0	默认值。除在记录中只能向前滚动外，与静态游标相同
adOpenKeyset	1	键集游标。尽管不能访问其他用户删除的记录，但除无法查看其他用户添加的记录外，它和动态游标相似
adOpenDynamic	2	动态游标。其他用户所做的添加、更改或删除均可见，而且允许 RecordSet 中的所有移动类型
adOpenStatic	3	静态游标。可用于查找数据。其他用户的操作不可见
adOpenUnspecified	-1	不指定游标类型

需要说明的是，游标类型对打开的记录集操作有很大的影响，决定了记录集对象支持和使用的属性和方法。

- LockType：可选项，确定打开记录集对象使用的锁定类型。具体取值如表 1-8-19 所示。

表 1-8-19　LockType 取值列表

常　量	值	说　　明
adLockReadOnly	1	指示只读记录。无法改变数据，速度“最快”的锁定类型
adLockPessimistic	2	指示逐个记录保守式锁定。提供者要确保记录编辑成功，通常在编辑之前立即在数据源锁定记录。又称为悲观锁定
adLockOptimistic	3	开放式锁定，仅在调 Update 方法时锁定记录。又称乐观锁定
adLockBatchOptimistic	4	指示开放式批更新。需要批更新模式，又称批量乐观锁定
adLockUnspecified	-1	未指定锁定类型

- Options：可选项。Long 值，指示提供者计算 Source 参数的方式。取值如表 1-8-20 所示。

表 1-8-20　Options 取值列表

常　量	值	说　　明
adCmdText	1	按命令或存储过程调用的文本定义计算 CommandText
adCmdTable	2	按表名计算 CommandText
adCmdStoredProc	4	按存储过程名计算 CommandText
adCmdUnknown	8	默认值。指示 CommandText 属性中命令的类型未知
adCmdFile	256	按持久存储的 Recordset 的文件名计算 CommandText。只与 RecordSet.Open 或 Requery 一起使用
adCmdTableDirect	512	按表名计算 CommandText，该表的列被全部返回。只与 RecordSet.Open 或 Requery 一起使用。若要使用 Seek 方法，必须通过 adCmdTableDirect 打开 RecordSet
adCmdUnspecified	-1	不指定命令类型的参数

② Connection 对象的 Execute 方法。

语法如下：

```
Dim cnn As new ADODB. Connection          '创建 Connection 对象实例
…                                         '打开连接等
Dim rs As new ADODB. RecordSet            '创建 RecordSet 对象实例
    '对于返回记录集的命令字符串
Set  rs=Cnn . ExeCute ( CommandText [, RecordsAffected][,Options] )
    '对于不返回记录集的命令字符串，执行查询
cnn . Execute CommandText [, RecordsAffected][,Options]
```

参数说明：

- CommandText：一个字符串，返回要执行的 SQL 命令、表名、存储过程或指定文本。
- RecordsAffected ：可选项，Long 类型的值，返回操作影响的记录数。
- Options：可选项，Long 类型值，指明如何处理 CommandText 参数。

③ Command 对象的 Execute 方法。

语法：

```
Dim cnn As new ADODB.Connection           '创建 Connection 对象实例
Dim cmm As new ADODB.Command              '创建 Command 对象实例
…                                         '打开连接等
Dim rs As new ADODB.Recordset             '创建 RecordSet 对象实例
    '对于返回记录集的命令字符串
Set rs=Cmm.Execute([RecordsAffected][,Parameters][,Options]]
    '对于不返回记录集的命令字符串，执行查询
cmm.Execute[RecordsAffected] [,Parameters][,Options]
```

参数说明：

- RecordsAffected：可选项， Long 类型的值，返回操作影响的记录数。
- Parameters：可选项，用 SQL 语句传递的参数值的 Variant 数组。
- Options：可选项，Long 类型值，指示提供者计算 Command 对象的 ComnlandText 属性的方式。

（3）使用记录集

得到记录集后，可以在此基础上进行记录指针定位、记录的检索、追加、更新和删除等操作。

① 定位记录：ADO 提供了多种定位和移动记录指针的方法，主要有 Move 和 MoveXXXX 两部分方法。语法为：

```
rs.Move NumRecords[ ,Start]               ' rs 为 RecordSet 对象实例
```

其中：

- NumRecords：带符号的 Long 表达式，指定当前记录位置移动的记录数。
- Start：可选。string 值或 variant，用于计算书签。还可以使用 BookmarkEnum 值。

```
rs.{ MoveFirst|MoveLast|MoveNext|MovePrevious}    'rs 为 RecordSet 对象实例
```

其中：

- MoveFirst 方法将当前记录位置移动到 RocordSet 中的第一条记录。
- MoveLast 方法将当前记录位置移动到 RecordSet 中的最后一条记录。

- MoveNext 方法将当前记录位置向后移动一条记录（向 RecordSet 底部移动）。
- MovePrevious 方法将当前记录位置向前移动一条记录（向 RecordSet 顶部移动）。

在 RecordSet 为空时（BOF 和 EOF 均为 True）调用 MoveFirst 或 MoveLast 都将产生错误。如果最后一条记录是当前记录并调用 MoveNext 方法,ADO 将把当前记录位置设置在 RecordSet 中的最后一条记录之后（EOF 为 True)；如果第一条记录是当前记录并调用 MovePrevious 方法，ADO 将把当前记录位置设置在 RecordSet 中的第一条记录之前（BOF 为 True）。

② 检索记录：在 ADO 中，记录集内信息的快速查询检索主要提供了两种方法：Find 和 Seek。

语法：

```
rs.Find Criteria[,SkipRows][,SearchDirection][,start] 'rs 为 RecordSet 对象实例
```

其中：

- Criteria：为 String 值，包含指定用于搜索的列名、比较操作符和值的语句。Criteria 中只能指定单列名称，不支持多列搜索。比较操作符可以是 >、<、=、>=、< =、< > 或 like（模式匹配）。Criteria 中的值可以是字符串、浮点数或者日期。字符串值用单引号或#标记（数字号）分隔（如 " state = ' WA' " 或 " state= # WA# " ）；日期值用 " # " 标记分隔。
- SkipRows ：可选项。Long 值，其默认值为零，它指定当前行或 Start 书签的行偏移量以开始搜索。在默认情况下，搜索将从当前行开始。
- SearchDirection：可选项。searDirectionEnum 值，指定搜索应从当前行开始，还是从搜索方向的下一个有效行开始。如果该值为 adsearchForward(值 1)，不成功的搜索将在 RecordSet 的结尾处停止。如果该值为 adsearchBackward（值-1 ），不成功的搜索将在 RecordSet 的开始处停止。
- start：可选项。Variant 书签，用于标记搜索的开始位置。例如，语句“ rs . Find"姓名 LIKE'王 *'"”就是查找记录集 rs 中姓“王”的记录信息，检索成功记录指针会定位到的第一条王姓记录。

```
rs.seek KeyValues , seekOption        ' rs 为 RecordSet 对象实例
```

其中：

- KeyValues：为 Variant 值的数组。索引由一个或多个列组成，并且该数组包含与每个对应列作比较的值。
- seekOption：为 SeekEnum 值，指定在索引的列与相应 KeyValues 之间进行的比较类型。具体取值如表 1-8-21 所示。

表 1-8-21　seekOption 取值列表

常　　量	值	说　　明
AdseekFirstEQ	1	查找等于 KeyValues 的第一个关键字
AdseekIastEQ	2	查找等于 KeyValues 的最后一个关键字
AdseekAfterEQ	4	查找等于 KeyValues 的关键字，或仅在已匹配过的位置之后查找
AdseekAfter	8	仅在已经有过与 KeyValues 匹配的位置之后进行查找
AdseekBeforeEQ	16	查找等于 KeyValues 的关键字，或仅在已匹配过的位置之前查找
AdseekBefore	32	仅在已经有过与 KeyValues 匹配的位置之前进行查找

需要说明的是，Seek 方法的检索效率更高，但使用条件也更严。一是必须通过 adCmdTable-Direct 方式打开的记录集；二是必须提供支持 RecordSet 对象上的索引，即 Seek 方法和 Index 属性要结合使用。

③ 添加新记录：在 ADO 中添加新记录用的方法为 AddNew。语法：

```
rs.AddNew [FieldList][,Values]       'rs 为 RecordSet 对象实例
```

参数说明：

- FieldList：可选项，为一个字段名，或者是一个字段数组。
- Values：可选项，为给要加信息的字段赋的值。如果 FiledList 为一个字段名，那么 Values 应为一个单个的数值；假如 FiledList 为一个字段数组，那么 Values 必须也为一个个数和类型与 FieldList 相同的数组。

注意：AddNew 方法为记录集添加新的记录后，应使用 UpDate 方法将所添加的记录数据存储在数据库中。

④ 更新记录：其实更新记录与记录重新赋值没有什么太大的区别，只要 SQL 语句将要修改的记录字段数据找出来重新赋值就可以了。注意，更新记录后，应使用 UpDate 方法将所更新的记录数据存储在数据库中。

⑤ 删除记录：在 ADO 中删除记录集中的数据的方法为 Delete 方法。这与 DAO 对象的方法相同，但是在 ADO 中它的能力增强了，可以删掉一组记录。语法：

```
rs.Delete [AffectRecords]            'rs 为 RecordSet 对象实例
```

参数说明：AffectRecords 记录删除的效果。具体取值与表 1-8-22 所示。

表 1-8-22 AffectRecords 取值列表

常　量	值	说　明
adAffedCurrent	1	只删除当前的记录
adAffectGrouP	2	删除符合 Filter 属性设置的一组记录

需要指出的是，上述有些操作涉及记录集字段的引用。访问 RecordSet 对象中的字段，可以使用字段编号，字段编号从 0 开始。假设 RecordSet 对象 rs 的第一个字段名为“学号”，则引用该字段可使用下列多种方法：rs("学号")、rs(0)、rs.Fields("学号")、rs.Fields(0)、rs.Fields.Item("学号")、rs.Fields.Item(0)等。

（4）关闭连接或记录集

在应用程序结束之前，应该关闭并释放分配给 ADO 对象（一般为 Connection 对象和 RecordSet 对象）的资源，操作系统回收这些资源并可以再分配给其他应用程序。使用的方法为：Close 方法。语法如下：

```
'关闭对象
Object.Close                         'Object 为 ADO 对象
'回收资源
Set object=Nothing                   'Object 为 ADO 对象
```

3. 利用 ADO 访问数据库

利用 ADO 访问数据库的一般过程和步骤如下：

① 定义和创建 ADO 对象实例变量。

② 设置连接参数并打开连接——Connection。

③ 设置命令参数并执行命令（分返回或不返回记录集两种情况）——Command。

④ 设置查询参数并打开记录集——RecordSet。

⑤ 操作记录集（检索、追加、更新、删除）。

⑥ 关闭、回收有关对象。

具体可参阅以下程序段分析：

程序段 1：在 Connection 对象上打开 RocordSet。

```
…
    '创建对象引用
Dim cn As new ADODB.Connection              '创建一连接对象
Dim rs As new ADODB.Recordset               '创建一记录集对象
cn.Open<连接串等参数>                        '打开一个连接
rs.Open<查询串等参数>                        '打开一个记录集
Do While Not rs.EOF                         '利用循环结构遍历整个记录集直至末尾
…                                           '安排字段数据的各类操作
rs.MoveNext                                 '记录指针移至下一条
Loop
rs.close                                    '关闭记录集
cn.close                                    '关闭连接
set rs=Nothing                              '回收记录集对象变量的内存占有
set cn=Nothing                              '回收连接对象变量的内存占有
…
```

程序段 2：在 Command 对象上打开 RecordSet。

```
…
    '建对象引用
Dim cm As new ADODB.Command                 '创建一命令对象
Dim rs As new ADODB.Recordset               '创建一记录集对象
    '设置命令对象的活动连接、类型及查询等属性
With cm
    .ActiveConnection=<连接串>
    .CommandType=<命令类型参数>
    .CommandText=<查询命令串>
End With
rs.open cm,<其他参数>                        '设定 rs 的 ActiveConnection 属性
Do While Not rs.EOF                         '利用循环结构遍历整个记录集直至末尾
  …                                         '安排字段数据的各类操作
    rs.MoveNext                             '记录指针移至下一条
Loop
rs.close                                    '关闭记录集
Set rs=Nothing                              '回收记录集对象变量的内存占有
…
```

8.9.5 VBA 数据库编程技术

综合分析 Access 环境下的数据库编程，大致可以划分为以下情况：

① 利用 VBA+ADO（或 DAO）操作当前数据库。

② 利用 VBA+ADO（或 DAO）操作本地数据库（Access 数据库或其他）。

③ 利用 VBA+ADO（或 DAO）操作远端数据库（Access 数据库或其他）。

对于这些数据库编程设计，完全可以使用前面叙述的一般 ADO（或 DAO）操作技术进行分析和加以解决。操作本地数据库和远端数据库，最大的不同就是连接字符串的设计。对于本地数据库的操作，连接参数只需要给出目标数据库的盘符路径即可；对于远端数据库的操作，连接参数还必须考虑远端服务器的名称或 IP 地址。从前面的 ADO（或 DAO）技术分析看，对数据库的操作都要经历打开连接、创建记录集并实施操作的主要过程。尤其是连接字符串的确定、记录集参数的选择等成为能否完成数据库操作的关键环节，也是众多同学颇感困难的内容。下面列举说明常用的几种数据源的连接字符串定义：

（1）Access

① ODBC：

```
"Driver={Microsoft Access Driver(*.mdb, *.accdb)};Dbq=数据库文件; Uid=Admin;Pwd=;"
```

② OLE DB：

```
"Provider=Microsoft.ACE.OLEDB.12.0;Data Source=数据库文件;
    User Id=admin;Password=;"
```

（2）SQL Server

① ODBC：

```
"Driver={SQL Server};Server=服务器名或 IP 地址; Database=数据库名;
    Uid=用户名; Pwd=密码; "
```

② OLE DB：

```
"Provider=sqloledb;Data Source=服务器名或 IP 地址;Initial Catalog=数据库名;User
    Id=用户名; Password=密码; "
```

对当前数据库的操作，除了一般的 ADO 编程技术外，还有一些特殊的处理方法需要了解和掌握。

1. 直接打开（或连接）当前数据库

在 Access 的 VBA+DAO 操作当前数据库时，系统提供了一种数据库打开的快捷方式，即 Set dbName = Application.CurrentDB()，用以绕过 DAO 模型层次开头的两层集合并打开当前数据库。

2. 绑定表单窗体与记录集对象并实施操作

可以绑定表单窗体（或控件）与记录集对象，从而实现对记录数据的多种操作形式。这些窗体和控件的相关属性如下：

（1）RecordSet 属性

返回或设置 ADO RecordSet 或 DAO RecordSet 对象，代表指定窗体、报表、列表框控件或组合框控件的记录源，可读写。该属性是窗体（报表及控件）记录源的直接反映，如果更改其 RecordSet 属性返回的记录集内某记录为当前记录，则会直接影响表单窗体（或报表）的当前记录。

（2）RecordSetClone 属性

返回由窗体的 RecordSource 属性指定的基础查询或基础表的一个副本，只读。如果窗体基于一个查询，那么对 RecordSetClone 属性的引用与使用相同查询来复制 RecordSet 对象是等效的。使用 RecordSetClone 属性可以独立于窗体本身对窗体上的记录进行导航或操作。例如，如果要使用一个不能用于窗体的方法（如 DAO Find 方法），则可以使用 RecordSetClone 属性。

注意：与使用 RecordSet 属性不同的是，对 RecordSetClone 属性返回记录集的操作一般不会直接影响表单窗体（或报表）的输出。只有重新启动对象或刷新其记录源（对象.Requery)，状态变化才会反映在表单窗体（或报表）之上。

（3）RecordSource 属性

指定窗体或报表的数据源。String 型，可读写。RecordSource 属性设置可以是表名称、查询名称或者 SQL 语句。如果对打开的窗体或报表的记录源进行了更改，则会自动对基础数据重新进行查询。如果窗体的 RecordSet 属性在运行时设置，则会更新窗体的 RecordSource 属性。

下面举例说明 VBA 的数据库编程应用

【例 1.8.14】试编写子过程分别用 DAO 和 ADO 来完成对“教学管理. mdb”文件中“学生表”的学生年龄都加 1 的操作。假设文件存放在 E 盘“Access 教程”文件夹中。

子过程 1：使用 DAO。

```
Sub SetAgePlus1( )
    '定义对象变量
    Dim ws As DAO.Workspace                    '工作区对象
    Dim db As DAO.Database                     '数据库对象
    Dim rs As DAO.Recordset                    '记录集对象
    Dim fd As DAO.Field                        '字段对象
    '注意：如果操作当前数据库，可用 Set db=CurrentDb( )来替换下面两条语句
    Set ws=DBEngine.Workspaces(0)              '打开 0 号工作区
    Set db=ws.OpenDatabase("e:\Access 教程\教学管理. mdb")    '打开数据库
    Set rs=db.OpenRecordset("学生表")          '返回“学生表”记录集
    Set fd=rs.Fields("年龄")                   '设置“年龄”字段引用

    '对记录集是用循环结构进行遍历
    Do While Not rs.EOF
        rs.Edit                                '设置为“编辑”状态
        fd=fd+1                                '年龄加 1
        rs.Update                              '更新记录集，保存年龄值
        rs.MoveNext                            '记录指针移动至下一条
    Loop
    '关闭并回收对象变量
    rs.Close
    db.Close
    Set rs=Nothing
    Set db=Nothing
End Sub
```

子过程 2：使用 ADO。

```
Sub SetAgePlus2( )
    '创建或定义对象变量
    Dim cn As New ADODB.Connection             '连接对象
    Dim rs As New ADODB.Recordset              '记录集对象
    Dim fd As ADODB.Field                      '字段对象
    Dim strConnect As Sting                    '连接字符串
    Dim strSQL As String                       '查询字符串
'注意：如果操作当前数据库，可用 set cn=CurrentProject.Connection 替换下面 3 条语句
    strConnect="e: \Access 教程\教学管理. Mdb"  '设置连接数据库
    cn.Provider="Microsoft.ACE.OLEDB.12.0"     '设置 OLE DB 数据提供者
    cn.open strConnect                         '打开与数据源的连接
```

```
    strSQL="Select 年龄 from 学生表"              '设置查询表
    rs.open strSQL,cn,adOpenDynamic,adLockOptimistic,adCmdText  '记录集
    Set fd=rs.Fields("年龄")                     '设置“年龄”字段引用
    '对记录集是用循环结构进行遍历
    Do While Not rs.EOF
        fd=fd+1                                  '年龄加 1
        rs.Update                                '更新记录集，保存年龄值
        rs.MoveNext                              '记录指针移动至下一条
    Loop
    '关闭并回收对象变量
    rs.Close
    cn.Close
    Set rs=Nothing
    Set cn=Nothing
End Sub
```

3. 特殊域聚合函数及 RunSQL 方法

数据库数据访问和处理时使用的特殊域聚合函数有 Nz()、DCount()函数、DAvg()函数和 DSum()函数、DCount()函数、DMax()函数和 DMin()函数和 DLookup()函数等。

（1）Nz()函数

Nz()函数可以将 Null 值转换为 0、空字符串("")或者其他的指定值。在数据库字段数据处理过程中，如果遇到 Null 值的情况，就可以使用该函数将 Null 值转换为规定值以防止它通过表达式去扩散。

调用格式：Nz(表达式或字段属性值[,规定值])

当“规定值”参数省略时，如果“表达式或字段属性值”为数值型且值为 Null，Nz()函数返回 0；如果“表达式或字段属性值”为字符型且值为 Null，Nz()函数返回空字符串（""）。当“规定值”参数存在时，如果“表达式或字段属性值”为 Null，Nz()函数返回“规定值”。

（2）DCount()函数、DAvg()函数和 DSum()函数

Dcount()函数用于返回指定记录集中的记录数；DAvg()函数用于返回指定记录集中某个字段列数据的平均值；DSum()函数用于返回指定记录集中某个字段列数据的和。它们均可以直接在 VBA、宏、查询表达式或计算控件中使用。

调用格式：

```
DCount(表达式,记录集[,条件式])
DAvg(表达式,记录集[,条件式])
Dsum(表达式,记录集[,条件式])
```

（3）DMax()函数和 DMin()函数

DMax()函数用于返回指定记录集中某个字段列数据的最大值；DMin()函数用于返回指定记录集中某个字段列数据的最小值。它们均可以直接在 VBA、宏、查询表达式或计算控件中使用。

调用格式：

```
DMax(表达式,记录集[,条件式])
DMin(表达式,记录集[,条件式])
```

（4）DLookup()函数

DLookup()函数是从指定记录集里检索特定字段的值。它可以直接在 VBA、宏、查询表达式或计算控件中使用，而且主要用于检索来自外部表（而非数据源表）字段中的数据。

调用格式：DLookup(表达式,记录集[,条件式])

以上特殊聚合函数调用格式中，“表达式”用于标识统计的字段；“记录集”是一个字符串表达式，可以是表的名称或查询的名称；“条件式”是可选的字符串表达式，用于限制函数执行的数据范围。“条件式”一般要组织成 SQL 表达式中的 WHERE 子句，只是不含 WHERE 关键字，如果忽略，函数在整个记录集的范围内计算。

（5）DoCmd 对象的 RunSQL 方法

RunSQL 方法用来运行 Access 的操作查询，完成对表的记录操作。还可以运行数据定义语句实现表和索引的定义操作。它也无须从 DAO 或者 ADO 中定义任何对象进行操作，使用方便。

调用格式：`DoCmd.RunSQL(SQLstatement[,UseTransaction])`

SQLStatement 为字符串表达式，表示操作查询或数据定义查询的有效 SQL 语句。它可以使用 INSERT INTO、DELETE、SELECT…INTO、UPDATE、CREATE TABLE、ALTER TABLE、DROP TABLE、CREATE INDEX 或 DROP INDEX 等 SQL 语句。

UseTransaction 为可选项，使用 True 可以在事务处理中包含该查询，使用 False 则不使用事务处理。默认值为 True。

小　　结

本章主要介绍与模块对象相关的基础知识，综合性强，难度大，要求掌握模块的类型、组成及面向对象程序设计的基本概念；掌握利用 VBA 开发环境编写代码的过程以及进行程序调试的方法；掌握 VBA 过程设计的基础知识，包括常量、变量、运算符与表达式的相关内容；掌握系统提供的常用标准函数的使用方法；掌握条件结构、循环结构的程序设计方法；掌握过程的定义调用及参数传递的方式；掌握在 VBA 中利用代码操作数据库对象的方法等内容。

习　　题

选择题

1. 假设窗体的名称为 fmTest，则把窗体的标题设置为 Access Test 的语句是（　　）。

   A. Me = "Access Test"　　　　B. Me.Caption = "Access Test"

   C. Me.text = "Access Test"　　　　D. Me.Name = "Access Test"

2. 如下程序段定义了学生成绩的记录类型，由学号，姓名和 3 门课程成绩（百分制）组成。

```
Type Stud
   no As Integer
   name As String
   score(1 to 3) As Single
End Type
```

若对某个学生的各个数据项进行赋值，下列程序段中正确的是（　　）。

A.
```
Dim S As Stud
Stud.no=1001
Stud.name="舒宜"
Stud name=78,88,96
```

B.
```
Dim S As Stud
S.no=1001
S.name="舒宜"
S.score=78,88,96
```

C.
```
Dim S As Stud
Stud.no=1001
Stud.name =" 舒宜"
Stud.score (1)=78
Stud.score (2)=88
Stud.score (3)=96
```
D.
```
Dim S As Stud
S.no =1001
S.name="舒宜"
S.Score (1)=78
S.Score (2)=88
S.Score (3)=96
```

3. 用于获得字符串 Str 从第 2 个字符开始的 3 个字符的函数是（　　）。

A. Mid(Str,2,3)　B. Middle(Str,2,3)　C. Right(Str,2,3)　D. Left(Str,2,3)

4. 能被"对象所识别的动作"和"对象可执行的活动"分别称为对象的（　　）。

A. 方法和事件　B. 事件和方法　C. 事件和属性　D. 过程和方法

5. 下列逻辑表达式中，能正确表示条件"x 和 y 都是奇数"的是（　　）。

A. `x Mod 2=1 Or y Mod 2=1`　B. `x Mod 2=0 Or y Mod 2=0`

C. `x Mod 2=1 And y Mod 2=1`　D. `x Mod 2=0 And y Mod 2=0`

6. 以下程序段运行结束后，变量 x 的值为（　　）。

```
x=2  : y=4
Do
   x=x*y : y=y+1
Loop While y<4
```

A. 2　B. 4　C. 8　D. 20

7. 假定有如下的 Sub 过程：

```
Sub sfun (x As Single, y As Single)
  t=x :x=t/y :y=t Mod y
End Sub
```

在窗体上添加一个命令按钮（名为 Command1），然后编写如下事件过程：

```
Private Sub Command1_Click()
   Dim a as single
   Dim b as single
   a=5 :b=4 : sfun a, b
   MsgBox a & chr (10) +chr (13) & b
End Sub
```

打开窗体运行后，单击命令按钮，消息框的两行输出内容分别为（　　）。

A. 1 和 1　B. 1.25 和 1　C. 1.25 和 4　D. 5 和 4

8. 在窗体上添加一个命令按钮（名为 Command1）和一个文本框（名为 Text1），并在命令按钮中编写如下事件代码：

```
Private Sub Command1_Click ( )
   m = 2.17 : n = Len (Str$ (m) + Space (5) ) : Me!Text1=n
End Sub
```

打开窗体运行后，单击命令按钮，在文本框中显示（　　）。

A. 5　　B. 8　　C. 9　　D. 10

9. 在窗体中添加一个名称为 Command1 的命令按钮，然后编写如下事件代码：

```
Private Sub Command1_Click()
  A=75
  if A>60 Then i=1
  if A>70 Then i=2
  if A>80 Then i=3
  if A>90 Then i=4
  MsgBox i
End Sub
```

窗体打开运行后，单击命令按钮，则消息框的输出结果为（　　）。

A. 1　　B. 2　　C. 3　　D. 4

10. 在窗体中添加一个名称为 Commandl 的命令按钮，然后编写如下事件代码：

```
Private Sub Commandl_Click()
  a=75
  If a >60 Then     k=1
  ElseIf a>70 Then  k=2
  ElseIf a>80 Then  k=3
  ElseIf a>90 Then  k=4
  End If
  MsgBox k
End Sub
```

窗体打开运行后，单击命令按钮，则消息框的输出结果为（　　）。

A. 1　　B. 2　　C. 3　　D. 4

11. 设有如下程序：

```
Private Sub Commandl_Click()
  Dim sum As Double, x As Double
  Sum=0: n=0
  For i=1 To 5
    x=n/i:n=n+1:sum=sum+x
  Next i
End Sub
```

该程序通过 For 循环来计算一个表达式的值，这个表达式是（　　）。

A. 1+1/2+2/3+3/4+4/5　　B. 1+1/2+1/3+1/4+1/5

C. 1/2+2/3+3/4+4/5　　D. 1/2+1/3+1/4+1/5

12. 在窗体中有一个标签 Lbl 和一个命令按钮 Command1，事件代码如下：

```
Option Compare Databse
Dim a As String * 10
```

```
Private Sub Commandl_Click()
   a="1234":b=Len(a):Me.Lbl.Caption=b
End Sub
```

打开窗体后单击命令按钮，窗体中显示的内容是（　　）。

A. 4　　B. 5　　C. 10　　D. 40

13. 在已建窗体中有一个命令按钮（名为 Command1），该按钮的单击事件对应的 VBA 代码为：

```
Private Sub Commandl_Click()
   subT.Form.RecordSource = "select * from 雇员"
End Sub
```

单击该按钮实现的功能是（　　）。

A. 使用 Select 命令查找“雇员”表中的所有记录

B. 查找并显示“雇员”表中的所有记录

C. 将 subT 窗体的数据来源设置为一个字符串

D. 设置 subT 窗体数据来源为“雇员”表

14. 下列关于对象“更新前”事件的叙述中，正确的是（　　）。

A. 在控件或记录数据变化后发生的事件

B. 在控件或记录数据变化前发生的事件

C. 当窗体或控件接收到焦点时发生的事件

D. 当窗体或控件失去焦点时发生的事件

15. 如果 X 是一个正的实数，保留两位小数、将千分位四舍五入的表达式是（　　）。

A. 0.01*Int(x+0.05)　　B. 0.01*Int(100*(X+0.005))

C. 0.01*Int(x+0.005)　　D. 0.01*Int(100*(X+0.05))

16. 在模块的声明部分使用“Option Base 1”语句，然后定义二维数组 A(2 to 5,5)，则该数组的元素个数为（　　）。

A. 20　　B. 24　　C. 25　　D. 36

17. 由“For i=1 To 9 Step -3”决定的循环结构，其循环体将被执行（　　）。

A. 0 次　　B. 1 次　　C. 4 次　　D. 5 次

18. 在窗体上有一个命令按钮 Commandl 和一个文本框 Textl，编写事件代码如下：

```
Private Sub Command1_Click()
   Dim i,j,x
   For i=1 To 20 step 2
   x=0
   For j=1 To 20 step 3
     x=x + 1
   Next j
   Next i
   Textl.Value=Str(x)
End Sub
```

打开窗体运行后，单击命令按钮，文本框中显示的结果是（　　）。

A. 1　　B. 7　　C. 17　　D. 400

19. 在窗体上有一个命令按钮 Commandl，编写事件代码如下：

```
Private Sub Commandl_Click( )
    Dim y As Integer
    y=0
    Do
      y=InputBox("y=")
      If (y Mod 10) + Int(y / 10)=10 Then Debug.Print y
    Loop Until y=0
End Sub
```

打开窗体运行后，单击命令按钮，依次输入 10、37、50、55、64、20、28、19、-19、0，立即窗口上输出的结果是（　　）。

A. 37 55 64 28 19 19　　B. 10 50 20

C. 10 50 20 0　　D. 37 55 64 28 19

20. 在窗体上有一个命令按钮 Command1，编写事件代码如下：

```
Private Sub Command1_Click( )
   Dim x As Integer, y As Integer
   x=12: y=32 : Call Proc(x, y) : Debug.Print x  y
End Sub
Public Sub Proc(n As Integer, ByVal m As Integer)
   n=n Mod 10  :  m=m Mod 10
End Sub
```

打开窗体运行后，单击命令按钮，立即窗口上输出的结果是（　　）。

A. 2 32　　B. 12 3　　C. 2 2　　D. 12 32

21. 在窗体上有一个命令按钮 Commandl，编写事件代码如下：

```
Private Sub Commandl_Click()
    Dim d1 As Date
    Dim d2 As Date
    dl=#12/25/2009#
    d2=#1/5/2010#
    MsgBox DateDiff(" ww", d1, d2)
End Sub
```

打开窗体运行后，单击命令按钮，消息框中输出的结果是（　　）。

A. 1　　B. 2　　C. 10　　D. 11

22. 下列程序段的功能是实现“学生”表中“年龄”字段值加 1

```
Dim Str As String  :    Str="___________" : Docmd.RunSQL Str
```

空白处应填入的程序代码是（　　）。

A. 年龄=年龄+1　　　　B. Update 学生 Set 年龄=年龄+1

C. Set 年龄=年龄+1　　　　D. Edit 学生年龄=年龄+l

23. 在窗体中有一个命令按钮 Command1 和一个文本框 Test1，编写事件代码如下：

```
Private Sub Command1_Click()
    For I=1 To 4
        x=3
        For j=1 To 3
            For k=1 To 2
                x=x+3
            Next k
        Next j
    Next I
    Text1.Value = Str(x)
End Sub
```

打开窗体运行后，单击命令按钮，文本框 Text1 中输出的结果是（　　）。

A. 6　　B. 12　　C. 18　　D. 21

24. 在窗体中有一个命令按钮 Command1，编写事件代码如下：

```
Private Sub Command1_Click()
    Dim  s  As  Integer:s=p(1)+p(2)+p(3)+p(4):debug.Print s
End Sub
Public Function p(N  As  Integer)
    Dim  Sum  As  Integer:Sum=0
    For i=1 To N
        Sum=Sum + i
    Next i
    P=Sum
End Function
```

打开窗体运行后，单击命令按钮，输出的结果是（　　）。

A. 15　　B. 20　　C. 25　　D. 35

25. 下列过程的功能是：通过对象变量返回当前窗体的 RecordSet 属性记录集引用，消息框中输出记录集的记录（即窗体记录源）个数。

```
Sub GetRecNum( )
    Dim rs As Object:Setrs= Me.Recordset:MsgBox __________
End Sub
```

程序空白处应填写的是（　　）。

A. Count　　　　B. rs.Count

C. RecordCount　　　　D. rs. RecordCount

实训部分

实训1　创建数据库

1.1　实训目的

- 掌握查看数据库结构、内容和使用帮助系统的方法。
- 掌握创建数据库的两种方法。
- 掌握数据库的基本操作方法和步骤。

1.2　实训内容

1.2.1　启动数据库并使用帮助系统

1. 启动 Access

双击桌面上的 Access 快捷方式图标，如图 2-1-1 所示。

2. 使用 Access 的帮助系统

例如：查找 Access 系统中关于“创建新的桌面数据库”的信息。

图 2-1-1　双击启动 Access 图标

参考步骤：

① 选择“帮助”→“Microsoft Access 帮助”命令，或单击工具栏中的“帮助”按钮。

② 使用以下方法之一查看帮助主题：

- 单击帮助窗口中的“ ”按钮，单击帮助主题前面的“ ”图标，可以展开该主题的列表，如图 2-1-2 所示。单击帮助主题：创建新的桌面数据库，可以选择该帮助主题。
- 在“搜索”文本框中输入需要查找的帮助主题：数据库　创建（两个关键词中间有空格），如图 2-1-3 所示。再按【Enter】键或单击“搜索”按钮，在窗口中单击“创建新的桌面数据库”超链接。

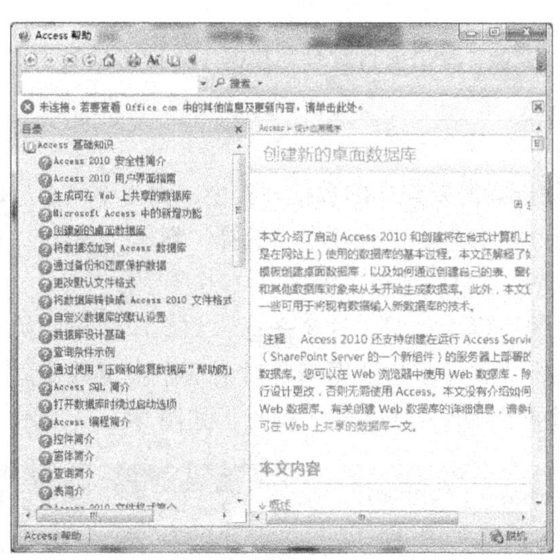

图 2-1-2 “Microsoft Access 帮助”窗口

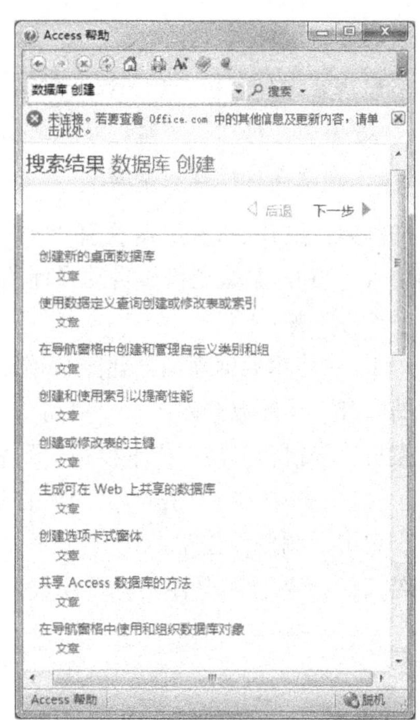

图 2-1-3 “搜索”文本框

1.2.2 创建数据库

1. 创建一个空数据库

例如：创建“图书管理系统”数据库，并保存在 D:\My Access 文件夹中。

参考步骤：

① 在 Microsoft Access“文件”选项卡中选择“新建”，再单击按钮，如图 2-1-4 所示。单击“文件名”右侧的浏览按钮，弹出“文件新建数据库”对话框。

② 在“文件新建数据库”对话框中进行如下操作：

- 设置保存位置：先找到 D 盘，再单击新建文件夹按钮，在 “文件名”文本框中输入 My Access，如图 2-1-5 所示，然后单击“打开”按钮。

图 2-1-4 “文件”菜单

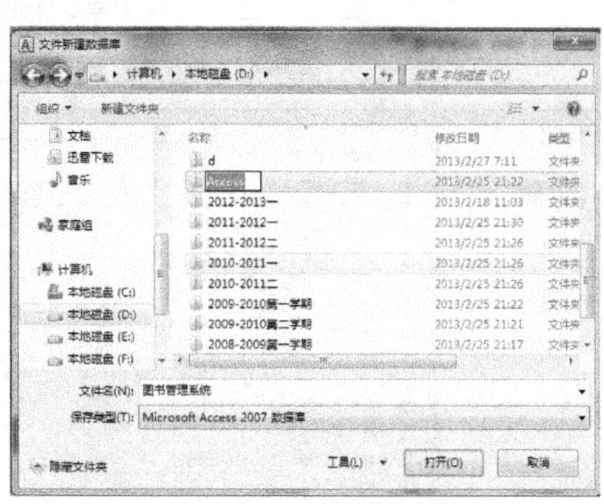

图 2-1-5 “文件新建数据库”对话框

• 设置文件名：在“文件名”文本框中输入“图书管理系统”。

• 设置保存类型：在“保存类型”下拉列表框中选择“Microsoft Access 2007 数据库”选项。

③ 单击“打开”按钮，完成空白数据库的创建。

2. 利用向导创建数据库

例如：在 D:\My Access 文件夹下利用“向导”建立“营销项目管理”数据库。样本模板为“营销项目”，并观察系统模板自动设计的表结构。

参考步骤：

① 在使用数据库向导建立数据库之前，必须选择需要建立的数据库类型，因为不同类型的数据库有不同的数据库向导。启动 Access 后，在“文件”命令选项卡中选择“新建”，单击“样本模板”按钮，弹出“样本模板”列表。选中“营销项目”图标，如图 2-1-6 所示。

② “营销项目”是单位个人管理营销项目的数据库，双击这个图标，数据库向导开始工作。单击“浏览”按钮，在如图 2-1-7 所示的“文件新建数据库”对话框中指定数据库文件名、保存类型和保存位置（D:\My Access 文件夹），单击“确定”按钮，如图 2-1-7 所示。

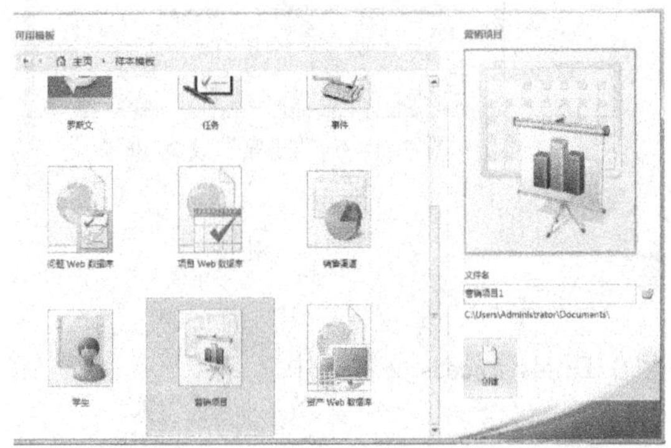

图 2-1-6 “样本模板”列表

图 2-1-7 指定数据库文件名、保存类型和保存位置

③ 单击“创建”按钮，完成“营销项目管理”数据库的创建工作，如图 2-1-8 所示。

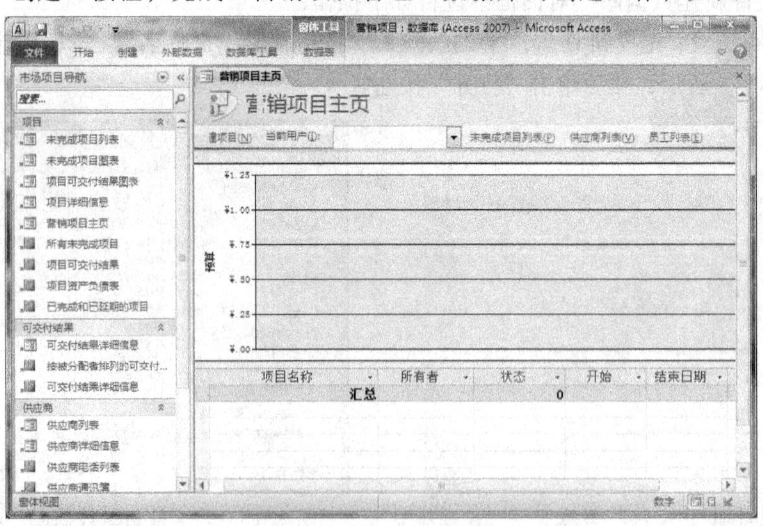

图 2-1-8 完成数据库创建

④ 双击打开“供应商详细信息”表并查看结构，然后依次打开其他表，比较并思考结构和功能上的关系。

1.2.3　数据库的基本操作

1. 数据库的打开

例如：打开“图书管理系统”数据库。

参考步骤：

① 启动 Access，选择“文件”→“打开”命令，弹出“打开”对话框，如图 2-1-9 所示。

② 在文件夹列表中双击打开 D:\My Access 文件夹，再选择“图书管理系统”数据库，单击“打开”按钮，完成“图书管理系统”数据库的打开工作。

2. 数据库的关闭

例如：关闭“图书管理系统”数据库。

参考步骤：

选择“文件”→“退出”命令或单击主窗口中的“关闭”按钮☒。

3. 数据库的备份

例如：备份“图书管理系统”数据库到 C:\My Documents 文件夹中。

参考步骤：

① 在 D:\My Access 文件夹中找到“图书管理系统”数据库。

② 选择“组织”下拉列表中的“复制”命令，如图 2-1-10 所示。

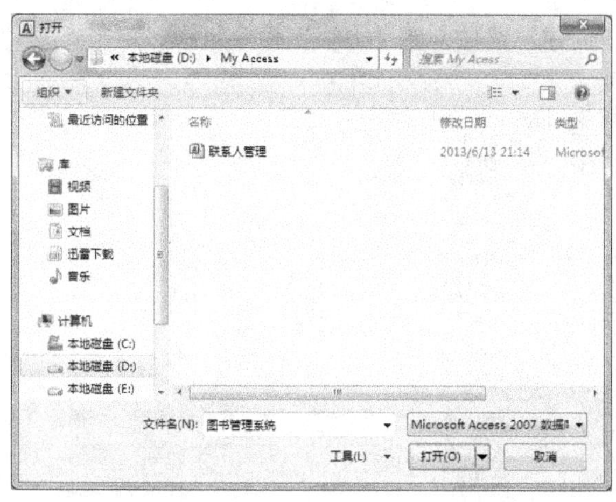

图 2-1-9　“打开”对话框

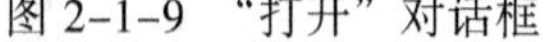

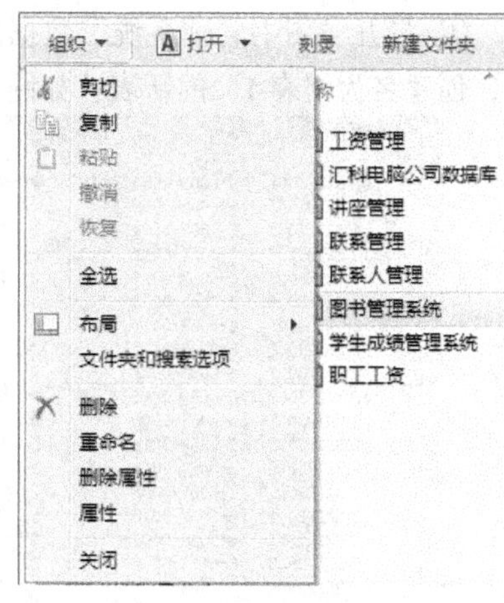

图 2-1-10　选择“复制”命令

③ 打开目标文件夹 C:\My Documents，选择“组织”下拉列表中的“粘贴”命令完成备份。

思考及课后练习

使用向导创建一个“联系人管理”数据库，其中设置屏幕显示样式为“标准”，打印报表所用的样式为“组织”。

实训 2　表Ⅰ——建立表结构和输入数据

2.1 实训目的

- 掌握建立表结构和输入数据的方法。
- 掌握设置字段属性的方法。
- 掌握建立表之间关系的方法。

2.2 实训内容

2.2.1 建立表结构

1. 用“数据表”视图

例如：在“图书管理系统”数据库中，使用“数据表”视图建立“借书证表”，如图 2-2-1 所示。

参考步骤：

① 打开“图书管理系统”数据库。在“创建”选项卡的“表格”命令组中，单击“表”按钮，创建名为“表 1”的新表，如图 2-2-2 所示。

图书借阅表

编号	借书证号	图书编号	数量	借阅时间	管理员编号	还书时间
10	32123001	6-6063-0006	2	2007/6/21	A09	2007/9/21
2	32123002	6-6063-0002	2	2007/10/7	A10	2008/1/7
4	32123003	6-6063-0004	1	2007/3/18	A03	2007/6/18
12	32123003	6-6063-0011	3	2007/6/9	A17	2007/9/9
18	32123003	6-6063-0007	2	2007/9/10	A03	2007/12/10
7	32123004	6-6063-0013	3	2007/5/5	A03	2007/8/5
14	32123005	6-6063-0002	1	2007/7/1	A02	2007/10/1
11	32123006	6-6063-0003	3	2007/6/26	A08	2007/9/26
13	32123007	6-6063-0001	2	2007/12/2	A08	2008/3/2
15	32123007	6-6063-0016	3	2007/7/27	A12	2007/10/27
19	32123007	6-6063-0005	2	2007/7/22	A14	2007/10/22
16	32123008	6-6063-0014	1	2007/7/25	A17	2007/10/25
17	32123010	6-6063-0011	1	2007/9/20	A15	2007/12/20
20	32123011	6-6063-0003	2	2007/10/24	A20	2008/1/24
8	32123901	6-6063-0015	1	2007/7/29	A01	2007/10/29
9	32123902	6-6063-0001	2	2007/5/12	A03	2007/8/12
6	32123903	6-6063-0009	2	2007/4/5	A07	2007/7/5
1	32123904	6-6063-0003	1	2007/5/15	A01	2007/8/15
3	32123904	6-6063-0001	3	2007/10/12	A02	2008/1/12
5	32123905	6-6063-0012	3	2007/2/10	A19	2007/5/10
* (新建)			0			

图 2-2-1　图书借阅表

图 2-2-2　“创建表”命令选项

② 在“数据表视图”视图中，选中 ID 字段，在“表格工具”选项卡的“属性”命令组中，单击“名称和标题”按钮。弹出“输入字段属性”对话框，在”名称“文本框”中输入“编号”，单击“确定”按钮，如图 2-2-3 所示。

③ 单击“单击以添加”，在弹出的下拉列表中选择数据类型“文本”（见图 2-2-4），此时新字段自动命名为“字段 1”，重复步骤②操作，把字段名称修改为“借书证号”。依次添加其余

字段。

④ 在数据表中输入数据，如图 2-2-1 所示。

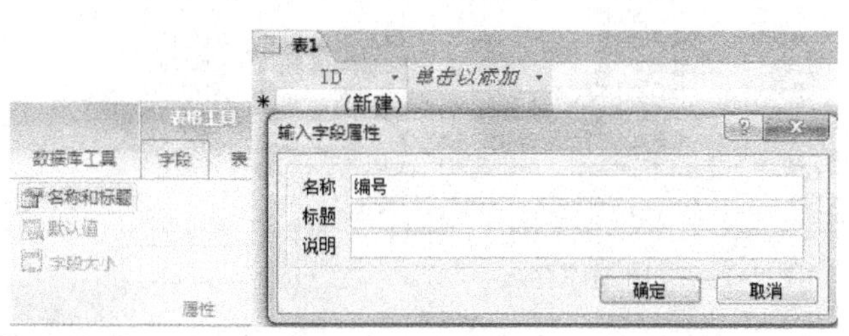

图 2-2-3　空数据表

图 2-2-4 “另存为”对话框

⑤ 单击快速工具栏上的“保存”按钮保存数据表，弹出“另存为”对话框，在“表名称”文本框中输入表名“图书借阅表”，单击“确定”按钮，如图 2-2-5 所示。

⑥ 在“设计视图”中设置“借书证号”字段为主键。

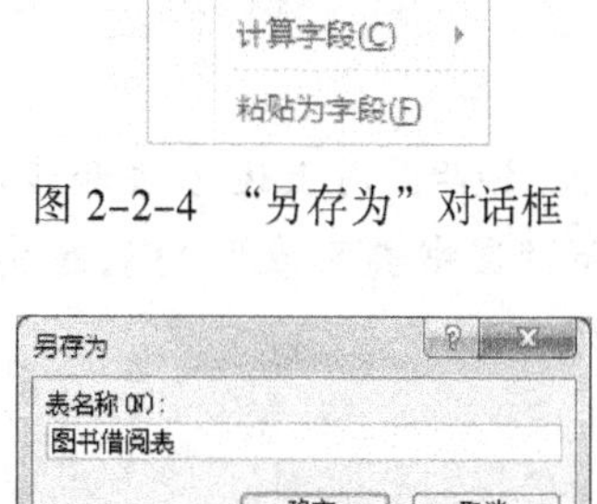

图 2-2-5 “另存为”对话框

2. 使用“设计”视图

例如：在“图书管理系统”数据库中，使用“设计”视图建立“图书库存表”，其结构如图 2-2-6 所示。

参考步骤：

① 在数据库窗口的“创建”选项卡的“表格”命令组中，单击“表设计”按钮，即可进入表设计器。

② 在“字段名称”文本框中输入需要的字段名，在“字段类型”列表框中选择适当的数据类型。按照图 2-2-6 所示的表结构依次输入和确定每个字段。

图书借阅表

字段名称	数据类型
编号	自动编号
借书证号	文本
图书编号	文本
数量	数字
借阅时间	日期/时间
管理员编号	文本
还书时间	日期/时间

图 2-2-6 “图书借阅表”结构

③ 定义完全部字段后，右击设置字段“图书编号”为主键。或在“设计”选项卡的工具组中单击“主键”按钮。

④ 单击快速工具栏上的“保存”按钮，弹出“另存为”对话框，输入表的名称“图书库存表”， 单击“确定”按钮，保存表的结构。

2.2.2 向表中输入数据

例如：在“图书库存表”中输入数据，如图 2-2-7 所示。

参考步骤：

① 单击“导航窗格”下的“表”对象，在表列表中，双击“图书库存表”选项，以“数据

表”视图方式打开 “图书库存表”窗口，如图 2-2-7 所示。

② 在表窗口中逐条输入记录，输入完成后单击“关闭”按钮。

图书库存表

图书编号	图书名称	图书类别编	作者	出版社	出版日期	价格	数量	入库时间	图书介绍
6-6063-0001	正说清朝十二帝	002	阎崇年	中华书局	2005/10/1	￥45.00	11	2007/5/1	
6-6063-0002	鲁迅精选集	003	鲁迅	北京燕山出版社	2007/2/1	￥28.00	69	2007/5/1	
6-6063-0003	UNIX编程艺术	005	理曼德	电子工业出版社	2007/2/1	￥59.00	11	2007/6/1	
6-6063-0004	实用科学	006	陈颖珠	中国科学出版社	2006/5/1	￥36.00	40	2007/10/1	
6-6063-0005	飞得更高	010	井上笃夫	中国铁道出版社	2006/1/1	￥25.00	6	2007/5/1	
6-6063-0006	浪漫巴黎	008	刘佳音	经济日报出版社	2005/1/1	￥32.80	9	2006/5/1	
6-6063-0007	汉字的文化史	001	李运博	新星出版社	2006/5/1	￥26.00	40	2007/5/15	
6-6063-0008	最佳公司面试题	002	鲁儒钰	企业管理出版社	2007/4/1	￥36.00	11	2007/5/1	
6-6063-0009	关于上班这件事	008	朱德庸	中信出版社	2006/4/1	￥27.00	18	2007/4/1	
6-6063-0011	我的专业生活	008	陈光	机械工业出版社	2007/1/1	￥19.80	9	2007/5/1	
6-6063-0012	帝国的惆怅	003	易中天	文汇出版社	2006/8/1	￥26.00	50	2007/10/1	
6-6063-0013	不要只做我告诉你的事	002	尼尔森	新华出版社	2006/4/1	￥16.80	10	2007/5/1	
6-6063-0014	班主任工作漫谈	002	魏书生	漓江出版社	2006/6/1	￥22.80	25	2007/10/1	
6-6063-0015	成吉思汗与今日世界之	010	杰克	重庆出版社	2007/2/1	￥32.00	10	2007/5/1	
6-6063-0016	相信中国	017	麦子	长江文艺出版社	2006/1/1	￥20.00	24	2007/5/1	
6-6063-0017	菊与刀	010	王南	华文出版社	2006/2/1	￥36.00	50	2007/5/1	
6-6063-0018	中国通史	009		北京出版社	2005/10/1	￥68.80	31	2005/1/1	
6-6063-0020	飘	010	玛格丽特.米t	译林出版社	2000/9/1	￥32.00	5	2001/5/1	
*						￥0.00	0		

记录：第 1 项(共 18 项 无筛选器 搜索

图 2-2-7 图书库存表

说明： 用上述方法和步骤可以依次创建“管理员表”“借书证类型表”“图书借阅表”和“图书类别表”的表结构并输入内容。其表结构和表内容分别如图 2-2-8～图 2-2-11 所示。

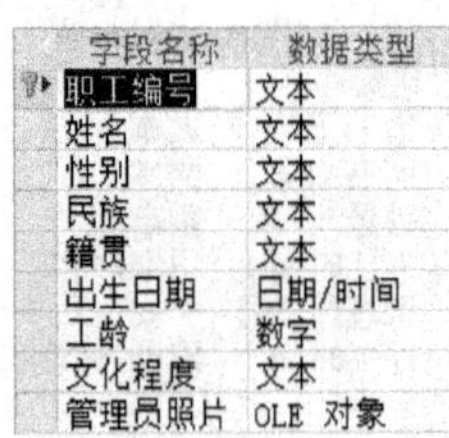

字段名称	数据类型
职工编号	文本
姓名	文本
性别	文本
民族	文本
籍贯	文本
出生日期	日期/时间
工龄	数字
文化程度	文本
管理员照片	OLE 对象

管理员表

职工编号	姓名	性别	民族	出生日期	文化程度	工龄	籍贯	管理员照片
A01	孙红	男	回	1979/8/18	专科	6	北京	Package
A02	孙玉如	女	汉	1979/10/14	专科	6	安徽	
A03	赵洁	女	汉	1972/1/3	本科	12	安徽	
A04	赵新祥	男	汉	1971/3/23	硕士	6	浙江	
A05	陈英	女	回	1970/4/5	本科	13	安徽	
A06	郭艳丽	女	汉	1970/5/5	本科	6	安徽	
A07	何文涛	男	汉	1972/10/29	本科	6	安徽	
A08	黄亮	男	汉	1972/7/2	硕士	5	安徽	
A09	姜小曼	女	汉	1970/6/19	专科	9	江苏	
A10	李萍	女	汉	1972/11/15	硕士	5	安徽	
A11	刘薇	女	汉	1970/3/11	专科	6	江苏	
A12	钱新华	女	汉	1971/12/25	硕士	4	浙江	
A13	夏颀峰	男	汉	1972/6/6	本科	11	安徽	
A14	宋伟	男	汉	1970/7/8	本科	11	安徽	
A15	孙肖明	男	汉	1970/2/1	本科	15	安徽	
A16	张菲	女	汉	1979/7/20	本科	8	安徽	
A17	王进仁	男	汉	1970/9/18	专科	7	北京	
A18	王永强	男	回	1970/3/3	专科	9	江苏	
A19	钱林	男	汉	1970/12/4	硕士	8	河南	
A20	叶文	女	汉	1978/10/10	硕士	5	河南	
*						0		

记录：第 1 项(共 20 项 无筛选器 搜索

图 2-2-8 “管理员表”结构和内容

字段名称	数据类型
借书证类型	文本
最大借阅数	数字
借出最长时间	数字

借书证类型表

借书证类型	最大借阅数	借出最长时间	单击以添加
教师借书证	10	90	
学生借书证	5	360	
*	0	0	

图 2-2-9 “借书证类型表”结构和内容

字段名称	数据类型
编号	自动编号
借书证号	文本
图书编号	文本
数量	数字
借阅时间	日期/时间
管理员编号	文本
还书时间	日期/时间

图书借阅表

编号	借书证号	图书编号	数量	借阅时间	管理员编号	还书时间
10	32123001	6-6063-0006	2	2007/6/21	A09	2007/9/21
2	32123002	6-6063-0002	2	2007/10/7	A10	2008/1/7
4	32123003	6-6063-0004	1	2007/3/18	A03	2007/6/18
12	32123003	6-6063-0011	3	2007/6/9	A17	2007/9/9
18	32123003	6-6063-0007	2	2007/9/10	A03	2007/12/10
7	32123004	6-6063-0013	3	2007/5/5	A03	2007/8/5
14	32123005	6-6063-0002	1	2007/7/1	A02	2007/10/1
11	32123006	6-6063-0003	3	2007/6/26	A08	2007/9/26
13	32123007	6-6063-0001	2	2007/12/2	A08	2008/3/2
15	32123007	6-6063-0016	3	2007/7/27	A12	2007/10/27
19	32123007	6-6063-0005	2	2007/7/22	A14	2007/10/22
16	32123008	6-6063-0014	1	2007/7/25	A17	2007/10/25
17	32123010	6-6063-0011	1	2007/9/20	A15	2007/12/20
20	32123011	6-6063-0003	2	2007/10/24	A20	2008/1/24
8	32123901	6-6063-0015	2	2007/7/29	A01	2007/10/29
9	32123902	6-6063-0001	2	2007/5/12	A03	2007/8/12
6	32123903	6-6063-0009	2	2007/4/5	A07	2007/7/5
1	32123904	6-6063-0003	1	2007/5/15	A01	2007/8/15
3	32123904	6-6063-0001	3	2007/10/12	A02	2008/1/12
5	32123905	6-6063-0012	3	2007/2/10	A19	2007/5/10
（新建）			0			

图 2-2-10 “图书借阅表”结构和内容

字段名称	数据类型
图书类别编号	文本
类别名	文本

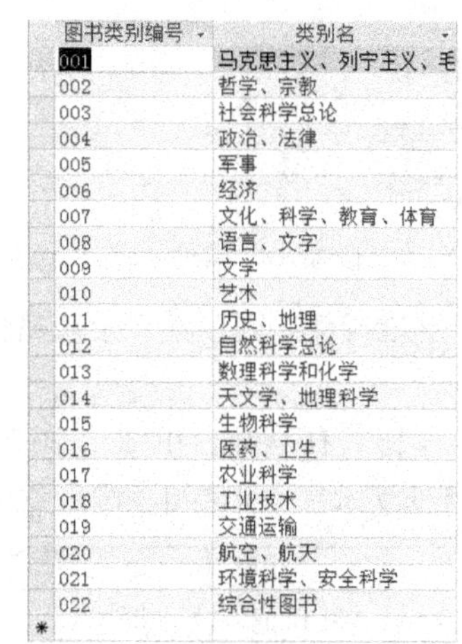

图书类别编号	类别名
001	马克思主义、列宁主义、毛
002	哲学、宗教
003	社会科学总论
004	政治、法律
005	军事
006	经济
007	文化、科学、教育、体育
008	语言、文字
009	文学
010	艺术
011	历史、地理
012	自然科学总论
013	数理科学和化学
014	天文学、地理科学
015	生物科学
016	医药、卫生
017	农业科学
018	工业技术
019	交通运输
020	航空、航天
021	环境科学、安全科学
022	综合性图书

图 2-2-11 “图书类别表”结构和内容

2.2.3 设置字段属性

例如：在“图书管理系统”数据库中，设置“借书证表”相关字段的属性。具体要求如下：

① 将“借书证号”字段的“字段大小”设置为8，将“证件类型”字段的“字段大小”属性设置为4。

② 将“办证时间”字段的“格式”设置为“短日期”。

③ 将“性别”字段的“默认值”设置为“男”，“有效性规则”为“"男" Or "女"”，“有效性文本”为“请输入"男"或"女"!”。

④ 将“出生日期”字段的“输入掩码”属性设置为“长日期”，占位符为“#”，并指定为“必填字段”。

参考步骤：

① 单击“导航窗格”下的“表”对象，在表列表中，右击“借书证表”选项，选择以“设计视图”打开“借书证表”，如图 2-2-7 所示。

② 单击“借书证号”字段行任一列，在“字段属性”区域中的“字段大小”文本框中输入“8”，如图 2-2-12 所示。

③ 用同样的方法将“借书证类型”字段的“字段大小”属性设置为 4。

④ 单击“办证时间”字段行任一列，在“字段属性”区域中的“格式”下拉列表框中选择“短日期”选项，如图 2-2-13 所示。

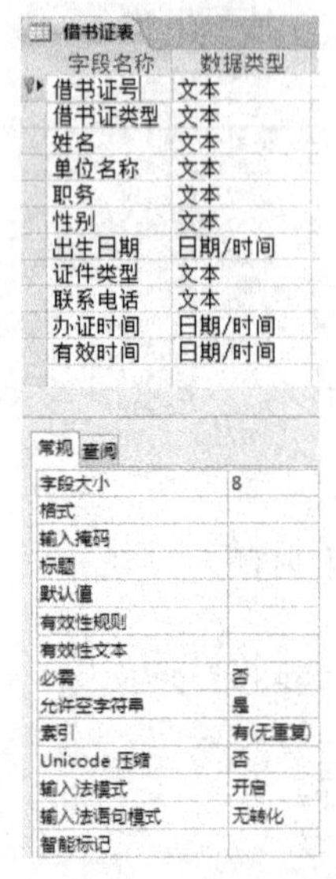

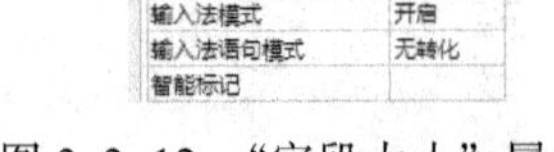

图 2-2-12 “字段大小”属性

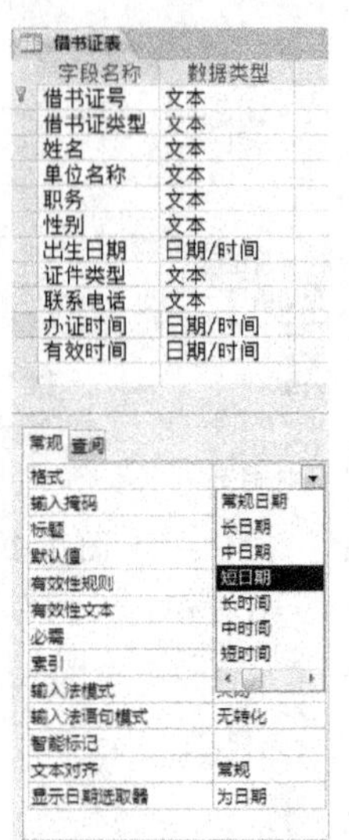

图 2-2-13 选择“短日期”选项

⑤ 单击“性别”字段行任一列，在“字段属性”区中的“默认值”文本框中输入“男”，如图 2-2-14 所示。

⑥ 单击“性别”字段行任一列，出现“字段属性”区域，在“有效性规则”文本框中输入“"男" Or "女"”，“有效性文本”文本框中输入“请输入"男"或"女"!”，如图 2-2-15 所示。

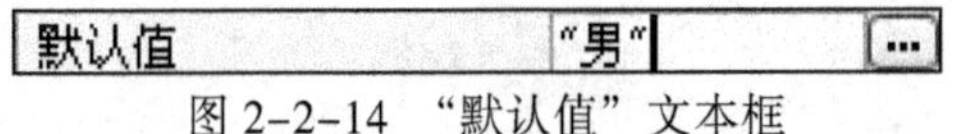

图 2-2-14 “默认值”文本框

图 2-2-15 “有效性规则”文本框

⑦ 单击“出生日期”字段行任一列，在“字段属性”区域中，单击“输入掩码”文本框后的 ... 按钮，弹出“输入掩码向导”对话框，如图 2-2-16 所示。

⑧ 选择“长日期”选项，单击“下一步”按钮，在“输入掩码”文本框中输入“1000/99/99”。在“占位符”下拉列表框中选择“#”选项，单击“完成”按钮返回表“设计视图”。

⑨ 在“必需”列表框中选择“是”选项，将“出生日期”设置为必填字段。

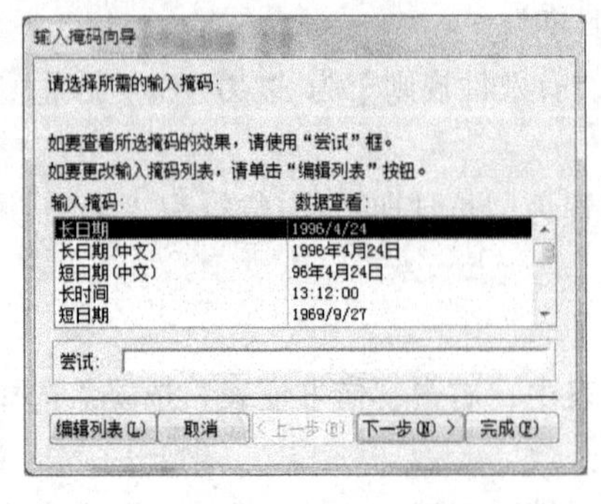

（a）

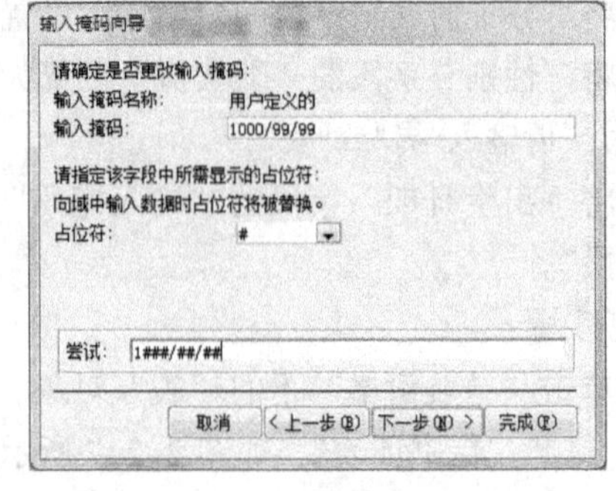

（b）

图 2-2-16 “输入掩码向导”对话框

2.2.4 建立表之间的关系

例如：定义“图书管理系统”数据库中6个表之间的关系为“一对多”，并设置实施参照完整性、级联更新相关字段和级联删除相关记录。

参考步骤：

① 打开“图书管理系统”数据库，在“数据库工具”选项卡中，单击 “关系”按钮，弹出“显示表”对话框，如图2-2-17所示，从中选择加入要建立关系的表，单击“添加”按钮。

② 单击“关闭”按钮，关闭“显示表”对话框，出现“关系”窗口，如图2-2-18所示。

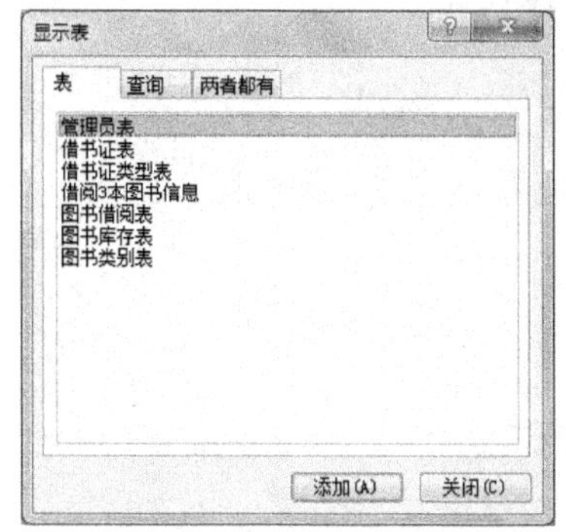

图2-2-17 “显示表”对话框

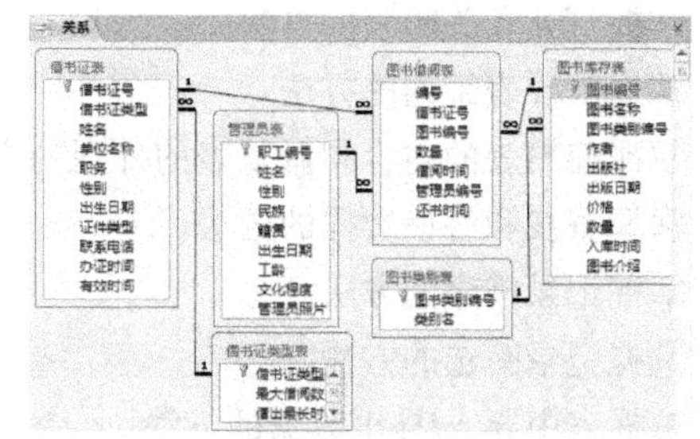

图2-2-18 “关系”窗口

③ 将鼠标指针指向“管理员表”中的“职工编号”选项，将其拖动到“图书借阅表”的“管理员编号”字段，弹出“编辑关系”对话框，如图2-2-19所示，检查显示两个列中的字段名称以确保正确性。

④ 选择“实施参照完整性”“级联更新相关字段”和“级联删除相关记录”复选框，然后单击“创建”按钮。

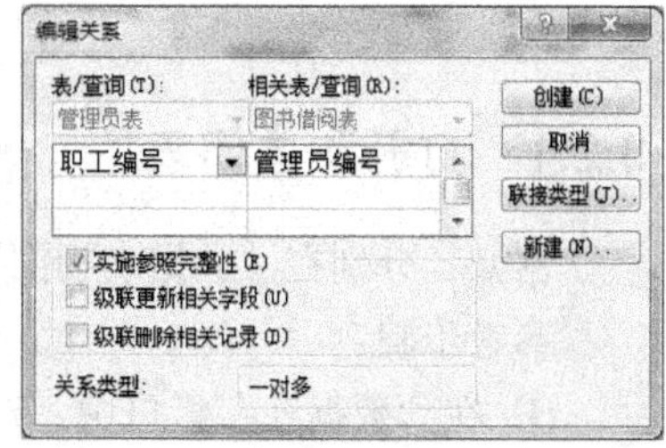

图2-2-19 “编辑关系”对话框

⑤ 在“编辑关系”对话框中依次设置其他几个表之间的关系。

⑥ 所有的关系建好后，单击“关闭”按钮，这时Access询问是否保存布局的更改，单击“是”按钮即可。

思考及课后练习

1. 继续输入“图书管理系统”数据库表的数据，并保存该数据库，后面的实训全部采用该数据库。

2. 继续完成“图书管理系统”数据库表之间关系的建立。

实训 3　表Ⅱ——维护、操作、导入/导出表

3.1 实 训 目 的

- 掌握打开和关闭表的方法。
- 掌握修改表结构的方法。
- 掌握编辑表的内容和调整表的外观的方法。
- 掌握查找和替换数据的方法。
- 掌握记录排序的方法。
- 掌握记录筛选的方法。
- 掌握表中导入/导出数据的方法。

3.2 实 训 内 容

3.2.1　打开和关闭表

例如：分别在“数据表视图”和“设计视图”中打开“借书证表”，操作完成后关闭两表。

参考步骤：

① 在“数据库”窗口中，双击“对象”下的“表”对象。

② 选择“借书证表”选项，双击“数据库”窗口工具栏上的“打开”按钮，以“数据表视图”打开“借书证表”。

③ 选择“文件”→“关闭”命令将打开的“借书证表”关闭。

④ 选择“图书库存表”，单击“数据库”窗口工具栏上的“设计”按钮，以“设计视图”打开“借书证表”。

⑤ 单击“设计视图”的“关闭”按钮，关闭“图书库存表”的设计视图。

说明：在关闭表时，如果曾对表的结构或布局进行过修改，Access 会弹出一个对话框，询问用户是否保存所做的修改。

3.2.2　修改表的结构

1．添加字段

例如：在“借书证表”的“单位名称”和“职务”字段之间增加“电话分机”字段，文本类型，大小为 4。在“电话分机”字段中分别输入工商管理系、电子商务系、计算机系、会计学系、国际商务系和基础课部 6 个部门的分机号码：5855、5856、5857、5859、5860 和 5861。

参考步骤：

① 以“设计视图”打开“借书证表”。

② 将光标移到“职务”字段。

③ 在表格工具的“设计”选项卡中单击“插入行”按钮，即插入一个空白行，在空白行中输入字段名“电话分机”，数据类型为“文本”。

④ 选择“数据表视图”，依次输入部门分机号码。

⑤ 单击快速工具栏上的“保存”按钮完成设置。

2. 修改字段

例如：在“图书库存表”中，将“图书编号”字段的字段名改为“书号”；在“说明”栏输入“新编书号”内容。

参考步骤：

在“设计视图”中打开“图书库存表”，双击“图书编号”选项，输入新名“书号”；在“说明”栏输入“新编书号”。

3. 删除字段

例如：将“借书证表”的 “电话分机”字段删除。

参考步骤：

在“设计视图”中打开“借书证表”， 选择字段“电话分机”，在表格工具的“设计”选项卡中单击“删除行”按钮或按【Delete】键，将弹出如图 2-3-1 所示的对话框，单击“是”按钮即可删除该字段。

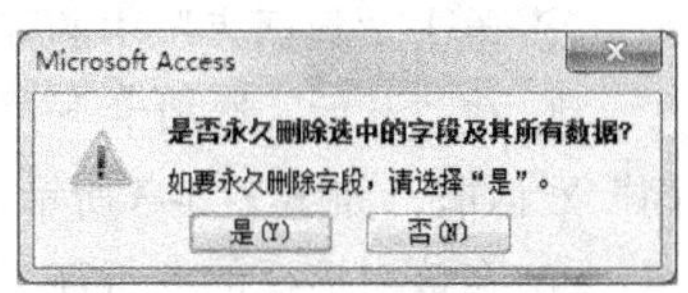

图 2-3-1 确认字段删除对话框

3.2.3 编辑表的内容

1. 定位记录

例如：将记录指针定位到“管理员表”中的第 9 条记录上。

参考步骤：

① 在“数据表视图”中打开“管理员表”

② 在“记录编号”文本框中输入要查找的记录号 9，按【Enter】键完成定位，如图 2-3-2 所示。

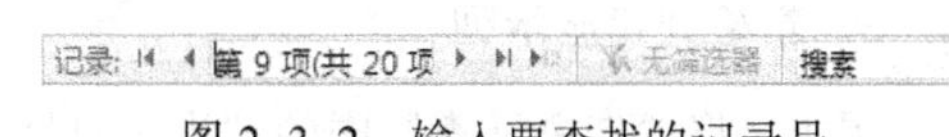

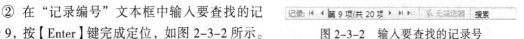

图 2-3-2 输入要查找的记录号

2. 修改记录

例如：将“图书库存表”中“中国铁道出版社”出版的图书增加 10 本。

参考步骤：

① 在“数据表视图”中打开“图书库存表”。

② 找到“中国铁道出版社”出版的图书，在“数量”单元格中双击，将目前的数量“6”改为“16”。

3. 删除记录

例如：删除“图书编号”为 6-6063-0013 的记录。

参考步骤：

在“数据表视图”中打开“图书库存表”，选中“图书编号”为“6-6063-0013”的记录，在“开始”选项卡的“记录”命令组中单击✕删除·即可。

3.2.4 调整表的外观

1. 改变字段次序

例如：将“图书库存表”中的“入库时间”字段移到“数量”字段和“出版社”字段之间。

参考步骤：

① 在“数据表视图”中打开“图书库存表”表。

② 将鼠标指针定位在“购买日期”字段列的字段名上，鼠标指针变成一个粗体黑色下箭头⬇，单击。

③ 拖动鼠标到“出版社”字段前，释放鼠标左键完成互换。

2. 调整字段显示宽度和高度

例如：设置“图书库存表”表行高为 13，设置所有字段列列宽为最佳匹配。

参考步骤：

① 在“数据表视图”中打开“图书库存表”。

② 单击“数据表”中的任意单元格。

③ 在“开始”选项卡下“记录”命令组的“其他”下拉列表中单击“行高”命令，弹出“行高”对话框，如图 2-3-3 所示。

④ 在该对话框的“行高”文本框中输入所需的行高值 13，单击“确定”按钮。

⑤ 选择所有字段列，然后在“开始”选项卡下“记录”命令组的“其他”下拉列表中单击“字段宽度(F)”命令，在弹出的“列宽”对话框中单击“最佳匹配”按钮，再单击“确定”按钮，如图 2-3-4 所示。

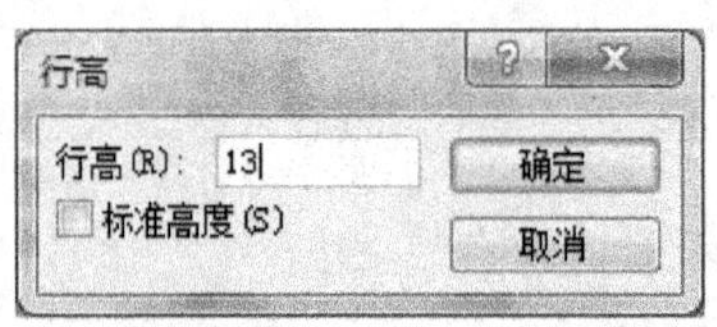

图 2-3-3 “行高”对话框

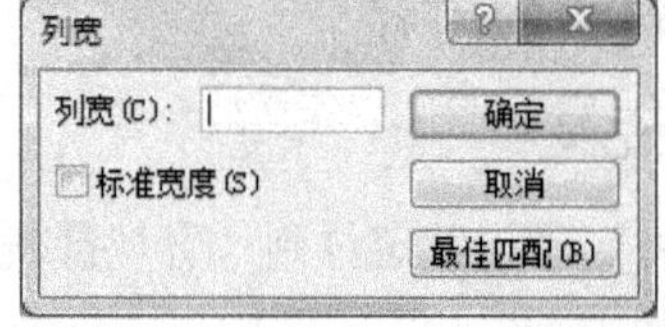

图 2-3-4 “列宽”对话框

3. 隐藏列和显示列

例如：将“借书证表”中的“出生日期”字段列隐藏起来，再将刚才隐藏的“出生日期”列重新显示出来。

参考步骤：

① 在“数据表视图”中打开“学生”表。

② 单击“出生日期”字段选定器⬇。

③ 在“记录”命令组的“其他”下拉列表中选择“隐藏字段(F)”选项。这时，Access 就将选定的列隐藏起来。

④ 在“记录”命令组的“其他”下拉列表中选择“取消隐藏字段(U)”选项，弹出“取消隐藏列”对话框，如图 2-3-5 所示。选中要取消隐藏的列“出生日期”复选框。

⑤ 单击“关闭”按钮，重新显示“出生日期”列。

4．改变字体显示

例如：将“图书借阅表”字体设置为方正姚体，字号为小四，字形为斜体，颜色为深红色。

参考步骤：

打开“图书借阅表”，在“开始”选项卡的“文本格式”命令组中进行相应设置，如图 2-3-6 所示。

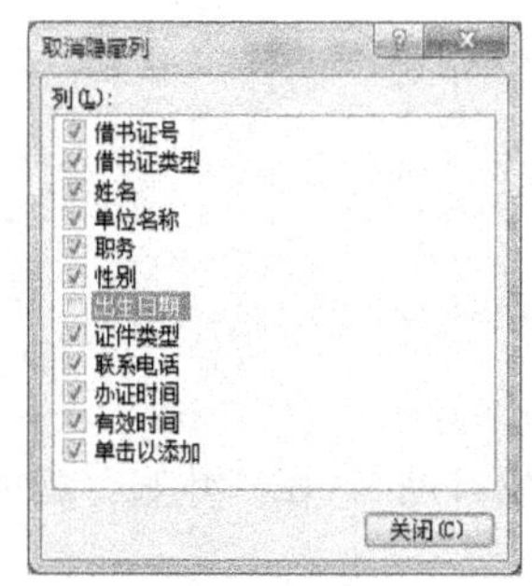

图 2-3-5 “取消隐藏列”对话框

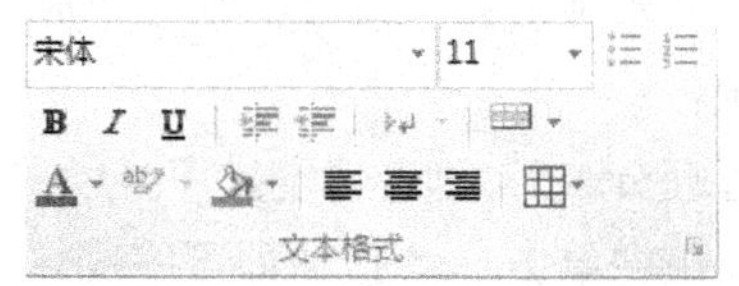

图 2-3-6 “文本格式”命令组

3.2.5 查找数据

例如：在“图书库存表”中，查找图书名称为“相信中国”的图书记录。

参考步骤：

① 打开“图书库存表”，在“开始”选项卡的“查找”命令组中选择“替换”命令，弹出“查找和替换”对话框，如图 2-3-7 所示。

② 在“查找内容”文本框中输入内容，单击“查找下一个”按钮即可。

图 2-3-7 “查找和替换”对话框

3.2.6 替换数据

例如：查找“管理员表”中“文化程度”为“本科”的所有记录，并将其值改为“硕士”。

参考步骤：

① 打开“管理员表”，在“开始”选项卡的“查找”命令组中选择“替换”选项，弹出“查找和替换”对话框，如图 2-3-7 所示。

② 在“查找内容”文本框中输入“本科”，在“替换为”文本框中输入“硕士”。

③ 单击“全部替换”按钮。

3.2.7 排序记录

1. 单字段排序

例如：在“借书证表”窗口中按“单位名称”升序排列。

参考步骤：

在“数据表视图”中打开“借书证表”，单击“单位名称”字段中的任一个单元格，在“开始”选项卡的“排序与筛选”命令组中单击升序按钮即可完成。

2. 相邻多字段排序

例如：在“管理员表”窗口中按“性别”和“出生日期”两个字段降序排列。

参考步骤：

打开“管理员表”，单击选定排序字段“性别”和“出生日期”，在“开始”选项卡的“排序与筛选”命令组中单击降序按钮即可完成。

3. 不相邻多字段排序

例如：在“借书证表”窗口中先按“单位名称”升序排列，再按“姓名”降序排列。

参考步骤：

① 打开“借书证表”，在“开始”选项卡的“排序与筛选”命令组中单击高级按钮，选择“高级筛选/排序”命令。

② 弹出“筛选”窗口，在上半部分字段列表中分别双击排序字段“单位名称”和“姓名”，使之显示在设计网格区排序字段单元格内。分别单击排序方式列表框，在下拉列表中选择“升序”和“降序”选项，如图 2-3-8 所示。

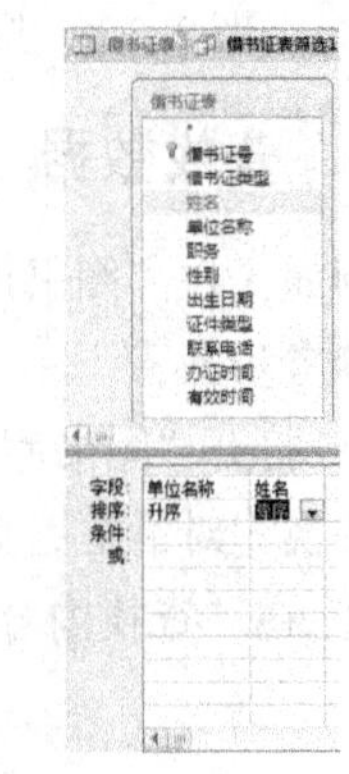

图 2-3-8 “筛选”窗口

3.2.8 筛选记录

1. 按选定内容筛选

例如：使用“按选定内容筛选”的方法，在“借书证表”中筛选来自“计算机系”的读者。

参考步骤：

打开“借书证表”，选定筛选内容“计算机系”，在“开始”选项卡的“排序与筛选”命令组中单击按钮下拉列表中的“等于‘计算机系’”即可完成，如图 2-3-9 所示。

图 2-3-9 选择“等于‘计算机系’”

2. 按窗体筛选

例如：使用“按窗体筛选”的方法，将“管理员表”中来自“安徽的男职工”筛选出来。

参考步骤：

① 打开“管理员表”，在“开始”选项卡的“排序与筛选”命令组中单击高级按钮，在下拉列表中单击按窗体筛选(F)，在“按窗体筛选”选项卡中按要求进行条件设置：“性别”字段值列表中选择“男”，“籍贯”字段值列表中选择“安徽”，如图 2-3-10 所示。

② 在“开始”选项卡的“排序与筛选”命令组中单击高级按钮，选择应用筛选/排序(Y)按钮，显示筛选结果如图 2-3-11 所示。

图 2-3-10 “按窗体筛选”选项卡

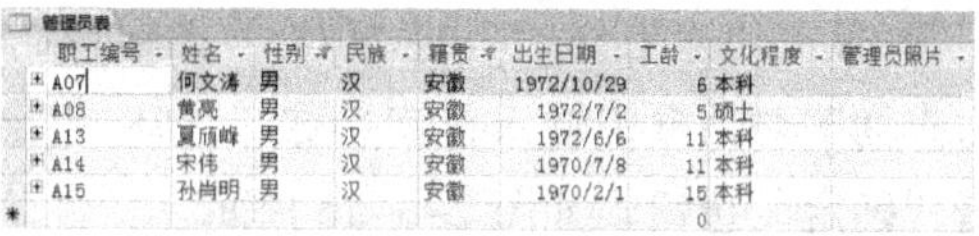

图 2-3-11 筛选结果

3．按筛选目标筛选

例如，使用“按筛选目标筛选”的方法，在“管理员表”中筛选“10 年工龄以上”的职工。

参考步骤：

在“数据表视图”打开“管理员表”，右击筛选目标列“工龄”任意位置，在“数字筛选器”中选择“大于”选项，输入自定义筛选条件“10”，按【Enter】键完成筛选，如图 2-3-12 所示。

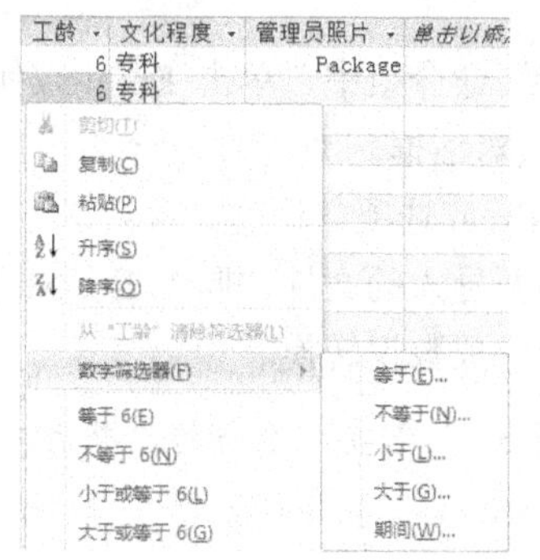

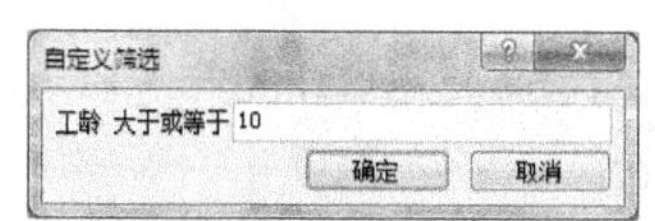

图 2-3-12 按“选定目标”筛选

4．高级筛选/排序

例如：使用“高级筛选”的方法，查找“借书证表”中 1978 年出生的女生，并按“单位名称”降序排列，筛选结果另存为“1978 年出生的女生”查询。

参考步骤：

① 打开“借书证表”，在“开始”选项卡的“排序与筛选”命令组中单击 高级 按钮，选择“高级筛选/排序”命令，弹出“筛选”窗口。

② 在上半部分字段列表中分别双击筛选字段“出生日期”“性别”和“单位名称”，使之显示在设计网格区筛选字段单元格内，输入筛选条件和排序方式，如图 2-3-13 所示。

③ 在“开始”选项卡的“排序与筛选”命令组中单击 高级 按钮，选择 应用筛选/排序(Y) 选项，显示筛选结果，如图 2-3-14 所示。

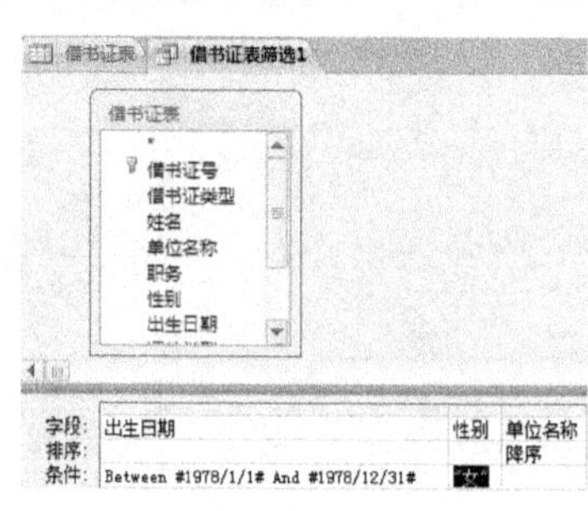

图 2-3-13 “筛选”窗口

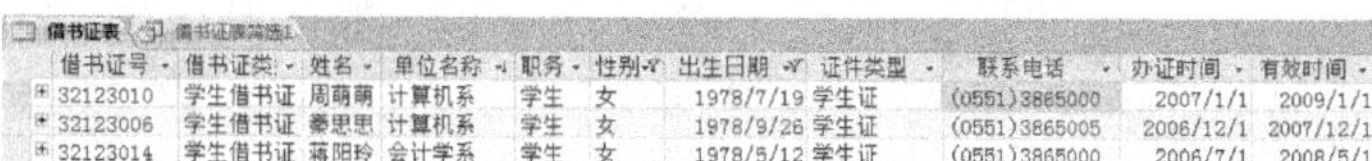

图 2-3-14 显示筛选结果

⑤ 单击快速工具栏中的“保存”按钮，在弹出的“另存为查询”对话框中输入查询名称“1978 年出生的女生”，单击“确定”按钮，如图 2-3-15 所示。

图 2-3-15 “另存为查询”对话框

3.2.9 导入/导出表

1. 数据的导入

例如：将 D:\My Access 中 Excel 文件“职工工资.xls”导入到“图书管理系统. accdb”数据库中，以“图书馆职工工资”命名导入的表。

参考步骤：

① 打开数据库“图书管理系统. accdb”。

② 在“外部数据”选项卡下的“导入与链接”命令组中，单击 Excel 按钮，弹出 “获取外部数据”对话框，单击“浏览”按钮弹出“打开”对话框。

③ 选择“文件类型”下拉列表框中的 Micro Excel 选项。

④ 在“查找范围”下拉列表框中找到并选中要导入的文件“职工工资.xls”。

⑤ 单击“打开”按钮，再单击“确定”按钮完成数据转换。

说明： D:\My Access 中 Excel 文件“职工工资.xls”需要先准备好，然后才可以导入。

2. 数据的导出

例如：将数据库中的“借书证表”导出，导出文件为“借书证.txt”，保存位置为 D:\My Access。

参考步骤：

① 打开“借书证表”。

② 在“外部数据”选项卡下的“导出”命令组中，单击“文本文件”按钮，弹出“将表‘借书证表’导出”对话框。

③ 单击“浏览”按钮，指定保存位置为 D:\My Access，选择保存类型为“文本文件”，输入文件名“借书证”，然后单击“保存”按钮，再单击“确定”按钮。

思考及课后练习

1. 练习将数据库中的“图书库存表”导出，导出文件为 Excel 文件“图书库存表.xls”，保存位置为 D:\My Access。

2. 练习重新设置关键字。

3. 练习设置数据表格式。

实训 4　查询Ⅰ——选择查询和参数查询

4.1　实 训 目 的

- 掌握使用查询向导和查询设计器创建选择查询的方法。
- 掌握修改查询的方法。
- 掌握为查询新增字段的方法和设置条件的应用。
- 掌握使用查询设计器创建参数查询的方法。

4.2　实 训 内 容

4.2.1　使用向导创建选择查询

例如：创建一个“图书借阅数量汇总”查询。

要求：在“图书管理系统”数据库中，统计读者借阅图书的数量，显示“借书证号”“姓名”“单位名称”和“借阅数量”等信息。

参考步骤：

① 在“图书管理系统”数据库中，单击“创建”选项卡中的“查询向导”按钮，弹出“新建查询”对话框，如图 2-4-1 所示。再选择“简单查询向导”选项，即可打开“简单查询向导”对话框。

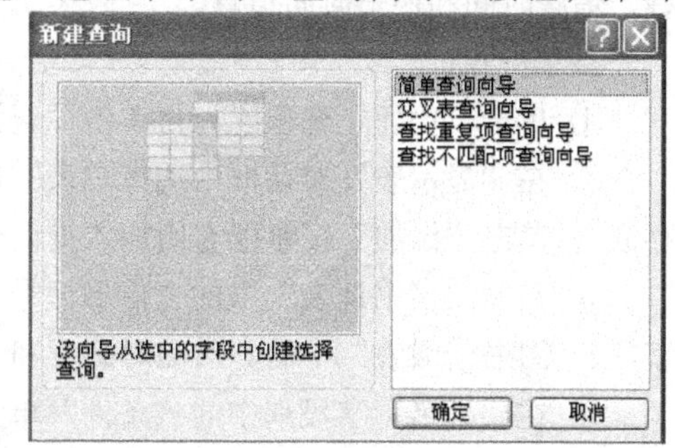

图 2-4-1　“新建查询”对话框

② 在“表/查询”下拉列表框中选择“表：借书证表”选项，并分别选中“借书证号”“姓名”“单位名称”字段，加入到“选定字段”列表中。

③ 使用同样的方法选择“表：图书借阅表”中的“数量”字段，加入到“选定字段”列表中，如图 2-4-2 所示。

④ 单击“下一步”按钮，打开让用户选择查询方式的对话框，如图 2-4-3 所示。单击“汇总选项”按钮，弹出“汇总选项”对话框，选中“数量”区域中的“汇总”复选框，如图 2-4-4 所示，然后单击“确定”按钮返回“简单查询向导”对话框。

⑤ 单击“下一步”按钮，在“请为查询指定标题”文本框中输入“图书借阅数量汇总”。

⑥ 单击“完成”按钮，显示查询结果，如图 2-4-5 所示。

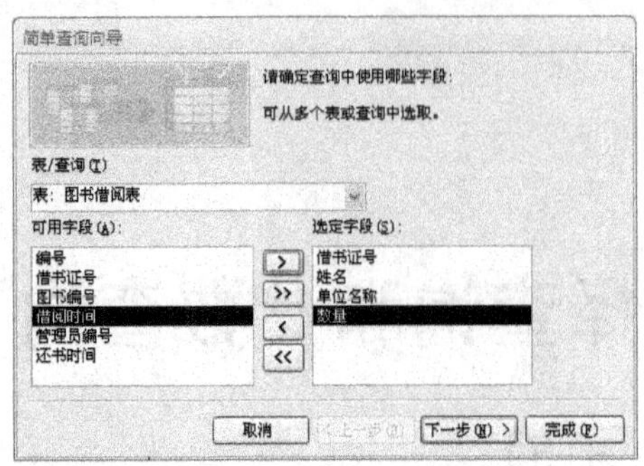

图 2-4-2　字段选定结果

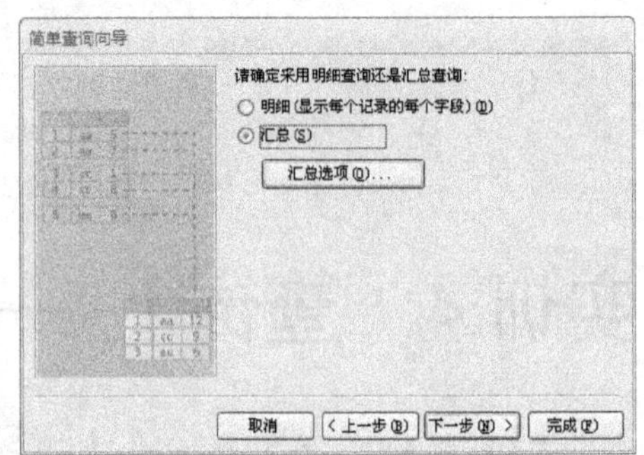

图 2-4-3　选择查询方式

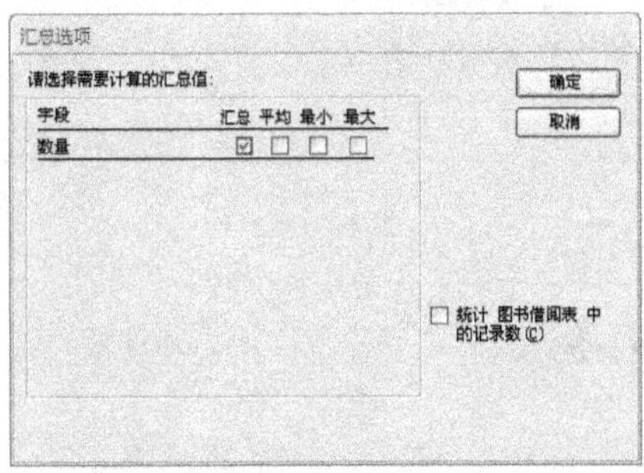

图 2-4-4　“汇总选项”对话框

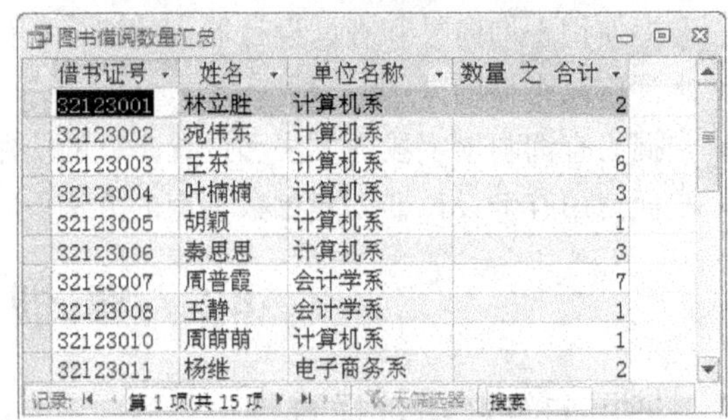
图书借阅数量汇总

借书证号	姓名	单位名称	数量 之 合计
32123001	林立胜	计算机系	2
32123002	宛伟东	计算机系	2
32123003	王东	计算机系	6
32123004	叶楠楠	计算机系	3
32123005	胡颖	计算机系	1
32123006	秦思思	计算机系	3
32123007	周普霞	会计学系	7
32123008	王静	会计学系	1
32123010	周萌萌	计算机系	1
32123011	杨继	电子商务系	2

记录: 第 1 项(共 15 项)　无筛选器　搜索

图 2-4-5　查询结果

4.2.2　使用设计视图创建选择查询

1. 创建一个“姓王读者借书信息”的查询

要求：在“图书管理系统”数据库中，查询姓“王”的读者的借书证号、姓名、所借图书名称、借阅时间和还书时间信息。

参考步骤：

① 单击“创建”选项卡，再单击“查询设计”按钮，弹出“显示表”对话框。

② 在“显示表”对话框中选择“表”选项卡，选择“借书证表”“图书借阅表”和“图书库存表”，单击“添加”按钮把它们加入查询设计器中，关闭“显示表”对话框。

③ 双击“借书证表”中的“借书证号”和“姓名”字段、“图书库存表”中的“图书名称”字段、“图书借阅表”中的“借阅时间”和“还书时间”字段，将这些字段添加到设计网格中。

④ 在“姓名”字段列中的“条件”单元格中输入条件“Like "王*"”，如图 2-4-6 所示。

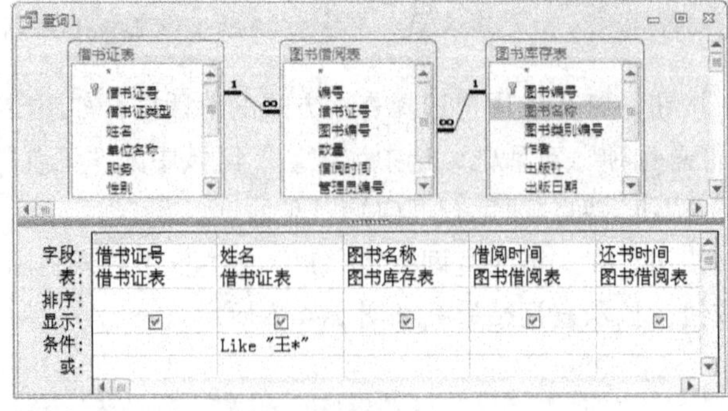

字段:	借书证号	姓名	图书名称	借阅时间	还书时间
表:	借书证表	借书证表	图书库存表	图书借阅表	图书借阅表
排序:					
显示:	☑	☑	☑	☑	☑
条件:		Like "王*"			
或:					

图 2-4-6　设置查询条件

⑤ 单击快速访问工具栏中的“保存”按钮，弹出“另存为”对话框，在“查询名称”文本框中输入“姓王读者借书信息”，然后单击“确定”按钮。

⑥ 单击“查询工具”→“设计”选项卡中的“运行”按钮 **!**，运行查询并显示运行结果，如图 2-4-7 所示。

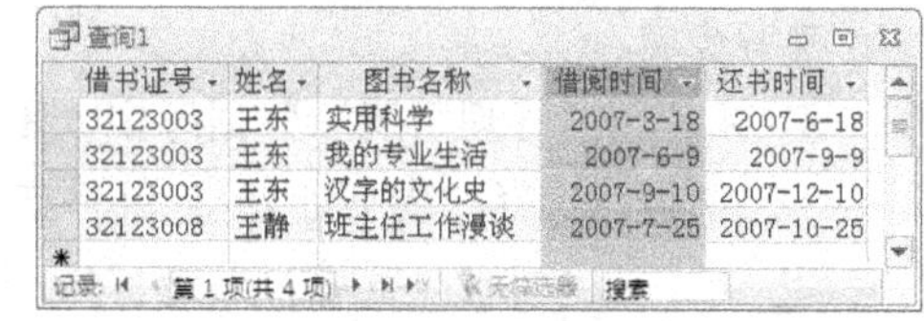

图 2-4-7 查询结果

2. 创建一个“07 年 9 月份前借阅《UNIX 编程艺术》读者信息”的查询

要求：查询 2007 年 9 月份前借阅《UNIX 编程艺术》图书的读者信息，包括姓名、工作单位、所借图书名称、借阅时间和还书时间信息。

该查询设计如图 2-4-8 所示，查询结果如图 2-4-9 所示。

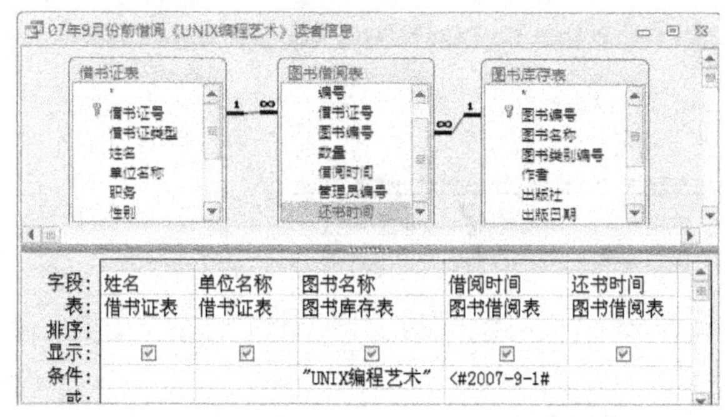

图 2-4-8 查询设计

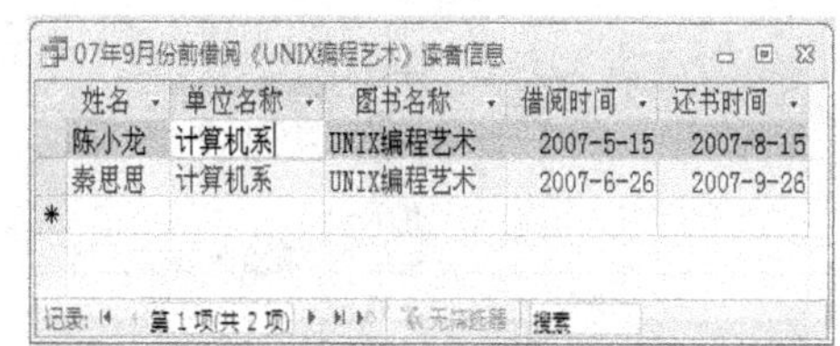

图 2-4-9 查询结果

4.2.3 在设计视图中创建总计查询

例如：创建一个“统计管理员各学历人数”的查询。

要求：在“图书管理系统”数据库中，统计图书管理员中工龄在 6 年以上（包括 6 年）的各文化程度人员的人数。

该查询设计如图 2-4-10 所示，查询结果如图 2-4-11 所示。

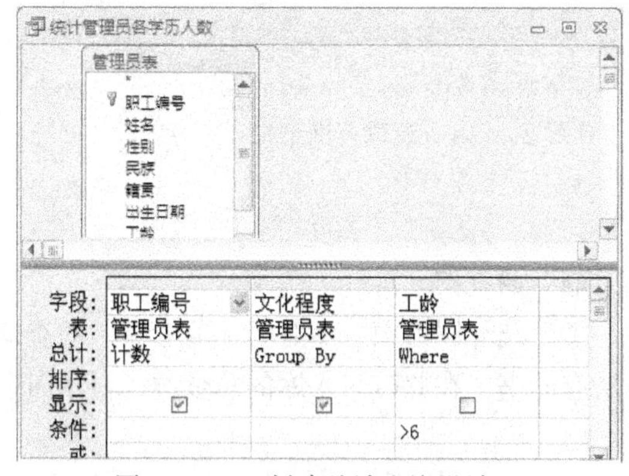

图 2-4-10 创建总计查询设计

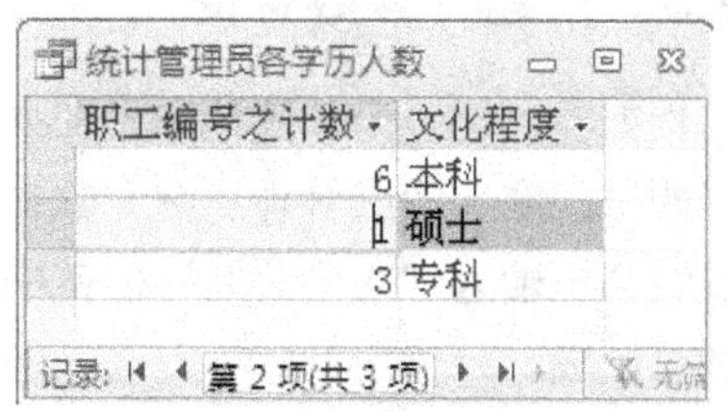

图 2-4-11 查询结果

4.2.4 创建单参数查询

例如：在“图书管理系统”数据库中，创建一个“某读者基本信息”的查询。通过对话框输入读者姓名，显示该读者的姓名、性别、单位名称和联系电话。

参考步骤：

① 在“图书管理系统”数据库中，单击“创建”选项卡中的“查询设计”按钮，弹出“显示表”对话框。选择“借书证表”，再单击“添加”按钮，然后关闭“显示表”对话框。

② 在“字段列表”区域，双击“借书证表”中的“姓名”“性别”“单位名称”和“联系电话”字段。

③ 在“姓名”字段的“条件”单元格中输入参数名称“[请输入查询人姓名：]”，如图 2-4-12 所示。

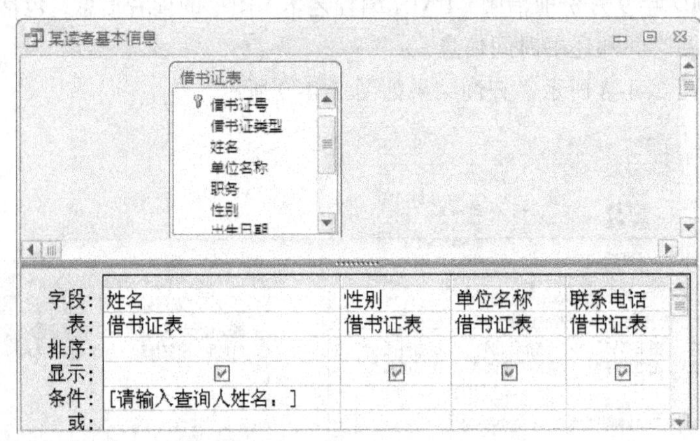

图 2-4-12　设置参数查询

④ 保存查询设计，名为“某读者基本信息”，单击“运行”按钮 ! 运行查询，弹出“输入参数值”对话框，如图 2-4-13 所示。

⑤输入姓名“王静”，单击“确定”按钮，即可查询出该读者信息，如图 2-4-14 所示。

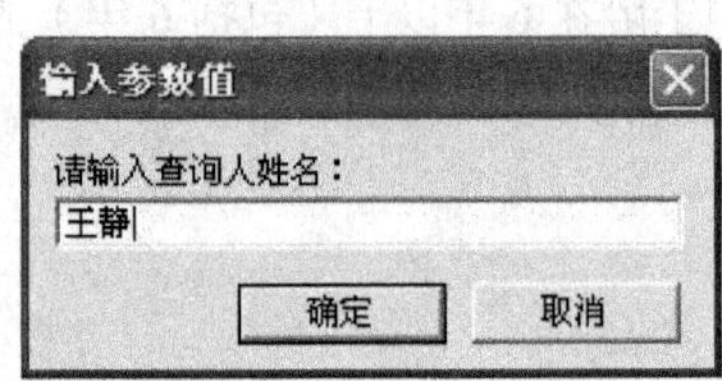

图 2-4-13　“输入参数值”对话框

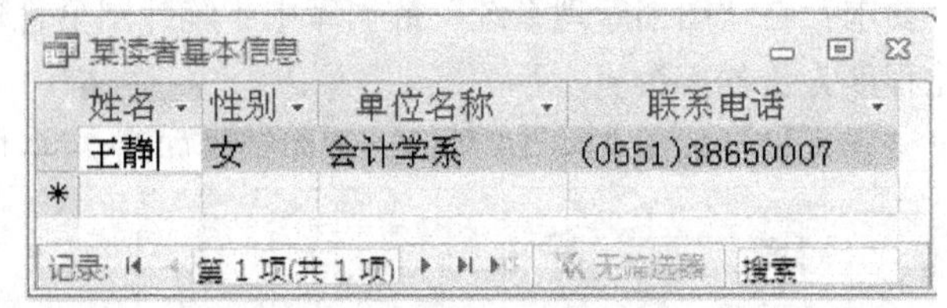

图 2-4-14　参数查询结果

4.2.5　创建多参数查询

例如：创建一个“统计图书在入库时间中的总额”的查询。

要求：在“图书管理系统”数据库中，创建一个“统计图书在入库时间中的总额”的查询。通过对话框输入“入库时间”的范围，统计计算所有图书中在此时间入库的总金额，显示图书名称和总金额。

参考步骤：

① 在“图书管理系统”数据库中，单击“创建”选项卡中的“查询设计”按钮，弹出“显示表”对话框，选择“图书库存表”加入查询设计器。

② 在“字段列表”区域，双击“图书库存表”中的“图书名称”和“入库时间”字段。由

于“入库时间”只是作为参数，不在最终结果中显示，故将“入库时间”字段列的“显示”选项中的“✓”去掉。

③ 单击工具栏中的“总计”按钮 Σ ，设计网格中出现“总计”行。由于是统计每本书的库存总额，则“图书名称”字段以“分组”显示；“入库时间”字段是用来设定条件的，将此字段列的“总计”行改为“Where”（条件），并在“条件”行输入“Between [起始时间] And [终止时间]”。

④ 由于要求统计总金额，故需添加计算字段。在两列“字段”后自用生成器构建计算字段“总金额：Sum([价格]*[数量])”，然后在“总计”行选择“表达式”，如图 2-4-15 所示。

⑤ 保存查询设计，名为“统计图书在入库时间中的总额”。单击“运行”按钮 ！，显示“输入参数值”对话框，分别输入起始时间如 2007-5-1 和终止时间如 2007-6-1。

⑥ 单击“确定”按钮，即可查询出该段时间内入库图书的总金额信息。

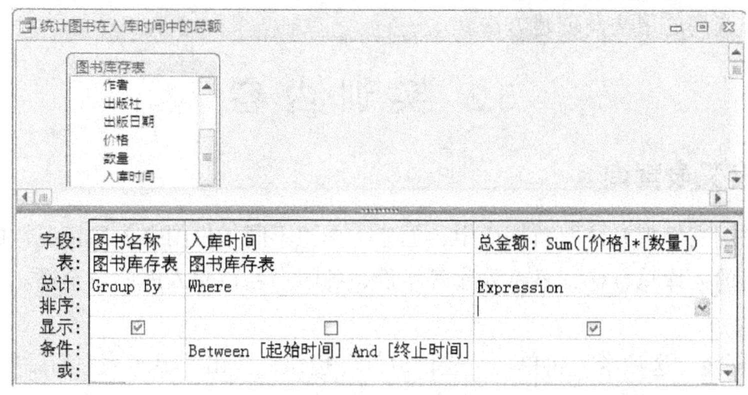

图 2-4-15 设置“总计”和条件

思考及课后练习

1. 在“图书管理系统”数据库中，创建 “查询 1”，显示出版社名称含有“中国”二字的图书名称、作者、出版社、出版日期及价格。

2. 创建“查询 2”，查询价格在 20～30 元之间的图书信息。

3. 创建“查询 3”，统计不同借书证类型的读者人数。

4. 创建“查询 4”，统计管理员中籍贯为“安徽”的人数。

5. 创建“查询 5”，统计图书总数量，要求显示图书名称和总数。

6. 创建“查询 6”，通过对话框输入籍贯，查询某籍贯管理员的相关信息。

7. 创建“查询 7”，查询某管理员所借出的图书编号、名称和数量信息。

8. 创建“查询 8”，通过对话框输入借阅时间范围，统计每位管理员所借出的图书总数量。

实训5　查询Ⅱ——交叉表查询和操作查询

5.1　实训目的

- 掌握创建交叉表查询的不同方法。
- 掌握操作查询的用法及创建方法。

5.2　实训内容

5.2.1　创建交叉表查询

例如：在“图书管理系统”数据库中，创建一个“不同年份图书入库情况”的查询。查询不同年份不同图书的入库总金额，显示入库各年份、各图书名称和入库的总金额。

参考步骤：

① 单击“创建”选项卡，再单击“查询设计”按钮，弹出“显示表”对话框。在“显示表”对话框中选择“表”选项卡，选择“图书库存表”，单击“添加”按钮把它们加入查询设计器。

② 单击工具栏中的“交叉表”按钮，设置为交叉表查询。

③ 在“字段列表”区域，双击“图书库存表”中的“图书名称”字段，“总计”栏设置为Group By（分组），在“交叉表”栏中设置为“行标题”选项。

④ 在“字段”行右击，利用“生成器”，生成表达式“Year([入库时间]) & "年"”，命名标题为“入库年份”，再在“交叉表”栏选择“列标题”选框。

⑤ 在第三列利用“生成器”，生成表达式“入库总金额：Sum([数量]*[价格])”，用于显示每种图书各年份入库的总金额，在“总计”行设置为Expression，表示取这个计算表达式的值，在“交叉表”栏选择“值”选项，最终设计如图2–5–1所示。

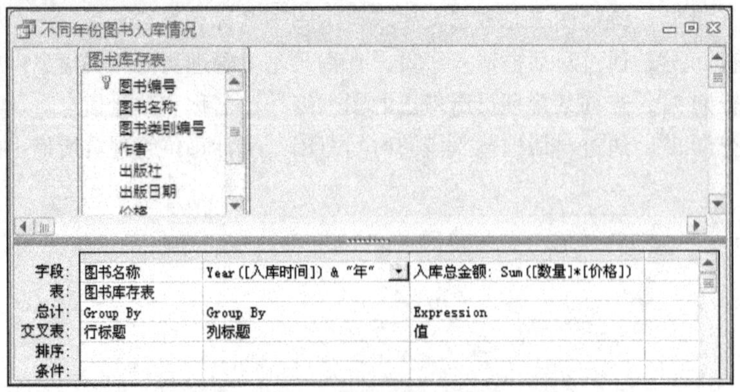

图2–5–1　设置交叉表查询设计器

⑥ 保存查询设计，命名为“不同年份图书入库情况”。单击“运行”按钮，查询结果如图 2-5-2 所示。

不同年份图书入库情况：交叉表查询

图书名称	2001年	2005年	2006年	2007年
UNIX编程艺术				¥295.00
班主任工作漫谈				¥524.40
不要只做我告诉你的事				¥151.20
成吉思汗与今日世界之形成				¥288.00
帝国的惆怅				¥1,170.00
飞得更高				¥125.00
关于上班这件事				¥486.00
汉字的文化史				¥936.00
菊与刀				¥1,620.00
浪漫巴黎			¥295.20	
鲁迅精选集				¥1,764.00
飘	¥160.00			
实用科学				¥1,296.00

记录：12 共有记录数：18

图 2-5-2 查询结果

5.2.2 创建操作查询

1. 创建一个“生成借阅 3 本图书信息”的查询

要求：在“图书管理系统”数据库中，创建名为“生成借阅 3 本图书信息”的查询，将读者借书数量为 3 本的“借书证号”“数量”“借阅时间”“管理员编号”和“还书时间”以及“图书名称”存储到一个新表中，新表名为“借阅 3 本图书信息”。

参考步骤：

① 单击“创建”选项卡，再单击“查询设计”按钮，在“显示表”对话框中选择表“图书借阅表”和“图书库存表”，单击“添加”按钮把它们加入查询设计器中。

② 在“字段列表”区域，双击“图书借阅表”中的“借书证号”“数量”“借阅时间”“管理员编号”“还书时间”字段和“图书库存表”中的“图书名称”字段，将这些字段加入到下部的设计网格中。

③ 单击“生成表”按钮，设为“生成表查询”，在弹出的对话框中输入新生成表的名称“借阅 3 本图书信息”，如图 2-5-3 所示。

④ 在“数量”字段的“条件”单元格中输入“3”，最终设计如图 2-5-4 所示。

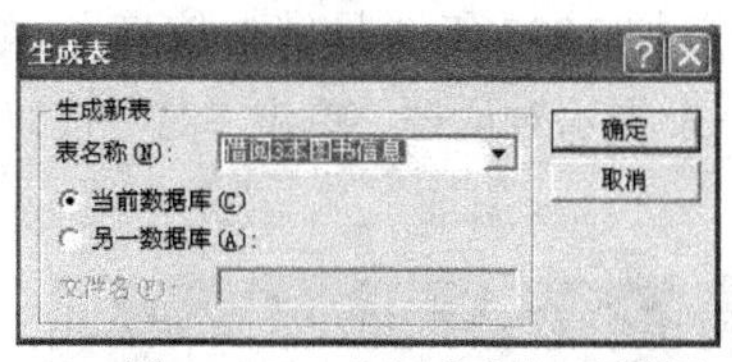

图 2-5-3 “生成表”对话框

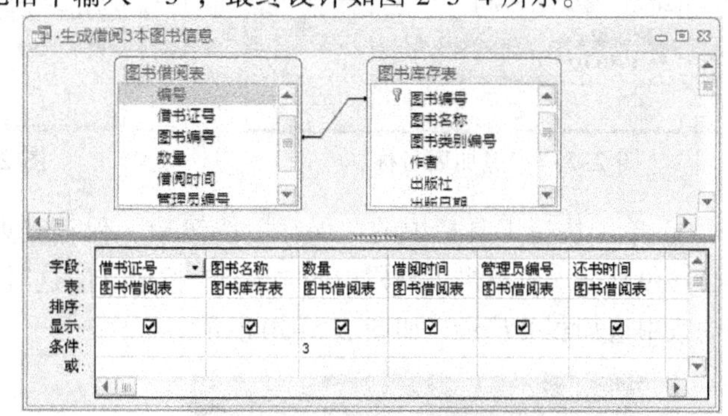

图 2-5-4 选择字段和设置条件

⑤ 单击快速访问工具栏中的“保存”按钮，保存查询为 “生成借阅 3 本图书信息”。

⑥ 单击“运行”按钮 ！，弹出一个提示对话框，如图 2-5-5 所示。单击“是”按钮，即生成一张新表。

⑦ 关闭查询，双击“表”对象中新生成的表“借阅 3 本图书信息”显示表内容如图 2-5-6 所示。

图 2-5-5　提示对话框

借阅3本图书信息

借书证号	图书名称	数量	借阅时间	管理员编号	还书时间
32123904	正说清朝十二帝	3	2007-10-12	A02	2008-1-12
32123905	帝国的惆怅	3	2007-2-10	A19	2007-5-10
32123004	不要只做我告诉你的;	3	2007-5-5	A03	2007-8-5
32123006	UNIX编程艺术	3	2007-6-26	A08	2007-9-26
32123003	我的专业生活	3	2007-6-9	A17	2007-9-9
32123007	相信中国	3	2007-7-27	A12	2007-10-27

记录：第 1 项(共 6 项)　无筛选器　搜索

图 2-5-6　显示新建数据表数据

2．创建一个“追加 2007 年 9 月借书信息”的查询

要求：在“图书管理系统”数据库中，创建名为“追加 2007 年 9 月借书信息”的查询，将读者借书时间为 2007 年 9 月的信息追加到“借阅 3 本图书信息”表中。

参考步骤：

① 单击“创建”选项卡，再单击“查询设计”按钮，在“显示表”对话框中选择“图书借阅表”和“图书库存表”，添加到查询设计器。

② 在“字段列表”区域，双击“图书借阅表”中的“借书证号”“数量”“借阅时间”“管理员编号”和“还书时间”字段和“图书库存表”中的“图书名称”字段，将这些字段加入到下部的设计网格中。

③ 单击“追加查询”按钮 ，设置为追加查询，同时弹出“追加”对话框，如图 2-5-7 所示。在“表名称”下拉列表框中选择表名称“借阅 3 本图书信息”，单击“确定”按钮。

④ 在“借阅时间”字段的“条件”单元格中输入“Between #2007-9-1# And #2007-9-30#”，如图 2-5-8 所示。

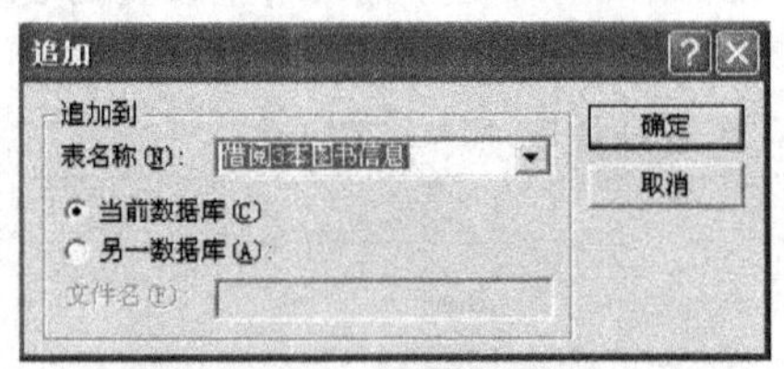

图 2-5-7　追加表名称

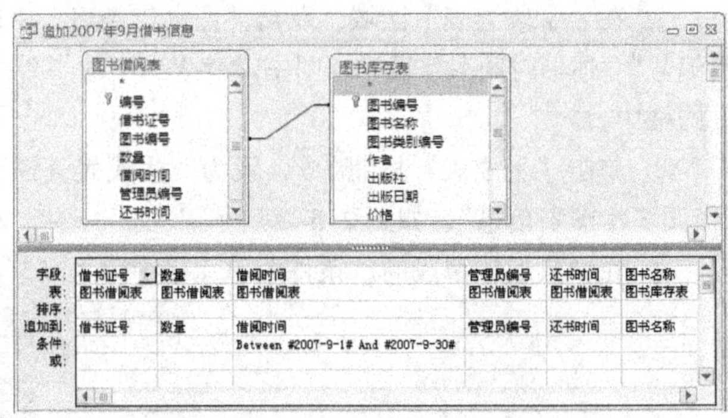

图 2-5-8　选择字段和设置条件

⑤ 单击快捷工具栏中的“保存”按钮 ，保存查询为“追加 2007 年 9 月借书信息”，如图 2-5-9 所示。再单击工具栏中的“运行”按钮 ，这时弹出一个提示对话框，单击“是”按钮，即向表中追加相关记录，如图 2-5-10 所示。

图 2-5-9　“另存为”对话框

图 2-5-10　提示对话框

⑥ 关闭查询。选择“表”对象，双击“借阅 3 本图书信息”表，以“数据表视图”打开该表，如图 2-5-11 所示。

借阅3本图书信息

借书证号	图书名称	数量	借阅时间	管理员编号	还书时间
32123904	正说清朝十二帝	3	2007-10-12	A02	2008-1-12
32123905	帝国的惆怅	3	2007-2-10	A19	2007-5-10
32123004	不要只做我告诉你的;	3	2007-5-5	A03	2007-8-5
32123006	UNIX编程艺术	3	2007-6-26	A08	2007-9-26
32123003	我的专业生活	3	2007-6-9	A17	2007-9-9
32123007	相信中国	3	2007-7-27	A12	2007-10-27
32123010	我的专业生活	1	2007-9-20	A15	2007-12-20
32123003	汉字的文化史	2	2007-9-10	A03	2007-12-10

记录: 第 1 项(共 8 项) 无筛选器 搜索

图 2-5-11　显示“借阅 3 本图书信息”表数据

3. 创建一个“更新 07 年 5 月以后入库数量”的查询

要求：在“图书管理系统”数据库中，创建名为“更新 07 年 5 月以后入库数量”的查询，将“图书库存表”中 2007 年 5 月以后入库的图书“数量”数据增长 10 本。

参考步骤：

① 单击“创建”选项卡，再单击“查询设计”按钮，在“显示表”对话框中选择“图书库存表”，添加到查询设计器。

② 在“字段列表”区域，双击表中的“入库时间”和“数量”字段，将这些字段加入到下部的设计网格中。

③ 单击“更新”按钮，设置为“更新查询”。在“入库时间”字段的“条件”单元格中输入“>=#2007-5-1#”；在“数量”字段的“更新到”单元格中输入“[数量]+10”，如图 2-5-12 所示。

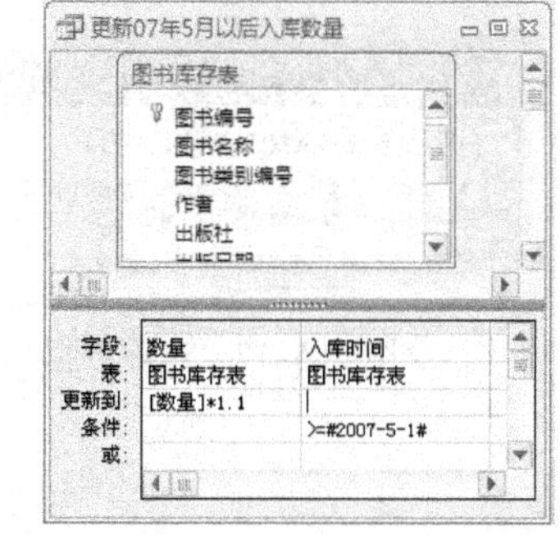

图 2-5-12　设置条件和更新结果

④ 单击工具栏上的“保存”按钮，在“另存为”对话框的“查询名称”文本框中输入“更新 07 年 5 月以后入库数量”，然后单击“确定”按钮，如图 2-5-13 所示。再单击工具栏上的“运行”按钮，弹出一个提示框，如图 2-5-14 所示，单击“是”按钮，即向表中更新相关记录。

图 2-5-13　“另存为”对话框

图 2-5-14　更新数据

⑤ 关闭查询。选择“表”对象，在“数据表视图”中打开“图书库存表”，查看数据。

4. 创建一个“删除 A03 管理员信息”的查询

要求：在“图书管理系统”数据库中，创建名为“删除 A03 管理员信息”的查询，将“借阅 3 本图书信息”表中管理员编号为“A03”的信息删除。

参考步骤：

① 单击“创建”选项卡，再单击“查询设计”按钮，在“显示表”对话框中选择“借阅 3 本图书信息”，添加到查询设计器。

② 单击“删除”按钮，设置为“删除查询”，此时查询窗口的设计网格中会出现“删除”一栏。

③ 双击“字段列表”区域“*”，添加到下方设计网格中，双击“管理员编号”字段，添加在设计网格中，该字段的删除行单元格中设置为 Where，并在“条件”单元格中输入“"A03"”，如图 2-5-15 所示。

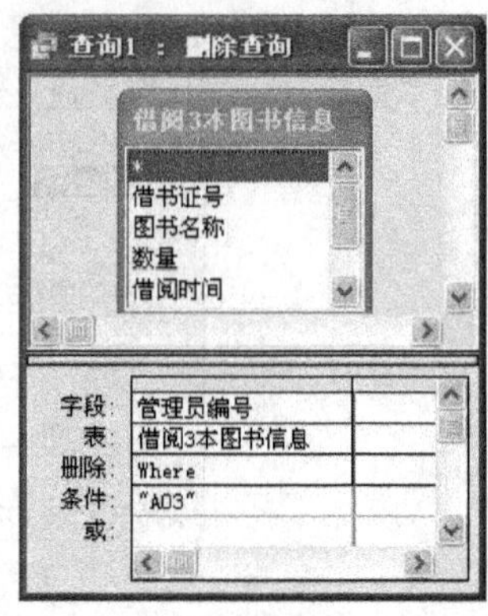

图 2-5-15　设置删除条件

④ 单击“保存”按钮，弹出“另存为”对话框，在“查询名称”文本框中输入“删除 A03 管理员信息”，如图 2-5-16 所示，单击“确定”按钮。再单击工具栏中的“运行”按钮，弹出一个提示对话框，如图 2-5-17 所示，单击“是”按钮，即删除表中的相关记录。

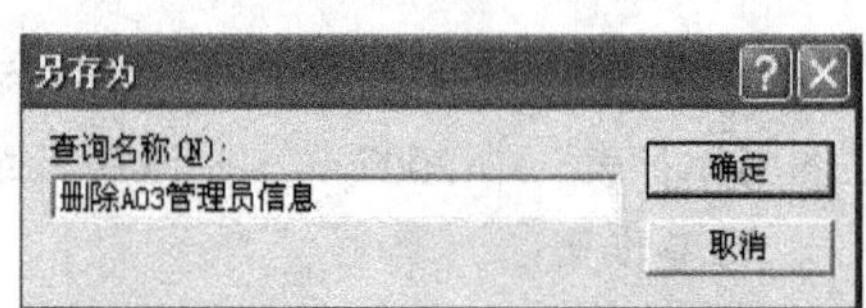

图 2-5-16　“另存为”对话框

⑤ 关闭查询。选择“表”对象，在数据表视图中打开“借阅 3 本图书信息”表，查看数据，如图 2-5-18 所示。

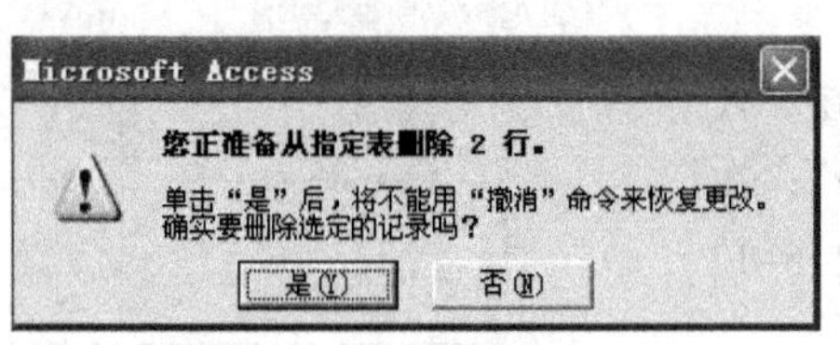

图 2-5-17　删除数据

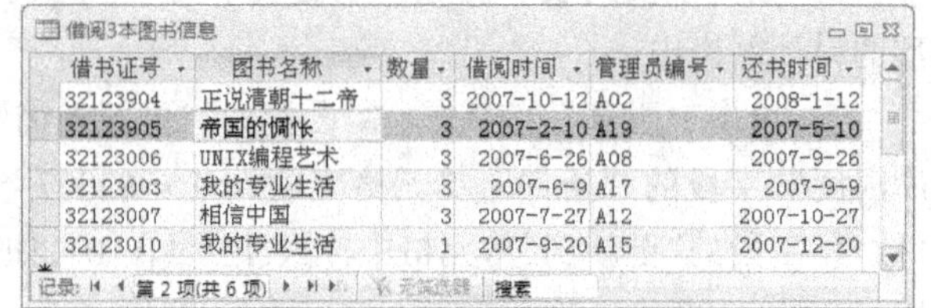

图 2-5-18　显示数据

思考及课后练习

1. 在“图书管理系统”数据库中，创建 “查询 9”，交叉显示不同文化程度和性别的管理员人数。

2. 创建“查询 10”，将库存数量 10 本以下或入库时间在 07 年前（不含 07 年）的图书信息存储到新表“需补缺图书信息表”中。

3. 创建“查询 11”，将借书证表中的教师证件有效时间延长 5 年。

4. 创建“查询 12”，将“图书库存表”中“库存数量”字段值为空的记录删除。

5. 将管理员表中添加一字段“职务级别”，创建“查询 13”，使文化程度为硕士且工龄 1 年或者本科且工龄 5 年或者专科且工龄 8 年的定为“中级”；使文化程度为硕士且工龄 6 年或者本科且工龄 10 年或者专科且工龄 13 年的定为“高级”，其他为初级。

实训 6　查询Ⅲ——SQL 查询

6.1　实 训 目 的

- 掌握数据定义语句的使用方法。
- 掌握数据操作语句的使用方法。
- 掌握 SQL 中数据查询的使用方法。
- 掌握联合查询和子查询相关应用。

6.2　实 训 内 容

6.2.1　数据定义语句

1. 创建名为“数据定义 1”的创建表查询

要求：在“图书管理系统”数据库中，使用 SQL 数据定义语句创建“学生信息表”，包含“姓名”“性别”“年龄”和“住址”字段。

参考步骤：

① 单击“图书管理系统”数据库窗口“创建”选项卡，再单击“查询设计”按钮，弹出“显示表”对话框，直接单击“关闭”按钮。

② 右击查询设计器工作区空白处，选“SQL 视图”命令，即打开“SQL 视图”窗口，在其中直接输入 SQL 语句，如图 2-6-1 所示。

③ 单击“保存”按钮，将查询命名为“数据定义 1”，然后单击“确定”按钮。

④ 单击“运行”按钮，生成“学生信息表”表结构，查看对象“表”中的“学生信息表”，打开窗口如图 2-6-2 所示。

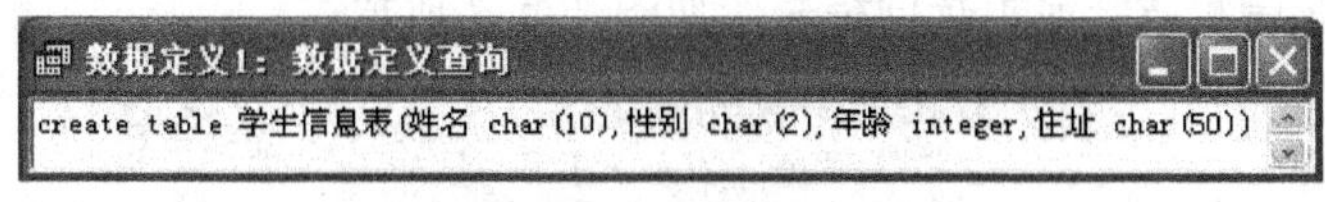

图 2-6-1　设置 SQL 语句

图 2-6-2　“学生信息表”数据表视图

2. 创建名为“数据定义 2”的修改表查询

要求：在“图书管理系统”数据库中，使用 SQL 数据定义语句修改“学生信息表”的结构，添加新字段“籍贯”。

① 单击“图书管理系统”数据库窗口“创建”选项卡，再单击“查询设计”按钮，弹出“显示表”对话框，直接单击“关闭”按钮。

② 右击查询设计器工作区空白处，在弹出的快捷菜单中选择“SQL 视图”命令，即打开“SQL 视图”窗口，在其中直接输入 SQL 语句，如图 2-6-3 所示， 单击“运行”按钮 ！，执行该语句修改表结构。

③ 单击“保存”按钮，将查询命名为“数据定义 2”，然后单击“确定”按钮。查看对象“表”中的“学生信息表”，如图 2-6-4 所示。

图 2-6-3　设置 SQL 语句

图 2-6-4　“学生信息表”数据表视图

3. 创建名为“数据定义 3”的删除表查询

要求：在“图书管理系统”数据库中，使用 SQL 数据定义语句删除“学生信息表”。

该查询的设计如图 2-6-5 所示，单击“运行”按钮 ！，将“学生信息表”删除。

图 2-6-5　设置 SQL 语句

6.2.2　数据查询语句

1. 创建名为“数据查询 1”的查询

要求：在“图书管理系统”数据库中，使用 SQL 数据查询语句查询“图书库存表”中的“图书名称”和“价格”。

参考步骤：

① 打开“图书管理系统”数据库窗口，单击“创建”选项卡，再单击“查询设计”按钮，弹出“显示表”对话框，直接单击“关闭”按钮。

② 右击查询设计器工作区空白处，选“SQL 视图”命令，打开“SQL 视图”窗口，在其中直接输入 SQL 语句，输入内容如图 2-6-6 所示。

③ 单击“保存”按钮，将查询命名为“数据查询 1”，然后单击“确定”按钮。

④ 单击“运行”按钮 ！，执行该语句后，显示查询结果，如图 2-6-7 所示。

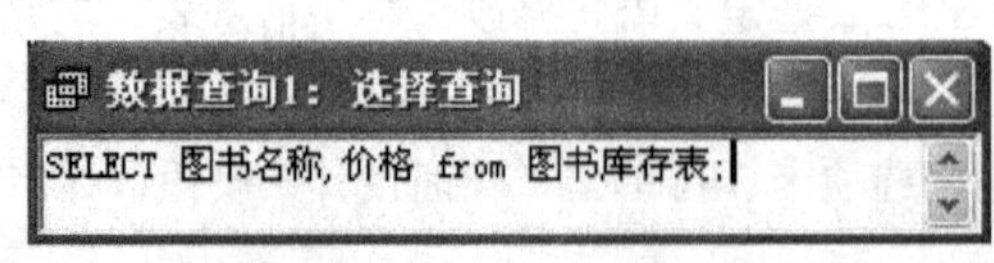

图 2-6-6　设置 SQL 语句

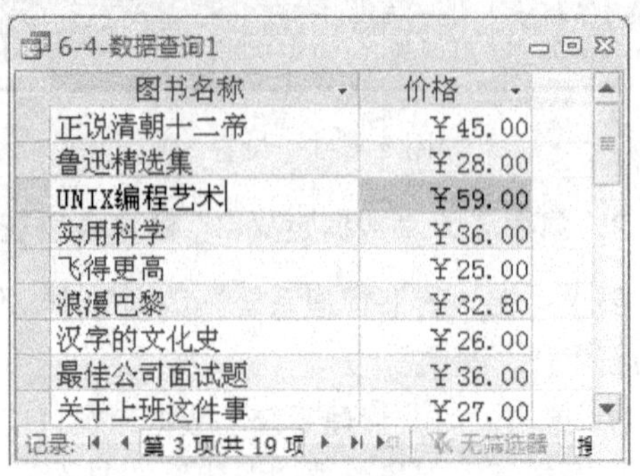

图 2-6-7　查询结果

2．创建名为“数据查询 2”的查询

要求：在“图书管理系统”数据库中，使用 SQL 数据查询语句查询“图书库存表”中入库时间在 2007 年 5 月以后且价格大于 30 元的图书信息。

该查询的设计如图 2-6-8 所示，单击“运行”按钮 !，执行该语句后，显示查询结果如图 2-6-9 所示。

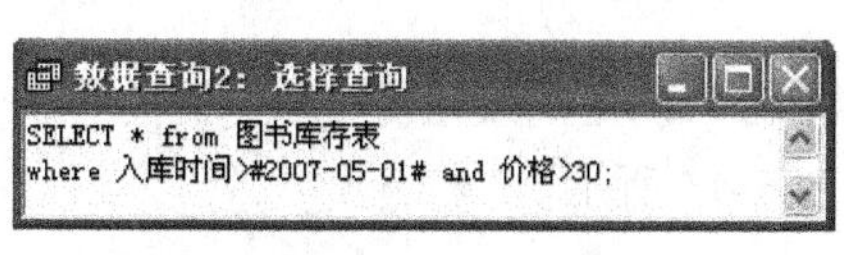

图 2-6-8　设置 SQL 语句

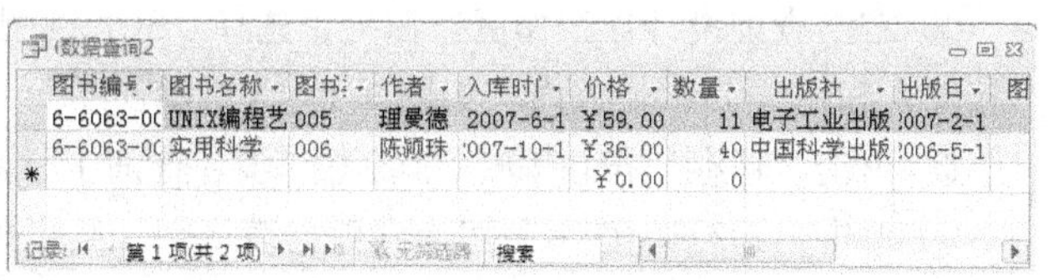

图 2-6-9　查询结果

3．创建名为“数据查询 3”的查询

要求：使用 SQL 数据查询语句统计“图书库存表”价格最低的和价格最高的图书价格。

该查询的设计如图 2-6-10 所示，单击“运行”按钮 !，执行该语句后，显示查询结果如图 2-6-11 所示。

图 2-6-10　设置 SQL 语句

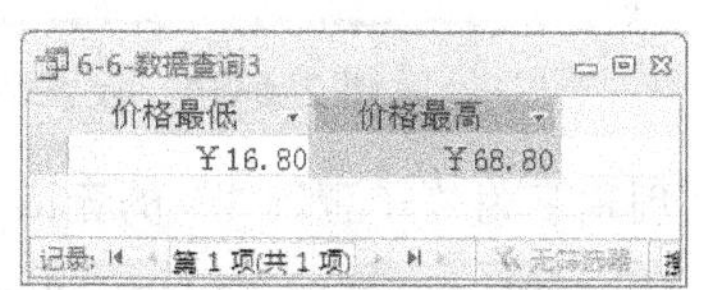

图 2-6-11　查询结果

4．创建名为“数据查询 4”的查询

要求：使用 SQL 数据查询语句统计“借书证表”中各借书证类型的读者人数。

参考步骤：

① 打开“图书管理系统”数据库窗口，单击“创建”选项卡，再单击“查询设计”按钮，弹出“显示表”对话框，直接单击“关闭”按钮

② 右击查询设计器工作区空白处，选择“SQL 视图”命令，打开“SQL 视图”窗口，在其中直接输入 SQL 语句，输入内容如图 2-6-12 所示。

③ 单击“保存”按钮，将查询命名为“数据查询 4”，然后单击“确定”按钮。

④ 单击“运行”按钮 !，执行该语句后，显示查询结果如图 2-6-13 所示。

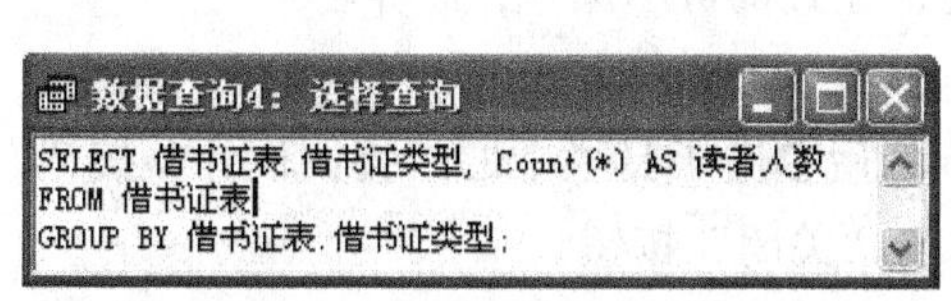

图 2-6-12　设置 SQL 语句

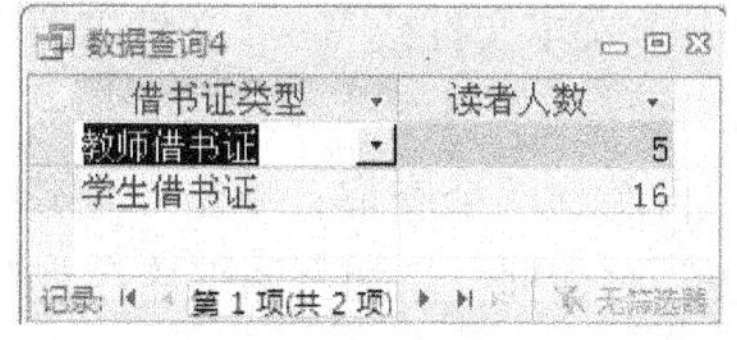

图 2-6-13　查询结果

6.2.3　创建联合查询和子查询

1．创建名为“联合查询 1”的查询

要求：使用 SQL 数据查询语句，查询“借阅 3 本图书信息”表中所有信息和“图书借阅表”

表中“借书证号”为“32123905”的读者信息，并合并，结果显示“借书证号”“借阅时间”和“还书时间”。

参考步骤：

① 打开“图书管理系统”数据库窗口，单击“创建”选项卡，再单击“查询设计”按钮，弹出“显示表”对话框，直接单击“关闭”按钮。

② 右击查询设计器工作区空白处，选择“SQL 视图”命令，打开“SQL 视图”窗口，在其中直接输入 SQL 语句，输入内容如图 2-6-14 所示。

③ 单击“保存”按钮，命名为“联合查询 1”，然后单击“确定”按钮。

④ 单击“运行”按钮 ! 切换到数据表视图，结果如图 2-6-15 所示。

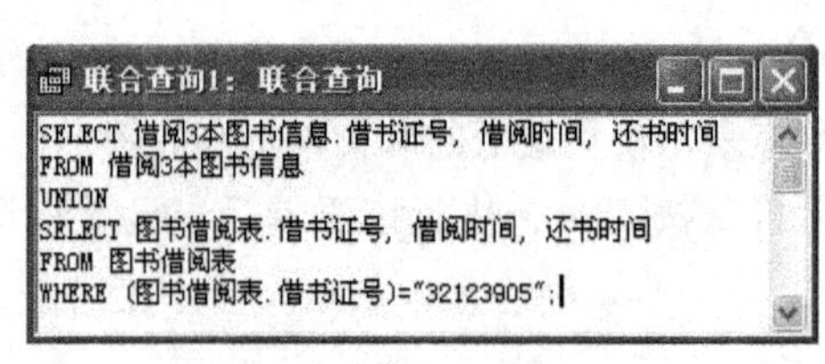

图 2-6-14　设置结果

联合查询1

借书证号	借阅时间	还书时间
32123003	2007-6-9	2007-9-9
32123006	2007-6-26	2007-9-26
32123007	2007-7-27	2007-10-27
32123010	2007-9-20	2007-12-20
32123904	2007-10-12	2008-1-12
32123905	2007-2-10	2007-5-10

记录：第 1 项(共 6 项)　无筛选器　搜索

图 2-6-15　联合查询结果

2. 创建名为“子查询 1”的查询

要求：使用 SQL 数据查询语句作为子查询，查询“图书借阅表”表中价格高于平均价格的图书信息。

参考步骤：

第一步：

① 在数据库中，单击“创建”选项卡，然后单击工具栏中的“查询设计”按钮，弹出“显示表”对话框，添加“图书库存表”表后，单击“关闭”按钮。

② 在“字段列表”区域，双击“图书库存表”中的“价格”字段，将它加入到下部的设计网格中。单击工具栏中的“总计”按钮 Σ，把查询设计为“总计查询”，在“价格”字段的“总计”单元格选中“平均值”，表示对“成绩”求平均值。说明一下，这个“总计查询”并没有设置“分组”字段，如果“总计查询”没有设“分组”字段，表示所有待查记录是一组。

③ 右击，选“SQL 视图”，选中生成的 SQL 语句：“ select avg(价格) from 图书库存表”，并复制到一个文本文件或 Word 文件中暂存以免丢失，此查询可不保存，放弃。

第二步：

① 再新建一个查询，单击“创建”选项卡，然后单击工具栏中的“查询设计”按钮，弹出“显示表”对话框，添加“图书库存表”表后，单击“关闭”按钮。

② 在“字段列表”区，双击“图书库存表”表中的“*”选项，表示显示所有字段。

③ 双击“字段列表”区域的“价格”字段，取消选中“显示”复选框，“条件”单元格中输入 SQL 语句及表达式“>(select avg(价格) from 图书库存表)”，如图 2-6-16 所示。

④ 单击“保存”按钮，弹出“另存为”对话框，在“查询名称”文本框中输入“子查询 1”，然后单击“确定”按钮。

⑤ 单击工具栏中的“运行”按钮 ！，切换到“数据表视图”，这时看到查询的执行结果，如图 2-6-17 所示。

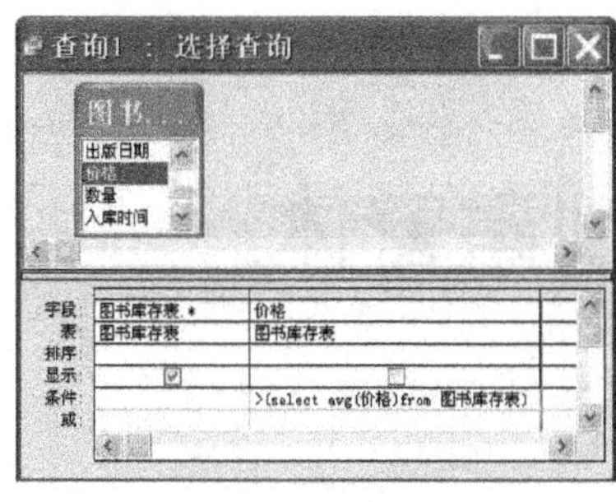

图 2-6-16 选择字段及设置子查询

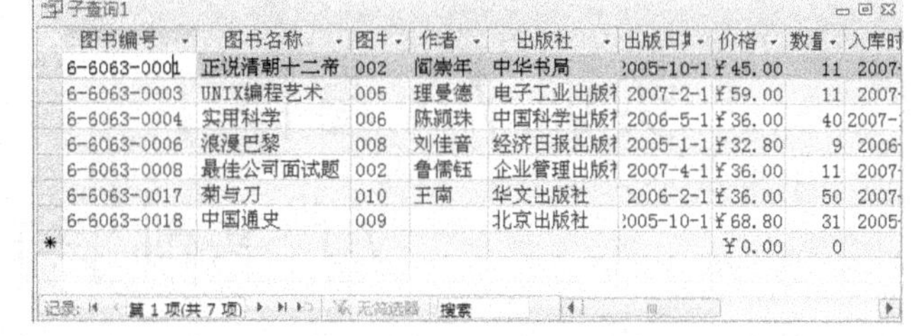

子查询1

图书编号	图书名称	图书	作者	出版社	出版日期	价格	数量	入库时
6-6063-0001	正说清朝十二帝	002	阎崇年	中华书局	2005-10-1	￥45.00	11	2007
6-6063-0003	UNIX编程艺术	005	理曼德	电子工业出版社	2007-2-1	￥59.00	11	2007
6-6063-0004	实用科学	006	陈颖珠	中国科学出版社	2006-5-1	￥36.00	40	2007-
6-6063-0006	浪漫巴黎	008	刘佳音	经济日报出版社	2005-1-1	￥32.80	9	2006
6-6063-0008	最佳公司面试题	002	鲁儒钰	企业管理出版社	2007-4-1	￥36.00	11	2007
6-6063-0017	菊与刀	010	王南	华文出版社	2006-2-1	￥36.00	50	2007
6-6063-0018	中国通史	009		北京出版社	2005-10-1	￥68.80	31	2005
*						￥0.00	0	

记录: 第 1 项(共 7 项) 无筛选器 搜索

图 2-6-17 子查询结果

思考及课后练习

1. 在“图书管理系统”中创建“数据定义 1、2”，建立 student 表和 score 表。

要求：student 表包含字段(st_no 文本型 8 位，st_name 文本型 6 位，st_sex 文本型 1 位，st_age 整型，st_class 文本型 4 位)。

score 表包含字段 (st_no 文本型 8 位,su_no 文本型 4 位,sc_score 整型)

2. 创建“数据定义 3”，实现在 student 表中新增字段 st_born 日期型。

3. 创建“数据定义 4”，实现在 student 表中删除字段 st_class。

4. 创建“数据定义 5、6”，实现如图 2-6-18 所示的记录的输入：

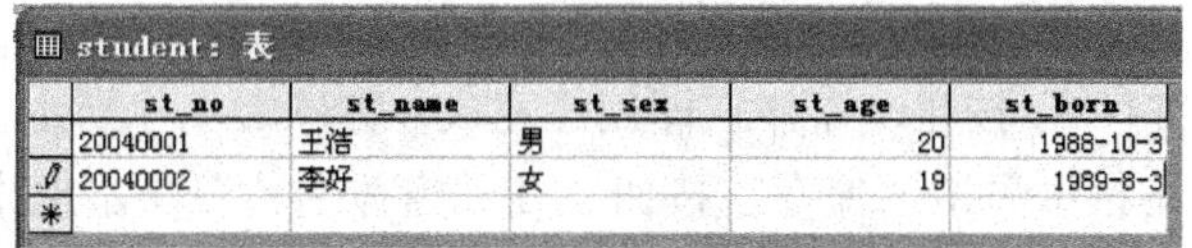

student：表

st_no	st_name	st_sex	st_age	st_born
20040001	王浩	男	20	1988-10-3
20040002	李好	女	19	1989-8-3
*				

图 2-6-18 第 4 题效果图

5. 创建“数据定义 7”，实现删除年龄小于 20 岁的女生。

6. 创建“数据定义 8”，将 score 表中的 st_score 增 10 分。

7. 在“图书管理系统”数据库中，创建“查询 10”，将 1975 年以后出生的管理员信息与性别为女的借书人员信息合并，显示姓名、性别和出生日期。

8. 在“图书管理系统”数据库中，创建“查询 11”，查询管理员中工龄大于平均工龄的员工职工编号、姓名、性别、民族、文化程度和工龄。

实训 7　窗体 I——创建窗体

7.1　实 训 目 的

- 掌握利用“窗体向导”创建窗体的方法和步骤。
- 掌握利用“窗体”自动创建的方法和步骤。
- 掌握利用“其他窗体”方式创建“数据透视图”以图统计结果的窗体的方法和步骤。
- 掌握利用“其他窗体”方式创建“数据透视表”以表方式显示统计结果的窗体的方法。

7.2　实 训 内 容

7.2.1　利用“窗体”自动创建窗体

例如：在“图书管理系统”数据库中，利用“窗体”自动创建基于“图书库存表”的窗体。

参考步骤：

① 在 Access 中打开“图书管理系统”数据库窗口。

② 在导航窗格中，选择作为窗体的数据源“图书库存表”。在功能区“创建”选项卡的“窗体”命令组中，单击“窗体”按钮，窗体立即创建完成，如图 2-7-1 所示。

③ 在快速访问工具栏中单击“保存”按钮，在“窗体名称”文本框中输入窗体的名称“图书库存窗体”，单击“确定”按钮保存窗体。

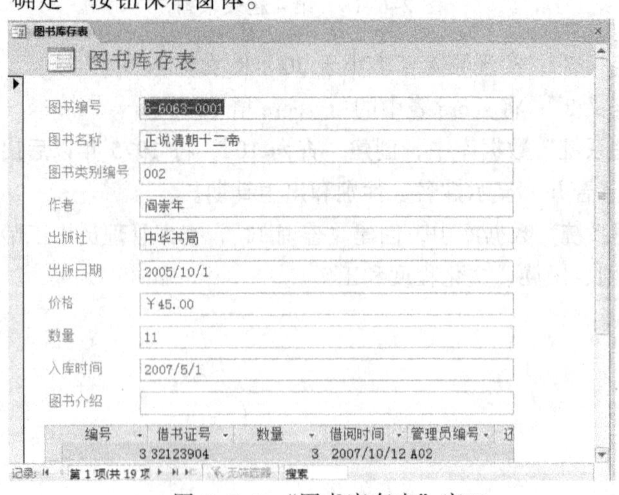

图 2-7-1　“图书库存表”窗口

说明：使用“窗体”按钮自动创建窗体，窗体将显示记录源中所有的字段和记录。

7.2.2 利用向导创建窗体

1. 利用“窗体向导”创建窗体

例如：在“图书管理系统”数据库窗口中，利用事先制作的“图书馆借书名单查询”作为数据源，用“窗体向导”的方法创建窗体。

参考步骤：

① 在 Access 中打开“图书管理系统”数据库窗口。

② 在“创建”选项卡的“窗体”组中，单击“窗体向导”按钮，弹出“窗体向导”对话框，在“表/查询”中选择“图书馆借书名单查询”选项作为数据源，然后单击 >> 按钮或依次双击“可用字段”列表框中的字段，将其全部作为“选定的字段”，如图 2-7-2 所示。

③ 单击“下一步”按钮，在弹出的对话框中的“请确定查看数据的方式”区域中选择“通过图书借阅表”选项，如图 2-7-3 所示。

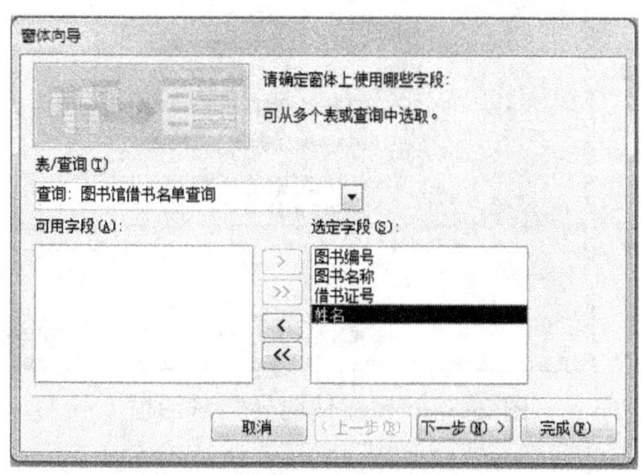

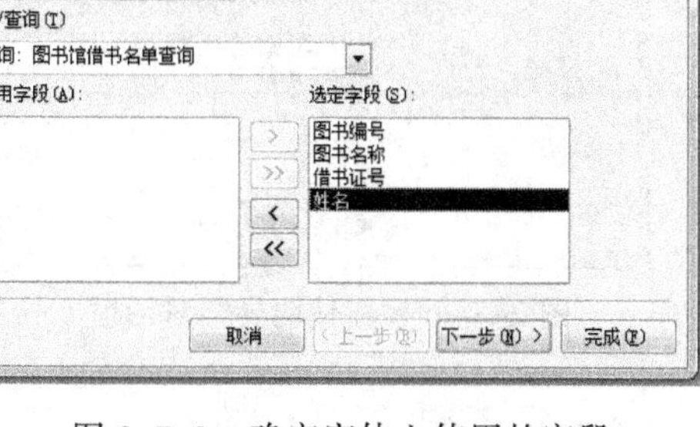

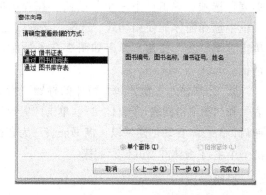

图 2-7-2 确定窗体上使用的字段

图 2-7-3 确定查看数据的方式

④ 单击“下一步”按钮，在弹出的对话框中的“请确定窗体使用的布局”区域中采用默认的“纵栏式”，单击“下一步”按钮，然后在弹出的窗体中单击“完成”按钮。

2. 利用向导创建主/子窗体

例如：在“图书管理系统”数据库窗口中，以“借书证表”和“图书借阅表”为数据来源，同时创建主窗体和子窗体。

参考步骤：

① 在 Access 中打开“图书管理系统”数据库窗口。

② 在“创建”选项卡的“窗体”命令组中，单击“窗体向导”按钮，弹出“窗体向导”对话框，在“表/查询”下拉框中选择“借书证表”，然后在“可用字段”列表框中双击“借书证号”“姓名”“性别”“联系电话”字段，将其添加到“选定的字段”列表框中。

③ 从“表/查询”下拉列表框中选择“图书借阅表”选项，双击“编号”“数量”“借阅时间”“还书时间”和“管理员编号”字段，如图 2-7-4 所示。单击“下一步”按钮，弹出如图 2-7-5 所示的对话框。

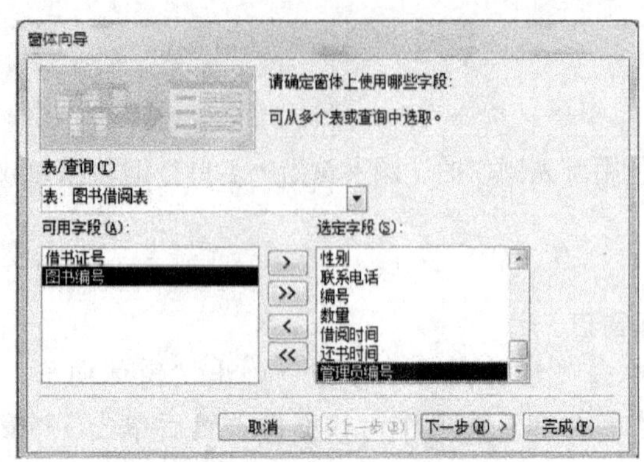

图 2-7-4　确定窗体上使用的字段

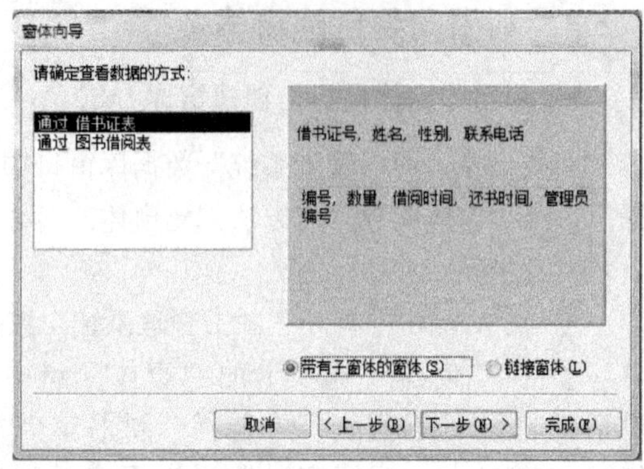

图 2-7-5　确定查看的数据方式

④ 选择“带有子窗体的窗体”单选按钮，单击“下一步”按钮。

⑤ 在“请确定子窗体使用的布局”中选择“数据表”选项，单击“下一步”按钮，在弹出的对话框中选择窗体的使用样式，选择“工业”选项，单击“下一步”按钮，弹出如图 2-7-6 所示的对话框。

⑥ 分别输入主窗体和子窗体的标题“借书证表”和“图书借阅表 子窗体 1”，单击“完成”按钮后，Access 自动创建好以“借书证表”为数据源的一个主/子窗体并将其保存起来。

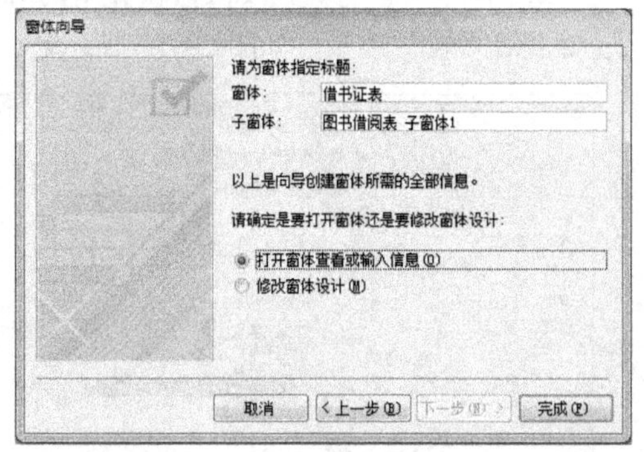

图 2-7-6　“窗体向导”对话框（三）

说明：

① 主/子窗体所使用的数据表必须已经建立“一对多”的关系。

② 主窗体布局只能使用纵栏式，子窗体的布局可以是数据表或表格式。

③ 也可以在设计器中将事先做好的子窗体拖动到当前主窗体中，制作主/子窗体。

7.2.3　利用“其他窗体”创建数据透视图窗体

例如：利用“图书管理系统”数据库中“管理员表”作为数据源，创建一个统计男女图书管理员各占比例的窗体。

参考步骤：

① 在 Access 中打开“图书管理系统”数据库窗口。

② 在导航窗格中，选择作为窗体的数据源“图书库存表”。在功能区“创建”选项卡的“窗体”命令组中，单击“其他窗体”按钮，在下拉菜单中选择“数据透视图“命令。

③ 弹出“管理员”窗体对话框，单击空白区域，弹出　“图表字段列表”。单击工具栏上的“更改图表类型”按钮，弹出“属性”对话框，选择类型为“饼图”，如图 2-7-7 所示。

④ 在“图表字段列表”框中将　“性别”字段拖至分类字段，将　“姓名”字段拖至数据字段，然后单击工具栏中的“图例”按钮，如图 2-7-8 所示。

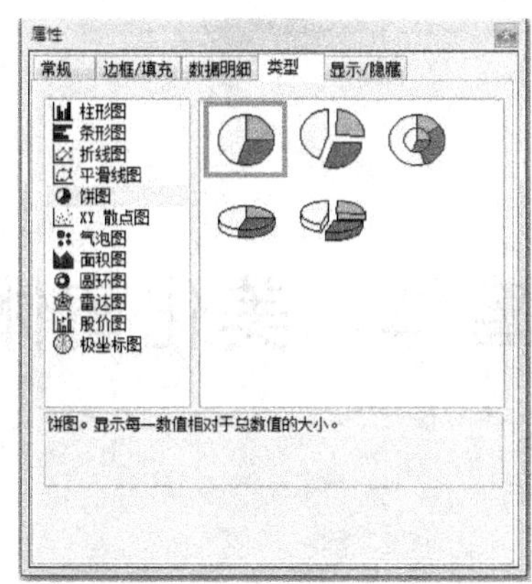

图 2-7-7　图表属性对话框

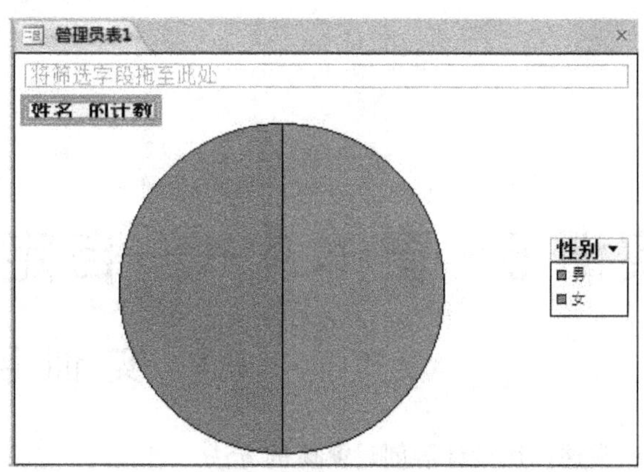

图 2-7-8　男女比例图

⑤ 单击快速访问工具栏中的“保存”按钮，在弹出的“另存为”对话框中输入“男女图书管理员比例窗体”，单击“确定”按钮，保存窗体。

思考及课后练习

1. 使用“窗体”方式自动创建窗体时，有哪些条件限制？

2. 用于创建主窗体和子窗体的表间需要满足什么条件？如何设置主窗体和子窗体间的联系，使子窗体的内容随主窗体中记录变化而变化？

实训 8　窗体Ⅱ——自定义窗体、美化窗体

8.1　实训目的

- 掌握使用设计器创建窗体的方法。
- 掌握窗体的属性设置。

8.2　实训内容

8.2.1　控件的使用

1. 创建一个结合型文本控件

例如：利用“借书证表”作为数据源，创建其中部分控件。

参考步骤：

① 打开“图书管理系统”数据库窗口，切换到“创建”选项卡，单击“窗体设计”按钮。

② 单击工具栏中的“属性表“，在弹出的“属性表”的记录源中选择“借书证表”表，然后单击工具栏中的“添加现有字段”按钮，弹出“借书证表”表中的字段列表，如图 2-8-1 所示。

③ 将“借书证号”“姓名”“单位名称”“联系电话”等字段依次拖动到窗体适当的位置上，即可在窗体中创建结合型文本框。Access 将根据字段的数据类型和默认的属性设置，为字段创建相应的控件并设置属性，如图 2-8-2 所示。

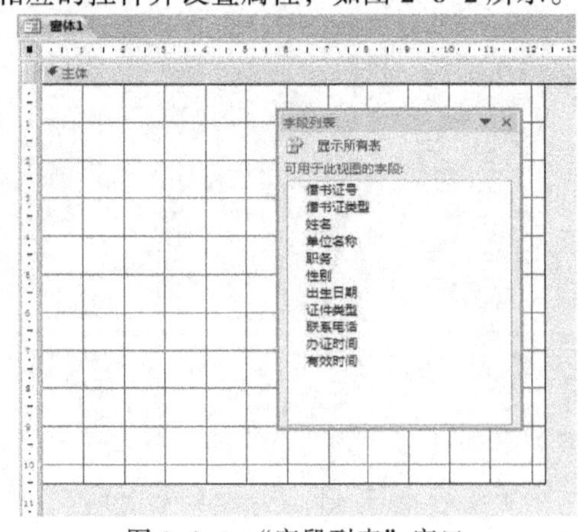

图 2-8-1 “字段列表”窗口

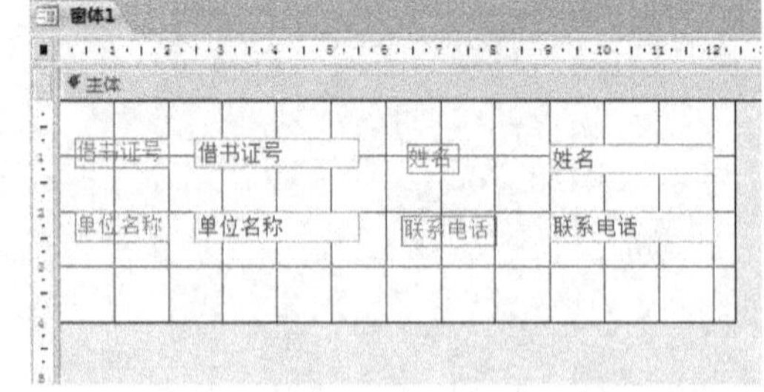

图 2-8-2　创建结合型“文本框”设计视图

说明：如果要同时选择相邻的多个字段，单击其中的第一个字段，按下【Shift】键，然后单击最后一个字段；如果要同时选择不相邻的多个字段，按下【Ctrl】键，然后单击要包含的每个字段名称；如果要选择所有字段，可双击字段列表标题栏。

2. 创建标签控件

参考步骤：

① 在窗体“设计视图”中，在“主体”节的任意空白处右击，在弹出的快捷菜单中选择“窗体页眉/页脚”命令，在窗体“设计视图”中添加一个“窗体页眉 / 页脚”节。

② 单击控件组中的“标签”按钮，在窗体页眉处单击要放置标签的位置，然后输入标签内容“输入借书证窗体”，如图 2-8-3 所示。

3. 创建选项组控件

参考步骤：

① 再次在前面设计的窗体基础上，编辑设计窗体。

② 对“借书证表”中的“证件类型”字段的值进行修改，可将“借书证”字段改为数字，用“ 1 ”表示“学生证“，用“ 2 ”表示“工作证”，如图 2-8-4 所示。

	借书证号	借书证类	姓名	单位名称	职务	性别	出生日期	证件类	联系电话
+	32123001	学生借书证	林立胜	计算机系	学生	男	1971/1/5	1	(0551)3865000
+	32123002	学生借书证	宛伟东	计算机系	学生	男	1976/3/1	1	(0551)3865000
+	32123003	学生借书证	王东	计算机系	学生	男	1975/6/9	1	(0551)3865000_
+	32123004	学生借书证	叶楠楠	计算机系	学生	男	1972/7/15	1	(0551)3865000
+	32123005	学生借书证	胡颖	计算机系	学生	女	1974/7/24	1	(0551)3865000
+	32123006	学生借书证	秦思思	计算机系	学生	女	1978/9/26	1	(0551)3865005
+	32123007	学生借书证	周普霞	会计学系	学生	女	1975/12/5	1	(0551)3865000_
+	32123008	学生借书证	王静	会计学系	学生	女	1979/9/4	1	(0551)3865000_
+	32123009	学生借书证	黄德春	电子商务系	学生	男	1974/5/27	1	(0551)3865000_
+	32123010	学生借书证	周萌萌	计算机系	学生	女	1978/7/19	1	(0551)3865000_
+	32123011	学生借书证	杨继	电子商务系	学生	男	1978/3/23	1	(0551)3865000_
+	32123012	学生借书证	胡寅寅	计算机系	学生	男	1977/12/11	1	(0551)3865000_
+	32123013	学生借书证	程龙	国际贸易	学生	男	1978/10/19	1	(0551)3865000_
+	32123014	学生借书证	蒋阳玲	会计学系	学生	女	1978/5/12	1	(0551)3865000_

记录: 第 1 项(共 21 项 无筛选器 搜索

图 2-8-3　创建“标签”控件设计视图　　　　图 2-8-4　字段修改结果

③ 选择控件组中的“选项组”工具，在窗体上单击要放置“选项组”的位置。将选项组控件附加的标签的内容改为“借书证类型”，用该选项组来显示“证件类型”字段的值。单击工具栏上的“属性表”按钮，打开选项组的属性对话框，将选项组的“控件来源”属性设置为“证件类型”，如图 2-8-5 所示。

④ 单击控件组中的“复选框”控件，在选项组内部通过拖动添加两个复选框控件，并将这两个控件的附加标签文本内容修改为“学生证”和“工作证”（见图 2-8-6），选中选项组控件内部的复选框控件，分别打开其属性对话框，将表示“学生证”的复选框控件的“选项值”属性值设为“ 1 ”，将表示“工作证”的复选框控件的“选项值”属性值设为“ 2 ”。

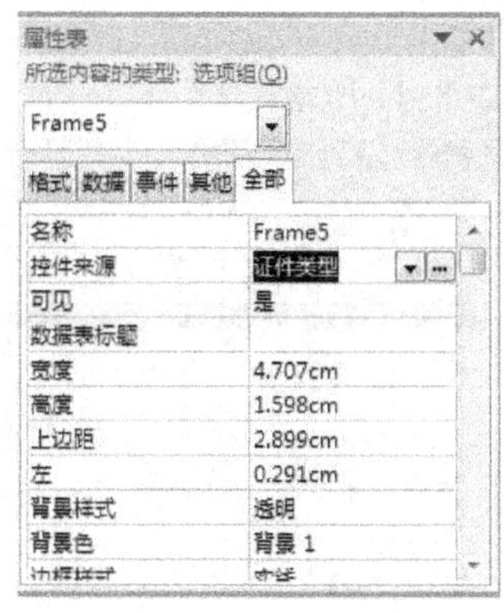

图 2-8-5　属性表

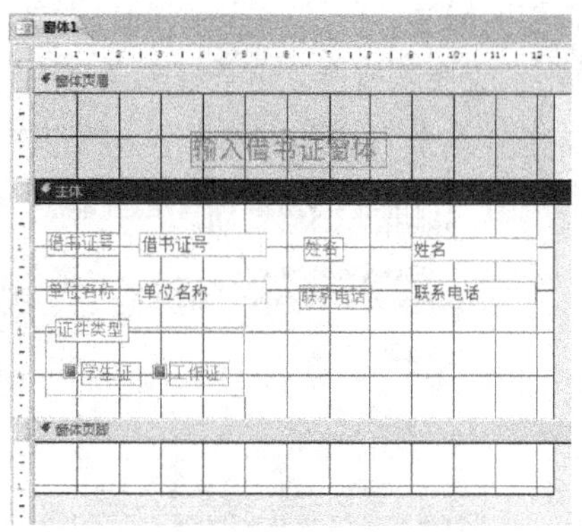

图 2-8-6　添加“复选框”控件

说明：利用同样方法为“性别”字段制作“选项组”控件，方法和上面制作“证件类型”控件方法类似，只是在上面的步骤④中，改用选择“选项按钮”，如图 2-8-7 所示。需要指出的是，若在修改“字段”时弹出“请输入"男"或"女"”的违反有效性规则的提示，则说明读者在之前的实训中设置了“性别”字段的“有效性规则”，要修改“性别”字段的值为数字，必须先把“性别”字段的有效性规则清除。

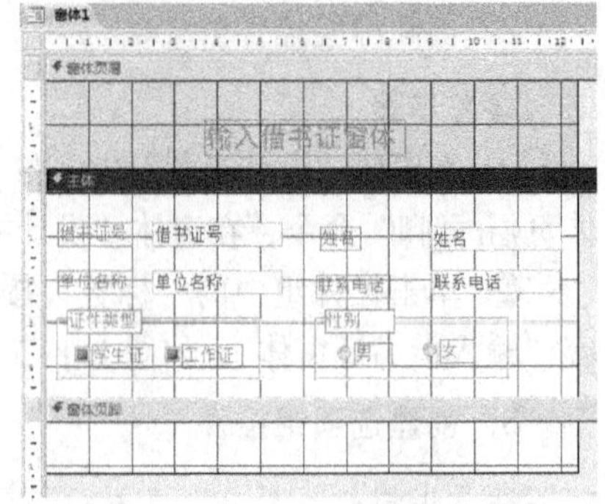

图 2-8-7　其他字段设计视图

4. 创建组合框控件

在如图 2-8-7 所示的“设计视图”中，继续创建“职务”组合框。

参考步骤：

① 打开如图 2-8-7 所示的“设计视图”。

② 选择控件组中的“组合框”工具，在窗体上单击要放置“组合框”的位置，弹出“组合框向导”的第一个对话框，如图 2-8-8 所示，选择“自行键入所需的值”单选按钮。

③ 单击“下一步”按钮，弹出如图 2-8-9 所示的“组合框向导”的第二个对话框，在“第一列”列表中依次输入“学生”和“教师”。

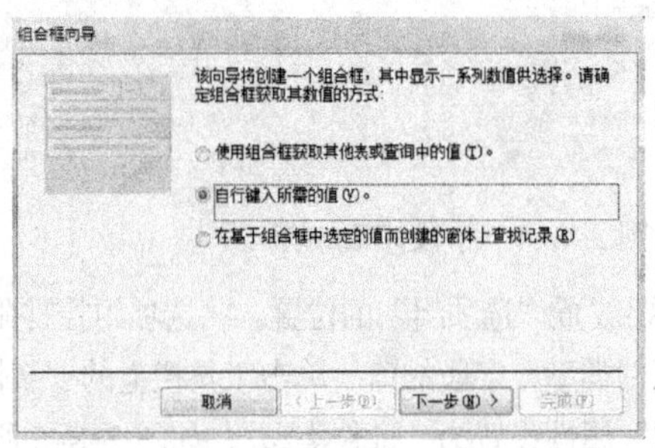

图 2-8-8　“组合框向导”对话框（一）

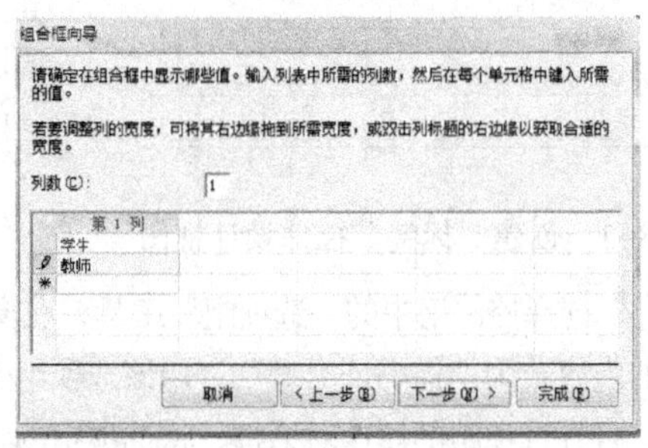

图 2-8-9　“组合框向导”对话框（二）

④ 单击“下一步”按钮，弹出如图 2-8-10 所示的“组合框向导”的第三个对话框，选择“将该数值保存在这个字段中”单选按钮，并单击右侧的下拉按钮，从下拉列表中选择“职务”选项。

⑤ 单击“下一步”按钮，在弹出的对话框的“请为组合框指定标签：”文本框中输入“职务”，作为该组合框的标签。

⑥ 单击“完成”按钮，组合框创建完成后的窗体如图 2-8-11 所示。

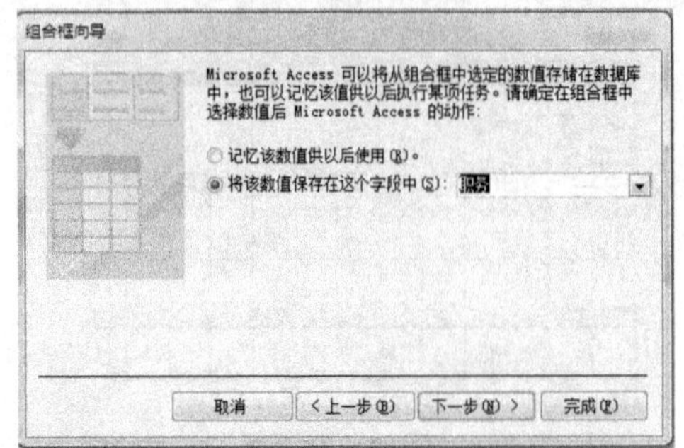

图 2-8-10　“组合框向导”对话框（三）

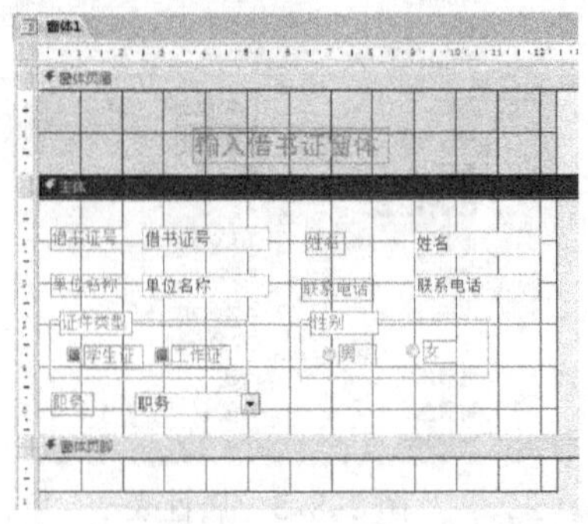

图 2-8-11　“组合框”字段设计视图

5. 创建列表框控件

在图 2-8-11 所示的“借书证窗体中”添加“借书证类型”列表框。

参考步骤：

① 打开 2-8-11 所示的窗体。

② 选择控件组中的“列表框”工具。在窗体上，单击要放置“列表框”的位置。弹出“列表框向导”的第一个对话框，如图 2-8-12 所示，选择“使列表框获取其他表或查询中的值”单选按钮。

③ 单击“下一步”按钮，弹出如图 2-8-13 所示的“列表框向导”的第二个对话框，选择“视图”选项组中的“表”单选按钮，选择“借书证表”选项。

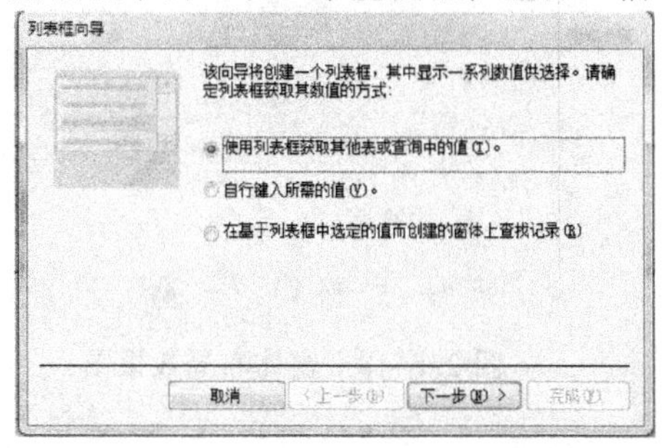

图 2-8-12 “列表框向导”对话框（一）

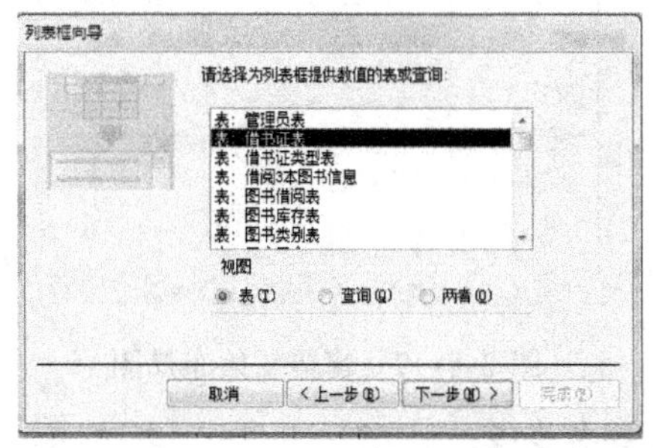

图 2-8-13 “列表框向导”对话框（二）

④ 单击“下一步”按钮，弹出“列表框向导”的第三个对话框，选择“可用字段”列表框中的“借书证类型”选项，单击[>]按钮将其移到“选定字段”列表框中，如图 2-8-14 所示。

⑤ 单击“下一步”按钮，弹出如图 2-8-15 所示的“列表框向导”的第四个对话框，显示“借书证类型”列表。此时，拖动列的右边框可以改变列表框的宽度。

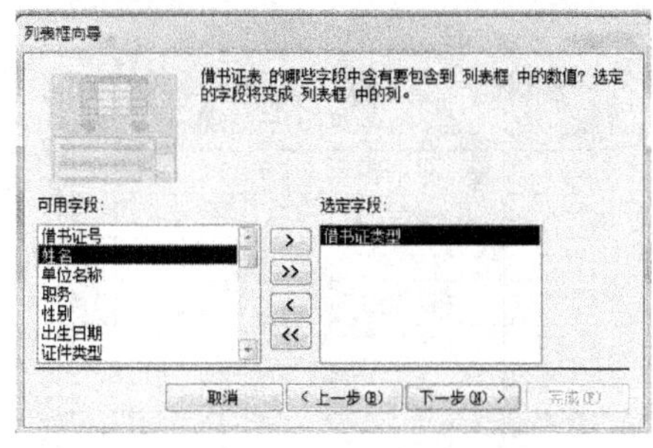

图 2-8-14 “列表框向导”对话框（三）

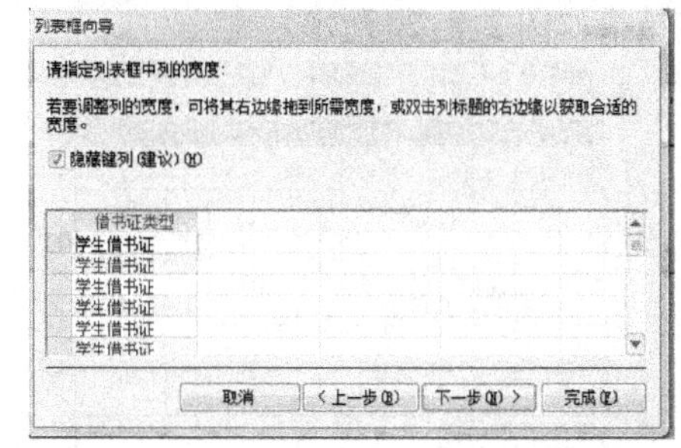

图 2-8-15 “列表框向导”对话框（四）

⑥ 单击“下一步”按钮，显示“列表框向导”的最后一个对话框，选择“记忆该字段值供以后使用”选项。

⑦ 单击“下一步”按钮，在显示的对话框中输入列表框的标题名“借书证类型”，然后单击“完成”按钮，结果如图 2-8-16 所示。

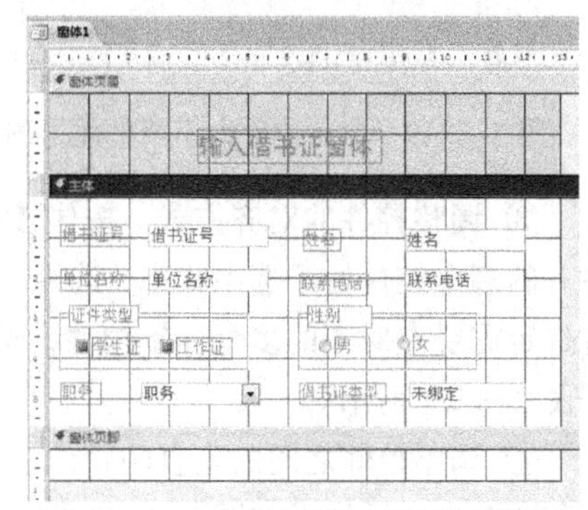

图 2-8-16 “列表框”控件设计视图

8.2.2 控件的布局调整

例如：将图 2-8-17 所示的布局调整为图 2-8-18 所示的布局。

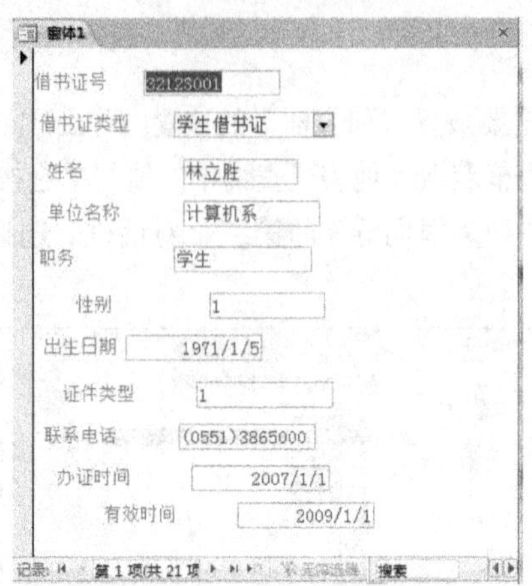

图 2-8-17 窗体初始布局图

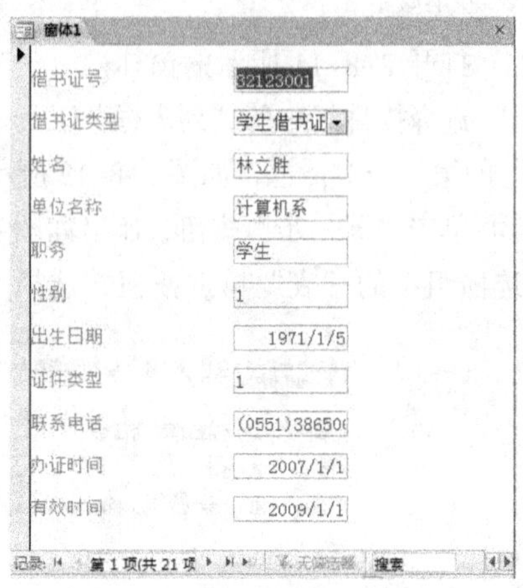

图 2-8-18 窗体布局效果图

参考步骤：

① 调整控件的大小为“至最宽”。在窗体的“设计视图”中，按住【Shift】键单击选中所有控件的附加标签，选择“排列”选项卡→“大小/空格”→“至最宽”命令，使所有选中的控件的宽度与所有控件中最宽的保持一致，调整结果如图 2-8-19 所示。

② 调整控件的大小为“至最窄”。按住【Shift】键选中所有用于显示字段值的控件，选择“排列”选项卡→“大小/空格”→“至最窄”命令，调整所有选中的控件的高度与最窄的保持一致，调整结果如图 2-8-20 所示。

图 2-8-19 窗体控件大小调整效果图（一）

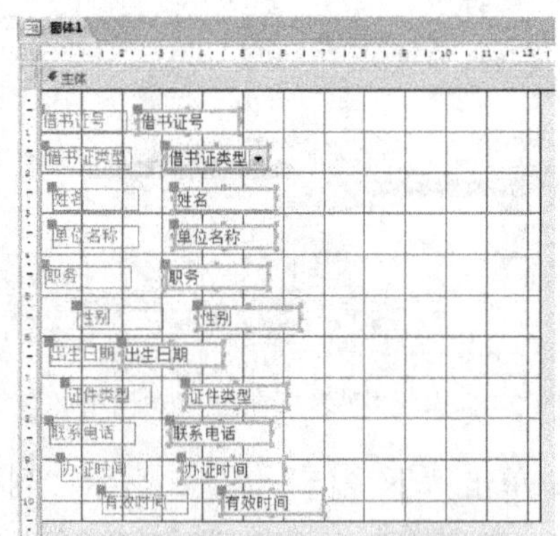

图 2-8-20 窗体控件大小调整效果图（二）

③ 调整控件的对齐方式。按住【Shift】键，单击用于显示数据的多个文本框控件，使需要右对齐的多个控件处于选中状态，选择“排列”选项卡→“对齐”→“靠右”命令，同样按住【Shift】键选定需要左对齐的多个标签控件，选择“排列”选项卡→“对齐”→“靠左”命令，显示结果如图 2-8-21 所示。

④ 调整控件之间的垂直间距。选择“排列”选项卡→“大小/空格”“→“间距”→“垂直相等”命令，显示结果如图 2-8-22 所示。

图 2-8-21　窗体控件大小调整效果图（三）　　　图 2-8-22　窗体控件大小调整效果图（四）

说明：对垂直方向上选中的多个控件可以从“格式”→“垂直间距”级联菜单中选择“增加”或“减少”命令，使所有被选定对象之间的间距加大或使间距减小。若是调整水平方向上放置的控件，可以选择“格式”→“水平间距”级联菜单中的“相同”“增加”或“减少”命令，使水平方向上的各控件间的间距保持相等或增加、缩小控件间的间距。

思考及课后练习

1. 在“图书管理系统”数据库中，创建一个以“图书库存表”为数据源的窗体，在窗体中使用命令按钮实现查看、编辑和删除记录。

2. 窗体由 5 部分组成，除了主体外其余 4 部分可根据需要通过菜单添加，在添加控件时，在每一部分添加同一控件其作用是否一样？在各视图中能否显示？

3. 调整窗体上控件时，对带有附加标签的控件，如何调整其控件本身的位置？

实训 9　报　　表

9.1　实 训 目 的

- 掌握利用“报表向导”创建报表的方法。
- 掌握利用“自动创建报表”创建各种类型报表的方法。
- 掌握利用“图表向导”显示统计结果的报表的方法。
- 掌握修改报表的方法。

9.2　实 训 内 容

9.2.1　利用向导创建报表

1. 利用“报表向导”创建报表

例如：在“图书管理系统”数据库中，用“借书证表”作为数据源，根据“借书证类型”分组并按“借书证号”降序排列。用“报表向导”的方法制作“借书证报表”。

参考步骤：

① 打开“图书管理系统”数据库，在“创建“选项卡的“报表”命令组中，单击“报表向导”按钮。

② 在弹出的“报表向导”对话框中，在“表/查询”中选择“表：借书证表”，然后从左侧的“可用字段”列表框选择需要的报表字段，在此双击选择“借书证号”“姓名”“借书证类型”“单位名称”“职务”“性别”和“联系电话”，这些字段就会显示在“选定的字段”列表框中，如图 2-9-1 所示。

③ 单击“下一步”按钮，在弹出的对话框中确定分组级别，分组级别最多有 4 个字段。此处按“借书证类型”分组，双击左侧列表框中的“借书证类型”字段，使之显示在右侧图形页面的顶部，如图 2-9-2 所示。

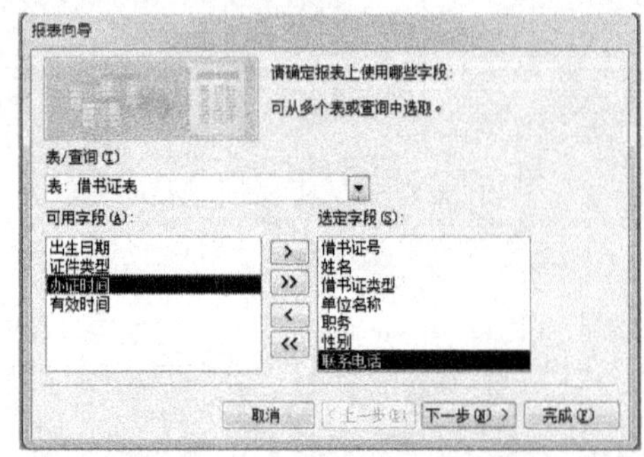

图 2-9-1 “报表向导”对话框（一）

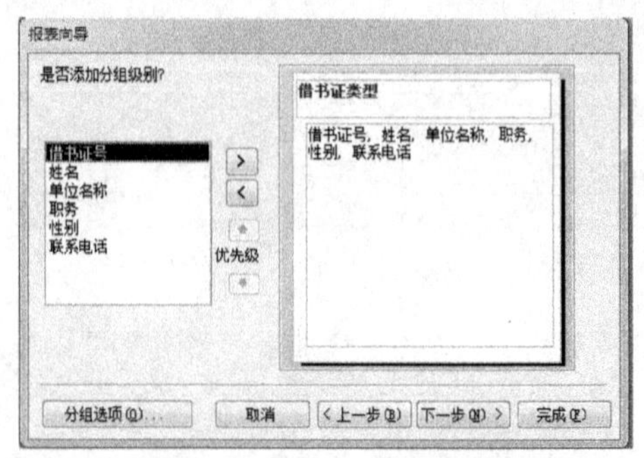

图 2-9-2 “报表向导”对话框（二）

④ 单击“下一步”按钮，在弹出的对话框中设置排序顺序。在这里最多可以设置 4 个字段进行排序，此处需要按“借书证号”字段进行降序排列，则在第一个下拉组合框中选择“借书证号”选项，如图 2-9-3 所示，然后单击其后的排序按钮，使之按降序排列。

⑤ 单击“下一步”按钮，在弹出的对话框中设置布局方式，如图 2-9-4 所示。根据需要从“布局”选项组中选择一种合适的布局，从“方向”选项组中选择报表的打印方向是纵向还是横向，在此选择默认的递阶布局和横向方向。

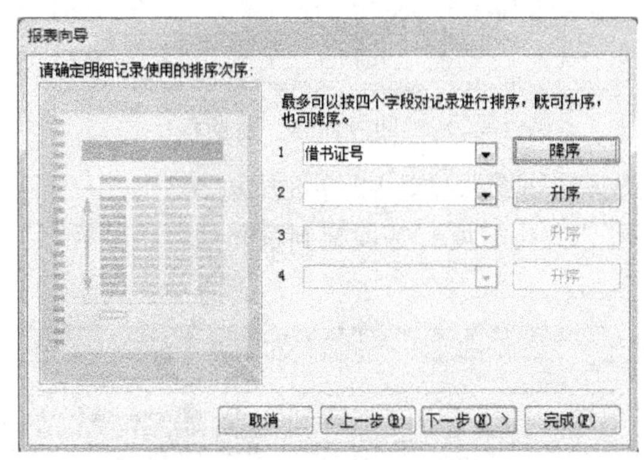

图 2-9-3 “报表向导”对话框（三）

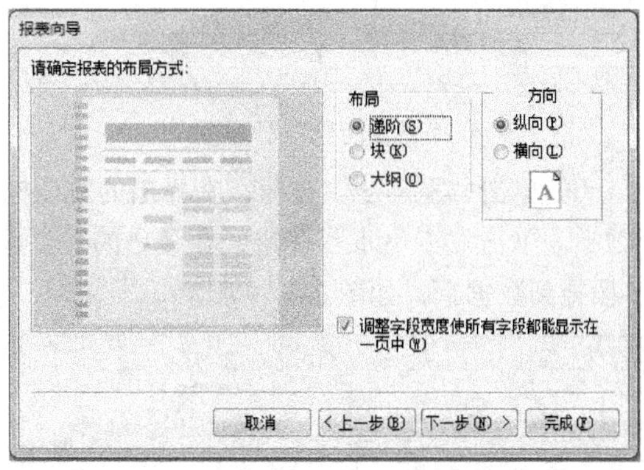

图 2-9-4 “报表向导”对话框（四）

⑥ 单击“下一步”按钮，在弹出的对话框中输入报表的标题“借书证报表”，并选择“预览报表”。

⑦ 单击“完成”按钮，即可看到报表的制作效果，如图 2-9-5 所示。

借书证报表

借书证类型	借书证号	姓名	单位名称	职务	性别	联系电话
教师借书证						
	32123905	蔡劲松	基础课部	教师	1	(0551)4
	32123904	霍卓群	计算机系	教师	2	(0551)3
	32123903	张世平	计算机系	教师	1	(0551)3
	32123902	陈祥生	计算机系	教师	1	(0551)3
	32123901	张成叔	计算机系	教师	1	(0551)3

图 2-9-5 借书证报表（局部预览）

9.2.2 创建图表报表

例如：在“图书管理系统”数据库中，利用“图表”控件创建一个统计图书馆管理员各类学历人数的“管理员学历分布”报表。

参考步骤：

① 选择“创建”选项卡，单击“报表设计”按钮，形成报表设计界面，然后将控件组的“图表”控件拖到主体节中，弹出图表向导，选择管理员表，如图 2-9-6 所示。

② 单击“下一步”按钮，从左侧的“可用字段”列表框选择需要的报表字段，在此双击选择“文化程度”和“姓名”，这些字段就会显示在“用于图表的字段”列表框中，如图 2-9-7 所示。

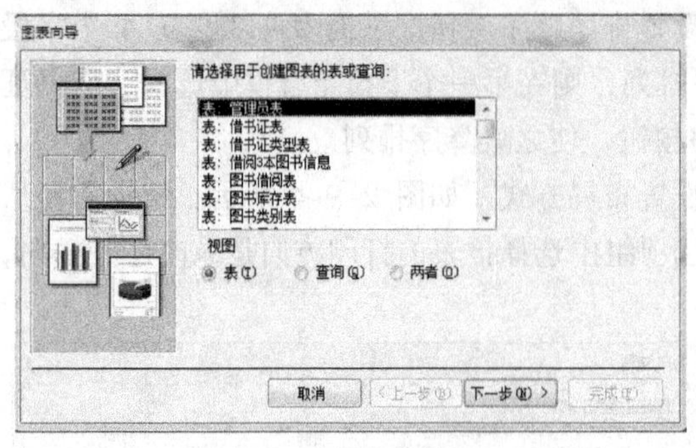

图 2-9-6 “图表向导”对话框（一）

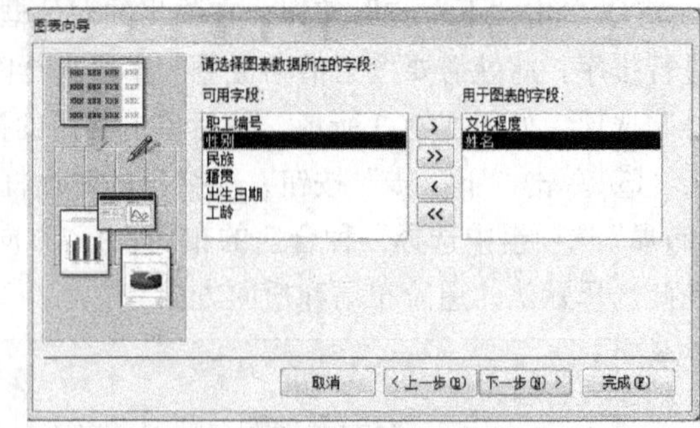

图 2-9-7 “图表向导”对话框（二）

③ 单击“下一步”按钮，在弹出的对话框中选择“饼图”，如图 2-9-8 所示。

④ 单击“下一步”按钮，在弹出的对话框中将“文化程度”字段拖到系列框，将“姓名”字段拖到数据框，如图 2-9-9 所示。

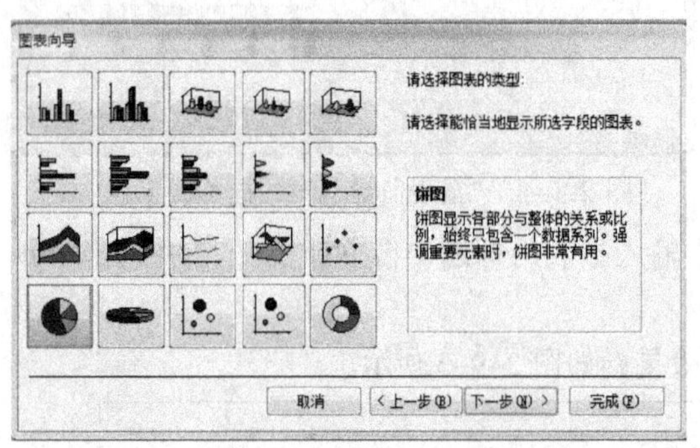

图 2-9-8 “图表向导”对话框（三）

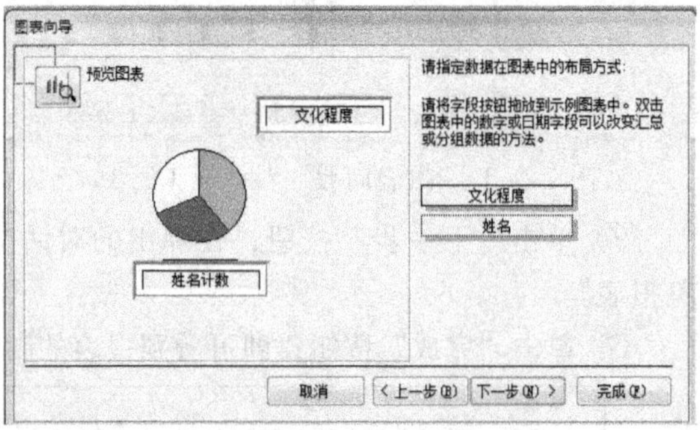

图 2-9-9 “图表向导”对话框（四）

⑤ 单击“下一步”按钮，在弹出的对话框中输入图表的标题“管理员学历分布”，单击“完成”按钮。切换到“打印预览”，即可看到图表报表的效果，如图 2-9-10 所示。

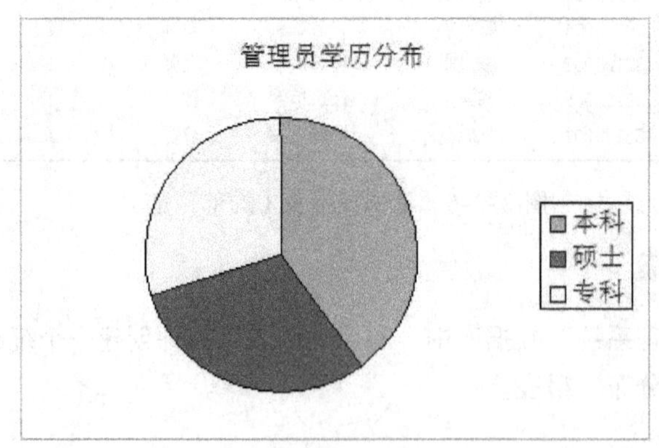

图 2-9-10 管理员学历分布

9.2.3 创建主/子报表

例如：在“图书管理系统”数据库中，以“管理员表”和“图书借阅表”作为数据来源，创建主/子报表。

参考步骤：

① 利用前面的报表创建方法首先创建基于“管理员表”数据源的主报表，并适当调整其控件布局和纵向外观显示，如图 2-9-11 所示。在主体节下部要为子报表的预留出一定的空间。

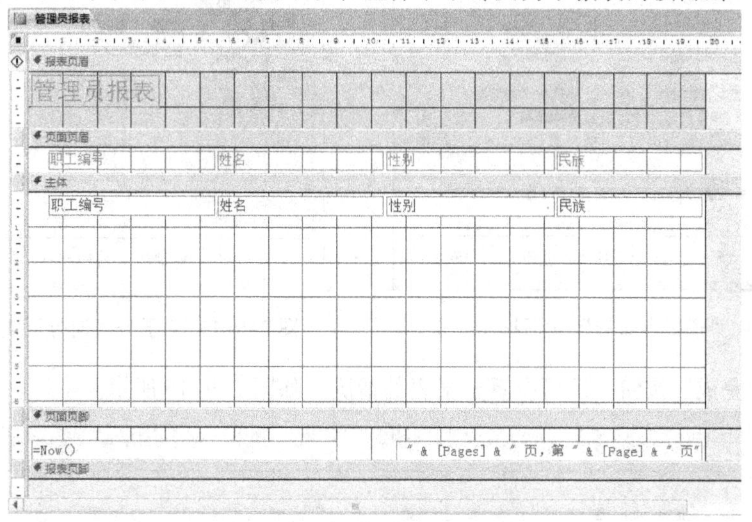

图 2-9-11　主报表设计视图

② 在“工具箱”中选中“子窗体/子报表”控件，并且将其拖动到报表设计器中主体节的适当位置，并设置好其大小。

③ 释放鼠标后出现如图 2-9-12 所示的“子报表向导”对话框。如果需要新建子报表，选择“使用现有的表和查询”单选按钮；如果数据来源是已有的报表，则选择“使用现有的报表和窗体”单选按钮，并在列表框中选择相应的报表和窗体。在此选择“使用现有的表和查询”单选按钮。

④ 单击“下一步”按钮，在弹出的对话框中选择“图书借阅表”表，将“图书借阅表”表中的“借书证号”“图书编号”“数量”等字段作为子报表的字段添加入“选定字段”列表框中，并且选择课程表的所有字段，如图 2-9-13 所示。

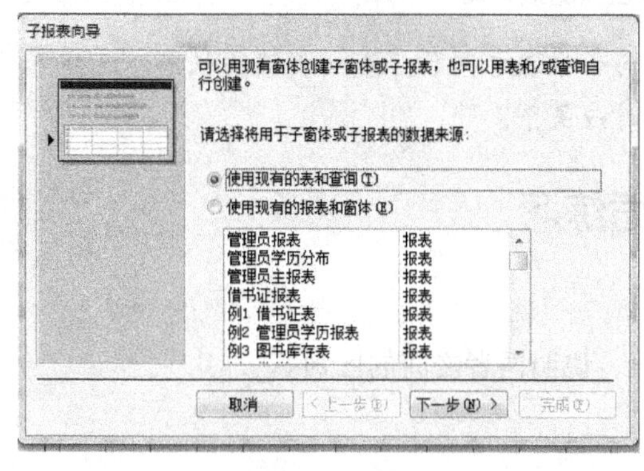

图 2-9-12　“子报表向导”对话框（一）

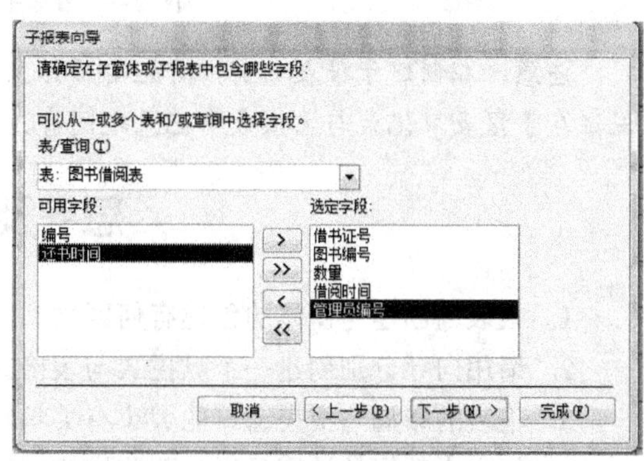

图 2-9-13　“子报表向导”对话框（二）

⑤ 单击“下一步”按钮，在弹出的对话框中确定主报表和子报表的对应关系，如图 2-9-14 所示。

⑥ 单击“下一步”按钮，确定子报表的名称，如图 2-9-15 所示。

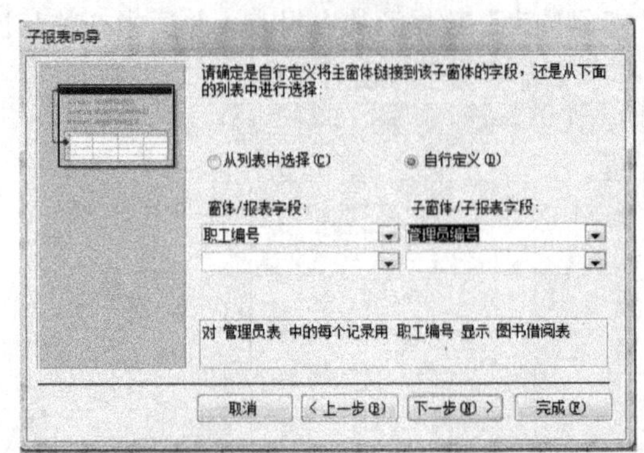

图 2-9-14 “子报表向导”对话框（三）

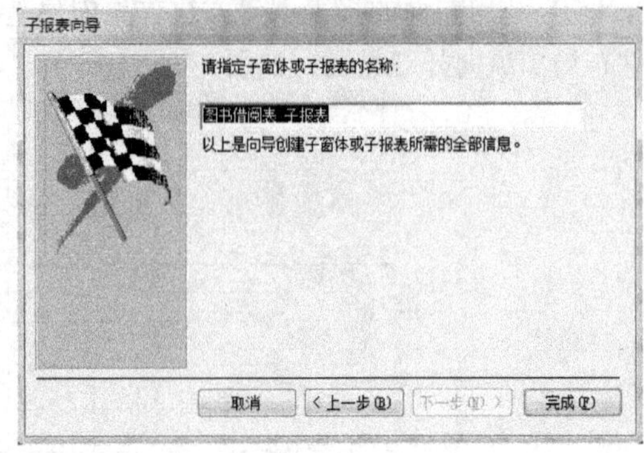

图 2-9-15 “子报表向导”对话框（四）

⑦ 单击“完成”按钮，即可查看子报表的情况，如图 2-9-16 所示。

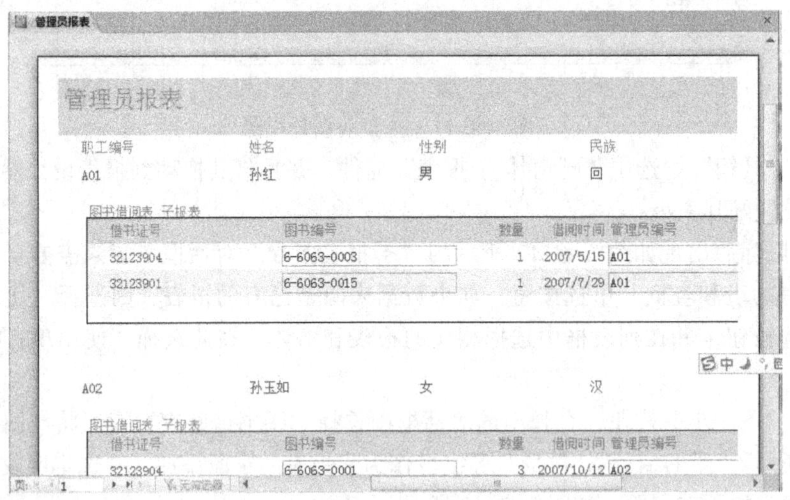

图 2-9-16 主/子报表预览效果图

注意：在创建子报表之前，首先要确保主报表与子报表之间已经建立正确的联系，这样才能保证在子报表中记录与主报表中记录之间有正确的对应关系。

思考及课后练习

1. 报表的创建与窗体的创建有何区别？
2. 请用向导分别创建一个纵栏式与表格式报表，说明两者之间的区别。
3. 报表的布局与报表窗口的大小有关吗？
4. 报表中数据的计算是通过哪些措施实现的？

实训 10　宏

10.1　实 训 目 的

- 掌握创建和运行宏的方法。
- 掌握编辑宏的方法。

10.2　实 训 内 容

10.2.1　创建和运行宏

1. 创建一个宏

例如：在“图书管理系统”数据库窗口中，创建一个名为“退出系统”的宏，其功能是保存所有修改过的对象并退出 Access 环境。

参考步骤：

① 打开“图书管理系统”数据库窗口，如图 2-10-1 所示。

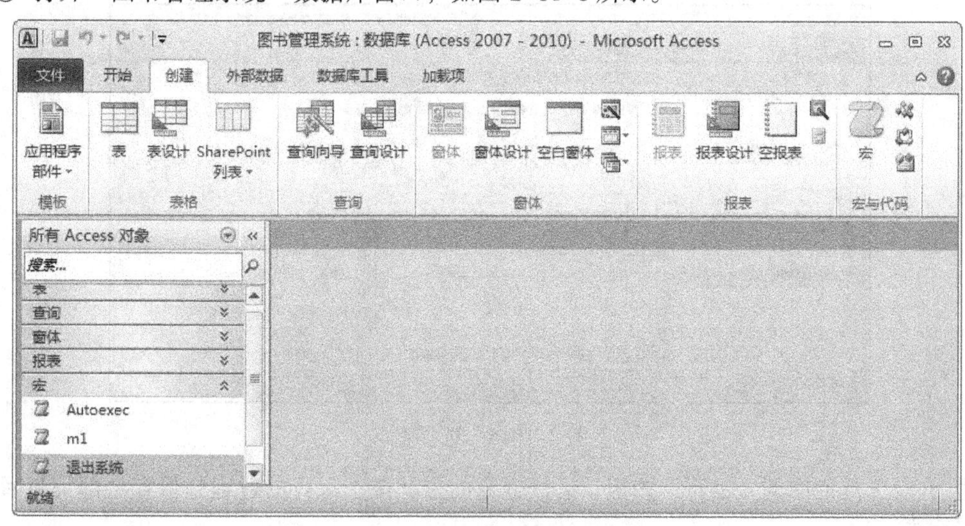

图 2-10-1　“图书管理系统”数据库窗口

② 单击“创建”选项卡，再单击工具栏“宏与代码”命令组中的“宏”按钮，打开宏编辑窗口，如图 2-10-2 所示。

③ 在“添加新操作”框中输入或选择 QuitAccess，在“操作参数”下拉列表框中选择“全部保存”选项，如图 2-10-3 所示。

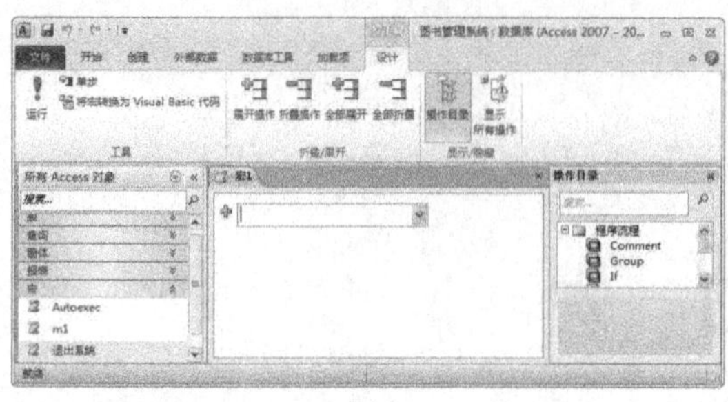

图 2-10-2　宏编辑窗口（一）

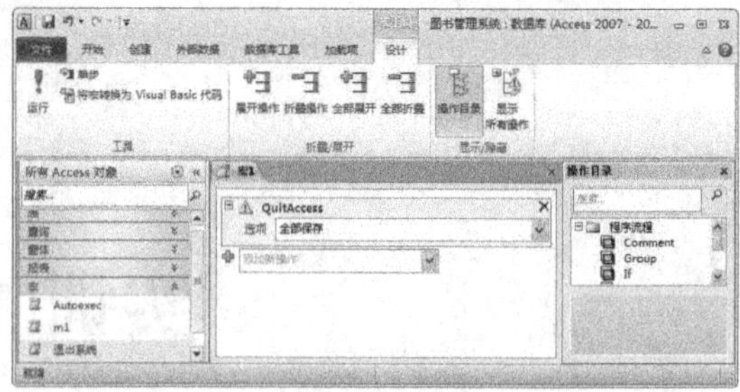

图 2-10-3　宏编辑窗口（二）

④ 单击快速工具栏上的“保存”按钮，或选择“文件”→“保存”命令，弹出“另存为”对话框，如图 2-10-4 所示。

⑤ 在“宏名称”文本框中输入宏名“退出系统”，单击“确定”按钮，返回宏编辑窗口。

图 2-10-4　“另存为”对话框

⑥ 单击宏编辑窗格右上角的“关闭”按钮，关闭宏编辑窗格，返回“图书管理系统”数据库窗口。

2. 运行“退出系统”的宏

在刚才的例子中运行“退出系统”的宏。

参考步骤：

① 单击左边导航窗格中的“宏”选项，导航窗格中显示了所有的宏。

② 在“设计视图”中打开需要运行的宏“退出系统”，如图 2-10-5 所示。

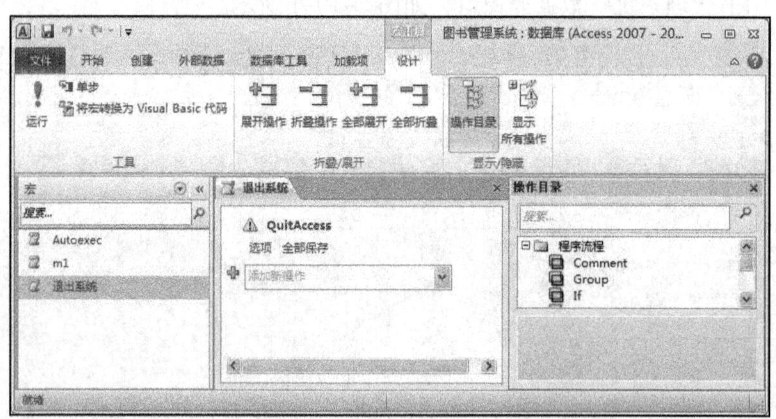

图 2-10-5　选择宏

③ 单击工具栏中的“运行”按钮，运行选定的宏，该宏运行的过程是保存全部信息后退出 Access 系统。

3. 新建一个自动启动窗体的宏

例如：创建一个能自动打开“查询借阅信息”窗体的宏。

参考步骤：

① 再次打开“图书管理系统”数据库窗口，创建一个“查询借阅信息”窗体，如图 2-10-7 所示，并使用前面介绍的方法打开宏编辑窗口。

② 选择宏操作为 OpenForm，操作参数中选择窗体名称为“查询借阅信息”，如图 2-10-6 所示。

③ 单击“保存”按钮，并以 Autoexec 为宏名保存宏。

④ 先退出 Access 系统，再启动 Access 系统，并打开“图书管理系统”数据库，系统将自动运行宏 Autoexec，打开“查询借阅信息”窗体，如图 2-10-7 所示。

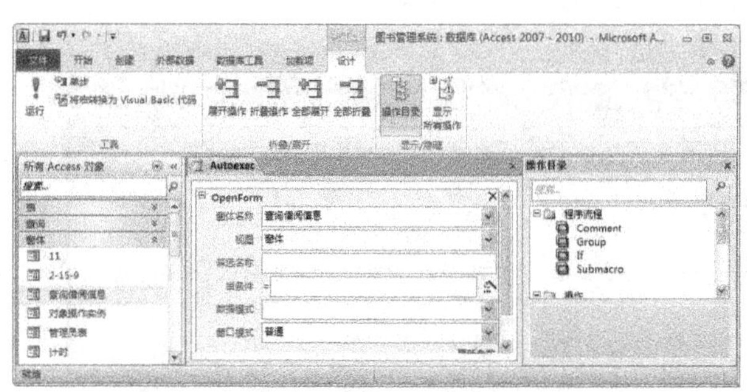

图 2-10-6　在宏编辑窗口中设置操作及参数

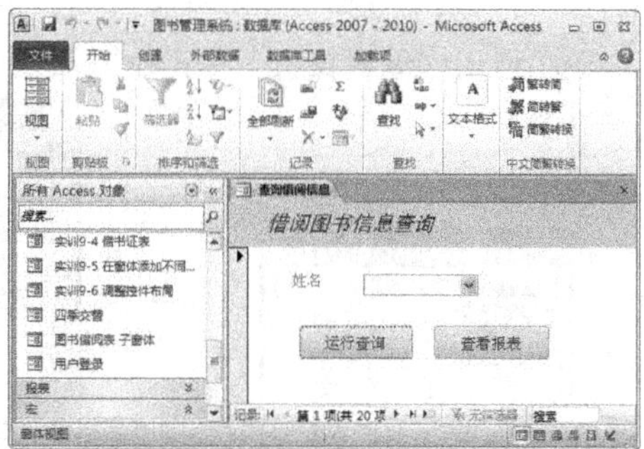

图 2-10-7　“查询借阅信息”窗体

说明：

① 创建宏的注意事项：宏的基本设计单元为一个宏操作，一个操作用一个宏操作命令完成。

② 宏名为 Autoexec 的宏是特殊的宏，在每次打开数据库时会自动运行。Autoexec 宏也称为启动宏。

③ 在窗体和报表中都可以使用宏。在窗体事件或窗体上的控件事件和报表的事件中均可执行宏，也可以在 VBA 代码中执行宏。

10.2.2　为命令按钮创建宏

例如：在“图书管理系统”数据库中，为“查询借阅信息”窗体的“退出系统”按钮创建一个宏，指定该按钮执行退出系统的操作。

参考步骤：

① 以“设计视图”打开“查询借阅信息”窗体，添加一个命令按钮，标题设置为“退出系统”，如图 2-10-8 所示。

② 单击“退出系统”按钮，选择属性表中“事件”选项卡，如图 2-10-9 所示。

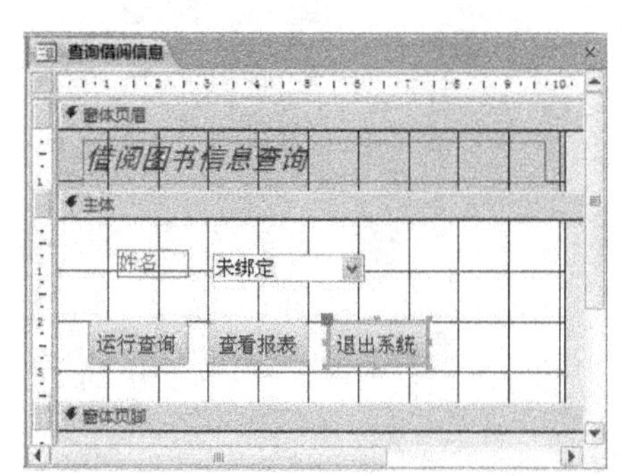

图 2-10-8　“查询借阅信息”窗体的设计视图

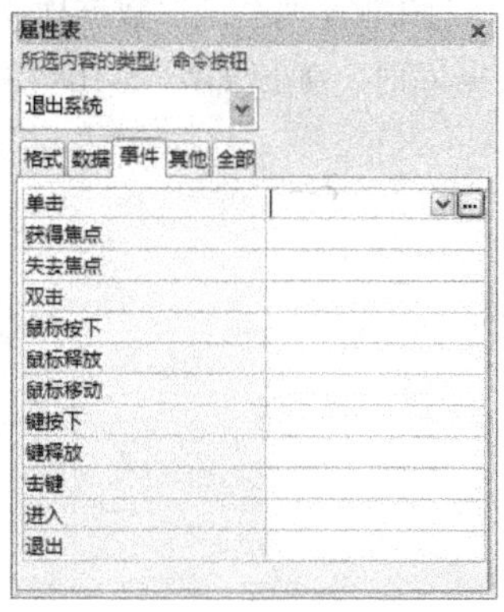

图 2-10-9　“退出系统”按钮属性对话框

③ 单击其中“单击”事件右侧的文本框，再单击其右边出现的…按钮，弹出“选择生成器”对话框，如图 2-10-10 所示。

④ 选择“宏生成器”选项，单击“确定”按钮，弹出宏编辑窗口。

⑤ 在如图 2-10-11 所示的宏编辑窗口中，单击“添加新操作”列表框右边的下拉按钮，并从打开的列表中选择 QuitAccess 选项，指定执行退出系统的操作参数。

⑥ 退出宏编辑窗口，在提示对话框中选择“是”。

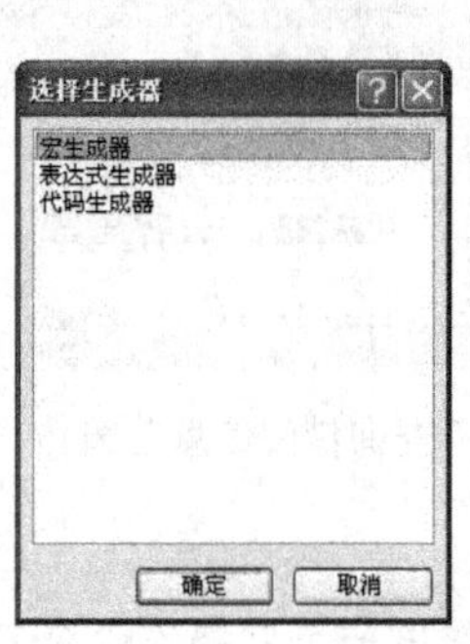

图 2-10-10 “选择生成器”对话框

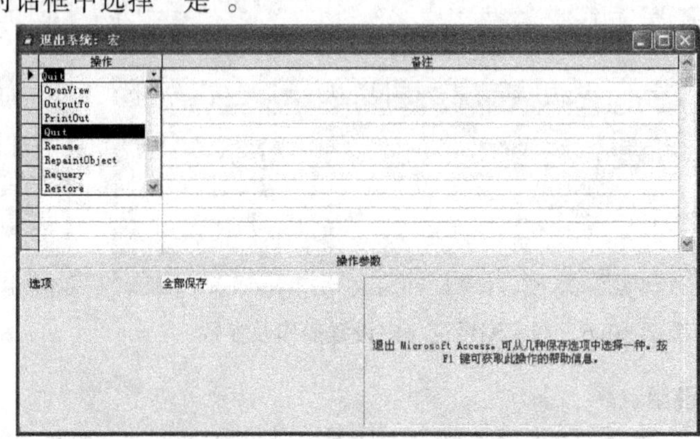

图 2-10-11 宏编辑窗口

⑦ 保存窗体。选择“文件”→“保存”命令或单击快捷工具栏上的“保存”按钮，保存“查询借阅信息”窗体。

⑧ 运行窗体。选择“视图”→“窗体视图”或单击工具栏上的“视图”按钮选择“窗体视图”选项，单击“退出系统”按钮，退出 Access 系统。

思考及课后练习

1. 在“图书管理系统”数据库中，创建一个名为“打开读者窗体”的宏，实现以“设计视图”打开读者窗体。

2. 在“图书管理系统”数据库中，在“简单计算”窗体中添加“打开”按钮创建“打开”宏，打开“计算圆面积”窗体。

3. 在“图书管理系统”数据库中，建立一个自动运行宏，实现打开数据库时，弹出如图 2-10-12 所示的对话框。

提示

欢迎使用！

确定

图 2-10-12 “提示”对话框

实训 11　模块Ⅰ——条件结构

11.1　实 训 目 的

- 掌握在 VBE 环境下编写代码的过程。
- 掌握条件结构程序设计的方法。
- 掌握 If 语句及 Select 语句的使用方法。
- 掌握 Iif()函数、Switch()函数的使用方法。

11.2　实 训 内 容

11.2.1　If 语句及 Iif()函数的使用

1. 创建“闰年判断”模块并运行

例如：在“图书管理系统”数据库中，创建“闰年判断”模块，实现通过输入框输入某一年，判断是否为闰年，判断结果用消息框显示。

参考步骤：

① 打开“图书管理系统”数据库窗口，单击“创建”选项卡，单击“宏与代码”命令组中的“模块”按钮进入 VBE 环境。

② 在 VBE 环境加入如下代码：

```
Public Sub Year()
   Dim x As Long
   x=InputBox("请输入某一年","输入")
   If x Mod 400=0 Or (x Mod 4=0 And x Mod 100 <> 0) Then
      MsgBox "是闰年"
   Else
      MsgBox "不是闰年"
   End If
End Sub
```

③ 单击快捷工具栏中的“保存”按钮，弹出“另存为”对话框，以名称“闰年判断”保存。

④ 选择“运行”→“运行用户子过程/用户窗体”命令或者单击工具栏中的“运行用户子过程/用户窗体”按钮或者单击【F5】键，弹出“宏”对话框，如图 2-11-1 所示。

⑤ 选择刚刚创建的 Year 选项，单击“运行”按钮，运行“闰年判断”模块中的 Year 过程，弹出“输入”对话框，如图 2-11-2 所示。

⑥ 在输入框中输入 1900，单击“确定”按钮，弹出消息框，提示 1900 年不是闰年，如图 2-11-3 所示。

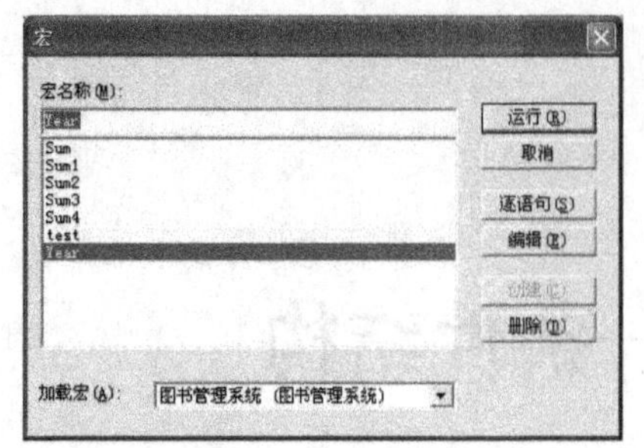

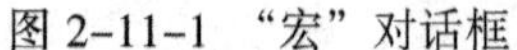

图 2-11-1 “宏”对话框

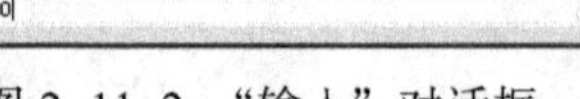

图 2-11-2 “输入”对话框

图 2-11-3 运行结果

说明： 能被 4 整除且不能被 100 整除的年份为闰年，或者能被 400 整除的年份也为闰年。程序中用 x 表示年份，表达式 x Mod 400 = 0 Or (x Mod 4=0 And x Mod 100 <> 0)的值为 True 时是闰年，为 False 时是平年。

2. 数据验证过程

例如：打开“图书管理系统”数据库，在“实训 9-5 在窗体添加不同命令按钮”窗体中添加“工龄检查”按钮，编写 VB 代码，实现单击按钮时工龄<0 的情况会显示“工龄输入有误!”消息框，否则显示“工龄输入合法!”消息框。结果如图 2-11-4 所示。

图 2-11-4 运行结果

参考步骤：

① 打开“图书管理系统”数据库窗口，单击导航窗格中“窗体”对象，选中“实训 9-5 在窗体添加不同命令按钮”窗体，右击选择“设计视图”命令，以设计视图打开窗体。

② 从“设计”选项卡“控件”组中选择“命令按钮”控件，添加到窗体中，然后取消按钮向导，输入按钮文本为“工龄检查”，修改其名称属性为 Check。

③ 选中“工龄检查”命令按钮，右击，在弹出的快捷菜单中选择“事件生成器”命令，在弹出的“选择生成器”对话框中选择“代码生成器”选项，然后单击“确定”按钮，进入 VBE 编程环境。

④ 输入程序代码，如图 2-11-5 所示。

⑤ 单击工具栏中的“保存”按钮保存修改。

⑥ 按【Alt+F11】组合键切换到数据库窗口，单击工具栏中的“视图”按钮或选择“视图”→“窗体视图”命令，将窗体切换到“窗体视图”，单击“工龄检查”按钮，结果如图 2-11-4 所示。

说明：

① 如果要引用当前窗体中的文本框对象，直接用文本框的名称加上一对中括号括起来即可，例如程序中的“[工龄]”即引用窗体中“工龄”文本框的值，也可以用“Me! [工龄]”来引用。

② 在本例中，使用双分支的情况也可以用 Iif()函数来实现，例如，上例中的代码改为如图 2-11-6 所示的代码，同样可以实现上述功能。

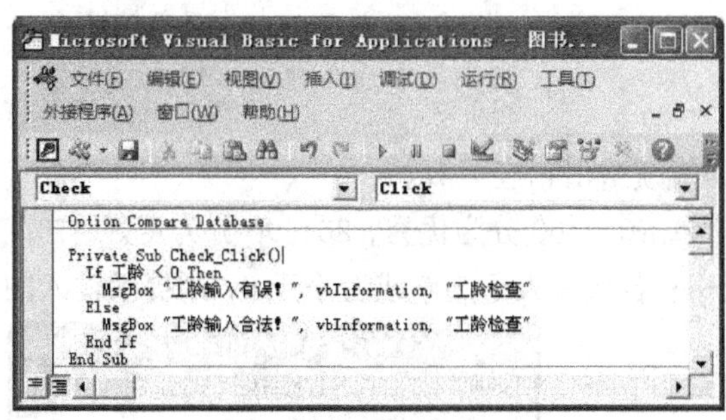

图 2-11-5 代码窗口

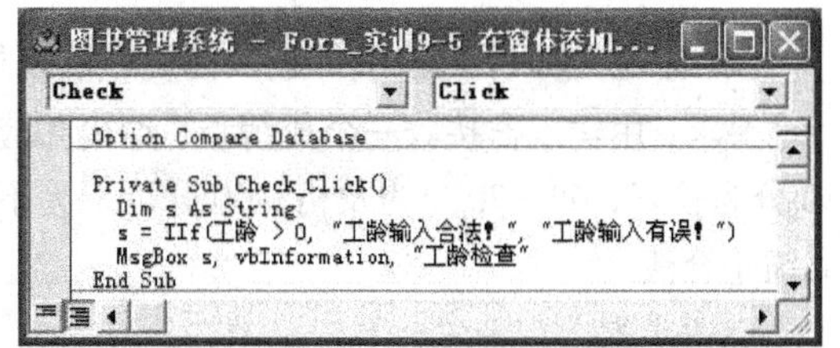

图 2-11-6 使用 Iif()函数

11.2.2 Switch()函数及 Select 语句的使用

1. Switch()函数的使用

例如：在“图书管理系统”数据库中进行以下操作。

① 创建“简单计算”窗体，在窗体上添加标题分别命名为 x、y、Max 和“象限”4 个标签控件，在它们后面分别添加“文本框”控件。

② 在“简单计算”窗体中添加“计算”按钮，实现当输入 x 和 y 的值时，计算出其中的最大值，并计算出由 x、y 组成的点所在的象限。

参考步骤：

① 在“图书管理系统”数据库窗口中，单击“创建”选项卡中“窗体”命令组中的“窗体设计”按钮，以设计视图新建一个窗体。

② 在“设计”选项卡“控件”命令组中选择“标签”控件，添加到列窗体中，设置标签的标题为“x：”，使用同样的方法添加其他标签。

③ 在“设计”选项卡“控件”命令组中选择“文本框”控件，添加到窗体中，设置文本框名称为“x”，使用同样的方法添加其他文本框。

④ 在“设计”选项卡“控件”命令组中选择“按钮”控件，添加到窗体中，然后取消按钮向导，输入按钮文本为“计算”，修改其名称属性为“计算”。

⑤ 选中“计算”按钮，右击，在弹出的快捷菜单中选择“事件生成器”命令，在弹出的“选择生成器”对话框中选择“代码生成器”选项，然后单击“确定”按钮，进入 VBE 编程环境。

⑥ 在 Private Sub 和 End Sub 之间添加如图 2-11-7 所示的代码。

⑦ 单击工具栏中的“保存”按钮保存，运行结果如图 2-11-8 所示。

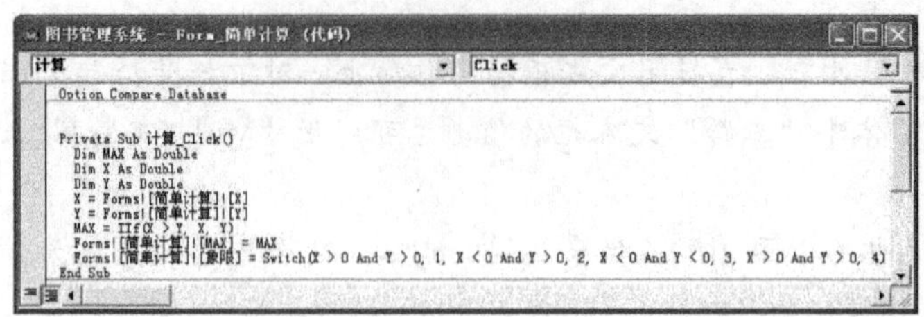

图 2-11-7　Switch 函数的使用

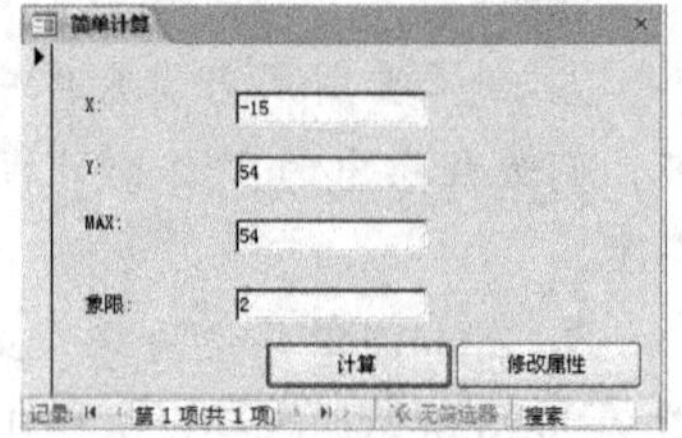

图 2-11-8　运行结果

2．Select 语句

例如：创建一个“成绩等级”模块，实现根据成绩给出相应等级。

要求：用输入框接收一个成绩，并给出相应等级，90～100 分为优秀，80～90 分为良好，70～80 分为较好，60～70 分为及格，60 分以下为不及格；若成绩大于 100 或者小于 0，则提示输入的成绩不合法。

参考步骤：

① 打开“图书管理系统”数据库窗口，单击“创建”选项卡“宏与代码”命令组中的“模块”按钮进入 VBE 环境。

② 输入如图 2-11-9 所示的代码。

③ 单击工具栏中的“保存”按钮，弹出“另存为”对话框，以名称“成绩等级”保存。

④ 选择“运行”→“运行用户子过程/用户窗体”命令或者单击工具栏中的“运行用户子过程/用户窗体”按钮或者按【F5】键，弹出“宏”对话框，选择 test 选项，单击“运行”按钮运行“成绩等级”模块。

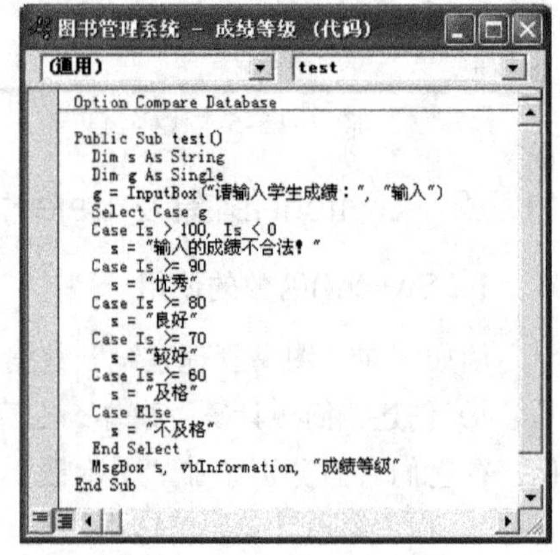

图 2-11-9　代码窗口

思考及课后练习

1. 新建一个窗体，添加 X、Y、Z、MAX 四个文本框和一个“计算”按钮，编写代码实现当输入 X、Y、Z 后，单击“计算”按钮，在 MAX 文本框中显示 3 个数中的最大数。

2. 新建一个窗体，添加 X、Y 两个文本框和一个“数据交换”按钮，编写代码实现当输入 X、Y 的值后，单击“数据交换”按钮，交换两个文本框中的值。

3. 创建一个模块，用输入框接收一个字符，判断其属于“数字字符”“大写字母”“小写字母”“特殊符号”或“其他字符”中的哪一类，并用消息框给出提示。

实训 12　模块Ⅱ——循环结构

12.1　实 训 目 的

- 掌握循环结构程序设计的思想。
- 掌握 For...next 语句、Do...loop 语句的使用方法。
- 掌握过程的创建调用和参数传递。

12.2　实 训 内 容

12.2.1　循环结构实训

1. 创建“求和”模块

例如：在“图书管理系统”数据库中，创建“求和”模块，实现 1+2+3+…+99+100 的计算。算法用 For 循环语句实现，计算结果用消息框显示。

参考步骤：

① 在“图书管理系统”数据库窗口，在“创建”选项卡“宏与代码”命令组中选择 “模块”按钮进入 VBE 环境。

② 在 VBE 环境加入如下代码：

```
Public Sub Sum()
  Dim i As Integer
  For i=1 To 100
    Suma=Suma + i
  Next i
MsgBox Suma
End Sub
```

③ 单击快捷工具栏中的“保存”按钮，以名称“计算”保存。

④ 单击快捷工具栏中的“运行子过程/用户窗体”按钮，运行 Sum 子过程。结果如图 2-12-1 所示。

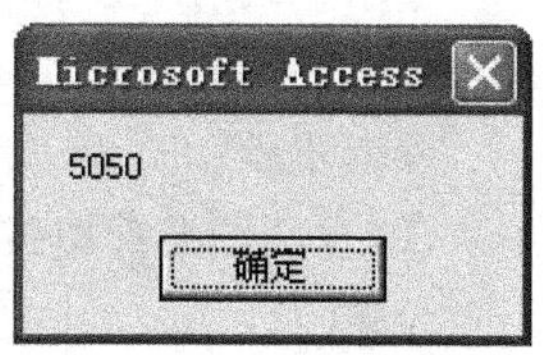

图 2-12-1　运行结果

2. 用 Do...Loop 语句的 4 种不同形式分别实现上题功能

参考程序 1：使用 Do While...Loop 结构。

```
Public Sub Sum1()
  Dim i As Integer
  Do While i<100
    i=i+1: suma=suma+i
  Loop
  MsgBox suma
```

```
End Sub
```

参考程序 2：使用 Do Until…Loop 结构。

```
Public Sub Sum2()
   Dim i As Integer
   Do Until i>100
      suma=suma+i: i=i+1
   Loop
   MsgBox suma
End Sub
```

参考程序 3：使用 Do…Loop While 结构。

```
Public Sub Sum3()
   Dim i As Integer
   Do
      i=i+1: suma=suma+i
   Loop Whilei <=100
   MsgBox suma
End Sub
```

参考程序 4：使用 Do…Loop Until 结构。

```
Public Sub Sum4()
   Dim i As Integer
   Do
      i=i+1: suma=suma+i
   Loop Until i>=100
   MsgBox suma
End Sub
```

12.2.2　过程的创建与调用

例如：在“图书管理系统”数据库中进行以下操作。

① 创建“计算圆面积”窗体，在窗体中添加“半径”和“圆面积”文本框。

② 在窗体中添加“计算”按钮，编写按钮代码实现圆面积计算，结果显示在“圆面积”文本框中。

要求：编写单独的函数实现圆面积的计算，只做半径 $r \leqslant 0$ 判断，此时面积的值为 0，其他情况下面积的值 = $3.14 \times r \times r$。

参考步骤：

① 在“图书管理系统”数据库窗口中，在“创建”选项卡“窗体”命令组中选择 “窗体设计”按钮。

② 在“设计”选项卡“控件”命令组中选择 “文本框”控件添加到窗体中，设置文本框名称为“半径”。用同样的方法添加“圆面积”文本框。

③ 在“设计”选项卡“控件”命令组中选择“命令按钮”控件添加到窗体中，然后取消按钮向导，输入按钮文本为“计算”，名称属性也修改为“计算”。

④ 右击该命令按钮，在弹出的快捷菜单中选择“事件生成器”命令，在弹出的“选择生成器”对话框中选择“代码生成器”选项，然后单击“确定”按钮，进入 VBE 编程环境。

⑤ 输入如图 2-12-2 所示的代码。

⑥ 单击快捷工具栏中的“保存”按钮，完成设置的保存。

⑦ 单击工具栏中的“视图 Microsoft Access”按钮切换到数据库窗口，在“设计”选项卡的“视图”命令组中选择“视图”→“窗体视图”命令或单击工具栏中的“视图”按钮，将“计算圆面积”窗体切换到窗体视图。

⑧ 输入半径值，如 2，单击“计算”按钮，结果如图 2-12-3 所示。

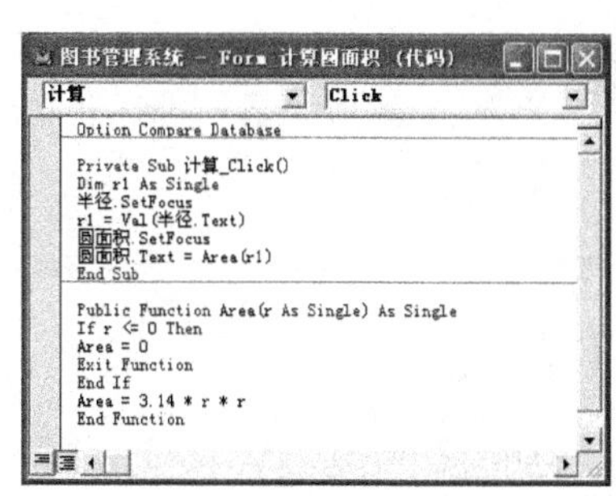

图 2-12-2　代码窗口

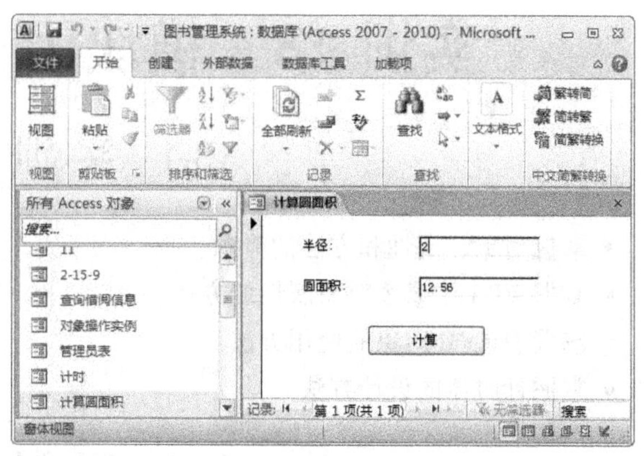

图 2-12-3　运行结果

说明：

① 对象名.SetFocus 表示该对象获得焦点。

② Val(半径.text)表示将半径文本框中的文本转换为数值形式。

③ 圆面积.text=Area(r1)中的 Area(r1)是调用 Area()函数过程，并将该函数的返回值赋给“圆面积”文本框的 text 属性。一般情况下，在 VBA 中修改对象属性的语句为：对象名.属性=设置属性的值。

④ Area()函数过程中，Area=0 和 Area=3.14*r*r 给出相应情形下的函数返回值，一般 Function 过程中：函数名=表达式，表示将表达式的值作为函数的返回值。

⑤ 本例中的 r1 是实参，而函数定义中的 r 为形参。函数调用语句执行时将 r1 的值传递给 r。

思考及课后练习

1. 在“图书管理系统”数据库中，创建一个“阶乘”模块，求 10!。

2. 在“图书管理系统”数据库中，创建一个模块：使用输入框输入 N 的值，当 N 为奇数时求 $1+3+5+\cdots+N$；当 N 为偶数时求 $2+4+6+\cdots+N$；结果用消息框提示。

3. 编写一个函数过程 JCH 求 M 的阶乘，在子过程中调用 JCH 求 $1!+2!+3!+\cdots+M!$，其中 M 的值用输入框输入，结果用消息框提示。

4. 在“图书管理系统”数据库中，新建一个窗体，添加一个命令按钮，当单击命令按钮时做如下响应：

（1）如果按钮标题为“暂停”将其标题改为“继续”，同时将窗体标题改为“单击‘继续’按钮，继续完成操作”。

（2）如果按钮标题为“继续”将其标题改为“暂停”，同时将窗体标题改为“单击‘暂停’按钮，将暂停操作”。

实训 13　模块III——对象操作

13.1　实 训 目 的

- 掌握对象、属性和方法的概念。
- 掌握 VBA 中修改对象属性的方法。
- 掌握 DoCmd 对象的使用方法。
- 掌握计时器的设计方法。

13.2　实 训 内 容

13.2.1　使用和修改对象属性

例如：在“图书管理系统”数据库中的“简单计算”窗体中添加一个“修改属性”按钮，单击此按钮，将“X:”改为“横坐标:”，用红色显示；将“Y:”改为“纵坐标:”，字体改为斜体；“MAX:”改为“最大值:”，字号设为 14 号；并且将窗体标题改为“修改属性实例”。

参考步骤：

① 打开“图书管理系统”数据库窗口，在“导航窗格”中选择“窗体”对象，右击“简单计算”窗体，在弹出的快捷菜单中选择“设计视图”命令，以“设计视图”打开“简单计算”窗体。

② 在“设计”选项卡“控件”命令组中选择“命令按钮”控件，在窗体中添加一个命令按钮，将标题改为“修改属性”，名称属性改为“修改属性”。

③ 查看需要修改的对象的名称，在本例中，“X:”的名称为“标签 1”；“Y:”的名称为“标签 3”；而“MAX:”的名称为“标签 7”。

④ 右击“修改属性”按钮，在弹出的快捷菜单中选择“事件生成器”命令，在弹出的“选择生成器”对话框中选择“代码生成器”选项，单击“确定”按钮，进入 VBE 编程环境。

⑤ 编写代码，如图 2-13-1 所示。

⑥ 单击快捷工具栏中的“保存”按钮，保存所做的修改。

⑦ 切换到数据库窗口，单击工具栏中的“视图”按钮，将“简单计算”窗体切换到“窗体视图”。

⑧ 单击“修改属性”按钮，结果如图 2-13-2 所示。

说明：

代码中的 Me 表示当前对象（“修改属性”命令按钮）所在的窗体。也可以用下列方法引用属性：Forms! [窗体名称].[对象名].属性名，例如设置当前窗体“标签 5”的字号为 14 的语句为：Forms![简单计算].标签 5.FontSize = 14。

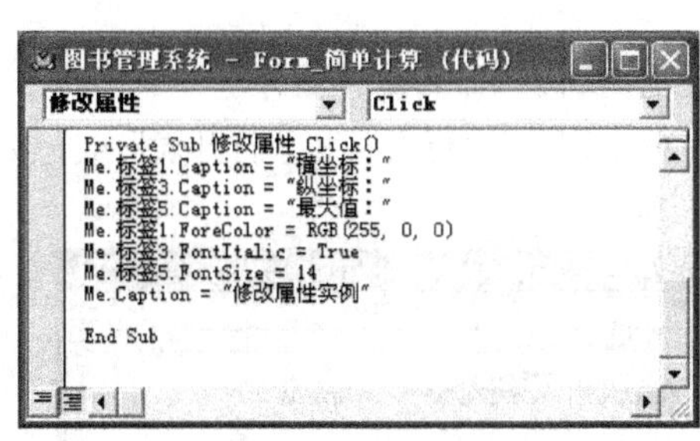

图 2-13-1　代码窗口

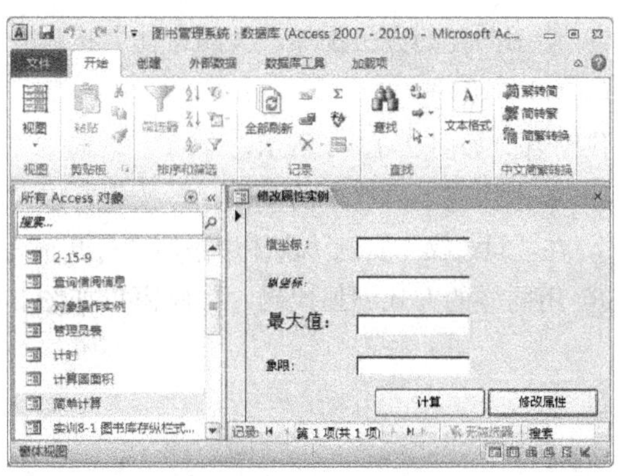

图 2-13-2　运行结果

13.2.2　DoCmd 对象的使用

【例 2.13.2】在“图书管理系统”数据库中进行以下操作：

① 新建一个“对象操作实例”窗体，并在窗体中添加“最小化窗体”和“关闭窗体”按钮，编写 VB 语句实现最小化窗体和关闭窗体的操作。

② 在“对象操作实例”窗体中添加“打开报表”“打开查询”“运行宏”和“打开表”4 个按钮，如图 2-13-3 所示。编写代码实现以“打印预览”视图打开“管理员主报表”报表、以“设计视图”打开“图书借阅数量汇总”查询、运行“打开”宏以及打开“图书库存表”表的数据表视图的操作。

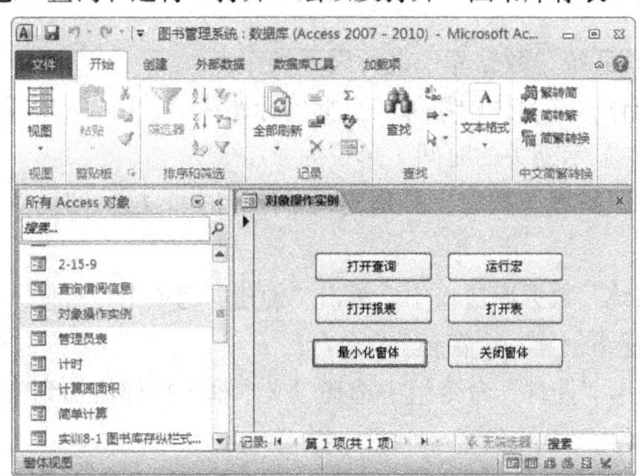

图 2-13-3　“对象操作实例”窗体

参考步骤：

① 打开“图书管理系统”数据库窗口，选择“创建”选项卡中的“窗体”命令组中的“窗体设计”按钮，以“设计视图”新建窗体。

② 在“设计”选项卡“控件”命令组中选择“按钮”控件，添加到窗体中，取消按钮向导，输入按钮文本为“最小化窗体”，并修改其名称属性为“最小化”。

③ 右击按钮，在弹出的快捷菜单中选择“事件生成器”命令，在弹出的“选择生成器”对话框中选择“代码生成器”选项，单击“确定”按钮，进入 VBE 编程环境。

④ 在 Private Sub 和 End Sub 之间添加如下代码：

```
DoCmd.Minimize
```

⑤ 使用同样的方法添加“关闭窗体”按钮，将名称属性设置为“关闭”，添加代码如下：

```
DoCmd.Close
```

代码窗口如图 2-13-4 所示。

⑥ 单击快速工具栏中的“保存”按钮，以“对象操作实例”命名保存窗体。

⑦ 在“对象操作实例”窗体中添加“打开报表”“打开查询”“运行宏”和“打开表”4 个按钮。

⑧ 用同样的方式添加代码，代码窗口如图 2-13-5 所示。

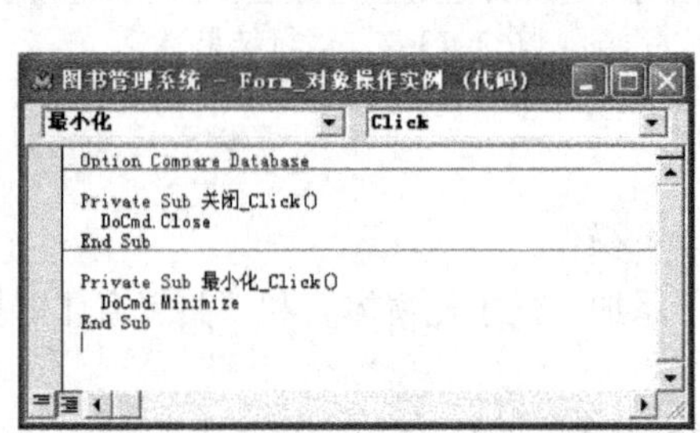

图 2-13-4　代码窗口

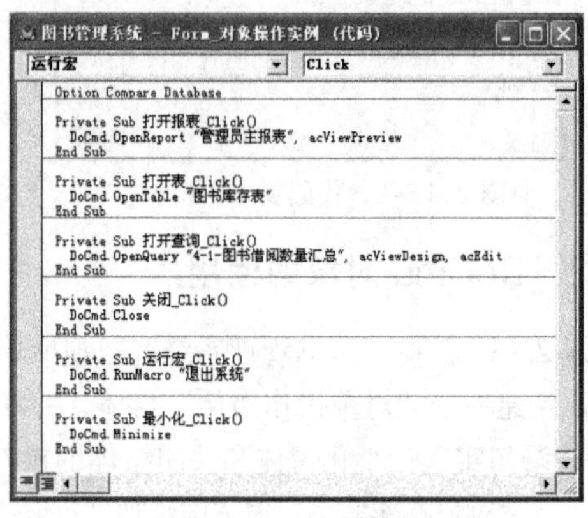

图 2-13-5　代码窗口

13.2.3　设计计时器

例如，在“图书管理系统”数据库中进行以下操作：

① 创建“计时”窗体，在窗体中添加一个标签标题为“计时:”、名称为 time 的文本框，实现进入窗体后的文本框中显示逝去的时间（单位为 s）。

② 添加“暂停”和“继续”按钮，分别实现暂停计时和继续计时。

参考步骤：

① 在“图书管理系统”数据库窗口中，单击“创建”选项卡“窗体”命令组中选择单击“窗体设计”按钮，以设计视图创建一个窗体。

② 在“设计”选项卡“控件”命令组中选择“文本框”控件添加到窗体中，输入标签为“计时:”，名称属性为 time。

③ 单击快速工具栏中的“保存”按钮，在弹出的“另存为”对话框的“窗体名称”文本框中输入“计时”，单击“确定”按钮保存窗体。

④ 单击窗体选定器，单击 “设计”选项卡“工具”命令组中的“属性表”按钮，打开窗体属性表窗格，将光标定位到“事件”选项卡的“计时器间隔”属性行，输入 1 000（单位为 ms），将光标定位到“计时器触发”行，选择“[事件过程]”，单击右侧“…”按钮进入 VBE 环境。

⑤ 输入代码，如图 2-13-6 所示。

⑥ 按【Alt+F11】组合键切换到数据库窗口。

⑦ 在“设计”选项卡的“控件”命令组中单击“命令按钮”控件，添加到窗体中，取消按钮向导，输入按钮文本为“暂停”，名称属性为“暂停”。

⑧ 用同样的方法再添加一个命令按钮，输入按钮文本为“继续”，名称属性为“继续”。

⑨ 右击按钮，在弹出的快捷菜单中并选择“事件生成器”命令，在弹出的“选择生成器”

对话框中选择“代码生成器”选项，单击“确定”按钮，进入 VBE 编程环境。

⑩ 在“暂停”按钮的 Click 事件中添加代码 flag=False。

⑪ 在“继续”按钮的Click 事件中添加代码“Form_计时.Time.SetFocus flag=True”，如图 2-13-7 所示。

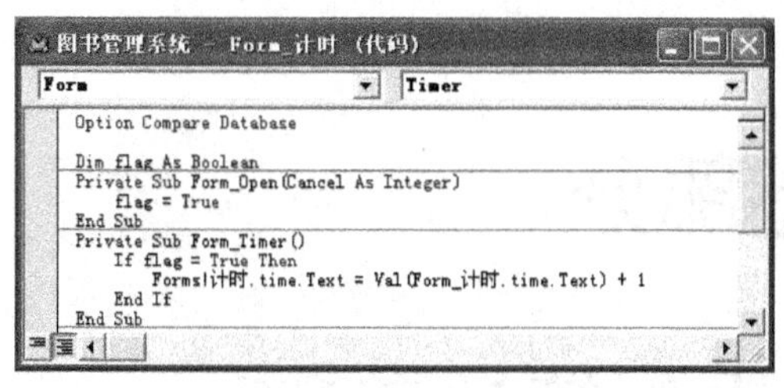

图 2-13-6 代码窗口（一）

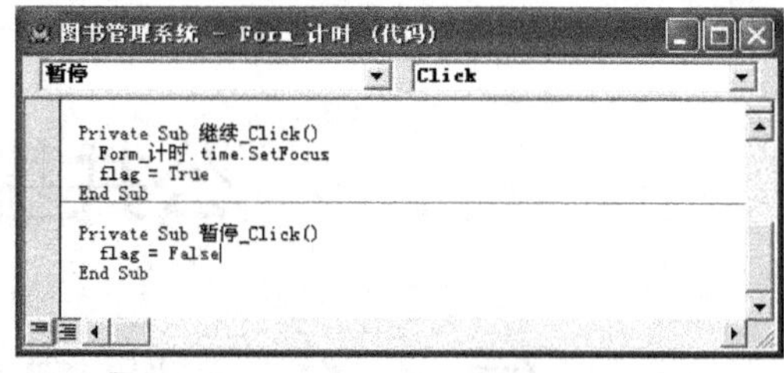

图 2-13-7 代码窗口（二）

⑫ 按【Alt+F11】组合键切换到数据库窗口，将窗体切换到“窗体视图”，就可以看到已经开始计时了，单击“暂停”按钮暂停计时，单击“继续”按钮继续计时。结果如图 2-13-8 所示。

图 2-13-8 运行结果

思考及课后练习

1. 在“图书管理系统”的“计时”窗体中添加一个“暂停/继续”复用按钮，当按钮标题为“暂停”时，单击后按钮标题变为“继续”，反之亦然。同时实现控制计时器暂停计时和继续计时操作。

2. 在“图书管理系统”中的“计时”窗体中，添加一个文本框，显示系统当前的日期，并居中显示。

3. 在“图书管理系统”中，创建一个“用户登录”窗口，如图 2-13-9 所示。编程验证用户名和密码，若出错，则给出相应错误提示；若用户名和密码都正确，则打开“对象操作实例”窗体。

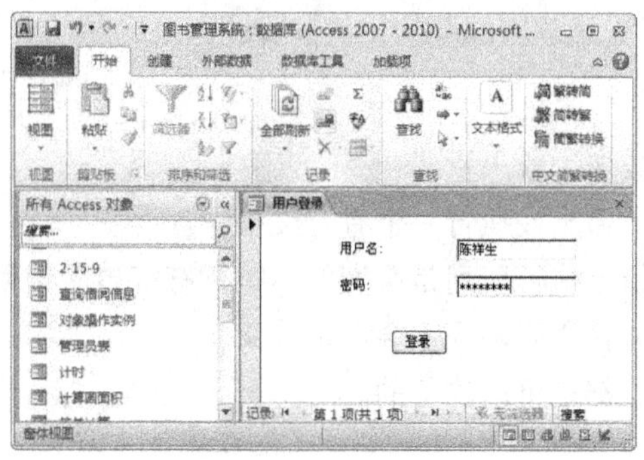

图 2-13-9 第 3 题效果图

公共基础部分

第1章　数据结构与算法基础

数据结构是计算机专业最基本、最重要的一门课程。其基本任务是讨论现实世界中数据的各种逻辑结构在计算机中的存储结构以及实现各种操作的算法问题，其基本目的是掌握组织数据、存储数据和处理数据的基本方法。

学习目标：

- 理解算法和数据结构的基本概念。
- 掌握线性表的定义、存储及其基本运算。
- 理解栈和队列的基本概念。
- 理解线性链表的基本概念。
- 掌握树、二叉树的基本概念和基本运算。
- 掌握查找的基本方法。
- 掌握最基本的排序算法。

1.1　算法的基本概念

1.1.1　算法的定义

1．算法

算法是一个有限的指令集，是对特定问题求解步骤进行描述的计算机指令的有限序列，其中每条指令表示一个或多个操作。

可以简单地理解为：算法是解决问题的方法和步骤。

2．算法的基本特性

① 输入性：具有零个或多个输入量。

② 输出性：至少有一个输出或执行一个有意义操作。

③ 有穷性：计算机的指令执行序列是有穷的，执行有穷步后结束。

④ 确定性：每条指令的含义明确，不会产生歧义。

⑤ 可行性：每一条指令都是可以执行的。

3. 算法的基本设计方法

算法的基本设计方法有列举法、归纳法、递推和递归等。

1.1.2　算法的时间复杂度和空间复杂度

1. 算法的时间复杂度

所谓算法的时间复杂度，是指执行一个算法所需要的计算工作量。

一个算法执行所耗费的时间从理论上说是无法计算的，必须上机运行测试才能知道。但不可能也没有必要对每个算法都上机测试，只须知道哪个算法花费的时间多，哪个算法花费的时间少即可。并且，一个算法花费的时间与算法中语句的执行次数成正比，哪个算法中语句执行的次数多，它花费的时间就多。

在算法中，基本运算反应了算法运算的主要特征，因此用基本运算的次数来度量算法的工作量。

注意：在很多情况下，算法的时间复杂度会因为算法的数据元素取值情况的不同而不同。这时，算法的时间复杂度应是数据元素等概率取值情况下的平均时间复杂度。另外，时间复杂度还可以分为最优时间复杂度和最坏时间复杂度。

2. 算法的空间复杂度

与时间复杂度类似，空间复杂度是指算法在计算机内执行时所占用的内存开销规模。一般所讨论的是除正常占用内存开销外的辅助存储单元规模。

注意：空间复杂度指执行时占用内存的空间，而不是存储时占用外存的空间。空间复杂度和时间复杂度之间没有必然关系。

1.1.3　经典例题解析

【例 3.1.1】下列叙述中正确的是（　　）。

A. 算法的效率只与问题的规模有关，而与数据的存储结构无关

B. 算法的时间复杂度是指执行算法所需要的计算工作量

C. 数据的逻辑结构与存储结构是一一对应的

D. 算法的时间复杂度与空间复杂度一定相关

解析：算法的复杂度主要包括时间复杂度和空间复杂度。通常，用时间复杂度和空间复杂度来衡量算法效率。算法的时间复杂度就是执行该算法所需要的计算工作量，算法所执行的基本运算次数与问题的规模有关。算法的空间复杂度就是执行该算法所需要的内存空间。一般来说，一种数据的逻辑结构根据需要可以表示成多种存储结构。

【答案】B

【例 3.1.2】下列叙述中正确的是（　　）。

A. 一个算法的空间复杂度大，则其时间复杂度也必定大

B. 一个算法的空间复杂度大，则其时间复杂度必定小

C. 一个算法的时间复杂度大，则其空间复杂度必定小

D. 上述 3 种说法都不对

解析：算法在运行过程中所需要的存储空间的大小称为算法的空间复杂度；算法的时间复杂度是执行该算法所需要的计算工作量，即算法执行过程中所需要的基本运算次数。在度量一个算法的工作量时，与所使用的计算机、程序设计语言以及程序编制者无关，而用算法在执行过程所需基本运算的执行次数来度量算法的工作量。

【答案】D

【例 3.1.3】算法的时间复杂度是指（　　）。

A. 算法的执行时间

B. 算法所处理的数据量

C. 算法程序中的语句或指令条数

D. 算法在执行过程中所需要的基本运算次数

解析：同例 3.1.1 和例 3.1.2。

【答案】D

【例 3.1.4】算法的空间复杂度是指（　　）。

A．算法所处理的数据量

B．算法在执行过程中所需要的计算机存储空间

C．算法程序中的语句或指令条数

D．算法在执行过程中所需要的临时工作单元数

解析：同例 3.1.1 和例 3.1.2。

【答案】B

1.2　数据结构的基本概念

1.2.1　数据结构的定义

1．数据、数据元素、数据项和数据对象的概念

（1）数据

数据是对客观事物的符号表示，在计算机科学中是指能输入计算机中并能被计算机存储和加工的符号总称。

（2）数据元素

数据元素是数据的基本单位，可由若干数据项组成，在程序中常作为一个运算整体来进行考虑和处理；在数据库中对应着表中的行。

（3）数据项

数据项是数据不可分割的最小单位，在数据库中对应着表中的列。

（4）数据对象

数据对象是性质相同的数据元素的集合，是数据的一个子集，在数据库中对应着一张表。

2．数据结构的概念

数据结构是相互之间存在一种或多种特定关系的数据元素的集合，即数据的组织形式。数据结构主要研究和讨论逻辑结构、存储结构和数据运算 3 方面的内容。

3．数据的逻辑结构

数据的逻辑结构是对数据元素之间的逻辑关系的描述，是数据的组织形式。数据元素间有 4 种基本逻辑结构，包括集合、线性结构、树形结构和图形结构。

（1）集合

集合中任意两个数据元素间都没有逻辑关系，组织形式松散，如图 3-1-1 所示。

（2）线性结构

数据元素间构成一种顺序的线性关系，如图 3-1-2 所示。

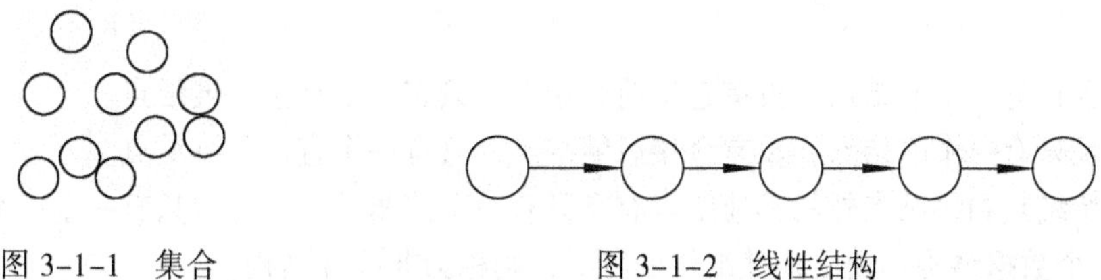

图 3-1-1　集合　　　　图 3-1-2　线性结构

（3）树形结构

树形结构具有分支、层次特性，数据元素间形成一种树形的关系，如图 3-1-3 所示。

（4）图形结构

图形结构是最复杂的一种，结构中数据元素之间存在多对多的关系，如图 3-1-4 所示。

图 3-1-3　树形结构　　　　图 3-1-4　图形结构

4．数据的存储结构

存储结构即数据的物理结构，是指数据按逻辑结构规定的关系在计算机存储器中的存放方式，主要有顺序存储结构、链式存储结构、索引存储结构和散列存储结构等。

（1）顺序存储结构

每个存储结点只含有一个数据元素。所有存储结点连续存放在存储器中，从而逻辑相邻的两个结点必是物理相邻。

（2）链式存储结构

结点在存储器中随意存放，结点之间的物理关系与逻辑关系无关，逻辑关系用附加的指针域来表示。

（3）索引存储结构

每个结点仅含一个数据元素，所有结点连续存放。此外，增设一个索引表，索引表中的索引指示各存储结点的存储位置。

（4）散列存储结构

每个结点仅含一个数据元素，各结点均匀分布于存储区中，用散列函数指示各个结点的存储位置。

注意：逻辑结构和物理结构不是一一对应的，一种逻辑结构可以有多重物理结构，一种物理结构也可以用来表示多种逻辑结构。

1.2.2 线性结构与非线性结构

在一个数据结构中，如果一个数据元素都没有，则称这种数据结构为空数据结构。

数据结构中各元素之间的关系是指是否相邻，若相邻，则一般称为直接前驱和直接后继。根据前驱后继关系的不同，一般将数据结构分为线性结构与非线性结构两大类。

所谓线性结构是指：在一个数据结构中，数据元素之间为一对一的线性关系，即具有以下几点特征：

① 有且只有一个始结点，没有直接前驱结点，只有一个直接后继结点。

② 有且只有一个终结点，没有直接后继结点，只有一个直接前驱结点。

③ 除始结点和终结点外的其他结点有且只有一个前驱结点，有且只有一个后继结点。

如果一个数据结构不满足线性结构的特征，则称为非线性结构。

注意：线性结构与非线性结构都可以是空数据结构。空数据结构究竟是属于线性结构还是非线性结构，需要根据具体情况来确定。如果对该数据结构的运算是按线性结构的规则来处理的，则属于线性结构；否则属于非线性结构。

1.2.3 经典例题解析

【例 3.1.5】下列叙述中正确的是（　　）。

A. 程序执行的效率与数据的存储结构密切相关

B. 程序执行的效率只取决于程序的控制结构

C. 程序执行的效率只取决于所处理的数据量

D. 以上 3 种说法都不对

解析：在计算机中处理数据时，数据的存储结构对程序的执行效率有很大影响。例如，在有序存储的表中查找某个数值比在无序存储的表中查找的效率高很多。

【答案】A

【例 3.1.6】下列叙述中正确的是（　　）。

A. 数据的逻辑结构与存储结构必定是一一对应的

B. 由于计算机在存储空间上是向量式的存储结构，因此利用数组只能处理线性结构

C. 程序设计语言中的数组一般是顺序存储结构，因此利用数组只能处理线性结构

D. 以上说法都不对

解析：一般来说，一种数据的逻辑结构根据需要可以表示成多种存储结构。数组是数据的逻辑结构，可以用多种存储结构来表示，因此选项 B、C 错误。

【答案】D

【例 3.1.7】下列叙述中正确的是（　　）。

A. 一个逻辑数据结构只能有一种存储结构

B. 数据的逻辑结构属于线性结构，存储结构属于非线性结构

C. 一个逻辑数据结构可以有多种存储结构，且各种存储结构不影响数据处理的效率

D. 一个逻辑数据结构可以有多种存储结构，且各种存储结构影响数据处理的效率

解析：一般来说，一种数据的逻辑结构根据需要可以表示成多种存储结构。常用的存储结构有顺序、链接、索引等。采用不同的存储结构，其数据处理的效率是不同的。

【答案】D

【例 3.1.8】数据的存储结构是指（　　）。

A. 存储在外存中的数据

B. 数据所占的存储空间量

C. 数据在计算机中的顺序存储方式

D. 数据的逻辑结构在计算机中的表示

解析：数据的逻辑结构在计算机存储空间中的存放形式称为数据的存储结构（也称为数据的物理结构）。

【答案】D

【例 3.1.9】数据结构分为逻辑结构和存储结构，循环队列属于（　　）结构。

A. 存储存储　　B. 逻辑结构

C. 环形结构　　D. 非线性结构

解析：数据的逻辑结构，是指反映数据元素之间逻辑关系的数据结构。数据的逻辑结构在计算机存储空间中的存放形式称为数据的存储结构。而所谓循环队列，就是将队列存储空间的最后一个位置绕到第一个位置，形成运算上的环状空间，供队列循环使用。所以，循环队列属于存储结构。

【答案】A

1.3 线性表及其顺序存储结构

1.3.1 线性表的定义

1. 数据结构与线性表

线性结构是 n（$n \geq 0$）个数据结点的有穷序列。其特点是：结构中有且只有一个始结点和一个终结点，始结点仅有一个直接后继结点，终结点仅有一个直接前驱结点，其他所有结点有且只有一个直接前驱和一个直接后继结点。

线性表是比较常见的数据结构，它是一种线性结构。线性表也可以看作结点的有限序列。

注意：直接前驱和直接后继的表述在某些参考书中称为“前件”和“后件”。

2. 线性表的定义

线性表是 n（$n \geq 0$）个数据元素构成的有限序列（a_1，a_2，…，a_n）。当 $n>0$ 时，a_1 称为表的始结点，a_n 称为表的终结点；a_1 是 a_2 的直接前驱结点，a_2 是 a_1 的直接后继结点，依此类推。

当 $n=0$ 时，表中有零个结点，含有零个结点的线性表称为空表。线性表所含结点的个数称为线性表的长度，即表长，空表的表长为 0。

非空线性表的结构特征如下：

① 有且只有一个始结点，没有直接前驱结点，只有一个直接后继结点。

② 有且只有一个终结点，没有直接后继结点，只有一个直接前驱结点。

③ 除始结点和终结点外的其他结点有且只有一个前驱结点，有且只有一个后继结点。

1.3.2 线性表的顺序存储结构

顺序表是线性表的顺序存储结构，即用一组地址连续的存储单元依次存储线性表的数据元素。

1．顺序表的基本特征

① 线性表中的元素所占据的存储空间是连续的。

② 线性表中的各个元素按逻辑顺序依次存放在存储空间中。

由于一维数组是采用顺序存储结构，因此，可以用数组表示线性表的顺序存储结构。数组 $a[n]$ 存放线性表的 n 个结点（a_1，a_2，…，a_n），每个结点在内存中占据 d 个连续字节，用 $\mathrm{loc}(a[k])$ 表示 $a[k]$的首地址，$1 \leqslant k \leqslant n$，则 $\mathrm{loc}(a[k])=\mathrm{loc}(a[1])+(k-1)\times d$。

2．线性表的基本运算

① 随机存储：存取下标为 k 的结点（$1 \leqslant k \leqslant n$）来检查和更新其字段的内容。

② 插入：在下标为 k 的结点前（或后）插入一个值为 x 的新结点。

③ 删除：指定下标为 k 的结点，或删除指定值 x 所对应的结点。

④ 查找：寻找有特定值的结点。

⑤ 计数：确定线性表中结点的个数，即表长。

1.3.3 顺序表的插入与删除运算

1．插入运算

线性表的插入运算是指在表的第 i（$1 \leqslant i \leqslant n+1$）个位置上插入一个新结点 x，使长度为 n 的线性表（a_1，a_2，…，a_n）变成长度为 $n+1$ 的线性表（a_1，a_2，…，a_{i-1}，x，a_i，…，a_n）。用顺序表作为线性表的存储结构时，结点的物理顺序必须和结点的逻辑顺序相一致。

插入算法的基本步骤如下：

① 把结点 a_i，…，a_n 各后移一个位置，以空出第 i 个位置。

② 把新结点 x 存放到第 i 个位置。

③ 把线性表的长度加 1。

注意：顺序表的插入运算中的基本运算是移动元素，且从最后一个元素开始移动，移动方向是向后移动一个位置。

2．删除运算

线性表的删除运算是指将表的第 i（$1 \leqslant i \leqslant n$）个结点删去，使长度为 n 的线性表（a_1，a_2，…，a_n）变成长度为 $n-1$ 的线性表（a_1，a_2，…，a_{i-1}，a_{i+1}，…，a_n）。在顺序表中要实现删除运算必

须移动结点才能反映出结点间逻辑关系的变化。若 $i=n$，则由于循环变量的初值大于终值，前移语句将不执行，无须移动结点；若 $i=1$，则前移语句将循环执行 $n-1$ 次，需移动表中除开始结点外的所有结点。

删除运算的基本步骤如下：

① 结点 a_{i+1}，…，a_n 依次前移一个位置，以覆盖被删掉的结点 a_i。

② 把线性表的长度减 1。

注意：顺序表的删除运算中的基本运算是移动元素，且从被删除的下一个元素开始移动，移动方向是向前移动一个位置。

1.3.4 经典例题解析

【例 3.1.10】在一个长度为 n 的顺序表中，向第 i（$1\leqslant i\leqslant n+1$）个元素位置插入一个新元素时，需要从后向前依次移动（　　）个元素。

A. -1　　B. i　　C. $n-i-1$　　D. $n-i+1$

解析：根据顺序表的插入运算的定义，在第 i 个位置插入 x，从 a_i，…，a_n 都要向后移动一个位置，共需要移动 $n-i+1$ 个元素。

【答案】D

1.4 栈和队列

1.4.1 栈

1. 栈的定义

栈（stack）实际也是线性表，只不过是一种特殊的线性表。栈是限制线性表中元素的插入和删除只能在线性表的同一端进行的线性表。允许插入和删除的一端称为栈顶（top），另一端为固定的一端，称为栈底（bottom）。

根据栈的定义可知，最先放入栈中的元素在栈底，最后放入的元素在栈顶；而删除元素刚好相反，最后放入的元素最先删除，最先放入的元素最后删除。也就是说，栈是一种“后进先出”或“先进后出”的线性表，简称为 LIFO 表。

2. 栈的运算

① 初始化栈：将栈 S 置为一个空栈（不含任何元素）。

② 进栈：将元素 x 插入到栈 S 中，也称为“入栈”或“插入”。

③ 出栈：删除栈 S 中的栈顶元素，也称为“退栈”或“删除”。

④ 取栈顶元素：取栈 S 中的栈顶元素。

⑤ 判栈空：判断栈 S 是否为空，若为空，返回值为 1，否则返回值为 0。

顺序栈是一个有固定长度的“后进先出”线性表，且只能从一端插入和删除。在数组的尾端插入和删除，将在表尾进行入栈和出栈操作，时间复杂度均为 $O(1)$。

顺序栈的插入算法可以描述如下：将待插入元素 e 存入栈顶指针指向的位置，然后将栈顶指针加 1。插入也称为入栈或进栈。

顺序栈的删除算法可以描述如下：如需要保存栈顶元素 e，则将 e 复制到目标变量，然后直接将栈顶指针减 1。

1.4.2 队列

1. 队列的定义

队列是仅允许在一端进行插入、另一端进行删除的线性表，允许插入的一端称为队尾（rear），允许删除的一端称为队头（front）。

队列是一种“先进先出”的特殊线性表，或称 FIFO 表。若队列中没有任何元素，则称为空队列，否则称为非空队列。

2. 顺序队列

用顺序存储结构存储的队列称为顺序队列。

在顺序队列中进行入队操作时，让 rear 指针移动，时间复杂度为 $O(1)$；出队操作时，让 front 指针随着元素的出队移动，时间复杂度为 $O(1)$。

3. 循环队列

在实际中，队列的顺序存储结构一般采用循环队列的形式。所谓循环队列，就是将队列存储空间的最后一个位置指向第一个位置，形成逻辑上的循环。在循环队列中，用队尾指针 rear 指向队列中的队尾元素，用指针 front 指向队列排头元素。

在循环队列中进行出队、入队操作时，头尾指针要加 1，向前移动。由于入队时尾指针向前追赶头指针，出队时头指针向前追赶尾指针，故队空和队满时头尾指针均相同，因此，无法通过 front=rear 来判断队列“空”和“满”。解决方案为：数组的大小设置成比队列允许的最大长度大 1，即设数组大小为 n+1，size 用来控制队列的循环，rear 表示队尾元素的位置，front 表示队首元素的前驱位置。此时，队列空的条件为：rear=front；队列满的条件为：(rear+1)%size=front，队列中元素个数为：(rear−front+size) %size。

1.4.3 经典例题解析

【例 3.1.11】 下列对队列的叙述正确的是（　　）。

A. 队列属于非线性表

B. 队列按“先进后出”原则组织数据

C. 队列在队尾删除数据

D. 队列按“先进先出”原则组织数据

解析： 队列是一种线性表，它允许在一端进行插入，在另一端进行删除。允许插入的一端称为队尾，允许删除的另一端称为队头。它又称为“先进先出”或“后进后出”线性表，体现了“先来先服务”的原则。

【答案】 D

【例 3.1.12】 按照“后进先出”原则组织数据的数据结构是（　　）。

A. 队列　　B. 栈　　C. 双向链表　　D. 二叉树

解析： 栈和队列都是一种特殊的操作受限的线性表，只允许在端点处进行插入和删除。二者的区别是：栈只允许在表的一端进行插入或删除操作，是一种“后进先出”的线性表；而队列只允许在表的一端进行插入操作，在另一端进行删除操作，是一种“先进先出”的线性表。双向链表和二叉树都不具有“后进先出”的特点。

【答案】 B

【例 3.1.13】 下列关于栈的描述正确的是（　　）。

A. 在栈中只能插入元素而不能删除元素

B. 在栈中只能删除元素而不能插入元素

C. 栈是特殊的线性表，只能在一端插入或删除元素

D. 栈是特殊的线性表，只能在一端插入元素，而在另一端删除元素

解析： 栈实际上也是线性表，只不过是一种特殊的线性表。在这种特殊的线性表中，其插入和删除只在线性表的一端进行。

【答案】 C

【例 3.1.14】 下列关于栈的描述中错误的是（　　）。

A. 栈是“先进后出”的线性表

B. 栈只能采用顺序存储

C. 对栈的插入与删除操作中，不需要改变栈底指针

D. 栈具有记忆作用

解析： 栈是一种特殊的线性表，只能在固定的一端进行插入和删除操作，允许插入和删除的一端称为栈顶，另一端称为栈底。一个新元素只能从栈顶一端进入，删除时，只能删除栈顶的元素，即刚刚被插入的元素。线性表可以顺序存储，也可以链式存储，而栈是一种线性表，也可以采用链式存储结构。

【答案】 B

【例 3.1.15】 队列是一种特殊的线性表，循环队列是队列的（　　）存储结构。

A. 顺序　　B. 链式

C. 散列　　D. 索引

解析： 队列的顺序存储结构一般采用循环队列的形式。所谓循环队列，就是将队列存储空间的最后一个位置绕到第一个位置，形成一个逻辑的环状空间。

【答案】 A

【例 3.1.16】 设某循环队列的容量为 50，如果头指针 front=45（指向队头元素的前一位置），尾指针 rear=10（指向队尾元素），则该循环队列中共有（　　）个元素。

A. 35　　B. 15

C. –15　　D. 30

解析： 计算循环队列中元素个数的公式：(队尾指针–队头指针+队列容量)%队列容量，即队尾指针的值与队头指针的值相减后，加上队列容量所得的值再与队列容量求余数即可。本题计算过程为：(10–45+50)%50=15。

【答案】 B

【例 3.1.17】 带链的队列属于（　　）。

A. 线性结构　　B. 非线性结构

C. 循环结构　　D. 树形结构

解析：队列是“先进先出”或“后进后出”的线性表，属于线性结构。

【答案】A

1.5 线性链表

1.5.1 线性单链表的结构及其基本运算

1．线性链表的概念

（1）线性表顺序存储的优点

线性表的顺序存储结构具有简单、运算方便等优点，特别是对于小线性表或者长度固定的线性表，采用顺序存储结构的优越性更为突出。

（2）线性表顺序存储的缺点

① 采用顺序存储结构进行插入或者删除的运算效率很低。一般情况下，为了保证插入或删除后的线性表仍为顺序存储，需要在过程中移动大量的数据元素。因此，对于大的线性表，特别是元素的插入或者删除很频繁的情况，采用这种结构极不方便。

② 当线性表的存储空间已满时，如果再向线性表插入新的元素就会发生“上溢”错误。

③ 不能充分利用计算机空间，不便于对存储空间的动态分配。

（3）线性链表的基本概念

在定义的链表中，含有一个数据域存放数据元素的值，另一个指针域存放下一个元素地址，这样的链表称为单链表或线性链表。

为了存储线性表中的每一个元素，要求既要存储数据元素的值，又要存储各数据元素之间的前驱、后继关系。为此，将存储空间中的每一个存储结点分为两部分：一部分用于存放数据元素的值，称为数据域；另一部分用于存放指针，称为指针域。链表中的结点结构如图 3-1-5 所示。

数据域	指针域
data	next

图 3-1-5 结点结构

2．线性单链表的存储结构

在线性表的链式存储结构中，存储数据元素的存储单元既可以连续，也可以不连续。因此，各数据结点的存储顺序与数据元素之间的逻辑关系可以不一致。为了能正确地表示结点间的逻辑关系，在存储每个结点值的同时，还要存储该结点指向的下一个结点的地址信息。这里用指针（next）或链（link）来表示这个信息。

链表中的结点结构就是由这两部分组成的，如图 3-1-6 所示。

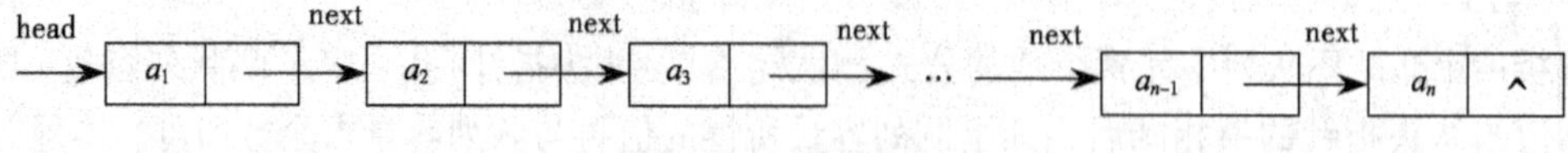

图 3-1-6 单链表的逻辑示意图

链表就是通过每个结点的指针域将线性表的 N 个结点按其逻辑次序链接在一起的。由于上述结点只有一个指向表中下一个结点的指针，所以称为单链表（singly linked list）。

在线性链表中，用一个专门的指针 head 来指向线性链表中的第一个数据元素的结点（即存放线性表中第一个数据元素的存储结点的序号）。线性表中最后一个元素没有后续结点，因此，线性链表中最后一个结点的指针域为空，表示链表终止。

3. 带链的栈与队列

（1）带链的栈

栈也是线性表，是一种只允许在表的一端进行插入和删除操作的线性表，因此也可以采用链式存储结构，简称链栈。

（2）带链的队列

队列也是线性表，是一种只允许在表的一端进行插入操作，在表的另一端进行删除操作的线性表，因此也可以采用链式存储结构，简称链队。

1.5.2 线性链表的基本运算

线性链表的运算主要包括：

① 在线性链表中包含指定元素的结点之前插入一个新元素。

② 在线性链表中删除指定元素的结点。

③ 线性链表的查找。

1.5.3 线性双向链表的结构及其基本运算

1. 双向链表的概念

双向链表（double linked list）存储了两个指针，一个指向它的直接后继结点，另一个指向它的直接前驱结点。这样就可以从任一个表结点出发，方便地在线性表中访问它的前驱结点和后继结点。

在单链表中查找当前结点的直接后继结点并不困难，可以通过当前结点的 next 指针进行，但要查找当前结点的直接前驱结点就要从头指针 head 开始重新进行。对于一个要频繁查找当前结点的直接后继结点和当前结点的直接前驱结点的应用来说，使用单链表的时间效率是非常低的，而双向链表则可有效地解决这类问题。

在双向链表中，每个结点包括 3 个域，分别是 prior、data、next。其中，prior 为前驱结点指针，data 为数据域，next 为后继结点指针。图 3-1-7 所示为双向链表结点的图示结构。

指针域	数据域	指针域
prior	data	next

图 3-1-7 双向链表结点结构

2. 双向链表的基本运算

① 双向链表的插入。

② 双向链表的删除。

1.5.4 经典例题解析

【例 3.1.18】下列叙述中正确的是（ ）。

A. 线性链表是线性表的链式存储结构

B. 栈与队列是非线性结构

C. 双向链表是非线性结构

D. 只有根结点的二叉树是线性结构

解析：根据数据结构中各数据元素之间前后关系的复杂程度，一般将数据结构分为两大类型：线性结构与非线性结构。如果一个非空的数据结构满足下列 3 个条件则称该数据结构为线性结构，又称线性表：①有且只有一个根结点。②有且只有一个尾结点。③除根以外，每个结点有且只有一个直接前驱；除尾结点外，每个结点有且只有一个直接后继。如果一个数据结构不是线性结构，则称为非线性结构。线性表、栈与队列、线性链表都是线性结构，而二叉树是非线性结构。

【答案】A

【例 3.1.19】下列数据结构中，属于非线性结构的是（　　）。

A. 循环队列　　　　B. 带链队列

C. 二叉树　　　　D. 带链栈

解析：数据结构分为线性和非线性结构，根据线性结构的特征，队列和栈都属于线性结构，而二叉树属于非线性结构。

【答案】C

1.6　树和二叉树

1.6.1　树的定义

1. 树的定义

树（tree）是由 n（$n \geqslant 0$）个有限结点构成的集合，如图 3-1-8 所示。n=0 的树称为空树（empty）。对 n>0 的树 T 有：

① 有一个特殊的结点称为根结点（root），根结点没有前驱结点。

② 每个结点可以有多个直接后继。

③ 除根结点以外，每个结点有且只有一个直接前驱。

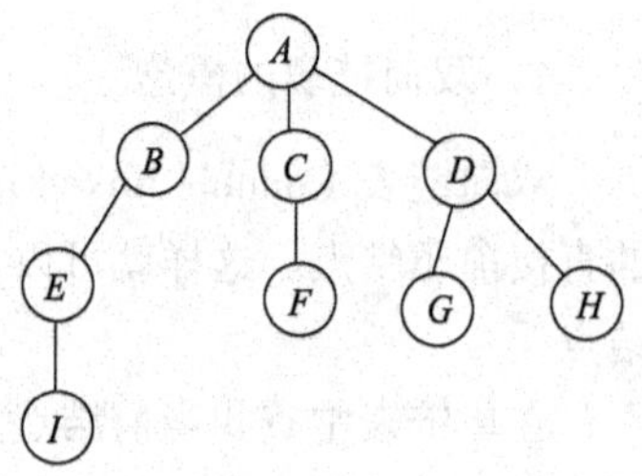

图 3-1-8　树结构示意图

2. 树的常用术语

（1）结点（node）

在树中把数据元素和构造数据元素之间关系的指针合起来称为结点。

（2）结点的度（degree）

结点的直接后继的个数称为该结点的度。

（3）叶结点（leaf）

度为 0 的结点（或没有非空子树的结点）称为叶结点（或终端结点）。

（4）分支结点（internal）

度不为 0 的结点（或至少有一个非空子树的结点）称为分支结点（或内部结点）。

（5）孩子结点（children）

树中某个结点的子树的根结点称为这个结点的孩子结点（或子结点、直接后继结点）。

（6）双亲结点（parent）

若树中某结点有孩子结点，则称该结点为其孩子结点的双亲结点（或父结点、直接前驱结点）。

（7）兄弟结点（sibling）

具有相同的双亲结点的结点称为兄弟结点。

（8）树的度（degree）

树中所有结点的度的最大值称为该树的度。

（9）结点的层次（depth）

从根结点到树中某结点所经路径上的分支数称为该结点的层次，根结点层次为 1。

（10）树的深度（depth）

树中所有结点的层次的最大值称为该树的深度；空树的深度规定为 0。

（11）森林（forest）

由 m（$m \geqslant 0$）棵树组成的集合。

1.6.2 二　叉　树

1. 二叉树的定义

二叉树是 n（$n \geqslant 0$）个结点的有限集，它或者是空集，或者由一个根结点及两棵互不相交的左子树和右子树组成。

二叉树度的最大值为 2，可以是 0、1 或者 2，结点的孩子必须区分左孩子或者右孩子，所以二叉树不是树的特殊情况。

2. 二叉树的基本性质

（1）性质 1

二叉树第 i（$i \geqslant 1$）层上至多有 2^{i-1} 个结点。

（2）性质 2

深度为 k（$k \geqslant 1$）的二叉树至多有 2^k-1 个结点。

（3）性质 3

对任何一棵二叉树，如果其终端结点（叶子结点）数为 n_0 个，度为 2 的结点数为 n_2 个，则叶结点数为 $n_0=n_2+1$。即叶子结点比度为 2 的结点多 1 个。

（4）性质 4

具有 n 个结点的完全二叉树的深度为$\lfloor \log_2 n \rfloor+1$。（符号“$\lfloor\ \rfloor$”表示取整数部分。）

（5）性质 5

如果将一棵有 n 个结点的完全二叉数按层编号（1–n），则对任一编号为 i（$1 \leqslant i \leqslant n$）的结点有：

① 若 $i=1$，则该结点是根结点，无双亲结点；若 $i>1$，则该结点的双亲结点的编号为 $i/2$。

② 若 $2i>n$，则该结点无左孩子；否则有左孩子，编号为 $2i$。

③ 若 $2i+1>n$，则该结点无右孩子；否则有右孩子，编号为 $2i+1$。

3. 满二叉树

深度为 k 且共有 2^k-1 个结点的二叉树称为满二叉树。

从满二叉树定义可知，必须是二叉树的每一层上的结点数都达到最大，否则就不是满二叉树。即满二叉树的每一个结点或者是一个分支结点，并恰有两个非空子结点，或者是叶结点。

满二叉树中没有度为 1 的结点，叶子结点只存在于最底层。

4．完全二叉树

如果一棵具有 n 个结点的深度为 k 的二叉树，它的每一个结点都与深度为 k 的满二叉树中编号为 1-n 的结点一一对应，则称这棵二叉树为完全二叉树。

从完全二叉树定义可知，结点的排列顺序遵循从上到下、从左到右的规律。所谓从上到下，表示本层结点数达到最大后，才能放入下一层；从左到右，表示同一层结点必须按从左到右排列，若左边空一个位置则不能将结点放入右边。

完全二叉树中度为 1 的结点最多只有 1 个，也可以为 0 个。

5．二叉树的存储结构

① 二叉树的顺序存储结构。

② 二叉链表存储结构。

③ 二叉树的三叉链表表示法。

3 种主要存储结构中以二叉链存储结构最为典型和重要。

1.6.3 二叉树的遍历

1．遍历的含义

访问二叉树中每个结点一次，且每个结点只被访问一次。

2．遍历的方法

二叉树的遍历方法主要有先序遍历、中序遍历和后序遍历 3 种。

3．先序遍历

先序遍历的基本步骤为：

① 访问根结点。

② 先序遍历根结点的左子树。

③ 先序遍历根结点的右子树。

图 3-1-9 所示的二叉树先序遍历的序列为：*ABDGCEF*。

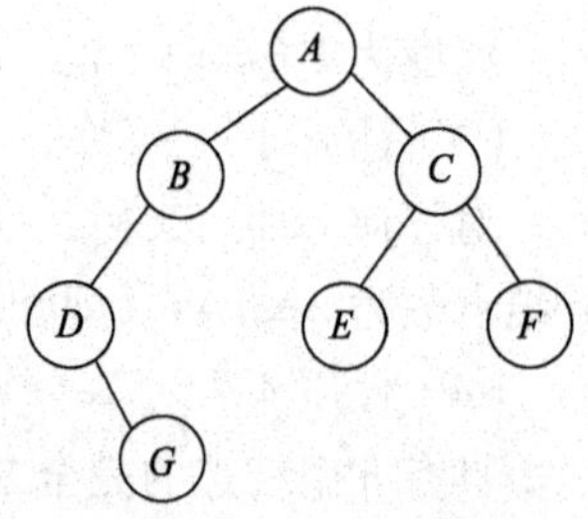

图 3-1-9 二叉树遍历图

4．中序遍历

中序遍历的基本步骤为：

① 中序遍历根结点的左子树。

② 访问根结点。

③ 中序遍历根结点的右子树。

图 3-1-9 所示的二叉树中序遍历的序列为：*DGBAECF*。

5．后序遍历

后序遍历的基本步骤为：

① 后序遍历根结点的左子树。

② 后序遍历根结点的右子树。

③ 访问根结点。

图 3-1-8 所示的二叉树后序遍历的序列为：*GDBEFCA*。

1.6.4 经典例题解析

【例 3.1.20】一棵二叉树中共有 70 个叶子结点与 80 个度为 1 的结点，则该二叉树的总结点数为（　　）。

A. 219　　B. 221　　C. 229　　D. 231

解析：由二叉树的性质可知，在任意一棵二叉树中，度为 0 的结点（即叶子结点）总是比度为 2 的结点多一个。本题中，度为 0 的结点数为 70，因此度为 2 的结点数为 69，再加上度为 1 的结点 80 个，一共是 219 个结点。

【答案】A

【例 3.1.21】对图 3-1-10 所示的二叉树进行先序遍历的结果为（　　）。

A. *ACBDFEG*　　B. *ACBDFGE*

C. *ABDCGEF*　　D. *FCADBEG*

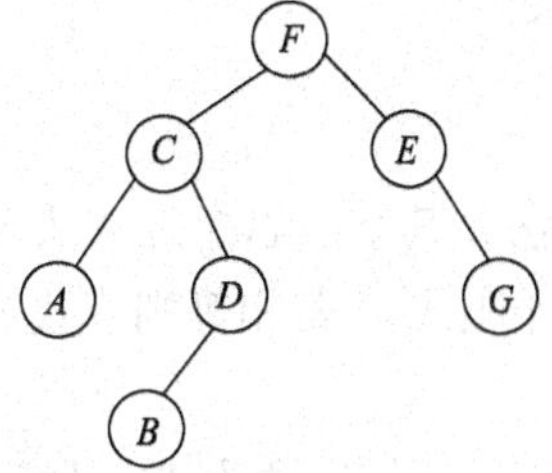

图 3-1-10　例 3.1.21 图

解析：先序遍历首先访问根结点，然后遍历左子树，最后遍历右子树。

【答案】D

【例 3.1.22】某二叉树中有 n 个度为 2 的结点，则该二叉树中的叶子结点数为（　　）。

A. $n+1$　　B. $n-1$　　C. $2n$　　D. $n/2$

解析：由二叉树的性质可知，在任意一棵二叉树中，度为 0 的结点（即叶子结点）总是比度为 2 的结点多一个。度为 2 的结点数为 n，故叶子结点数为 $n+1$ 个。

【答案】A

【例 3.1.23】在深度为 7 的满二叉树中，叶子结点的个数为（　　）。

A. 32　　B. 31　　C. 64　　D. 63

解析：所谓满二叉树是指这样的一种二叉树：除最后一层外，每层上的所有结点都有两个子结点。这就是说，在满二叉树中，每一层上的结点数都达到最大值，即在满二叉树的第 k 层上有 2^{k-1} 个结点，且深度 m 的满二叉树有 2^m-1 个结点。树的最大层次称为树的深度。深度为 7，故叶子结点数为 $2^{7-1}=64$ 个。

【答案】C

【例 3.1.24】对图 3-1-11 所示的二叉树进行中序遍历的结果为（　　）。

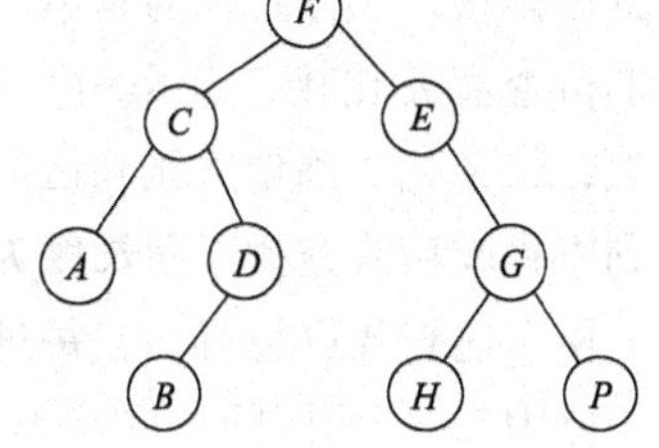

图 3-1-11　例 3.1.24 图

A. *ACBDFEHGP*　　B. *FCADBEGHP*

C. *BDACFEHGP*　　　　　D. *ABDCFHGPE*

解析：中序遍历首先遍历左子树，然后访问根结点，最后遍历右子树。

【答案】 *A*

【例 3.1.25】 在深度为 7 的满二叉树中，度为 2 的结点个数为（　　）。

A. 32　　　　B. 31　　　　C. 64　　　　D. 63

解析：第 7 层的叶子结点数为 2^{7-1}=64。由二叉树的性质 3 可知，在任意一棵二叉树中，度为 0 的结点（即叶子结点）总是比度为 2 的结点多一个，可知度为 2 的结点数为 63 个。

【答案】 D

1.7　查找技术

查找技术是指根据给定的值到表中查找值相等的元素。查找技术主要有顺序查找技术和二分查找技术。

1.7.1　顺序查找与二分查找算法

1. 顺序查找

顺序查找是一种最简单的查找方法，其基本思想是：从表的一端开始顺序扫描线性表，依次将扫描到的结点关键字和待找的值 K 相比较，若相等则查找成功；若整个表扫描完毕，仍未找到关键字等于 K 的元素，则查找失败。

长度为 n 的顺序表，最好的情况下，查找次数为 1，最坏的情况下，查找长度为 n。在等概率情况下查找成功的平均查找长度为$(n+1)/2$。

顺序查找的优点是算法简单，对表的结构不做任何要求，不论是用顺序存储还是用链表存储结点，也不论结点之间是否按关键字有序或无序排列，它都同样适用。其缺点是查找效率低，当 n 比较大时，不宜采用顺序查找。

以下情况只能采用顺序查找：

① 线性表是无序表（表中元素是无序的），无论是顺序存储结构还是链式存储结构，都只能用顺序表查找。

② 采用链式存储结构的有序线性表也只能用顺序查找。

2. 二分查找

二分查找也称为折半查找，它是一种高效率的查找方法。但二分查找有条件限制：要求表必须采用顺序存储结构，且表中元素必须按关键字有序排列（升序或降序均可）。不妨假设表中元素为升序排列，二分查找的基本思想是：每次将处于查找区间中间位置上的数据元素的关键字与给定的待查值 K 比较，若不等则缩小查找区间（若 K 比中间值小则在区间的前半部分以相同的方法查找；若 K 比中间值大则在区间的后半部分以相同的方法查找），并在新的区间上重复以上过程，直到查找成功或查找区间长度为 0（即表中没有所查元素）为止。

由上述查找思想可知，每进行一次关键字比较，区间数目增加一倍，因此称为二分查找（区间一分为二），而区间长度缩小一半，因此也称为折半查找（查找的范围缩小一半）。

对 n 个元素进行二分查找，最大查找长度为$\lfloor \log_2 n \rfloor+1$。

1.7.2 经典例题解析

【例 3.1.26】在长度为 64 的有序表中进行顺序查找，最坏情况下需要比较的次数为（ ）。

A. 63　　B. 64　　C. 6　　D. 7

解析：在进行顺序查找过程中，如果线性表中的第 1 个元素就是要查找元素，则只需要做一次比较就查找成功，查找效率最高；但如果被查找的元素是线性表中的最后一个元素，或者被查找的元素根本就不在线性表中，则为了查找这个元素需要与线性表中的所有元素进行比较，这是顺序查找的最坏情况。所以，对长度为 n 的线性表进行顺序查找，在最坏情况下需要比较 n 次。

【答案】B

【例 3.1.27】下列数据结构中，能用二分法进行查找的是（ ）。

A. 顺序存储的有序线性表　　B. 线性链表

C. 二叉链表　　D. 有序线性链表

解析：二分法查找只适用于顺序存储的有序表。这里的有序表是指线性表中的元素按值非递减排列（即从小到大，但允许相邻元素值相等）。

【答案】A

1.8 排 序 技 术

1.8.1 插入排序

插入排序的基本思想：从待排序的记录中任选一个记录，按其关键字大小插入到已经排好序的那部分记录的适当位置。要找到适当的位置，就必须用任选的那个记录的关键字与已经排好序的那部分记录的关键字逐个比较，直到找到适当的位置或是所有的已排好序的记录都已经比较完为止；为了把那个任选的记录插到适当的位置，就必须把适当位置上原来的记录以及该位置后的已经排好序的各个记录都向后移动一个位置。由此可知，插入排序的时间主要用于关键字的比较（实际上还包含其他方面的比较）和记录的移动。

插入排序主要有简单插入排序和希尔排序两种。

1. 简单插入排序

简单插入排序（也称为直接插入排序）的基本思想是：把 n 个待排序的元素看作一个有序表和一个无序表，开始时有序表中只包含一个元素，无序表中包含有 $n-1$ 个元素，排序过程中每次从无序表中取出第一个元素，把它的排序码依次与有序表元素的排序码进行比较，将它插入到有序表中的适当位置，使之成为新的有序表。

如果排序前的初始状态中各记录已经排好序，则关键字比较次数为 $n-1$（最小值），记录的移动次数为 0（最小值），这种情况下的时间复杂度为 $O(n)$。如果排序前的初始状态中各记录恰好是逆序排序，则关键字比较次数为 $n(n-1)/2$，这种情况下的时间复杂度为 $O(n^2)$。简单插入排序是稳定的排序，其平均时间复杂度为 $O(n^2)$。

说明：排序的稳定性是指当两个待排序的元素值相等时，排序前和排序后的相对位置是否发生了变化，若未变则称为稳定排序，若改变则称为不稳定排序。

2. 希尔排序

希尔排序又称为“缩小增量排序”。该方法的基本思想是：先将整个待排元素序列分割成若干个子序列（由相隔某个“增量”的元素组成的）分别进行直接插入排序，待整个序列中的元素基本有序（增量足够小）时，再对全体元素进行一次直接插入排序。因为，直接插入排序在元素基本有序的情况下（接近最好情况），效率是很高的。

由于希尔排序对每个子序列单独比较，在比较时进行元素移动，有可能改变相同排序码元素的原始顺序，因此，希尔排序是不稳定的。希尔排序的时间复杂度在最坏的情况下为 $O(n\log_2 n)$，在最好的情况也为 $O(n\log_2 n)$。

1.8.2 交换排序

交换排序的基本思想是：在排序的过程中，若两个记录 R_i 和 R_j 的相对位置不符合排好序的要求（即若按从小到大排序时，R_i 位于 R_j 之前，而 R_i 的关键字大于 R_j 的关键字），则交换 R_i 和 R_j 的位置。

交换排序主要包括冒泡排序和快速排序。

1. 冒泡排序

冒泡排序的基本思想：通过对待排序序列从后向前（从下标较大的元素开始），依次比较相邻元素的排序码，若发现逆序则交换，使排序码较小的元素逐渐从后部移向前部（从下标较大的单元移向下标较小的单元），就像水底下的气泡一样逐渐向上冒。

因为排序的过程中，各元素不断接近自己的位置，如果一趟比较下来没有进行过交换，就说明序列有序，因此，要在排序过程中设置一个标志 flag 判断元素是否进行过交换，从而减少不必要的比较。

冒泡排序的过程如下：

① 将第一个记录的关键字和第二个记录的关键字进行比较，若为逆序，则交换两个记录。

② 比较第二个记录和第三个记录的关键字。

③ 依此类推，直到第 n–1 个记录和第 n 个记录的关键字进行比较为止。

上述过程称为第一趟冒泡排序，其结果使得关键字最大的记录被放置到最后一个记录的位置，然后进行第二趟冒泡排序，……，直到排序结束。

如果排序前的初始状态中各记录已经排好序，则只需要进行一趟排序，比较次数为 n–1，移动元素次数为 0。这是对 n 个记录进行冒泡排序所需要的最少的关键字比较次数和记录移动次数，其时间复杂度为 $O(n)$。如果排序前的初始状态中各记录正好反序，则需要进行 n–1 趟排序，比较次数为 $n(n-1)/2$，此时冒泡排序算法的时间复杂度为 $O(n^2)$。因为冒泡排序中的元素移动较多，所以它属于内排序中速度较慢的一种。但是，由于冒泡排序算法只进行元素间的顺序移动，所以是一个稳定的算法。

2. 快速排序

快速排序的基本思想：任取待排序列中的某个元素作为基准（一般取第一个元素），通过一趟排序，将待排元素分为左右两个子序列，左子序列元素的排序码均小于或等于基准元素的排序码，右子序列的排序码则大于基准元素的排序码，然后分别对两个子序列继续进行排序，直至整个序列有序。

快速排序是对冒泡排序的一种改进方法，算法中元素的比较和交换是从两端向中间进行的，排序码较大的元素一次就能够交换到后面单元，排序码较小的记录一次就能够交换到前面单元，记录每次移动的距离较远，因而总的比较和移动次数较少。在最好情况下，时间复杂度为 $O(n\log_2 n)$。在最坏的情况下（即对几乎排好序的输入序列），快速排序算法的效率很低，比较次数

为 $n(n-1)/2$，此时其时间复杂度为 $O(n^2)$。另外，对于 n 值较小时，该算法的效果不明显；反之，对于 n 值较大时，效果较好。

1.8.3 选 择 排 序

选择排序的基本方法是从待排序的记录中选出关键字最小的记录，顺序放在已排好序的记录序列之后，直到全部记录排序完毕。

常用的选择排序方法包括直接选择排序和堆排序。

1．直接选择排序

直接选择排序的基本思想：第一次从 $R[0]$～$R[n-1]$中选取最小值，与 $R[0]$交换；第二次从 $R[1]$～$R[n-1]$中选取最小值，与 $R[1]$交换；第三次从 $R[2]$～$R[n-1]$中选取最小值，与 $R[2]$交换；……；第 i 次从 $R[i-1]$～$R[n-1]$中选取最小值，与 $R[i-1]$交换，依此类推，总共通过 $n-1$ 次交换，得到一个按排序码从小到大排列的有序序列。

在直接选择排序中，无论待排序的记录初始序列如何都需要进行 $n(n-1)/2$ 次比较。由此可知，直接选择排序的时间复杂度为 $O(n^2)$。由于在直接选择排序中存在着不相邻元素之间的互换，因此，直接选择排序是一种不稳定的排序方法。

2．堆排序

若有 n 个元素的排序码为 k_1，k_2，k_3，…，k_n，当满足如下条件：

① $k_i \leqslant k_{2i}$ 且 $k_i \leqslant k_{2i+1}$。

② $k_i \geqslant k_{2i}$ 且 $k_i \geqslant k_{2i+1}$。

其中 i=1，2，…，$[n/2]$，则称此 n 个元素的排序码 k_1，k_2，k_3，…，k_n 为一个堆。

堆排序是指将堆中第一个结点（二叉树根结点）和最后一个结点的数据进行交换（k_1 与 k_n），再将 k_1-k_{n-1} 重新建堆，然后 k_1 和 k_{n-1} 交换，如此重复下去，每次重新建堆的元素个数不断减 1，直到重新建堆的元素个数仅剩一个为止。这时堆排序已经完成，则排序码 k_1，k_2，k_3，…，k_n 已排成一个有序序列。堆排序算法在最好和最坏的情况下都需比较 $O(n\log_2 n)$次，是不稳定性的排序算法。

1.8.4 各种排序算法比较

各种算法的时间复杂度比较如表 3-1-1 所示。

表 3-1-1 各种排序方法的比较

排序方法	时间复杂度			稳定性
	最好情况	最坏情况	平均情况	
简单插入排序	$O(n)$	$O(n^2)$	$O(n^2)$	稳定
希尔排序	$O(n\log_2 n)$	$O(n\log_2 n)$	$O(n\log_2 n)$	不稳定
冒泡排序	$O(n)$	$O(n^2)$	$O(n^2)$	稳定
快速排序	$O(n\log_2 n)$	$O(n^2)$	$O(n\log_2 n)$	不稳定
直接选择排序	$O(n^2)$	$O(n^2)$	$O(n^2)$	不稳定
堆排序	$O(n\log_2 n)$	$O(n\log_2 n)$	$O(n\log_2 n)$	不稳定

在选择具体的排序算法时，需要综合考虑以下因素：

① 待排序的记录数量。

② 记录的结构及其初始状态。

③ 记录本身的大小。

④ 对稳定性的要求。

1.8.5 经典例题解析

【例 3.1.28】 冒泡排序在最坏情况下的比较次数是（　　）。

A. $n(n+1)/2$　　B. $n\log_2 n$　　C. $n(n-1)/2$　　D. $n/2$

解析： 如果线性表的长度为 n，则在最坏情况下，冒泡排序需要经过 $n/2$ 遍的从前往后扫描和 $n/2$ 遍的从后往前扫描，需要比较次数为 $n(n-1)/2$。

【答案】 C

【例 3.1.29】 对于长度为 n 的线性表，在最坏情况下，下列各排序法所对应的比较次数中正确的是（　　）。

A. 冒泡排序为 $n/2$　　B. 冒泡排序为 n

C. 快速排序为 n　　D. 快速排序为 $n(n-1)/2$

解析： 如果线性表的长度为 n，则在最坏情况下，冒泡排序需要经过 $n/2$ 遍的从前往后扫描和 $n/2$ 遍的从后往前扫描，需要比较的次数为 $n(n-1)/2$。快速排序法的最坏情况比较次数也是 $n(n-1)/2$。

【答案】 D

【例 3.1.30】 对长度为 10 的线性表进行冒泡排序，最坏情况下需要比较的次数为（　　）。

A. 45　　B. 44　　C. 无穷大　　D. 90

解析： 如果线性表的长度为 n，则在最坏情况下，需要比较次数为 $n(n-1)/2$。因此，结果为 45。

【答案】 A

小　　结

本章简要介绍了数据结构的基本概念和基本操作，介绍了组织数据、存储数据和处理数据的基本方法。重点介绍了顺序存储结构及顺序结构上的基本运算：查找、插入和删除等。栈和队列也是典型的线性结构，它们的存储结构有顺序存储和链接存储。树形结构是典型的非线性结构，尤其以二叉树为代表。

查找和排序是在集合性逻辑结构上运算，重点介绍了查找和排序的典型算法。

习　　题

选择题

1. 计算机算法指的是（　　）。

A. 计算方法　　B. 调度方法

C. 排序方法　　D. 解决某一问题的有限运算序列

2. 下列数据结构中，能够按照“先进后出”原则存取数据的是（　　）。
   A. 循环队列　　B. 栈　　C. 队列　　D. 二叉树
3. 对于循环队列，下列叙述中正确的是（　　）。
   A. 队头指针是固定不变的　　B. 队头指针一定大于队尾指针
   C. 队头指针一定小于队尾指针　　D. 队头指针可以大于或小于队尾指针
4. 下列叙述中正确的是（　　）。
   A. 栈是“先进先出”的线性表
   B. 队列是“先进后出”的线性表
   C. 循环队列是非线性表
   D. 线性表既可以采用顺序存储结构，也可以采用链式存储结构
5. 支持子程序调用的数据结构是（　　）。
   A. 栈　　B. 树　　C. 队列　　D. 二叉树
6. 一个栈的初始状态为空。现将元素 1、2、3、4、5、A、B、C、D、E 依次入栈，然后进行出栈，其顺序是（　　）。
   A. 12345ABCDE　　B. EDCBA54321　　C. ABCDE12345　　D. 54321EDCBA
7. 下列叙述中正确的是（　　）。
   A. 循环队列有队头和队尾两个指针，因此循环队列是非线性结构
   B. 在循环队列中，只需要队头指针就能反应队列中元素的动态变化情况
   C. 在循环队列中，只需要队尾指针就能反应队列中元素的动态变化情况
   D. 循环队列中元素的个数是由队头指针和队尾指针共同决定的
8. 下列叙述中正确的是（　　）。
   A. 顺序存储结构的存储空间一定是连续的，链式存储结构的存储空间不一定是连续的
   B. 顺序存储结构只针对线性结构，链式存储结构只针对非线性结构
   C. 顺序存储结构能存储有序表，链式存储结构不能存储有序表
   D. 链式存储结构比顺序存储结构节省存储空间
9. 下列叙述中，正确的是（　　）。
   A. 对长度为 n 的有序链表进行查找，最坏情况下需要的比较次数为 n
   B. 对长度为 n 的有序链表进行对分查找，最坏情况下需要的比较次数为（$n/2$）
   C. 对长度为 n 的有序链表进行对分查找，最坏情况下需要的比较次数为（$\log_2 n$）
   D. 对长度为 n 的有序链表进行对分查找，最坏情况下需要的比较次数为（$n\log_2 n$）
10. 下列排序方法中，最坏情况下比较次数最少的是（　　）。
    A. 冒泡排序　　B. 简单选择排序　　C. 直接插入排序　　D. 堆排序
11. 下列叙述中正确的是（　　）。
    A. 算法的效率只与问题的规模有关，而与数据的存储结构无关
    B. 算法的时间复杂度是指执行算法所需要的计算工作量
    C. 数据的逻辑结构与存储结构是一一对应的
    D. 算法的时间复杂度与空间复杂度一定相关

12. 下列对列的叙述正确的是（　　）。
    A. 队列属于非线性表
    B. 队列按“先进后出”的原则组织数据
    C. 队列在队尾删除数据
    D. 队列按“先进先出”的原则组织数据
13. 某二叉树中有 n 个度为 2 的结点，则该二叉树中的叶子结点数为（　　）。
    A. $n+1$　　B. $n-1$　　C. $2n$　　D. $n/2$
14. 下列叙述中正确的是（　　）。
    A. 有一个以上根结点的数据结构不一定是非线性结构
    B. 只有一个根结点的数据结构不一定是线性结构
    C. 循环链表是非线性结构
    D. 双向链表是非线性结构
15. 某二叉树共有 7 个结点，其中叶子结点只有 1 个，则该二叉树的深度为（　　）。假设根结点在第 1 层。
    A. 3　　B. 4　　C. 6　　D. 7
16. 按“先进后出”原则组织数据的数据结构是（　　）。
    A. 栈　　B. 队列　　C. 线性结构　　D. 非线性结构
17. 假设用一个长度为 50 的数组（数组元素下标从 0 ~ 49）作为栈的存储空间，栈底指针 bottom 指向栈底元素，栈顶指针 top 指向栈顶元素，如果 bottom=49，top=30（数组下标），则栈中具有（　　）个元素。
    A. 30　　B. 20　　C. 19　　D. 50
18. 某二叉树由 5 个度为 2 的结点以及 3 个度为 1 的结点，则该二叉树中共有（　　）个结点。
    A. 14　　B. 11　　C. 15　　D. 12
19. 一棵二叉树的中序遍历结果为 DBEAFC，前序遍历结果为 ABDECF，则后序遍历结果为（　　）。
    A. DEBFCA　　B. EDBFCA　　C. DEBAFC　　D. FCDEBA
20. 在长度为 n 的顺序存储的线性表中插入一个元素，最坏情况下需要移动表中（　　）个元素。
    A. n　　B. $n-1$　　C. $n+1$　　D. 1

第 2 章　程序设计基础

本章主要介绍程序设计的基础知识，包括程序设计的方法和风格，结构化程序设计的原则，结构化程序设计的基本结构、特点和方法，最后介绍了面向对象的程序设计特点和基本方法。

学习目标：

- 理解结构化程序设计的方法和风格。
- 掌握结构化程序设计的原则、基本结构和特点。
- 理解面向对象程序设计方法。

2.1　程序设计方法与风格

2.1.1　程序设计与编程风格

1．程序与程序设计

程序是把计算机语言代码按一定的语法规则，对所要处理的数据以及处理的方法和步骤所做的完整而准确的描述；而程序设计则是完成一项设计的过程。

程序=算法+数据结构

这就是著名的 Wirth 公式，由此式可知，算法和数据结构是一个整体。

2．编程风格

编程风格是指在不影响程序正确性和效率的前提下，有效编排和合理组织程序的基本原则。有良好编程风格的程序主要表现为可读性好、易测试、易维护。良好的编程风格可以减少编程的错误，减少读程序的时间，从而提高软件的开发效率。

2.1.2　经典例题解析

【例 3.2.1】下列叙述中，不属于良好程序设计风格要求的是（　　）。

A．程序的效率第一，清晰第二　　　　B．程序的可读性好

C．程序中要有必要的注释　　　　　　D．输入数据前要有提示信息

解析：著名的“清晰第一，效率第二”的论点已经成为当今主导的程序设计风格，所以选项 A 是错误的，其他选项都符合良好程序设计风格的要求。

【答案】A

【例 3.2.2】下列选项中不符合良好程序设计风格的是（　　）。

A．源程序要文档化　　　　　　　　B．数据说明的次序要规范化

C．避免滥用 goto 语句　　　　　　　D．模块设计要保证高耦合、高内聚

解析：良好的程序设计风格可以使程序结构清晰合理，使程序代码便于维护，因此，程序设计风格对保证程序的质量很重要。主要应注意和考虑下述因素：①源程序要文档化。②数据说明的次序要规范化。③语句的结构应该简单直接，不应该为提高效率而把语句复杂化，避免滥用 goto 语句。④模块设计要保证低耦合、高内聚。

【答案】D

2.2 结构化程序设计

2.2.1 结构化程序的基本结构和特点

1. 结构化程序的基本结构

结构化程序设计的基本结构包括顺序结构、选择结构和循环结构 3 种，程序设计语言仅通过使用这 3 种基本控制结构就能够表示出其他各种形式结构的程序设计方法。

（1）顺序结构

顺序结构是一种简单的程序设计结构，其自始至终严格按照程序中语句的先后顺序逐条执行，是最基本、最普遍的结构形式。

（2）选择结构

选择结构又称为选取结构、分支结构，包括简单选择结构和多分支选择结构。在选择结构中，根据给定的条件 P 是否成立而选择执行 A 或执行 B。

（3）循环结构

循环结构又称为重复结构，反复执行某一部分的操作。在程序设计语言中循环结构有两类循环语句：

① 当型（While 型）循环结构：对循环条件先进行判断，然后执行循环体。

② 直到型（Do...While 型）循环结构：先执行循环体后判断循环条件。

2. 结构化程序的特点

顺序、选择和循环这 3 种基本结构，有以下共同特点：

① 只有一个入口。

② 只有一个出口。

③ 结构内的每一部分都有机会被执行到。

④ 结构内不存在“死循环”。

程序结构仅由顺序、选择和循环这 3 种结构复合而成。由顺序、选择和循环 3 种基本结构顺序组成的算法结构，可解决任何复杂的问题。由基本结构所构成的算法属于“结构化”的算法，其不存在无规律的转向，只在该基本结构内才允许存在分支和向前或向后的跳转。

2.2.2 结构化程序的设计原则和方法

结构化程序设计强调程序设计风格和程序结构的规范化，提倡清晰的结构。结构化程序设计方法的主要思想是把复杂问题分解成若干简单的子问题并逐步求精。具体地说，结构化程序设计采取以下方法：

① 自顶向下。自顶向下方法就是先考虑总体，再考虑细节；先考虑全局目标，后考虑局部

目标。这种程序结构按功能划分为若干个基本模块，这些模块形成一个树状结构。

② 模块化设计。模块化设计就是把程序要解决的总目标分解为分目标，再进一步分解为具体的小目标，每个小目标称为一个模块。

③ 逐步求精。对复杂问题设计一些子目标作为过渡，逐步细化。也就是把复杂的问题分解成一系列简单的子问题，直到这些子问题小到易于理解和实现的程度。

④ 结构化编码。结构化编码即用高级语言语句正确地实现 3 种基本结构。

2.2.3 经典例题解析

【例 3.2.3】下列选项中不属于结构化程序设计方法的是（　　）。

A. 自顶向下　　B. 逐步求精　　C. 模块化　　D. 可复用

解析：20 世纪 70 年代以来，提出了许多软件设计方法，主要有①逐步求精：对复杂的问题，应设计一些子目标作为过渡，逐步细化。②自顶向下：程序设计时应先考虑总体，后考虑细节；先考虑全局目标，后考虑局部目标。不要一开始就过多追求细节，先从最上层总目标开始设计，逐步使问题具体化。③模块化：一个复杂问题，肯定是由若干相对简单的问题构成。模块化是把程序要解决的总目标分解为分目标，再进一步分解为具体的小目标，每个小目标称为一个模块，而可复用是面向对象程序设计的一个优点。

【答案】D

2.3 面向对象的程序设计方法

2.3.1 面向对象的方法

1. 面向对象方法的基本思想

面向对象的程序设计（OOP）是一种把面向对象思想应用于软件开发过程中，指导开发活动的系统方法，简称 OOP 方法。面向对象方法的本质就是主张从客观世界固有的事物出发来构造系统，提倡用人们在现实生活中常用的思维方法来认识、理解和描述客观事物，强调最终建立的系统能够映射问题域，即系统中的对象以及对象之间的关系能够如实地反映问题域中的固有事物及其关系。

2. 面向对象程序设计方法的优点

（1）符合人们认识客观世界的规律

面向对象方法以客观世界中系统的实体为基础，将客观实体的属性及其操作封装成对象。人们把描述事物静态属性的数据结构和表示事物的动态行为的操作放在一起构成一个整体，用来表示客观世界中的实体。而传统的程序设计方法是面向过程的，它忽略了数据与操作之间的内在联系。

（2）稳定性好

面向对象的软件系统的结构不是基于对系统应完成的功能的分解，而是根据问题域的模型建立起来的，因此，当系统的功能需求变化时并不会引起软件结构的整体变化，往往只需要做一些局部性的修改。而传统的软件开发方法的核心是算法，其开发过程基于功能分析和功能分解。当功能需求发生变化时将会引起软件结构的整体修改。

（3）可重用性好

在同一个应用领域的不同应用系统中，往往会涉及很多相同或相似的实体，这些实体在不同的应用系统中存在很多相同的属性和操作，也存在一些不同的应用系统所特有的属性和操作；软件重用是指在不同的软件开发过程中重复使用相同或相似软件元素的过程，是提高软件生产效率的最主要方法。

（4）易于维护

用面向对象方法开发的软件系统易于维护，其体系结构易于理解、扩充和修改。

2.3.2 面向对象的基本概念

1．对象

在现实世界中，每个实体都是对象，可以是有形的（如汽车、电视机等），也可以是无形的（如工作计划、教学计划等）。对象是指具有属性（数据）和操作（行为方式）的实体。它具有自身的静态特征和动态特征。在面向对象方法中，对象是由描述该对象属性的数据和可以对这些数据进行的操作封装在一起构成的一个统一体。

对象包含以下特征：

① 标识的唯一性：指对象是可以区分的。

② 分类性：指可以把具有相同属性和操作的对象抽象为类。

③ 封装性：指从外面仅能看到对象的外部特征，而不了解数据是如何实现这些操作的。

④ 多态性：指同一个操作可以作用于不同的对象。

⑤ 模块独立性：指对象（模块）内部各元素彼此结合得很紧密，内聚性强。

2．属性

属性是指对象所包含的信息，它在设计对象时就需要确定，一般只能通过执行对象的操作来改变。属性通常是一些数据，有时也可以是另一个对象。例如，书是一个对象，它有书名、作者、出版社、出版日期、定价等属性，其中书名、出版日期、定价是数据，作者和出版社可以是对象，它们也可以有自己的属性。每个对象都有它自身的属性值，用以表示该对象的状态。

3．方法

方法也称为操作或服务，它规定了对象的行为，表示对象所能提供的服务。对象中的属性只能通过该对象所提供的操作来存取或修改，操作的过程对外是封闭的。封装作为一种隐蔽技术，用户只能看见对象封装界面上的信息，而对象内部的具体实现是隐蔽的，用户不可见。封装的目的是使对象的使用者和生产者分离，使对象的定义和实现分开。一个对象通常可以由对象名、属性和操作组成。

4．类和实例

把属性、操作相似的对象归为类，也就是说，类是一组具有相同属性和相同操作的对象的集合，是已经定义了关于对象的特征、外观和行为的模板。

一个类的对象对应于类的一个实例。例如“树”是一个类，“树”类的实例“柳树”“白杨树”都是对象。即对象是客观世界中的实体，而类是同一类实体的抽象描述。类具有属性，属性是状态的抽象。类也具有操作，它是对象行为的抽象。

5．继承

继承也称为派生，它是使用已有的类定义作为建立新类的定义的基础技术。已有的类可当作基类来应用，则新类相应地可作为派生类来引用。也就是说，基类是用来生成新类的类，而派生类是由已有的类派生出来的新类，也称为子类。

广义地说，继承是指能够直接获得已有的性质和特征，而不必重复定义它们。子类可以继承其父类的所有属性和操作，同时子类中还可以定义自己特有的属性和操作。

6．消息

消息一般包括接收对象、调用的操作名和适当的参数。消息传递是对象之间通信的手段，一个对象向另一个对象发送消息、请求服务、接收消息的对象经过解释，然后响应请求对象。

7．多态性

多态性是指同一个操作作用于不同的对象上可以有不同的类型或表现出不同的行为。也可以说，相同操作的消息发送给不同的对象时，那些对象只会根据自己所属的类中定义的操作来执行，因而表现出不同的行为。

2.3.3 经典例题解析

【例 3.2.4】在面向对象方法中，实现信息隐蔽依靠（　　）。

A．对象的继承　　B．对象的多态　　C．对象的封装　　D．对象的分类

解析：对象的继承是指使用已有的类定义作为基础建立新类的定义；多态是指在类中可以定义名称相同的函数，但是这些函数的参数的返回值类型不同；封装是指将对象分为内部实现和外部接口两部分，对象的内部对外是不可见的，从而实现信息隐蔽；分类是指将具有相同属性和操作的对象抽象成类。

【答案】C

【例 3.2.5】下列选项中不属于面向对象程序设计特征的是（　　）。

A．继承性　　B．多态性　　C．类比性　　D．封装性

解析：对象是由数据和允许的操作组成的封装体，与客观实体有直接的对应关系。对象之间通过传递消息互相联系，以模拟现实世界中不同事物之间的联系。面向对象技术有 3 个重要特性：封装性、继承性和多态性。

【答案】C

【例 3.2.6】在面向对象方法中，（　　）描述的是具有相似属性与操作的一组对象。

A．类　　B．实例　　C．继承　　D．消息

解析：将属性、操作相似的对象归为类，也就是说，类是具有共同属性、共同方法的对象的集合。所以，类是对象的抽象，它描述了属于该对象类型的所有对象的性质，而一个对象则是其对应类的一个实例。

【答案】A

【例 3.2.7】在面向对象方法中，类的实例称为（　　）。

A．对象　　B．属性　　C．方法　　D．消息

解析：将属性、操作相似的对象归为类，也就是说，类是具有共同属性、共同方法的对象的集合。所以，类是对象的抽象，它描述了属于该对象类型的所有对象的性质，而一个对象则是其对应类的一个实例。

【答案】 A

小　结

本章简单介绍了程序设计的方法和风格，一个好的程序员，要养成好的编程风格。

结构化程序设计的主要思想是功能分解和逐步求精。结构化程序设计是面向过程的程序设计方法。本章介绍了结构化程序设计的基本结构、设计的原则和方法。

面向对象是软件程序设计的一种新方法，本章介绍了面向对象程序设计的方法，包括面向对象的基本思想、面向对象程序设计的优点和面向对象方法的基本概念。

习　题

选择题

1. 对建立良好的程序设计风格，下面描述正确的是（　　）。
   A. 程序应简单、清晰、可读性好
   B. 符号名的命名只要符合语法即可
   C. 充分考虑程序的执行效率
   D. 程序的注释可有可无
2. 下面关于对象概念描述错误的是（　　）。
   A. 任何对象都必须有继承性
   B. 对象是属性和方法的封装体
   C. 对象间的通信靠消息传递
   D. 操作是对象的动态性属性
3. 下列选项中不属于结构化程序设计原则的是（　　）。
   A. 可封装　　B. 自顶向下　　C. 模块化　　D. 逐步求精
4. 在面向对象方法中，一个对象请求另一个对象为其服务的方式是通过发送（　　）。
   A. 命令　　B. 参数　　C. 调用语句　　D. 消息
5. 信息隐蔽的概念与下述（　　）概念相关。
   A. 软件结构定义　　B. 模块类型划分　　C. 模块独立性　　D. 模块耦合度
6. 下面选项中不属于面向对象程序设计特征的是（　　）。
   A. 继承性　　B. 多态性　　C. 类比性　　D. 封装性
7. 下列选项中属于面向对象设计方法主要特征的是（　　）。
   A. 继承　　B. 自顶向下　　C. 模块化　　D. 逐步求精
8. 结构化程序所要求的基本结构不包括（　　）。
   A. 顺序结构　　B. GOTO 跳转语句
   C. 选择（分支）结构　　D. 重复（循环）结构

9. 常见的程序设计方法有结构化方法和面向对象方法，下列属于面向对象方法的语言是（　　）。

A. C 语言　　B. 汇编语言　　C. Java 语言　　D. 机器语言

10. 下列说法正确的是（　　）。

A. 面向对象程序设计更加符合人们认识客观世界的规律

B. 高级语言编写的程序计算机能直接识别

C. C 语言是面向对象的程序设计语言

D. 面向对象的程序设计方法已经被淘汰

第3章　软件工程基础

本章首先介绍软件工程的基本概念，包括软件的定义、软件危机、软件工程过程、软件生存周期、软件工程的目标与原则、软件开发工具和软件开发环境。其次，介绍需求分析方法、结构化分析方法、软件需求规格说明书、软件设计的基本概念、概要设计和详细设计。最后重点介绍软件测试和程序调试。

学习目标：

- 理解软件的定义与软件的特点。
- 掌握软件工程过程和软件生存周期。
- 掌握结构化分析方法。
- 理解概要设计和详细设计。
- 掌握软件测试的目的、技术和方法。
- 掌握程序调试的基本概念和方法。

3.1　软件工程基本概念

3.1.1　软件的定义与软件的特点

1．软件的定义

把软件简单地视为程序，这样的理解非常狭隘。目前，计算机软件被公认的解释是程序、数据及其相关文档的完整集合。

2．软件的特点

① 软件是一种逻辑产品，它与物质产品有很大的区别，它以程序和文档的形式出现，保存在计算机的磁盘和光盘上，通过计算机的运行才能体现其功能和作用。

② 软件产品的生产主要是研制。其成本主要体现在软件的开发和研制上，软件开发研制完成后，通过复制就产生了大量软件产品。

③ 软件产品不会用坏，不存在磨损、消耗问题，但是它会退化，会随着修改而提高最小故障率。

④ 软件产品的生产主要是脑力劳动，还未完全摆脱手工开发方式。

⑤ 软件费用不断增加，软件成本相当昂贵。

3．软件的分类

综合应用观点，软件可分为应用软件、系统软件和支撑软件3类。

3.1.2 软件危机与软件工程

1. 软件危机

软件危机是指在计算机软件的开发和维护过程中遇到的一系列严重问题。这些问题绝不仅仅是不能正常运行的软件才具有的，实际上，几乎所有软件都不同程度地存在这些问题。

具体来说，软件危机主要有以下两种典型表现：

① 对软件开发成本和进度的估计常常很不准确。

② 用户对“已完成的”软件系统不满意的现象经常发生。

2. 软件工程

为了摆脱软件危机，1968 年北大西洋公约组织在联邦德国的一次学术会议上，首次提出软件工程的概念，从而形成一门新兴的学科——软件工程学。

简单地说，软件工程是指导计算机软件开发和维护的工程学科，其采用工程上熟悉的概念、原理、技术、方法来开发和维护以及管理软件。软件工程包括 3 个要素，即方法、工具和过程。软件工程的方法是完成软件工程项目的技术手段。它应该包括多方面的任务，例如，项目计划与估算、软件需求分析、系统总体结构设计、数据结构设计、算法设计、编码、软件测试以及维护等。

软件工程使用的工具与环境是人类在开发软件的活动中智力和体力的扩展和延伸，它提供了自动或半自动的软件支撑环境。软件工程的过程贯穿于软件开发的各个环节，应该支持软件开发的各个环节的控制和管理。

3.1.3 软件工程过程

ISO 9000 定义：软件工程过程是把输入转化为输出的一组彼此相关的资源和活动。

软件工程过程包含两个方面的内涵：

① 软件工程过程是指为获得软件产品，在软件工具支持下由软件工程师完成的一系列软件工程活动。基于这个方面，软件工程过程通常包含 4 种基本活动。

- 软件规格说明（plan，P）：规定软件的功能及其运行机制。
- 软件开发（do，D）：产品满足规格说明的软件。
- 软件确认（check，C）：确认软件能够满足客户提出的要求。
- 软件演进（action，A）：为了满足客户的变更要求，软件必须在使用的过程中演进。

② 从软件开发的观点看，它就是使用适当的资源（包括人员、硬软件工具、时间等）为开发软件进行的一组开发活动，在过程结束时将输入（用户要求）转化为输出（软件产品）。

软件工程的过程是将软件工程的方法和工具综合起来，以达到合理、及时地进行计算机软件开发的目的。软件工程过程定义了方法使用的顺序、要求交付的文档、为保证质量和协调变更所需要的管理、软件开发各个阶段所完成的里程碑。

3.1.4 软件生命周期

从软件的构思开始，经过定义、开发、使用和维护，直到最后被废弃（不能再使用）为止的全过程称为软件生命周期。

根据国家标准《计算机软件开发规范》把软件生命周期划分为 8 个阶段：

① 问题定义。

② 可行性研究与计划。

③ 需求分析。

④ 概要设计。

⑤ 详细设计。

⑥ 实现（编码和单元测试）。

⑦ 测试（集成测试、确认测试）。

⑧ 使用和维护。

软件生命周期可以分为三大阶段：软件定义阶段、软件开发阶段和软件维护阶段，三大阶段的分布如图 3-3-1 所示。

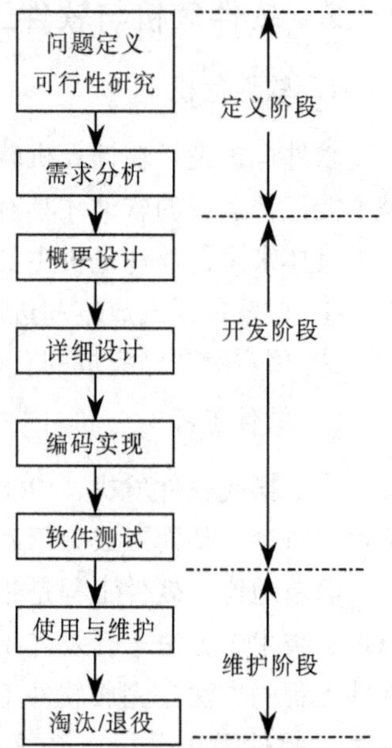

图 3-3-1　软件生命周期示意图

3.1.5　软件工程的目标与原则

1. 软件工程的目标

软件工程是一门工程性的科学，目的是成功建造一个大型的软件系统。其主要目标有：付出较低的开发成本；达到要求的软件功能；取得较好的软件性能；开发的软件易于移植；需要较低的维护费用；能按时完成开发任务，及时交付使用；开发的软件可靠性高。

基于软件工程的目标，软件工程的理论和技术性研究的内容主要包括软件开发技术和软件工程管理。

2. 软件工程原则

软件工程的原则包括抽象、模块化、信息隐蔽、局部化、一致性、完备性和可验证性。

① 抽象：抽象是事物最基本的特性和行为，通常采用分层抽象的方法，自顶向下、逐层细化的办法控制软件开发过程的复杂性。

② 模块化：模块化就是把一个问题分解成若干个较小、较易解决的模块；模块化是指用一个函数就可以调用的一组程序语句。模块是程序中逻辑上相对独立的成分，它是一个独立的编程单位，应该具有良好的接口定义。

③ 信息隐蔽：采用封装技术将程序模块的实现细节隐藏起来，使模块接口尽量简单。

④ 局部化：要求在一个物理模块内集中逻辑上相互关联的计算机资源，或者说将具有特定目的的有关事物放在一起。

⑤ 一致性：整个软件系统（包括文档和程序）的各个模块均使用一致的概念、符号和术语，例如，程序内部接口的一致性、软件与硬件接口一致性、系统规格说明与系统行为一致性、用于形式化规格说明的公理系统的一致性。

⑥ 完备性：软件系统不丢失任何重要成分，完全实现系统所需的功能。

⑦ 可验证性：开发大型软件系统需要对系统逐步分解，系统分解应该遵循易检查、易测试以及易评审的原则，以便保证系统的正确性。

3.1.6 软件开发工具与软件开发环境

1. 软件开发工具

软件开发工具是协助开发人员进行软件开发活动所使用的软件或环境，包括需求分析工具、设计工具、编码工具、排错工具、测试工具等。

2. 软件开发环境

软件开发环境是指支持软件产品开发的软件系统，其目的是使软件工具支持软件的整个生存周期，做到不仅支持各阶段中的技术工作，还要支持管理和操作工作，保持项目开发的高度可见性、可控制性和可追踪性。它由软件工具集和环境集成机制构成。工具集包括支持软件开发相关过程、活动、任务的软件工具，以便对软件开发提供全面的支持。环境集成机制为工具集成和软件开发、维护与管理提供统一的支持，通常包括数据集成、控制集成和界面集成 3 部分。

3.1.7 经典例题解析

【例 3.3.1】软件是指（　　）。

A. 程序　　B. 程序和文档

C. 算法加数据结构　　D. 程序、数据与相关文档

解析：计算机软件是计算机系统中与硬件相互依存的另一部分，包括程序、数据及相关文档的完整集合。可见软件由两大部分组成：一是计算机可执行的程序和数据；二是计算机不可执行的，与软件开发、运行、维护和使用等有关的文档。

【答案】D

【例 3.3.2】下列选项中不属于软件生命周期开发阶段任务的是（　　）。

A. 软件测试　　B. 概要设计

C. 软件维护　　D. 详细设计

解析：软件生命周期分为软件定义、软件开发及软件维护。其中，软件开发阶段的任务中软件设计阶段可分解成概要设计阶段和详细设计阶段，软件维护不属于软件开发阶段。

【答案】C

【例 3.3.3】下列描述中正确的是（　　）。

A. 软件工程只是解决软件项目的管理问题

B. 软件工程主要解决软件产品的生产率问题

C. 软件工程的主要思想是强调在软件开发过程中需要应用工程化原则

D. 软件工程只是解决软件开发中的技术问题

解析：软件工程是计算机软件开发和维护的工程学科，它采用工程的概念原理、技术和方法来开发和维护软件，它把经过时间考验而证明正确的管理技术和当前能够得到的最好技术结合起来。

【答案】C

【例 3.3.4】下列叙述中正确的是（　　）。

A. 软件交付使用后还需要进行维护

B. 软件一旦交付使用就不需要再进行维护

C. 软件交付使用后其生命周期就结束

D. 软件维护是指修复程序中被破坏的指令

解析：软件的运行和维护是指将已交付的软件投入运行，并在运行使用中不断地维护，根据新提出的需求进行必要而且可能的扩充和删改。而软件生命周期是指软件产品从提出、实现、使用维护到停止、使用退役的过程。

【答案】A

【例 3.3.5】下列描述中正确的是（　　）。

A. 程序就是软件

B. 软件开发不受计算机系统的限制

C. 软件既是逻辑实体，又是物理实体

D. 软件是程序、数据与相关文档的集合

解析：计算机软件是计算机系统中与硬件相互依存的另一部分，包括程序、数据及相关文档的完整集合。软件具有以下特点：①软件是一种逻辑实体，而不是物理实体，具有抽象性；②软件的生产过程与硬件不同，它没有明显的制作过程；③软件在运行、使用期间不存在磨损、老化问题；④软件的开发、运行对计算机系统具有依赖性，受计算机系统的限制，这导致软件移植的问题；⑤软件复杂性高，成本昂贵；⑥软件开发涉及诸多的社会因素。

【答案】D

【例 3.3.6】软件生命周期可分为多个阶段，编码和测试属于（　　）阶段。

A. 软件定义　　　　B. 需求分析

C. 软件开发　　　　D. 软件维护

解析：软件生命周期分为软件定义、软件开发和软件运行维护 3 个阶段。软件编码和软件测试都属于软件开发阶段；维护是软件生命周期的最后一个阶段，也是持续时间最长、花费代价最大的一个阶段，软件工程学的目的之一就是提高软件的可维护性，降低维护代价。

【答案】C

3.2　结构化分析方法

3.2.1　可行性研究

软件可行性研究的目的就是用最小的代价在尽可能短的时间内确定该软件项目是否能够开发，是否值得去开发。可行性研究的目的不是去开发一个软件项目，而是研究这个软件项目是否值得去开发，其中的问题能否解决。

1. 经济可行性研究

经济可行性就是通过成本和效益分析，评估系统的经济效益是否超过其开发成本，也就是给出系统开发的成本论证，并将估算的成本与预期的利润进行对比，分析系统开发对其他产品或利润的影响。

2. 技术可行性研究

技术可行性是根据客户提出的系统功能、性能以及实现系统的各项约束条件，从技术的角度研究实现系统的可行性。

3. 社会可行性研究

社会可行性是研究在系统开发过程中可能涉及的人力资源、各种合同、知识产权纠纷、责任以及各种与法律相抵触的问题。

4. 开发方案的选择性研究

提出并评价实现系统的各种开发方案，并从中选出一种最适宜项目的开发方案。

3.2.2 需求分析和需求分析方法

1. 需求分析

软件需求是指用户对目标系统在功能、行为、性能等方面的期望。需求分析是发现、求精、建模和产生规格说明的过程，软件开发人员需对应用问题及环境进行分析，为问题涉及的信息、功能及行为建立模型。需求分析实际上是对系统的理解与表达的过程，是一种软件工程的活动。

（1）需求分析的定义

① 用户解决问题或达到目标所需的条件或权能。

② 系统或系统部件要满足合同、标准或其他正式规定文件所需具备的条件或权能。

③ 一种反映上面①或②所描述的条件或权能的文档说明。

（2）需求分析阶段的工作

需求分析阶段的工作可概括为 4 个方面：需求获取、需求分析、编写需求规格说明书和需求评审。

2. 需求分析方法

（1）结构化分析方法

结构化分析方法是从分析、设计到实现都使用结构化思想的软件开发方法，是结构化分析（SA）、结构化设计（SD）和结构化程序设计（SP）的总称，主要包括面向数据流的结构化分析方法、面向数据结构的 Jackson 方法和面向数据结构化数据系统开发方法。

（2）面向对象的分析方法

从需求分析建立的模型的特点来分，需求分析方法又分为静态分析方法和动态分析方法。

3.2.3 结构化分析方法及其常用工具

1. 结构化分析

结构化分析是面向数据流进行需求分析的方法。SA 也是一种建模活动，该方法使用简单易读的符号，运用抽象的概念模型，根据软件内部数据传递、变换的关系，自顶向下逐层分解，描绘出满足功能要求的软件模型。结构化分析使用的工具有数据流图、数据字典、结构化语言、判定表和判定树。

2. 结构化分析常用工具

（1）数据流图

数据流图（DFD）是结构化分析方法中用于表示系统逻辑模型的一种工具。它以图形的方式描绘数据在软件系统中流动和处理的过程。由于它只反映系统必须完成的逻辑功能，所以它是一种功能模型。

数据流图由数据流、加工（又称数据处理）、数据存储（又称文件）、数据源点或终点 4 种基本成分组成，如表 3-3-1 所示。

表 3-3-1 数据流图的元素说明

符 号	名 称	作 用
→	箭头	数据流，沿箭头方向传送数据的通道
⬭	圆或椭圆	加工，输入数据经加工变换产生输出
═	双杠	数据存储，表示处理过程中存放各种数据文件
□	方框	数据源点或终点

（2）数据字典

数据字典（data dictionary）是以一种准确、无二义的方式对数据流图中的所有名字进行定义（或说明）的汇总。它详细地描述了数据的组成情况和加工规程。

数据字典方便人们对不了解的条目进行查阅，人们可以借助于数据字典查出每一个名字（包括数据流、加工名、文件名等）的定义和组成，以免产生误解。

（3）判定表

在过程设计中，有一些模块要对复杂的组合条件求值，并根据这些条件选择来执行某一个动作。判定表可以把复杂的条件组合和应执行动作的对应关系描述清楚。

（4）判定树

判定树是判定表的图形表示形式，它也可以表示复杂条件组合与对应动作之间的对应关系。由于判定树的表达形式清晰，简单易懂，所以它也是一种常用的设计工具。

3.2.4 结构化方法开发过程

结构化方法将软件生命周期分为软件定义、软件开发、软件维护 3 个时期，每个时期又分为若干个阶段。

1. 软件定义时期

软件定义的任务是确定软件开发过程必须完成的总目标。具体可分成问题定义、可行性研究和需求分析 3 个阶段。

（1）问题定义

问题定义阶段必须回答的关键问题是“要解决的问题是什么”。

（2）可行性研究

这个阶段要回答的关键问题是“上一个阶段所确定的问题是否有行得通的解决办法”。

（3）需求分析

这个阶段的任务不是具体地解决客户的问题，而是准确地回答“目标系统必须做什么”这个问题。这个阶段的另外一项重要任务是用正式文档准确地记录对目标系统的需求，这份文档通常称为规格说明。

2. 软件开发时期

软件开发就是软件的分析、设计与实现，其中分析、设计包括总体设计、详细设计、编码实现和软件测试 4 个阶段。

（1）概要设计

这个阶段的基本任务是概括地回答“怎样实现目标系统”这个问题。概要设计又称初步设计、逻辑设计、高层设计或总体设计。

（2）详细设计

总体设计阶段以比较抽象概括的方式提出了解决问题的办法。详细设计阶段的任务就是把解法具体化，也就是回答“应该怎样具体地实现这个系统”这个关键问题。这个阶段的任务还不是编写程序，而是设计出程序的详细规格说明。

（3）编码实现

这个阶段的关键任务是写出正确的、容易理解的、容易维护的程序模块。

（4）软件测试

这个阶段的关键任务是通过各种类型的测试（及相应的调试）使软件达到预定的要求。

3. 软件维护时期

运行维护期的主要任务是软件维护。

3.2.5 软件需求规格说明书

软件需求规格说明书把在软件计划中所确定的软件范围加以扩展，制定数据要求说明书及编写初步的用户手册，修改、完善并确定软件开发实施计划，它是需求分析阶段的最后成果，是软件开发的重要文档之一。

1. 内容

① 软件功能概述。

② 数据描述（数据流程图、数据字典、系统接口说明和内部接口说明）。

③ 功能描述（功能、处理说明及设计的限制）。

④ 性能描述（性能参数、测试种类、预期软件响应和特殊问题考虑）。

⑤ 附录。

2. 软件需求规格说明书的特点

正确性、无歧义性、完全性、可验证性、一致性、可理解性、可修改性、可追踪性。

3.2.6 经典例题解析

【例 3.3.7】软件需求规格说明书应具有完整性、无歧义性、正确性、可验证性、可修改性等特性，其中最重要的是（　　）。

A. 正确性　　　　B. 完整性

C. 可验证性　　　　D. 名确定

解析：软件需求规格说明书是确保软件质量的有力措施，衡量软件需求规格说明书质量好坏的标准、标准的优先级及标准的内涵包括 8 个方面：正确性、无歧义性、完全性、可验证性、一致性、可理解性、可修改性、可追踪性，其中最重要的是正确性。

【答案】 A

【例 3.3.8】 在结构化分析使用的数据流图（DFD）中，利用（　　）对其中的图形元素进行确切解释。

A. 数据字典　　B. 判定树

C. 需求规格说明书　　D. 判定表

解析： 数据字典是结构化分析方法的核心。数据字典是对所有与系统相关的数据元素的一个组织列表，以及精确的、严格的定义，使得用户和系统分析员对于输入、输出、存储成分和中间结果有共同的解释。数据字典把不同的需求文档和分析模型紧密地结合在一起，与各模型的图形表示配合，能清楚地表达数据处理的要求。数据字典的作用是对 DFD 中出现的图形元素进行确切解释。

【答案】 A

3.3 结构化设计方法

3.3.1 软件设计的基本概念

1. 软件设计的基础

软件设计是一个把软件需求转化为软件表示的过程，也就是把它加工为在程序细节上非常接近于源程序的软件表示（描述），它是软件工程的重要阶段。

软件设计是一系列设计迭代的过程，包括软件结构设计、数据设计、接口设计、过程设计。其中，结构设计定义了软件的主要结构元素；数据设计是将系统分析时创建的信息模型变换成软件所需的数据结构；接口设计描述了软件内部、软件与协作系统、软件与使用者之间的通信方式；过程设计则是把系统结构部件转换成软件的过程性描述。

2. 软件设计的基本原理

（1）抽象化

抽象就是提取客观世界中一群事物的某些本质共性（属性、特征），暂时忽略它们非本质的细节。

（2）模块化

模块化是指解决一个复杂问题时自顶向下逐层把软件系统划分成若干模块的过程。把软件按照规定的原则，划分为一个个较小的相互独立但又相关的部件，每一个部件称为模块，注意到模块可以独立命名和编址，系统模块化又称模块设计。当把所有的模块组装在一起时，就可以获得问题的解。

（3）信息隐蔽

信息隐蔽是指对于一个模块内包含的信息（过程或数据），不需要这些信息的其他模块不能访问。

（4）模块独立性

模块独立性是指每个模块只完成系统要求的独立的子功能，并且与其他模块的联系最少且接口简单。模块的独立程度是评价设计好坏的重要标准，耦合性和内聚性是衡量软件的模块独立性的两个定性度量标准。

① 模块耦合性是对软件结构中各个不同模块之间互相关联程度的度量。耦合的强弱取决于模块间接口的复杂性、进入或调用模块的位置、通过界面传送数据的多少等。模块设计的基本原则是要尽量使用数据耦合，减少控制耦合，限制外部耦合和公共耦合，不使用内容耦合。可见，

一个模块与其他模块的耦合性越强则该模块的独立性越弱。

② 模块内聚性是指一个模块内部元素在功能上相互关联的强度。内聚性是信息隐蔽和局部化概念的自然扩展。一个模块的内聚性越强则该模块的模块独立性越强。作为软件结构设计的设计原则，要求每一个模块的内部都具有很强的内聚性，它的各个组成部分彼此密切相关。内聚与耦合密切相关，同其他模块强耦合的模块意味着弱内聚，强内聚模块意味着与其他模块间松散耦合。

软件设计目标是力争强内聚、弱耦合。

3．结构化设计方法

结构化设计方法是采用最佳的可能方法来设计系统的各个组成部分以及各成分之间的内部联系的技术。

结构化设计方法的基本思想是将软件设计成相对独立、单一功能的模块组成的结构。

3.3.2 概要设计

1．概要设计的任务

① 设计软件系统结构。

② 数据结构及数据库设计。

③ 编写概要设计文档。

④ 概要设计文档评审。

常用的概要设计工具是结构图（structure char，SC），也是程序结构图。它以特定的符号定义了模块的名字和功能、模块间的调用关系和模块间信息的传递。

2．软件结构设计的优化准则

软件概要设计的主要任务就是软件结构的设计。为了提高设计的质量，必须根据软件设计的原理改进软件设计，所以提出以下软件结构的设计优化准则。

① 划分模块时，尽量做到高内聚、低耦合，保持模块相对独立性。

② 一个模块的作用域应在其控制范围之内，且判定所在的模块应与受其影响的模块在层次上应尽量靠近。

③ 软件结构的深度、宽度、扇入、扇出应适当。

④ 模块的大小要适中。

⑤ 模块的接口要简单、清晰、含义明确，便于理解，易于实现、测试与维护。

3.3.3 面向数据流的设计方法

1．数据流的类型

数据流类型有两种：变换型和事务型。

（1）变换型

变换型结构是一种线性状的结构，它可以明显地分成输入、主加工和输出 3 部分，即取得数据、变换数据和给出数据，这 3 部分反映了变换型结构数据流图的基本思想。

（2）事务型

事务型结构中，某一个加工将其输入分离成一串平行的数据流，然后选择执行后面的加工。

通常它是接受一项事务，根据事务处理的特点和性质，选择分派一个适当的处理单元，然后给出结果。通常把完成选择分派任务的部分称为“事务处理中心”。

2. 面向数据流设计方法的实施要点与设计过程

面向数据流的结构设计过程和步骤：

① 分析、确认数据流图的类型，区分是事务流还是变换流。

② 说明数据流的边界。

③ 把数据流图映射为程序结构。

④ 根据设计准则对产生的结构进行细化和求精。

3.3.4 详 细 设 计

详细设计的任务，是把结构体系的结构元素转换成对软件构件的过程性描述，也称为过程设计。其目标是将设计模型翻译成可运行的软件。

常见的过程设计工具有：

① 图形描述工具：如程序流程图、盒图（N-S）、问题分析图（PAD）等。

② 表格描述工具：把过程细节用表格形式表示，如判定表。

③ 语言描述工具：把过程细节用语言形式表示，如伪代码（PDL）。

1. 程序流程图

程序流程图主要的元素有：椭圆（表示起止框）、方框（表示加工任务）、菱形（表示逻辑条件）、箭头（表示控制流），如图 3-3-2 所示。

符　　号	符号名称	功能描述
（椭圆）	起止框	开始或者结束
（矩形）	处理框	计算或处理
（菱形）	判断框	判断或分支
↓ 或 ⟶	流程线	程序流程线

图 3-3-2　流程图符号

程序流程图的 3 种基本结构为顺序结构、选择结构、循环结构，如图 3-3-3 所示。

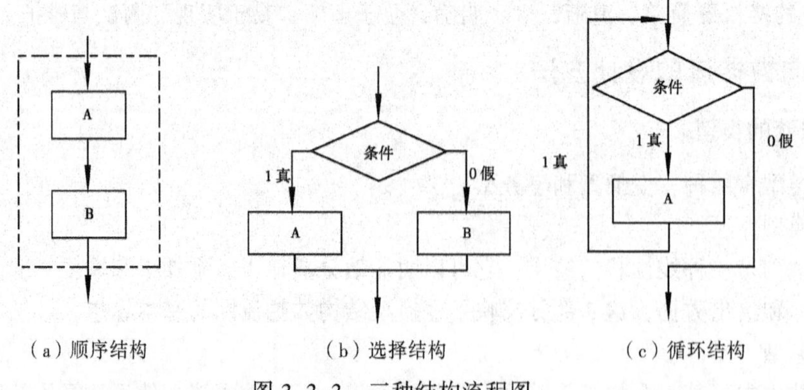

图 3-3-3　三种结构流程图

2. N-S 图

N-S 图又称盒图，目标是构造一种不允许破坏结构化程序设计的图形。用盒图可以更好地控制结构化程序设计的思想。盒图的基本图符及表示的几种基本控制结构如图 3-3-4 所示。

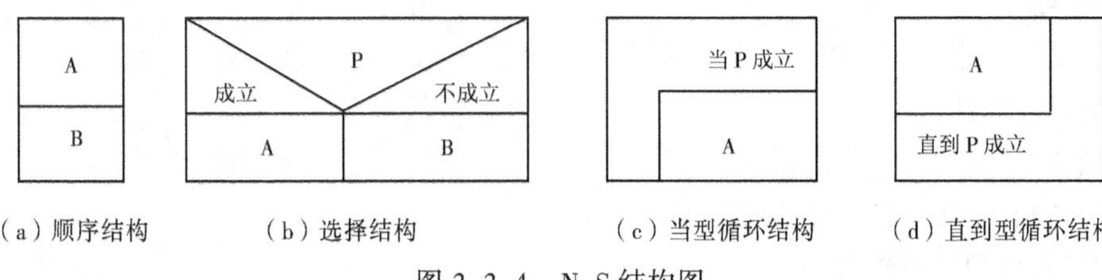

（a）顺序结构　（b）选择结构　（c）当型循环结构　（d）直到型循环结构

图 3-3-4　N-S 结构图

3. 问题分析图

问题分析图用二维树形结构来表示程序的控制流。

4. 伪代码

过程化设计语言又称结构化的语言或者伪代码，采用的是一种结构化编程语言与另一种语言词汇的混合形式。

3.3.5　经典例题解析

【例 3.3.9】在结构化程序设计中，模块划分的原则是（　　）。

A. 各模块应包括尽量多的功能

B. 各模块的规模应尽量大

C. 各模块之间的联系应尽量紧密

D. 模块内具有高内聚、模块间具有低耦合

解析：软件设计通常采用结构化设计方法，模块的独立程度是评价设计好坏的重要度量标准。耦合性与内聚性是模块独立性的两个定性标准。内聚性是一个模块内部各个元素间彼此结合的紧密程度的度量；耦合性是模块间相互连接的紧密程度的度量。一般较优秀的软件设计应尽量做到高内聚、低耦合，即减弱模块之间的耦合性和提高模块内的内聚性，有利于提高模块的独立性。

【答案】D

【例 3.3.10】从工程管理角度，软件设计一般分为两步完成，它们是（　　）。

A. 概要设计与详细设计　　B. 数据设计与接口设计

C. 软件结构设计与数据设计　　D. 过程设计与数据设计

解析：从工程管理角度看，软件设计分为两步完成：概要设计与详细设计。概要设计（又称结构设计）将软件需求转化为软件体系结构、确定系统级接口、全局数据结构或数据库模式；详细设计确立每个模块的实现算法和局部数据结构，用适当方法表示算法和数据结构的细节。

【答案】A

【例 3.3.11】两个或两个以上模块之间关联的紧密程度称为（　　）。

A. 耦合度　　B. 内聚度　　C. 复杂度　　D. 数据传输特性

解析：耦合度是模块间互相连接的紧密程度的度量，内聚度是一个模块内部各个元素间彼此结合的紧密程度的度量。

【答案】A

【例 3.3.12】在软件设计中，不属于过程设计工具的是（　　）。

A. PDL（过程设计语言）　　B. PAD

C. N-S 图　　D. DFD

解析：软件设计工具包括：程序流程图、N-S 图、PAD、判定表、PDL。而 DFD（数据流图）属于结构化分析工具。

【答案】D

【例 3.3.13】下列描述中正确的是（　　）。

A. 软件可以通过机器自动生成

B. 软件开发不受计算机系统的限制，也不受软件环境的限制

C. 软件既是逻辑实体，又是物理实体，所以容易磨损和老化

D. 软件是程序、数据与相关文档的集合

解析：计算机软件是计算机系统中与硬件相互依存的另一部分，是包括程序、数据及相关文档的完整集合。软件具有以下特点：①软件是一种逻辑实体，而不是物理实体，具有抽象性；②软件的生产过程与硬件不同，它没有明显的制作过程；③软件在运行、使用期间不存在磨损、老化问题；④软件的开发、运行对计算机系统具有依赖性，受计算机系统的限制，这导致软件移植的问题；⑤软件复杂性高，成本昂贵；⑥软件开发涉及诸多的社会因素。

【答案】D

【例 3.3.14】图 3-3-5 所示的软件系统结构图的宽度为（　　）。

A. 3　　B. 2

C. 1　　D. 6

解析：软件系统结构图的宽度为整体控制跨度，即最大模块的层。

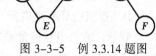

【答案】A

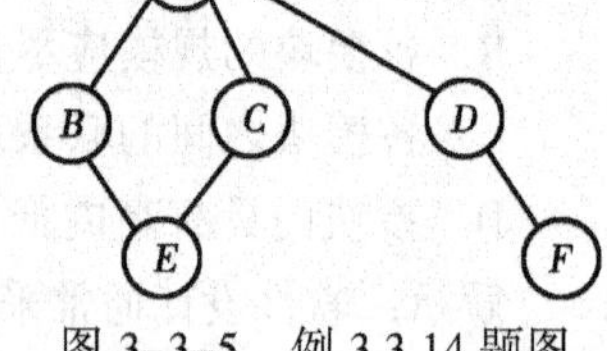

图 3-3-5　例 3.3.14 题图

3.4　软 件 测 试

3.4.1　软件测试的目的和原则

1. 软件测试的目的

测试的目的是以最少的人力、物力和时间投入，尽可能多地发现软件中的各种错误。

① 测试是一个为了发现错误而执行程序的过程。

② 一个好的测试用例是可能找到迄今尚未发现的错误的用例。

③ 一个成功的测试是指发现了迄今尚未发现的错误的测试。

2. 软件测试的原则

① 所有的测试都应该追溯到用户需求。

② 应该尽早制订测试计划。

③ 应该由第三方进行测试工作。

④ 穷举测试是不可能的。

⑤ 充分注意到错误的群集现象。

⑥ 测试应该从“小规模”到“大规模”。

3.4.2 软件测试的技术与方法

软件测试的方法和技术是多种多样的。对于软件测试方法和技术，可以从不同角度加以分类。从是否需要执行被测试软件的角度划分，可以分为静态测试和动态测试方法；按照功能划分，可以分为白盒测试和黑盒测试。

1. 静态测试

静态测试实际上是确认在给定的外部环境中软件逻辑的正确性，它包括需求规格说明和程序等的确认。静态测试一般不在计算机上实际执行程序，可以通过人工分析或计算机辅助分析以及程序正确性来证明确认软件的正确性。

2. 动态测试

动态测试也称机器测试。动态测试主要是通过动态分析以及程序测试来检验程序的执行状态，以确认程序的正确性。常用的动态测试方法有白盒测试和黑盒测试。

3. 白盒测试

白盒测试简称白盒法。白盒测试的测试者要完全了解程序的内部结构和处理过程，需从程序的逻辑结构入手，按照程序的内部逻辑结构测试、检验程序。如果想用白盒测试发现程序中的所有错误，则至少必须使程序中每种可能的路径都执行一次。

白盒测试主要有逻辑覆盖测试、循环测试、基本路径测试等。

（1）逻辑覆盖测试

逻辑覆盖是一组覆盖方法的总称，它以程序的内部逻辑结构为基础设计测试用例，包括语句覆盖、判定覆盖（又称分支覆盖）、条件覆盖、判定-条件覆盖、条件组合覆盖。

（2）循环测试

循环测试包括简单循环测试、嵌套循环测试和串接循环测试。

（3）基本路径测试

通过分析由控制结构的环路的复杂性，导出基本路径集合，从而设计测试用例，保证这些路径至少通过一次。

4. 黑盒测试

黑盒测试注重测试软件的功能需求，所以又称功能测试。它很少涉及软件的内部逻辑结构，而是以程序的功能作为测试的依据对程序进行测试。黑盒测试又分等价类划分法、边界值分析法和错误猜测法。

（1）等价类划分法

把所有可能的输入数据（有效的和无效的）划分成若干个等价的子集（称为等价类），使得每个子集中的一个典型值在测试中的作用与这一子集中所有其他值的作用相同。

（2）边界值分析法

边界值分析法是对各种输入、输出范围的边界情况设计测试用例的方法。

3.4.3 软件测试的实施

软件测试过程可以分成 4 个步骤进行，即单元测试、集成测试、确认测试和系统测试。

1. 单元测试

单元测试又称模块测试，是对软件系统的模块或构件进行正确性检查的测试。其目的是发现各模块内部可能存在的各种错误，依据是详细设计的说明书和源程序。单元测试的内容：

① 模块接口测试。
② 局部数据结构测试。
③ 路径测试。
④ 边界测试。
⑤ 出错处理测试。

2. 集成测试

集成测试又称组装测试或者联合测试，其目标主要是发现与模块接口有关的各种错误。集成测试方法有非增量方式组装和增量方式组装。

3. 确认测试

确认测试又称有效性测试，其测试依据是需求规格说明，检查软件完成的功能和性能是否符合需求规格说明确定的指标要求。

4. 系统测试

软件只是计算机系统的一个元素，软件最终要与其他系统元素（如新硬件、信息等）相结合，进行各种集成测试和确认测试。系统测试的目的是整个计算机系统各个成分能正常集成并完成各自的功能。系统测试的具体实施一般包括恢复测试、安全测试、压力测试和性能测试等。

3.4.4 经典例题解析

【例 3.3.15】下列叙述中正确的是（　　）。

A. 软件测试的主要目的是发现程序中的错误
B. 软件测试的主要目的是确定程序中错误的位置
C. 为了提高软件测试的效率，最好由程序编制者自己来完成软件测试的工作
D. 软件测试是证明软件没有错误

解析：软件测试是为了发现错误而执行程序的过程：一个好的测试用例是指很可能找到迄今尚未发现的错误的用例；一个成功的测试是发现了至今尚未发现的错误的测试。整体来说，软件测试的目的就是尽可能多地发现程序中的错误。

【答案】A

【例 3.3.16】下列对于软件测试的描述中正确的是（　　）。

A. 软件测试的目的是证明程序是否正确
B. 软件测试的目的是使程序运行结果正确
C. 软件测试的目的是尽可能地发现程序中的错误
D. 软件测试的目的是使程序符合结构化原则

解析：同例 3.3.15。

【答案】C

【例 3.3.17】在两种基本测试方法中，(　　)测试的原则之一是保证所测模块中每一个独立路径至少要执行一次。

A. 白盒　　B. 黑盒　　C. 动态　　D. 静态

解析：白盒测试也称结构测试，它与程序内部结构有关，要利用程序结构的实现细节设计测试用例。白盒测试的基本原则是：保证所测模块中每一独立路径至少执行一次；保证所测模块所有判断的每一分支至少执行一次；保证所测模块每一循环都在边界条件和一般条件下至少各执行一次；验证所有内部数据结构的有效性。白盒测试的主要方法有逻辑覆盖、基本路径测试等。

【答案】A

【例 3.3.18】(　　)测试方法是指不执行程序，而只是对程序文本进行检查，通过阅读和讨论，分析和发现程序中的错误。

A. 白盒　　B. 黑盒　　C. 动态　　D. 静态

解析：静态测试指不在计算机上运行被测试程序，而采用其他手段来达到对程序进行检测的目的，包括人工测试和计算机辅助静态分析方法。动态测试指通过在计算机上运行被测试程序，并用所设计的测试用例对程序进行检测的方法。

【答案】D

【例 3.3.19】在进行模块测试时，要为每个被测试的模块另外设计两类模块：驱动模块和承接模块（桩模块）。其作用是将测试数据传送给被测试的模块，并显示被测试模块所产生的结果的模块是(　　)。

A. 驱动模块　　B. 承接模块　　C. 两者都是　　D. 两者都不是

解析：在进行模块测试时，要为每个被测试的模块另外设计两类模块：驱动模块和承接模块。其中，驱动模块相当于被测试模块的主程序，它接收测试数据，并传给被测试模块，输出实际测试结果。承接模块通常用于代替被测试模块调用的其他模块，其作用仅做少量的数据操作，是一个模拟子程序，不必将子模块的所有功能带入。

【答案】A

【例 3.3.20】等价类划分法属于(　　)测试。

A. 白盒　　B. 黑盒　　C. 动态　　D. 静态

解析：软件测试的方法有 3 种：动态测试、静态测试和正确性证明。设计测试用例的方法一般有两种：黑盒测试和白盒测试。黑盒测试的方法主要有等价类划分法、边界值分析法、错误推测法、因果图等，主要用于软件确认测试。

【答案】B

3.5　程序的调试

3.5.1　程序调试的基本概念

程序测试成功后，还需要进行程序调试（通常称为 debug，即排错）。调试的目的是找出产生错误的原因和产生错误的准确位置，并进行改正、排除错误。它与软件测试不同，软件测试是尽可能地发现软件中的错误，程序调试主要用在开发阶段，而软件测试则贯穿整个软件生命周期。

1．程序调试的 3 个基本步骤

① 错误定位。

② 修改设计和代码。

③ 进行回归测试。

2．程序调试原则

（1）确定错误的性质和位置时的注意事项

分析思考与错误征兆有关的信息；避开死胡同；只把调试工具当作辅助手段来使用；避免用试探法。

（2）修改错误的原则

在出现错误的地方很可能还有别的错误；不要只修改错误的征兆和表现，要找到产生错误的真正原因，修改错误的本质；当心修改一个错误时可能引入新的错误；修改源代码程序，不要改变目标代码。

3.5.2 程序的静态调试与动态调试

程序调试主要有两种方法，即静态调试和动态调试。

1．静态调试

程序的静态调试就是在程序编写完以后，由人工“代替”或“模拟”计算机，对程序进行仔细检查，主要检查程序中的语法规则和逻辑结构的正确性。实践表明，有很大一部分错误可以通过静态检查来发现。通过静态调试，可以大大缩短上机调试的时间，提高上机的效率。

2．动态调试

程序的动态调试就是实际上机调试，它贯穿在编译、连接和运行的整个过程中。根据程序编译、连接和运行时计算机给出的错误信息进行程序调试，这是程序调试中最常用的方法，也是最初步的动态调试。在此基础上，通过“分段隔离”“设置断点”“跟踪打印”进行程序的调试。实践表明，对于查找某些类型的错误来说，静态调试比动态调试更有效，但对于其他类型的错误来说则刚好相反，因此，静态调试和动态调试是互相补充、相辅相成的，缺少其中任何一种方法都会使查找错误的效率降低。

3.5.3 常见的软件动态调试的方法

1．强行排错法

这是一种常用的简单方法，这种调试方法效率比较低。

① 输出内存储器的信息。

② 在程序中插入打印语句。

③ 利用自动调试工具。

2．回溯法

回溯法就是从发现错误的地方开始，逐步向后回溯查找，反向跟踪，直到找到错误的根源为止。当程序不是很大，也不是很复杂时，这是很有效的方法，通常还可以插入一些输出语句，通过输出一些关键变量的值辅助查找。

3．原因排除法

原因排除法是通过归纳、演绎和二分法来实现的。

（1）归纳法

归纳法是一种从特殊推断出一般的方法，由错误征兆、线索推出错误的根源。

（2）演绎法

演绎法是一种从一般原理或前提出发，经过排除和细化的过程，推导出结论的方法。

（3）二分法

二分法实现的基本思想是，把程序以某一个关键点划分成两部分，在该关键点输入变量的正确值，如果输出正确，则错误在上半部分，否则在下半部分。如此多次地划分查找，直到找出错误。

3.5.4　软件的维护

1．软件维护的概念

软件维护是在软件已交付用户使用后，为了改正错误，或者满足用户新的需求而修改软件的过程。软件维护一般不包括重大体系结构的修改。

2．软件维护分类

（1）纠错性维护

诊断和改正软件系统中潜伏下来的错误，这样的活动称为纠错性维护。这是一种修补软件缺陷的维护。

（2）适应性维护。

为了适应新环境的变化而修改软件的活动称为适应性维护。这是一种使软件适应不同操作环境的维护。

（3）完善性维护

为了改善、加强系统的功能和性能，以满足用户新的要求，这样的维护活动称为完善性维护。这是一种增加或者修改系统功能的维护。

（4）预防性维护

预防性维护是为了改善软件系统的可维护性和可靠性，以便减少今后对它们维护所需要的工作量，为以后进一步改进软件打下良好的基础。

3.5.5　经典例题解析

【例 3.3.21】下列叙述中正确的是（　　）。

A. 软件测试应该由程序开发者来完成

B. 程序经调试后一般不需要再测试

C. 软件维护只包括对程序代码的维护

D. 以上三种说法都不对

解析：程序调试的任务是诊断和改正程序中的错误。它与软件测试不同，软件测试是尽可能多地发现软件中的错误。先要发现软件的错误，然后借助一定的调试工具去找出软件错误的具体位置。软件测试贯穿整个软件生命期，调试主要在开发阶段。为了达到更好的测试效果，应该由独立的第三方来构造测试。因为从心理学角度讲，程序人员或设计方在测试自己的程序时，要采取客观的态度在不同程度上是存在障碍的。软件的运行和维护是指将已交付的软件投入运行，并在运行使用中不断地维护，根据新提出的需求进行必要而且可能的扩充和删改。

【答案】D

【例 3.3.22】软件调试的目的是（　　）。

A. 发现错误　　B. 更正错误

C. 改善软件性能　　D. 验证软件的正确性

解析：软件调试的目的是诊断和改正程序中的错误，改正以后还需要再测试。

【答案】B

【例 3.3.23】下列叙述中正确的是（　　）。

A. 程序设计就是编制程序

B. 程序的测试必须由程序员自己去完成

C. 程序经调试改错后还应进行再测试

D. 程序经调试改错后不必进行再测试

解析：程序调试的任务是诊断和改正程序中的错误，改正以后还需要再测试。

【答案】C

【例 3.3.24】（　　）的任务是诊断和改正程序中的错误。

A. 程序调试　　B. 程序测试

C. 软件维护　　D. 程序编辑

解析：程序调试的任务是诊断和改正程序中的错误。它与软件测试不同，软件测试是尽可能多的发现软件中的错误。先要发现软件的错误，然后借助于一定的调试工具去找出软件错误的具体位置。软件测试贯穿整个软件生命周期，调试主要在开发阶段。

【答案】A

小　结

随着计算机应用范围越来越广，软件需求也不断上升，而且软件系统的规模也越来越庞大。为了提高软件的生产率和质量，工程化被应用于软件开发和维护的过程中。

本章介绍软件工程的基本概念，包括软件的定义、软件危机、软件工程过程、软件生存周期、软件工程的目标与原则、软件开发工具和软件开发环境。其次介绍了需求分析方法、结构化分析方法、软件需求规格说明书、软件设计的基本概念、概要设计和详细设计。最后，重点介绍软件测试和程序调试，主要介绍软件测试、程序调试的方法和技术。

习　题

选择题

1. 数据流图中带有箭头的线段表示的是（　　）。

A. 控制流　　B. 事件驱动　　C. 模块调用　　D. 数据流

2. 在软件开发中，需求分析阶段可以使用的工具是（　　）。

A. N-S 图　　B. DFD 图　　C. PAD 图　　D. 程序流程图

3. 软件按功能可以分为：应用软件、系统软件和支撑软件。下列属于应用软件的是（　　）。

A. 编译程序　　B. 操作系统

C. 教务管理系统　　D. 汇编程序

4. 下面叙述中错误的是（　　）。

A. 软件测试的目的是发现错误并改正错误

B. 对被调试的程序进行“错误定位”是程序调试的必要步骤

C. 程序调试通常也称 Debug

D. 软件测试应严格执行测试计划，排除测试的随意性

5. 耦合性和内聚性是对模块独立性度量的两个标准。下列叙述中正确的是（　　）。

A. 提高耦合性降低内聚性有利于提高模块的独立性

B. 降低耦合性提高内聚性有利于提高模块的独立性

C. 耦合性是指一个模块内部各个元素间彼此结合的紧密程度

D. 内聚性是指模块间互相连接的紧密程度

6. 软件设计中划分模块的一个准则是（　　）。

A. 低内聚低耦合　　B. 高内聚低耦合

C. 低内聚高耦合　　D. 高内聚高耦合

7. 软件按功能可以分为：应用软件、系统软件和支撑软件（或工具软件）。下面属于系统软件的是（　　）。

A. 编辑软件　　B. 操作系统

C. 教务管理系统　　D. 浏览器

8. 软件（程序）调试的任务是（　　）。

A. 诊断和改正程序中的错误

B. 尽可能多地发现程序中的错误

C. 发现并改正程序中的所有错误

D. 确定程序中错误的性质

9. 数据流图（DFD 图）是（　　）。

A. 软件概要设计的工具　　B. 软件详细设计的工具

C. 结构化方法的需求分析工具　　D. 面向对象方法的需求分析工具

10. 软件生命周期可分为定义阶段、开发阶段和维护阶段。详细设计属于（　　）。

A. 定义阶段　　B. 开发阶段

C. 维护阶段　　D. 上述 3 个阶段

11. 在面向对象方法中，不属于“对象”基本特点的是（　　）。

A. 一致性　　B. 分类性

C. 多态性　　D. 标志唯一性

12. 数据字典是软件需求分析阶段的最重要工具之一，其最基本的功能是（　　）。

A. 数据通信　　B. 数据库设计

C. 数据维护　　D. 数据定义

13. 在下列文档中，属于结构化分析阶段的文档是（　　）。
   A. 软件设计说明书　　B. 可行性分析报告
   C. 项目计划　　D. 需求规格说明书
14. 在概要设计阶段，设计软件结构一般不确定（　　）。
   A. 模块的功能　　B. 模块间的调用关系
   C. 模块之间的接口　　D. 模块内的局部数据
15. 下列关于软件调试正确的说法是（　　）。
   A. 调试时，修改程序可以不进行回归测试
   B. 调试时，修改程序必须进行回归测试，防止引入新的错误
   C. 调试时，修改程序可以进行回归测试，也可以不进行回归测试
   D. 调试时，修改程序是否进行回归测试，根据需要来决定
16. 在结构化程序设计中，模块划分的原则是（　　）。
   A. 各模块应包括尽量多的功能
   B. 各模块的规模应尽量大
   C. 各模块之间的联系应尽量紧密
   D. 模块内具有高内聚度，模块间具有低耦合度
17. 下列叙述中正确的是（　　）。
   A. 软件测试的主要目的是发现程序中的错误
   B. 软件测试的主要目的是确定程序中错误的位置
   C. 为了提高软件测试的效率，最好由程序编制者自己来完成软件测试的工作
   D. 软件测试是证明软件没有错误
18. 在软件开发中，需求分析阶段产生的主要文档是（　　）。
   A. 软件集成测试计划　　B. 软件详细设计说明书
   C. 用户手册　　D. 软件需求规格说明书
19. 下列描述中错误的是（　　）。
   A. 系统总体结构图支持软件系统的详细设计
   B. 软件设计是将软件需求转换为软件的表示过程
   C. 数据结构与数据库设计是软件设计的任务之一
   D. PAD 图是软件详细设计的表示工具
20. 某系统总体结构图如图 3-3-6 所示，该系统总体结构图的深度是（　　）。

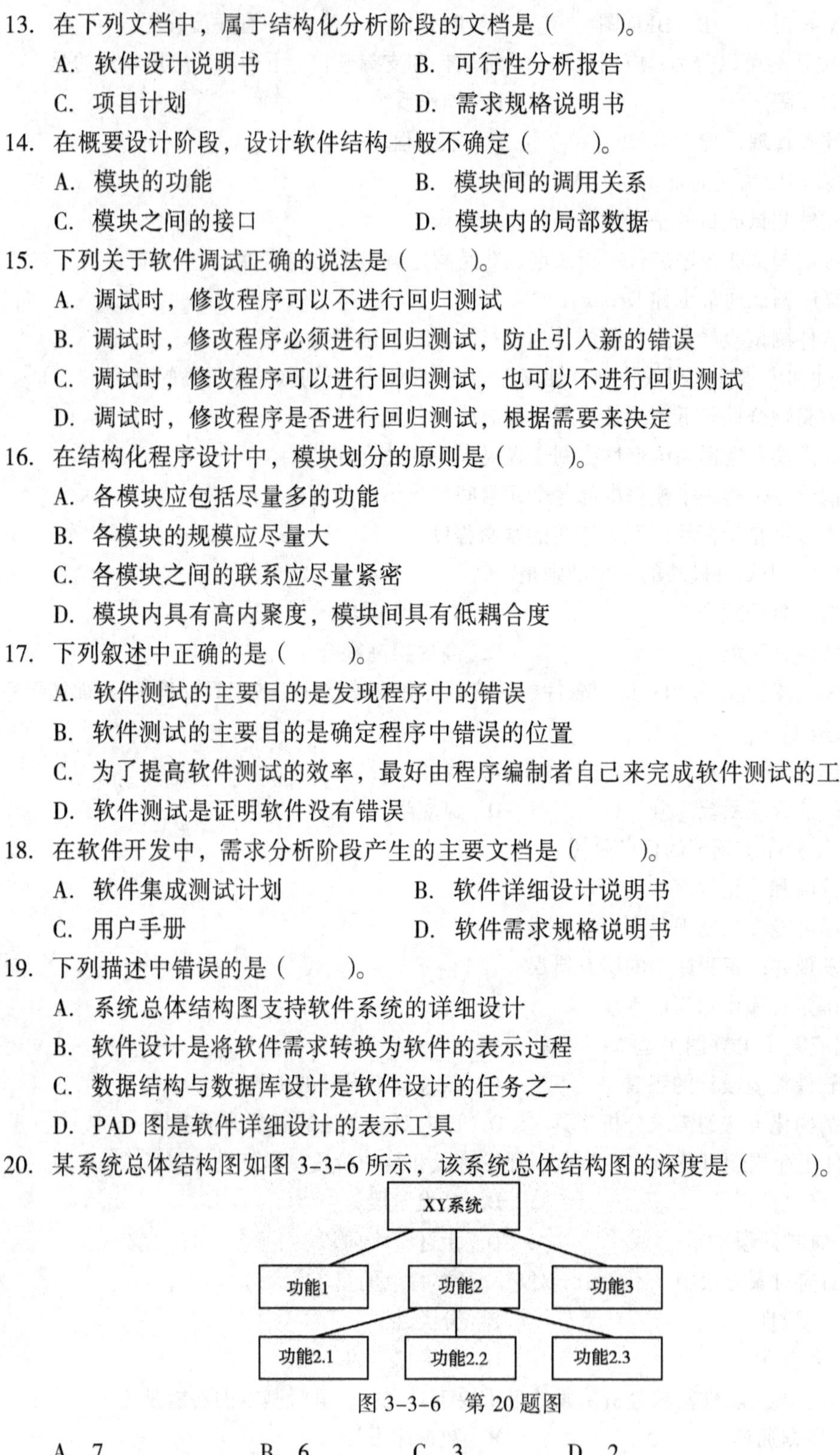

图 3-3-6　第 20 题图

   A. 7　　B. 6　　C. 3　　D. 2

第 4 章　数据库设计基础

本章主要介绍数据库的基本概念，包括数据库、数据库管理系统、数据库系统、数据模型、实体-联系模型以及 E-R 图、从 E-R 图导出关系数据模型；关系代数运算，包括集合运算以及选择、投影、连接等运算，关系数据库理论，数据库设计的方法和步骤；数据库的需求分析、概念设计、逻辑设计和物理设计的相关策略。

本章的重点是实体-联系模型、关系代数和数据库设计的方法和步骤。

学习目标：

- 理解数据库的相关概念：数据、数据库、数据库管理系统和数据库系统。
- 掌握数据库、数据库管理系统和数据库系统的关系。
- 掌握数据库系统的特点和关系模型。
- 理解传统的集合运算及专门的关系运算。
- 掌握数据库设计的基本概念以及数据库设计的方法和步骤。
- 掌握数据的独立性及其应用。

4.1　数据库的基本概念

4.1.1　信息、数据、数据库

1．数据

数据是一种物理符号序列，是数据库中存储的基本对象。计算机中的数据一般分为两部分，其中一部分存放于计算机内存中，随程序的结束而消失，称为临时性数据；另一部分则对系统起着长期的持续作用，称为永久性数据。

2．信息

信息是现实世界中事物的状态、运行方式和相互关系的表现形式，是自然界、人类社会和人类思维活动中普遍存在的一切物质和事物的属性。

3．数据的种类

数据可以由文字、图像、图形和声音来表示。

4．数据处理的 3 个领域

数据表示信息，信息反应事物的客观状态，事物、信息、数据三者之间互为联系。数据处理的 3 个领域包括现实世界、信息世界和数据世界。

（1）现实世界

现实世界是存在于人们头脑之外的客观世界，由客观事物及其联系组成，包括事物、事物类和特性。

（2）信息世界

信息世界是对现实世界的抽象和描述。与现实世界对应的概念是实体、实体集和属性。

① 实体：现实世界中客观存在并且可以相互区分的事物在信息世界称为实体。

② 实体集：现实世界中的事物类，在信息世界中称为实体集，是同类实体的集合。

③ 属性：现实世界中事物的特性就是实体的属性。

（3）数据世界

数据世界是信息世界在计算机中的实现。

在数据世界中与信息世界几个概念相对应的分别是记录实例值、文件和字段（或数据项）。

① 记录实例值：简称记录，表示实体。

② 文件：文件是记录的集合。

③ 字段（或数据项）：字段对应信息世界的属性。

5．数据库

数据库是长期存储在计算机内有组织的、可共享的大量数据的集合。数据库的特点包括：数据结构化，数据独立性高，共享性高、冗余度低，DBMS 的集中管理，方便的用户接口。

4.1.2 数据库管理系统

数据库管理系统（DBMS）是数据库的管理机构，是为数据库的建立、使用和维护而配置的软件。DBMS 是在操作系统支持下运行的。DBMS 在计算机系统中的位置如图 3-4-1 所示。数据库管理系统根据所支持的数据模型的不同，可分为层次型数据库管理系统、网络型数据库管理系统和关系型数据库管理系统。

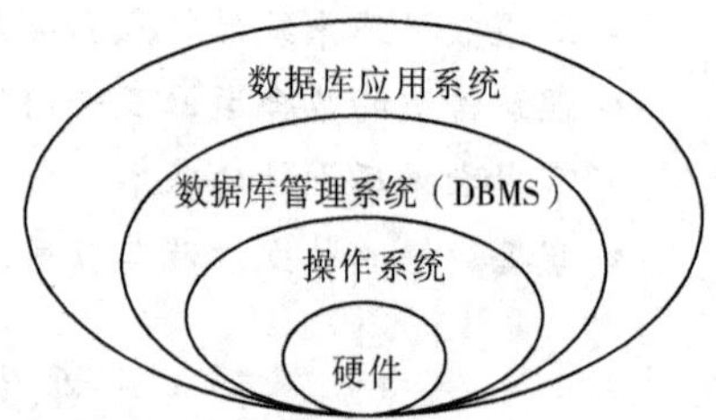

图 3-4-1 数据库系统关系示意图

1．DBMS 的功能

① 数据库定义功能：包括全局逻辑数据结构定义、局部逻辑数据结构定义、存储结构定义、保密及完整性定义。

② 数据操纵功能：包括数据查询、插入、删除、修改、统计等数据的存取操作。

③ 数据库的运行管理功能，包括系统控制、数据存取及更新管理、数据完整性及安全性控制、并发控制等。

④ 数据库维护功能：包括数据的装载、转储、重组，异源数据的导入、导出，数据库的重构，数据库恢复，数据字典和运行日志的自动维护以及性能监视等。

⑤ 通信功能，包括系统内部的通信和与操作系统、数据通信系统的协同工作。

2．DBMS 的组成

① 数据描述语言（data description language，DDL）。

② 数据操纵语言（data manipulation language，DML）。

③ 数据库管理例行程序。

3．数据字典

数据字典（data dictionary，DD）是将关于数据库系统中涉及的对象的描述信息集中，以数据文件的形式组织起来。数据字典的数据内容主要有两大类：来自用户的信息和来自系统状态和数据库的统计信息。目前流行的 DBMS 有 Oracle、Microsoft SQL Server、Sybase SQL Server、DB2 和 Access 等。

4.1.3 数据库系统

数据库系统（DBS）是指在计算机软硬件支持环境下由数据库、DBMS、数据库管理员（database administrator，DBA）和应用程序组成的集合。

1. 数据库系统的发展

（1）人工管理阶段

数据不保存；无共享、冗余度极大；不独立、完全依赖于程序；无结构；应用程序自己控制。

（2）文件系统阶段

数据可以长期保存；共享性差、冗余度大；记录内有结构，整体无结构；独立性差，数据的逻辑结构要作改变必须修改应用程序；应用程序自己控制。

（3）数据库系统阶段

共享性高；高度的物理独立性和一定的逻辑独立性；整体结构化；由 DBMS 统一管理和控制。

2. 数据库系统的主要特点

（1）统一管理的结构化数据

数据库系统中的数据是有结构的，统一由数据库管理系统管理。

（2）数据冗余度小

合理的数据库系统要尽可能地减少数据的冗余。减少数据的冗余可以节约大量的数据存储空间；可以在一定程度上避免数据的不一致性。

（3）数据共享

数据库系统中的数据能够为系统中所有合法的用户共享使用，也可以为系统中各类应用程序共享使用。

（4）数据的独立性

数据的独立性是指在数据库中的数据及数据的组织与应用程序无关，即数据库中的数据发生改变时，应用程序不必做出修改，数据的独立性包括逻辑独立性和物理独立性两方面。

物理独立性是指当数据的物理结构（包括存储结构、存储方式等）改变时，如存储设备的更换、物理存储的更换和存储方式的改变等，应用程序都不用改变。

逻辑独立性是指数据的逻辑结构改变，如修改数据模式、增加新的数据类型和改变数据间联系等，与用户相关的应用程序可以不变。

3. 数据库管理员

数据库管理员（database administrator，DBA）是对数据库进行规划、设计、维护、监视等工作的人员。数据库管理员的主要职责是：决定数据库中的信息内容和数据库的结构体系；确定数据的安全性和完整性约束；监视数据库的运行和使用；对数据库进行改进和重组。

4.1.4　数据库系统的内部结构体系

数据库系统其内部具有三级模式和二级映射，三级模式分别是概念模式、内部模式和外部模式，两级映射分别是外部模式到概念模式和概念模式到内部模式，其体系如图 3-4-2 所示。

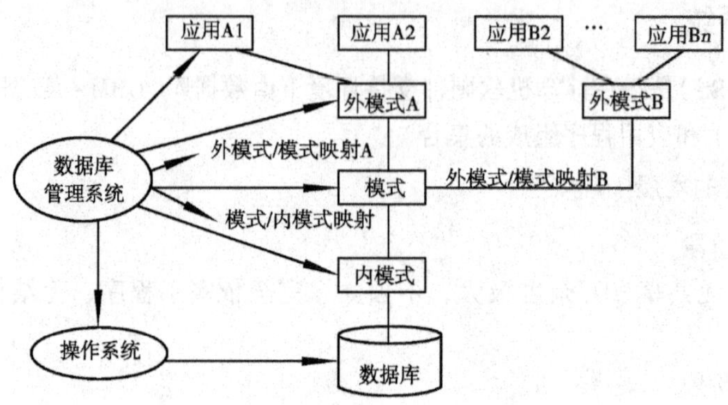

图 3-4-2　数据库系统体系结构图

1．数据库系统的三级模式

（1）概念模式

概念模式是数据库系统中全局数据逻辑结构的描述，是全体用户公共数据视图，是一种抽象描述，它不涉及具体的硬件和软件环境。

（2）外模式

外模式也称为子模式或用户模式。它是用户的数据视图，也是用户所见到的数据视图，由概念模式推导而来。

（3）内模式

内模式又称为物理模式，给出了数据库物理存储结构和物理存储方法。

2．数据库系统的两级映射

（1）概念模式到内模式映射

该映射给出了概念模式中数据的全局逻辑结构到数据的物理存储结构之间的对应关系。

（2）外模式到概念模式映射

概念模式是一种全局模式，而外模式是用户的局部模式，一个概念模式中可以定义多个外模式，而每个外模式是概念模式的一个基本视图。外模式到概念模式的映射给出了外模式与概念模式的对应关系。

4.1.4　经典例题解析

【例 3.4.1】下列叙述中正确的是（　　）。

A．数据库系统是一个独立的系统，不需要操作系统的支持

B．数据库技术的根本目标是要解决数据的共享问题

C．数据库管理系统就是数据库系统

D．以上 3 种说法都不对

解析：数据库系统由数据库（数据）、数据库管理系统（软件）、计算机硬件、操作系统及数

据库管理员组成。作为专门处理数据的系统，数据库技术的主要目的是解决数据的共享问题。

【答案】B

【例 3.4.2】下列叙述中错误的是（　　）。

A. 在数据库系统中，数据的物理结构必须与逻辑结构一致

B. 数据库技术的根本目标是要解决数据的共享问题

C. 数据库设计是指在已有数据库管理系统的基础上建立数据库

D. 数据库系统需要操作系统的支持

解析：由数据的独立性可知，数据的物理结构与逻辑结构不要求一致，根据数据库技术的根本目标、数据库设计和数据库系统的基本概念可知，B、C、D 的论述是正确的。

【答案】A

【例 3.4.3】在数据库系统中，用户所见的数据模式为（　　）。

A. 概念模式　　B. 外模式　　C. 内模式　　D. 物理模式

解析：概念模式是数据库系统中全局数据逻辑结构的描述，是全体用户（应用）公共数据视图，它主要描述数据的记录类型及数据间关系，还包括数据间的语义关系等。数据库管理系统的三级模式结构由外模式、模式、内模式组成。数据库的外模式也称用户级数据库，是用户所看到和理解的数据库，是从概念模式导出的模式，用户可以通过子模式描述语言来描述用户级数据库的记录，还可以利用数据语言对这些记录进行操作。内模式（或存储模式、物理模式）是指数据在数据库系统内的存储介质上的表示，即对数据的物理结构和存取方式的描述。

【答案】B

【例 3.4.4】数据库（DB）、数据库系统（DBS）、数据库管理系统（DBMS）之间的关系是（　　）。

A. DB 包含 DBS 和 DBMS　　B. DBMS 包含 DB 和 DBS

C. DBS 包含 DB 和 DBMS　　D. 没有任何关系

解析：数据库系统由如下几部分组成：数据库、数据库管理系统、数据库管理员、系统平台（硬件平台和软件平台）。所以，数据库、数据库系统与数据库管理系统之间的关系是数据库系统包含数据库和数据库管理系统。

【答案】C

【例 3.4.5】数据库系统的核心是（　　）。

A. 数据模型　　B. 数据库管理系统

C. 数据库　　D. 数据库管理员

解析：数据库管理系统（DBMS）是位于用户和操作系统之间的一层数据管理软件，用于描述、管理和维护数据库的程序系统，它是专门负责组织和处理数据库信息的程序集合，是数据库系统的核心组成部分。DBMS 是负责数据库的建立、使用和维护的软件。用户使用的各种数据库命令以及应用程序的执行，最终都必须通过 DBMS。另外，DBMS 还承担着数据库的安全保护工作，保证数据库的完整性和安全性。所以，DBMS 是数据库系统的核心。

【答案】B

【例 3.4.6】数据库独立性是数据库技术的重要特点之一，所谓数据独立性是指（　　）。

A. 数据与程序独立存放

B. 不同的数据被存放在不同的文件中

C. 不同的数据只能被对应的应用程序所使用

D. 以上三种说法都不对

解析：数据独立性是指程序与数据互不依赖，即数据的逻辑结构、存储结构与存取方式的改变不会影响应用程序，包括数据的物理独立性和逻辑独立性。物理独立性是指用户的应用程序与存储在磁盘上的数据库中数据是相互独立的。逻辑独立性是指用户的应用程序与数据库的逻辑结构是相互独立的，即数据的逻辑结构改变了，与用户相关的应用程序也可以不变。

【答案】D

【例 3.4.7】当数据的存储结构改变时，其逻辑结构可以不变，因此，基于逻辑结构的应用程序不必修改，称为（ ）。

A. 逻辑独立性　　B. 物理独立性

C. 继承　　D. 一致性

解析：同例 3.4.6。

【答案】B

【例 3.4.8】数据管理技术发展过程经过了多个阶段，其中数据独立性最高的阶段是（ ）。

A. 人工管理　　B. 文件系统

C. 数据库系统　　D. 面向对象

解析：数据管理发展至今已经经历了 3 个阶段：人工管理阶段、文件系统阶段和数据库系统阶段。人工管理阶段是在 20 世纪 50 年代中期以前，文件系统阶段是 50 年代后期到 60 年代中期，60 年代之后，数据管理进入数据库系统阶段。可知数据库系统阶段是数据独立性的最高阶段。

【答案】C

4.2 数据模型

4.2.1 数据模型概述

数据模型是现实世界特征的模拟和抽象的一种工具和方法，是表示实体和实体之间联系的形式。数据模型描述了数据库中的数据内容及其联系方式，体现了数据库的逻辑结构。

实施数据模型是用来描述数据的概念和定义，数据的描述包括以下几方面：

① 数据的静态特性。

② 数据的动态特性。

③ 数据的约束。

4.2.2 实体间的联系

现实世界中事物之间不是孤立的，彼此之间存在各种各样的联系。实体间存在着不同的联系，主要有两种：一种是实体内部的联系；另一种是实体与实体间的联系。以实体之间的联系最为重要。实体间的联系可分 3 类：

（1）一对一的联系

有两个实体集合 E_1、E_2，如果 E_1 中的每个实体至多与 E_2 中的一个实体有联系，且 E_2 中的每个实体至多与 E_1 中的一个实体有联系，则称 E_1 和 E_2 是一对一的联系。

例如：一个国家有一个首都。

（2）一对多的联系

有两个实体集合 E_1、E_2，如果 E_1 中的每个实体与 E_2 中的多个实体有联系，且 E_2 中的每个实体至多与 E_1 中的一个实体有联系，则称 E_1 和 E_2 是一对多的联系。

例如：一间房子有多个窗户。

（3）多对多的联系

有两个实体集合 E_1、E_2，如果 E_1、E_2 中的每个实体都和另一个实体集合中的任意多个实体有联系，则称 E_1 和 E_2 是多对多的联系。

例如：图书馆的图书和借书的人，工厂与产品，这些都是多对多的关系。

4.2.3 实体-联系模型

实体-联系模型（E-R 模型）由实体集、属性集和联系集组成，其表示方法如下：

① 实体集用矩形框表示，框内写实体名。

② 实体的属性用椭圆框表示，框内写属性名，并用无向直线与实体相连接。

③ 实体与实体间的联系用菱形框表示，框内写联系名，实体与实体间通过联系连接起来，即用无向直线将参加联系的实体矩形框分别与菱形框相连起来，并在无向直线上标明实体间的联系类型，即 1:1、1:m 或 m:n，如图 3-4-3 和图 3-4-4 所示。

制作 E-R 图的步骤：

① 确定实体和实体的属性。

② 确定实体与实体之间的联系和联系的类型。

③ 给实体和联系连接上属性。

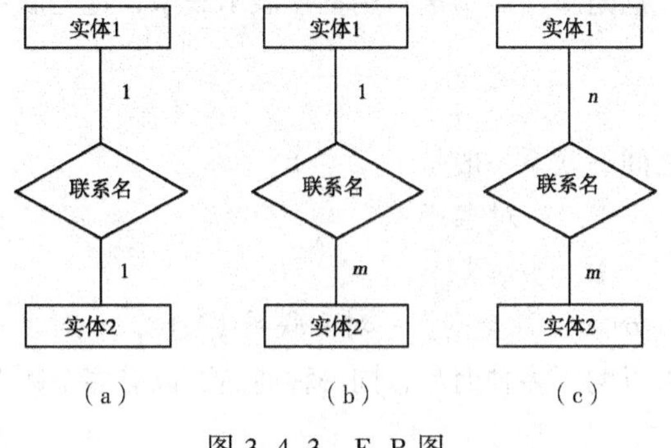

图 3-4-3 E-R 图

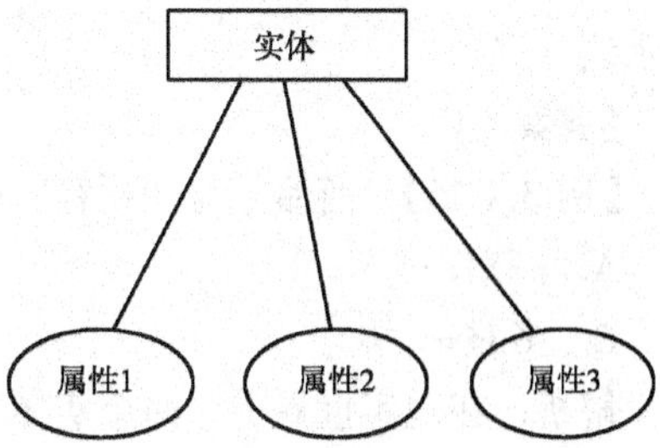

实体
属性1
属性2
属性3

图 3-4-4 实体与属性间的联系

4.2.4 基本数据模型

1. 层次模型

用树形结构表示实体和实体之间联系的模型称为层次模型。层次模型就好比倒立的树，由上到下一直分叉，最顶端是根结点，一层一层地往下分，其他结点都与一个且只与一个父结点相连。根结点没有前驱结点只有后继结点，叶结点只有前驱结点而没有后继结点。

2. 网状模型

用记录类型为结点的网络结构来表示实体与实体之间的联系的模型称为网状模型。由于网状模型是网状结构，所以表示多对多（$m:n$）的关系非常方便。

3. 关系模型

用表格数据来表示实体与实体之间的联系的模型称为关系模型。关系模型是由关系模式组成的集合。关系模式相当于记录类型，每一个实例称为关系，关系模型中最主要的组成成分是关系，一个关系就是一张二维表。

4.2.5 经典例题解析

【例 3.4.9】下列说法中正确的是（　　）。

A. 为了建立一个关系，首先要构造数据的逻辑关系

B. 表示关系的二维表中各元组的每一个分量还可以分成若干数据项

C. 一个关系的属性名称为关系模式

D. 一个关系可以包含多个二维表

解析：元组已经是数据的最小单位，不能再分；关系的框架称为关系模式；关系框架与关系元组一起构成了关系，也就是一个关系对应一张二维表。选项 A 中，在建立关系前，需要先构造数据的逻辑关系是正确的。

【答案】 A

【例 3.4.10】在 E-R 图中，用来表示实体之间联系的图形是（　　）。

A. 矩形　　B. 椭圆形

C. 菱形　　D. 平行四边形

解析：在 E-R 图中用矩形表示实体集，在矩形内写上该实体集的名字，这是实体集表示法；用椭圆表示属性，在椭圆形内写上该属性的名称，这是属性表示法；用菱形表示联系，这是联系表示法。

【答案】 C

【例 3.4.11】“商品”与“顾客”两个实体集之间的联系一般是（　　）。

A. 一对一　　B. 一对多

C. 多对一　　D. 多对多

解析：在现实世界中，两个实体之间的联系可分为 3 种类型。一对一联系（1:1）；一对多联系（$1:m$）；多对多联系（$m:n$ 或 $n:m$）。一个顾客可以购买多种商品，同一种商品可以有多个顾客购买，所以商品和顾客之间是多对多的联系。

【答案】 D

【例 3.4.12】在 E-R 图中，用来表示实体的图形是（　　）。

A. 矩形　　B. 椭圆形

C. 菱形　　D. 三角形

解析：同例 3.4.11。

【答案】 A

【例 3.4.13】 用树形结构表示实体之间联系的模型为（　　）。

A. 关系模型　　B. 网状模型

C. 层次模型　　D. 以上三个都是

解析：数据模型是指反映实体及其实体间联系的数据组织的结构和形式，有关系模型、网状模型和层次模型等。其中，层次模型实际上是以记录型为结点构成的树，它是把客观问题抽象为一个严格的自上而下的层次关系，即其基本结构是树形结构。

【答案】 C

【例 3.4.14】 一个关系表的行称为（　　）。

A. 元组　　B. 属性

C. 字段　　D. 数据对象

解析：关系模型是建立在数学概念基础上的，在关系模型中，把数据看成一个二维表，这个二维表称为关系。关系中的行为称为元组，对应存储文件中的记录，关系中的列称为属性，对应存储文件中的字段。

【答案】 A

【例 3.4.15】 在关系模型中，把数据看成是二维表，每一个二维表称为一个（　　）。

A. 关系　　B. 字段

C. 属性　　D. 元组

解析：关系模型是建立在数学概念基础上的，在关系模型中，把数据看成一个二维表，这个二维表称为关系。所以一个关系的逻辑结构就是一张二维表。

【答案】 A

4.3　关系代数运算

4.3.1　关系代数

关系代数的运算分为传统集合运算和专门关系运算两类。传统的集合运算包括并、交、差；专门的关系运算包括广义笛卡儿积、选择、投影、连接和商等操作。

1. 关系代数的运算符

（1）集合运算符

并∪、交∩、差-。

（2）专门运算符

广义笛卡儿积×、选择 σ、投影 π，连接 $\bowtie$、商÷。

2. 传统集合运算

（1）并

设 R 和 S 均为 n 元关系（“n 元”指关系模式中属性的数目为 n），两者对应属性的数据类型也相同，则 R 和 S 的并记为 $R \cup S$。结果由属于 R 和属于 S 的所有元组组成，仍为 n 元关系。

（2）交

设 R 和 S 为 n 元关系，并且两者对应属性的数据类型也相同，则 R 和 S 的交记为 $R \cap S$。结果由既属于 R 又属于 S 的元组组成，仍为 n 元关系。

（3）差

设 R 和 S 为 n 元关系，并且两者对应属性的数据类型也相同，则 R 和 S 的差记为 $R-S$。结果由属于 R 而不属于 S 的元组组成，仍为 n 元关系。

注意：R-S 和 S-R 的结果是不同的。

3．专门关系运算

（1）广义笛卡儿积

设 R 为 n 元关系，S 为 m 元关系，R 和 S 的笛卡儿积是一个 $n+m$ 元的元组的集合。其中，任意一个元组的前 n 列是关系 R 的一个元组，后 m 列是关系 S 的一个元组。并且，若 R 由 k_1 个元组组成，S 由 k_2 个元组组成，则 R 和 S 的笛卡儿积由 $k_1 \times k_2$ 个元组组成。R 和 S 的笛卡儿积记为 $R \times S$。

（2）选择

选择操作的含义是在关系上选择满足某种条件的元组。设关系 R 为 n 元关系，用 F 来表示选择条件，R 关系的选择操作记为 $\sigma_F(R)$。选择的结果为关系 R 中满足条件 F 的元组。

（3）投影

投影操作是选取关系的某些属性列，并可重新安排列的顺序。设关系 R 是 k 元关系，R 在其分量（$A_1,\cdots,A_k$）上的投影用 $\pi_{A1},\cdots,\pi_{Ak}$ 来表示。

（4）连接

连接也称条件连接，连接运算是从关系 R 和 S 的笛卡儿积中选取属性间满足一定条件的元组。连接中有 3 种最常见的连接：等值连接、自然连接、半连接。

① 等值连接：结果是从关系 R 和 S 的笛卡儿积中选取属性组 A 和 B 值相等的元组。

② 自然连接：自然连接是一种特殊的等值连接。当关系 R 和 S 有相同的属性组 A，且该属性组的值相等时的连接称为自然连接。结果关系的属性集合为 R 的属性并上 S 减去属性 A 后的属性集合。

③ 半连接：半连接是一种特殊的自然连接。它与自然连接的区别在于其结果只保留 R 的属性。当关系 R 和 S 有相同的属性组 A，且该属性组的值相等时进行连接，其结果只保留 R 的属性，这种连接称为半连接。

（6）商

设关系 R（X，Y）和 S（Y，Z），其中 X、Y、Z 为属性组。R 中的 Y 与 S 中 Y 可以有不同的属性名，但必须出自相同的集合。R 除以 S 的商记为 $R \div S$。

4.3.2 关系模型的基本运算

1．插入

若关系 R 需要插入若干元组，要插入的元组组成关系 R'，则可以用集合并运算表示插入运算 $R \cup R'$。

2．删除

若关系 R 需要删除若干元组，要删除的元组组成关系 R'，则可以用集合差运算来表示删除运算 $R-R'$。

3．修改

若要修改的元组组成关系 R'，则先做删除 $R''=R-R'$，若经修改后的元组构成关系 R''，则此时将其插入得到的结果为 $(R-R')\cup R''$。

4.3.3 经典例题解析

【例 3.4.16】在下列关系运算中，不改变关系表中的属性个数但能减少元组个数的是（　　）。

A. 并　　B. 交　　C. 投影　　D. 笛卡儿积

解析：关系的基本运算有两类：一类是传统的集合运算（并、交、差），另一类是专门的关系运算（选择、投影、连接）。集合的并、交、差：设有两个关系为 R 和 S，它们具有相同的结构，R 和 S 的并是由属于 R 和 S，或者同时属于 R 和 S 的所有元组组成的集合，记作 $R\cup S$；R 和 S 的交是由既属于 R 又属于 S 的所有元组组成的集合，记作 $R\cap S$；R 和 S 的差是由属于 R 但不属于 S 的所有元组组成的集合，记作 $R-S$。因此，在关系运算中，不改变关系表中的属性个数但能减少元组（关系）个数的只能是集合的交。

【答案】B

【例 3.4.17】设有图 3-4-5 所示的 3 个关系表，下列操作中正确的是（　　）。

A. $T=R\cap S$　　B. $T=R\cup S$　　C. $T=R\times S$　　D. $T=R-S$

解析：集合运算中的并、交和差运算分析同例 3.4.18；元组的前 n 个分量是 R 的一个元组，后 m 个分量是 S 的一个元组，若 R 有 K_1 个元组，S 有 K_2 个元组，则 $R\times S$ 有 $K_1\times K_2$ 个元组，记为 $R\times S$。从图中可以看出，关系 T 是关系 R 和关系 S 的简单扩充，而扩充的符号为“×”，所以答案为 $T=R\times S$。

【答案】C

R

A
m
n

S

B	C
1	3

T

A	B	C
m	1	3
n	1	3

图 3-4-5　例 3.4.19 的关系图

【例 3.4.18】设有图 3-4-6 所示的 3 个关系表，则下列操作中正确的是（　　）。

R

A	B	C
1	1	2
2	2	3

S

A	B	C
3	1	3

T

A	B	C
1	1	2
2	2	3
3	1	3

图 3-4-6　例 3.4.20 的关系图

A. $T=R\cap S$　　B. $T=R\cup S$　　C. $T=R\times S$　　D. $T=R-S$

解析：同例 3.4.19。

【答案】B

4.4　数据库设计方法和步骤

4.4.1　数据库设计概述

数据库设计是指对于一个给定的应用环境，构造最优的数据库模式，建立数据库及其应用系统，使之能够有效地存储数据，满足各种用户的应用需求。

评判数据库设计好坏的准则主要有：

① 数据库的完备性。

② 数据的一致性。

③ 数据库应该是优化的。

影响数据库设计的因素除了数据库设计者的能力等主观因素外，还有以下因素：

① 数据库的规模：数据库规模越大，其结构也就越复杂，设计的难度也就越大。

② 数据库的类型：根据数据库应用的领域和主要的应用性质，可以把数据库划分为多种类型。

③ 数据库支撑环境或计算方法：可将数据库划分为集中式、客户机/服务器（C/S）以及分布式数据库等。支撑环境的不同会影响数据库的设计。

数据库的设计分为 4 个阶段：需求分析、概念设计、逻辑设计和物理设计。

4.4.2　数据库设计的需求分析

需求分析就是分析用户的需要与要求。需求分析是设计数据库的起点，其结果是否准确地反映了用户的实际要求，将直接影响到后面各个阶段的设计，并影响到设计结果是否合理和实用。

1. 需求分析的任务

通过详细调查现实世界要处理的对象（组织、部门、企业等），充分了解原系统（手工系统或计算机系统）工作概况，明确用户的各种需求。

2. 需求分析的方法

① 调查清楚用户的实际需求并进行初步分析。

② 与用户达成共识。

③ 进一步分析与表达这些需求。

4.4.3　数据库的概念设计

概念设计的目的是获得数据库的概念模式。概念模式是对现实世界的一种抽象，它描述了问题域中各种实体以及实体间的联系。

1. 概念结构设计的特点

① 能真实、充分地反映现实世界，包括事物和事物之间的联系，能满足用户对数据的处理要求，是对现实世界的一个真实描述。

② 易于理解，与数据库实现无关，从而可以用它和不熟悉计算机的用户交换意见，用户的积极参与是数据库设计的成功关键。

③ 易于更改，当应用环境和应用要求改变时，容易对概念模型进行修改和扩充。

④ 易于向关系、网状、层次等各种数据模型转换。

2．概念结构设计的方法

① 自顶向下。

② 自底向上。

③ 逐步扩张。

④ 混合策略。

4.4.4 数据库的逻辑设计

数据库逻辑设计阶段分成两部分。

1．数据库逻辑结构设计

数据库逻辑结构设计的任务主要是把概念设计阶段描述的基本 E-R 图转换为与具体的 DBMS 所支持的数据模型相符合的逻辑结构。逻辑结构设计的主要步骤：初始模式的形成；字模式设计；应用程序设计梗概；模式评价；修正模式。

2．关系模式的优化

关系数据库模式由一组关系模式组成，为了更好地支持应用，需要进行优化。常见的优化手段包括规范化、逆规范化、水平分割和垂直分割等。优化的目的是消除各种数据库操作异常； 使查询更快和更方便；节省存储空间；方便数据库的管理。

4.4.5 数据库的物理设计

1．物理设计的内容和特点

数据库物理设计的任务是选择合适的存储结构和存储路径，也就是设计数据库的内模式（物理模式）。其主要设计目标有两点：

① 提高数据库的性能，特别是满足主要应用的性能要求。

② 有效地利用存储空间。

2．物理设计的步骤

① 确定数据库物理模式。

② 评价物理模式的性能。

3．数据库物理设计的评价方法

① 定量估算各种方案的存储空间、存取时间、维护代价等。

② 对估算结果进行权衡，选择出一个较优的合理物理结构。

4.4.6 数据库的实施与维护

数据库实施包含一系列活动，其中必不可少的活动包括创建数据库、数据的载入和测试。

1．数据库的测试

测试是软件工程中的重要阶段，数据库作为一种软件系统，其在投入运行之前必须要经过一系列严格的测试。数据库的测试一般要与数据库应用程序的测试结合起来，通过试运行，查找错误和不足，并进行联合调试。

2．数据库的运行维护

经过测试和试运行后，数据库开发工作就已经完成，可以投入正式运行，数据库的生命周期也进入了运行和维护阶段。为了让数据库高效、平稳地运行，也为了能适应环境及物理存储的不断变化，需要对数据库进行长期的维护。

4.4.7 经典例题解析

【例 3.4.21】数据库设计的 4 个阶段是需求分析、概念设计、逻辑设计和（　　）。

A．编码设计　　B．测试阶段

C．运行阶段　　D．物理设计

解析：一般情况下，数据库设计方法和步骤为：需求分析、概念设计、逻辑设计和物理设计。

【答案】D

小　结

本章主要介绍了数据库的基本概念，实体–联系模型以及 E–R 图、从 E–R 图导出关系数据模型，关系代数运算，关系数据库理论，数据库设计的方法和步骤。其中重点介绍了数据库、数据库管理系统和数据库系统之间的关系，数据独立性和 E–R 模型的应用，关系的运算和数据库设计的基本方法和步骤。

习　题

选择题

1．数据库应用系统中的核心问题是（　　）。

A．数据库设计　　B．数据库系统设计

C．数据库管理员培训　　D．数据库维护

2．一间宿舍可住多个学生，则实体宿舍和学生之间的联系是（　　）。

A．一对一　　B．一对多　　C．多态性　　D．多对多

3．在数据管理技术发展的 3 个阶段中，数据共享最好的是（　　）。

A．人工管理阶段　　B．文件系统阶段

C．数据库系统阶段　　D．三个阶段相同

4．在 E–R 图中，用来表示实体联系的图形是（　　）。

A．椭圆图　　B．矩形　　C．菱形　　D．三角形

5．在数据库设计中，将 E–R 图转换成关系数据模型的过程属于（　　）。

A．需求分析阶段　　B．概念设计阶断

C. 物理设计阶断　　D. 逻辑设计阶断

6. 数据库设计中，用 E-R 图来描述信息结构但不涉及信息在计算机中的表示，它属于数据库设计的（　　）。

A. 需求分析阶段　　B. 逻辑设计阶段

C. 概念设计阶段　　D. 物理设计阶段

7. 将 E-R 图转换为关系模式时，实体和联系都可以表示为（　　）。

A. 属性　　B. 键　　C. 关系　　D. 域

8. 数据库管理系统是（　　）。

A. 一种编译系统　　B. 在操作系统支持下的系统软件

C. 操作系统的一部分　　D. 一种操作系统

9. 数据库管理系统中负责数据模式定义的语言是（　　）。

A. 数据定义语言　　B. 数据管理语言

C. 数据操纵语言　　D. 数据控制语言

10. 在学生管理的关系数据库中，存取一个学生信息的数据单位是（　　）。

A. 文件　　B. 数据库

C. 字段　　D. 记录

11. 对关系 S 和关系 R 进行集合运算，结果既包含 S 中元组也包含 R 中元组，这种集合运算称为（　　）。

A. 并运算　　B. 交运算　　C. 差运算　　D. 积运算

12. 在下列关系运算中，不改变关系表中的属性个数但能减少元组个数的是（　　）。

A. 并　　B. 交

C. 投影　　D. 笛卡儿乘积

13. 在 E-R 图中，用来表示实体之间联系的图形是（　　）。

A. 矩形　　B. 椭圆形

C. 菱形　　D. 平行四边形

14. 下列叙述中错误的是（　　）。

A. 在数据库系统中，数据的物理结构必须与逻辑结构一致

B. 数据库技术的根本目标是要解决数据的共享问题

C. 数据库设计是指在已有数据库管理系统的基础上建立数据库

D. 数据库系统需要操作系统的支持

15. 负责数据库中查询操作的数据库语言是（　　）。

A. 数据定义语言　　B. 数据管理语言

C. 数据操纵语言　　D. 数据控制语言

16. 一个教师可以讲授多门课，一门课程可由多个老师讲授，则实体教师和课程间的联系是（　　）。

A. 1:1 联系　　B. 1:M 联系　　C. M:1 联系　　D. M:N 联系

17. 下列关于数据库设计的叙述中，正确的是（　　）。

A. 在需求分析阶段建立数据字典　　B. 在概念设计阶段建立数据字典

C. 在逻辑设计阶段建立数据字典　　D. 在物理设计阶段建立数据字典

18. 数据库系统的三级模式不包括（　　）。

A. 概念模式　　B. 内模式　　C. 外模式　　D. 数据模式

19. 在关系运算中能增加了属性个数，也增加了元组个数的运算是（　　）。

A. 投影　　B. 笛卡儿积　　C. 选择　　D. 并

20. 有一个学生选课的关系，其中学生的关系模式为：学生（学号，姓名，班级，年龄），课程的关系模式为：课程（课号，课程名，学时），其中两个关系模式的键分别是学号和课号，则关系模式选课可定义为：选课（学号，（　　），成绩）。

A. 课号　　B. 课程名　　C. 姓名　　D. 学时

21. 在数据库技术中，实体集之间的联系可以是一对一、一对多或多对多，那么“学生”和“可选课程”的联系为（　　）。

A. 多对多　　B. 多对一　　C. 一对多　　D. 一对一

22. 人员基本信息一般包括身份证号、姓名、性别、年龄等。其中可以做主关键字的是（　　）。

A. 身份证号　　B. 姓名　　C. 性别　　D. 身份证号+姓名

23. 实体完整性约束要求关系数据库中元组的　　　　属性值不能为空。

A. 主键　　B. 外键　　C. 所有　　D. 候选键

24. 在关系 A(S,SN,D)和关系 B(D,CN,NM)中，A 的主关键字是 S，B 的主关键字是 D，则称（　　）是关系 A 的外码。

A. D　　B. S　　C. SN　　D. CN

25. 有关系 *R*、*S* 和 *T* 如图 3-4-7 所示，由关系 *R* 和 *S* 通过运算得到关系 *T*，则所用的运算为（　　）。

A. 笛卡儿积　　B. 交　　C. 并　　D. 自然连接

R

A	*B*
m	1
n	2

S

B	*C*
1	3
3	5

T

A	*B*	*C*
m	1	3

图 3-4-7　第 25 题图

26. 有关系 *R*、*S* 和 *T* 如图 3-4-8 所示，关系 *T* 由关系 *R* 和 *S* 通过某种操作得到，该操作为（　　）。

A. 选择　　B. 投影　　C. 交　　D. 并

R

A	*B*	*C*
a	1	2
b	2	1
c	3	1

S

A	*B*	*C*
d	3	2

T

A	*B*	*C*
a	1	2
b	2	1
c	3	1
d	3	2

图 3-4-8　第 26 题图

27. 有两个关系 R 和 S 如图 3-4-9 所示，由关系 R 通过运算得到关系 S，则所使用的运算为（　　）。

A. 选择　　B. 投影　　C. 插入　　D. 连接

R

A	B	C
a	3	2
b	0	1
c	2	1

S

A	B
a	3
b	0
c	2

图 3-4-9　第 27 题图

28. 有两个关系 R 和 T 如图 3-4-10 所示，则由关系 R 得到关系 T 的操作是（　　）。

A. 选择　　B. 投影　　C. 交　　D. 并

R

A	B	C
a	1	2
b	2	2
c	3	2
d	3	2

T

A	B	C
c	3	2
d	3	2

图 3-4-10　第 28 题图

29. 有 3 个关系 R、S 和 T 如图 3-4-11 所示，则由关系 R 和 S 得到关系 T 的操作是（　　）。

A. 自然连接　　B. 除　　C. 交　　D. 并

R

A	B	C
a	1	2
b	2	1
c	3	1

S

A	B
c	3

T

C
1

图 3-4-11　第 29 题图

30. 有 3 个关系 R、S 和 T 如图 3-4-12 所示，则由关系 R 和 S 得到关系 T 的操作是（　　）。

A. 自然连接　　B. 差　　C. 交　　D. 并

R

A	B	C
a	1	2
b	2	1
c	3	1

S

A	B	C
a	1	2
b	2	1

T

A	B	C
c	3	1

图 3-4-12　第 30 题图

参 考 文 献

[1] 张成叔．Access 数据库程序设计[M].3 版．北京：中国铁道出版社，2012.
[2] 张成叔．Access 数据库程序设计[M].2 版．北京：中国铁道出版社，2010.
[3] 张成叔．Access 数据库程序设计[M]．北京：中国铁道出版社，2008.
[4] 张成叔．计算机应用基础[M]．北京：中国铁道出版社，2009.
[5] 张成叔．计算机应用基础实训指导[M]．北京：中国铁道出版社，2009.
[6] 张成叔．C 语言程序设计[M]．合肥：安徽大学出版社，2008.
[7] 秦丙昆，等．Access 数据库应用技术[M]．北京：地质出版社，2007.
[8] 洪恩教育．Access 数据库应用技术习题集与上机实训[M]．北京：地质出版社，2007.
[9] 黄秀娟．Access 2002 数据应用实训教程[M]．北京：科学出版社，2003.
[10] 邵丽萍．Access 数据库实用技术[M]．北京：中国铁道出版社，2005.
[11] 教育部考试中心．全国计算机等级考试二级教程：公共基础知识 2008 年版[M]．北京：高等教育出版社，2007.
[12] 高怡新．Access 2003 数据库应用教程[M]．北京：人民邮电出版社，2008.